SPATIAL INFORMATION SCIENCE

공간정보학

공간정보학 • SPATIAL INFORMATION SCIENCE

초판 1쇄 발행 2016년 6월 27일
초판 2쇄 발행 2021년 3월 25일

지은이 한국공간정보학회 | 최윤수 · 강영옥 · 엄정섭 · 차득기 · 서동조 · 주용진 · 김재명

펴낸이 김선기
펴낸곳 (주)푸른길
출판등록 1996년 4월 12일 제16-1292호
주소 (08377) 서울특별시 구로구 디지털로 33길 48 대륭포스트타워 7차 1008호
전화 02-523-2907, 6942-9570~2
팩스 02-523-2951
이메일 purungilbook@naver.com
홈페이지 www.purungil.co.kr

ISBN 978-89-6291-354-5 93980

■이 도서의 국립중앙도서관 출판예정도서목록(CIP)은 서지정보유통지원시스템 홈페이지(http://seoji.nl.go.kr)와 국가자료공동목록시스템(http://www.nl.go.kr/kolisnet)에서 이용하실 수 있습니다.(CIP제어번호: CIP2016014006)

Spatial
Information
Science

SPATIAL INFORMATION SCIENCE

공간정보학

한국공간정보학회
최윤수 · 강영옥 · 엄정섭 · 차득기 · 서동조 · 주용진 · 김재명

푸른길

Spatial
Information Science

머리말

공간정보(지도)가 모든 활동의 중심이 되는 시대가 열리고 있습니다. 스마트폰으로 가까운 병원이나 맛집을 찾는 것은 기본이고 가까운 곳에 있는 택시를 부르거나 주차장의 빈 공간을 찾아 주는 모바일 서비스(애플리케이션)도 등장했습니다. 구글이나 네이버는 미술관이나 박물관을 디지털지도 속으로 옮겨 오고 있고, 시민단체 활동, 학술연구, 정부 정책도 이제는 디지털지도를 통해 이루어지고 있습니다.

대기오염, 지구온난화, 각종 재난재해, 식량부족 등 인류의 안전하고 지속적인 삶을 위협하는 문제를 해결하기 위해 다양한 학문 간 교류와 우주공간을 포함한 전 지구 차원의 정량적이고 지속적인 정보의 수집과 분석이 요구되고 있습니다. 지구공간에서 우주공간까지 다양하고 연속적인 정보를 수집하여 분석하고, 분석된 정보에 기초하여 과학적이고 합리적인 진단과 예측을 지원하는 학문이 '공간정보학'입니다.

이 책은 대학에서 공간정보학을 처음 접하는 학생들을 대상으로 강의에 활용할 수 있도록 데이터를 수집, 저장, 관리, 처리하여 분포, 배치, 인접관계 등의 공간분석을 수행하며, 그 결과를 표시하거나 종합하여 의미 있는 정보를 만들어 내기 위해 필요한 이론과 실습으로 구성하였습니다.

제1권 『공간정보학』은 공간정보에 대한 소개와 이슈, 공간정보 수집과 처리, 지적, GIS, 원격탐사, 공간정보 활용에 대한 개관으로 구성되어 있으며, 제2권 『공간정보학 실습』은 공간정보 소프트웨어를 활용하여 데스크톱, 서버, 모바일 GIS를 경험할 수 있도록 실습과 예제 위주로 구성되어 있습니다.

공간정보의 전반적인 내용을 담고 있는 개론서로서 충분한 이 책은 공간정보학을 배우려는 학생과 가르치려는 선생님 모두에게 시작점이 되어 줄 것입니다.

마지막으로 이 책을 펴내기 위해 수고하신 저자들과 자료를 협조해 주신 관계 기관 담당자들에게 감사드립니다.

2016년 6월

한국공간정보학회 회장 신동빈

Spatial Information Science

차 례

5편 원격탐사

6편 공간정보 활용

SPATIAL INFORMATION SCIENCE

총론

1편

1.1 공간정보의 역할과 목표

1.1.1 공간정보학의 배경

지구 상에 인류가 출현한 이래로 인간은 공간을 표현하고 개발하는 등 삶의 공간에서 다양한 행위를 영위해 왔다. 대항해 시대에는 항로와 신대륙 탐사를 통해 지도가 제작되었고, 최근에는 지구공간을 뛰어넘어 우주로 그 영역이 확대되면서 지도 제작 기술도 함께 비약적으로 발전하고 있다. 하지만 오존층 파괴, 수질, 대기, 토양 등 환경오염이 심해지고 각종 재난·재해, 식량과 지원의 부족 등 인류의 생존과 국가 안전을 위협하는 많은 요인들에 직면해 있다. 이러한 문제를 해결하기 위해 전 인류와 국제사회, 국가, 지역 등 다양한 집단에서 환경 위기와 기후변화로 발생하는 영향과 취약성을 예측하기 위한 정확한 의사결정이 요구되고 있다. 이를 위해 다학제 간 융합을 통한 상호 정보 교류와 지구 및 우주공간에 대한 고품질의 관측 정보를 지속적으로 수집 분석하여 정량적 예측과 진단이 이루어져야 할 것이다. 결국 오늘날 우리 사회의 문제를 파악하고 해결하기 위하여 국토 및 지구 환경 모니터링에 필요한 다양하고 연속적인 정보를 구축하고, 분석에 기초한 과학적이고 합리적인 진단과 예측을 지원하는 공간정보학(Geoinformatics)의 필요성이 그 어느 때보다 커지고 있다. 또한 공간정보는 경제활성화, 재해방지, 유비쿼터스 환경 발전에 중요한 기반이 되며, 경제성장과 환경보호의 측면에서 두 가지 가치를 극대화할 수 있다는 점에서 중요성이 부각되고 있다. 이러한 다양한 분야에서 과학적이며 기술적인 접근이 필요함에 따라 공간정보학이 발생하였으며, 지구와 우주공간 등 인간 생활에 필요한 제반현상과 관련된 자료를 시각적·공간적으로 빠르고 정확하게 해석하여 인간 생활의 여러 분야에서 각종 편의를 제공하고 있다.

1.1.2 공간정보학의 정의

공간정보학이란 공간데이터를 수집, 저장, 관리, 처리하여 분포, 배치, 인접관계 등의 공간분석을 수행하는 것과 그 결과를 표시하거나 종합하여 의미 있는 정보를 제공하는 학문을 말한다. 공간정보학은 측량 및 원격탐사 등을 통해 정보를 구축하고, 구축된 정보를 가공하고 편집하는 GIS(Geographic Information System)로 구성된다고 할 수 있다.

구체적으로 인간의 거주 및 관심영역 전반에 대한 3차원 공간정보를 취득하고 이를 가공하거나 효율적으로 활용하고 저장하는 것에 대한 전문적이고 과학적인 지식을 탐구하는 학문 분야이며, 전통적인 지도 제작·활용 기술에 GIS, 원격탐사, GPS, 수치사진측량, 데이터베이스, 위치기반 IT(정보기술) 등을 접목한 새로운 융합 학문으로, 자동차 내비게이션, 포털 지도서비스, 스마트폰 위치기반 서비스, 3차원 영상 지도 등 실생활과 밀접한 다양한 분야에서 활용되는 첨단 학문이다.

따라서 고도의 공간정보에 대한 수요가 날로 증대되는 공간정보학은 지리학, 토목공학, 건설공학, 건축학, 도시공학, 농학, 임학, 지질학, 환경과학, 도시지역경제학, 해양학, 기상학, 정보공학, 전자공학뿐만 아니라 정치, 경제, 사회, 문화, 환경 등 인간 생활의 다양한 측면에 대한 대다수의 기초 학문과 연계된다.

1) 공간정보의 정의

공간정보란 자연적인 대상이든, 인공적인 대상이든 지상, 지하, 수상, 수중 등 공간 상에 존재하는 자연적 또는 인공적인 객체에 이들이 가지고 있는 위치정보, 도형정보, 속성정보를 기반으로 한 위상구조로 구축되어 표현된다. 위치정보는 공간 상의 절대적·상대적 위치로 나타내며, 도형정보는 점, 선, 면 중심의 벡터와 격자 중심의 래스터로 나누어지고, 속성정보는 숫자 등으로 표현된다. 공간정보는 지도, 문헌, 인터넷, 현지조사, 측량, 원격탐사 등의 방법으로 자료의 수집이 가능하며, 이러한 자료들을 바탕으로 공간에 있는 모든 것을 공간 상의 좌표를 기준으로 표현할 수 있다. 다른 정보와의 차이점은 공간적 위치관계 정보를 중점적으로 나타낸다는 것이다.

2) 공간정보 구축의 정의

공간정보 구축은 크게 측량으로 정의될 수 있으며, 측량이란 지구 표면이나 그 위와 아래에 있는 모든 대상물의 기하학적 위치를 결정하고, 이들의 물리적 현상과 문화적 환경에 대한 정보를 수집하여 도면 및 수치로 표현하거나 도면상의 위치를 현지(現地)에 재현하는 것과 이에 필요한 기술을 의미한다. 측량은 이들의 정성적, 정량적 정보를 수집하고 축적하기 위하여 필요에 따라 측정, 계산, 분류, 기록 등의 방법을 사용한다.

3) 지적의 정의

지적은 한 국가의 토지제도를 유지하고 보호하는 도구로서 사회의 생산관계 조절에도 작용한다. 지적의 기능은 토지관리를 위한 각종 업무에서 정확한 현재의 토지현황을 행정자료로 제공하는 토지관리의 기초업무이다. 토지소유권등록과 조세징수를 위하여 토지관리공부에 재산권의 상태, 위치와 면적, 지목, 등급과 지가 등을 기록하고 있다. 지적학은 토지과학 영역에서 토지재산권, 경계, 수량, 토질과 용도 등의 변화를 연구대상으로 지적제도, 지적관리체계와 기술 및 지적측량을 다룬다.

4) GIS의 정의

GIS는 넓은 의미로 인간의 의사결정 능력을 지원하기 위해 공간 상의 위치를 나타내는 도형자료와 이에 관련된 속성자료를 연결하여 처리하는 정보시스템이다. 또한 다양한 형태의 지리정보를 효율적으로 수집, 저장, 갱신, 처리, 분석, 출력하기 위해 이용하는 하드웨어와 소프트웨어, 지리자료, 인적자원의 통합 시스템으로 컴퓨터(하드웨어, 소프트웨어), 데이터, 조직으로 구성된다.

5) 원격탐사의 정의

원격탐사는 인공위성, 항공기, 비행선, 드론(무인기) 등의 플랫폼에 탑재된 관측기기(sensor)를 사용하여 여러 가지 파장에서 반사 또는 복사되는 전자기파 에너지 등의 매개체를 통하여 대상물을 관측한 후 이를 분석하여 필요한 정보를 추출하는 기술을 의미한다. 데이터를 분석하여 토지, 환경, 도시 및 자원에 대해 필요한 정보를 추출하고 활용하는 것도 이에 포함된다.

1.1.3 공간정보학의 필요성과 교육 목표

공간정보학은 시각적으로 변화하는 지구, 국토, 도시의 공간데이터를 수집하기 위하여 필요할 뿐만 아니라 수집된 다양하고 다차원적인 공간데이터를 편리하게 관리하고 필요한 정보를 신속하게 검색하는 데 그 필요성이 있다. 공간데이터의 분석과 정보 추출, 가공 등을 위해 데이터의 수치화와 공간관계의 위상을 기하학적이면서 계량적으로 분석할 필요가 있는데 공간정보학을 통해 이와 같은 과정이 가능해진다. 마지막으로 공간데이터 처리 또는 분석한 결과를 종합하고 시각적으로 표현해 내고, 필요한 정보를 추출하여 의사결정에 활용할 능력을 갖추게 한다.

공간정보학은 다음과 같은 사회적 역할을 수행한다.

첫째, 인류 삶의 터전인 지구공간 상의 문제를 해결하기 위한 의사결정의 기초자료가 될 각종 정보를 구축하고 기술을 제공한다. 지구공간에 대한 물리적 관계를 규명하고, 관련 정보를 수집하여 인류 사회의 산업, 외교, 군사, 행정 등 다양한 의사결정을 지원하는 것이다. 또한 구축된 정보에 기초하여 각종 기반시설 건설, 자원 및 에너지 개발, 재난·재해에 대응, 환경오염과 생태계 모니터링 등이 가능하다.

둘째, 공간정보학은 인간사회에 필요한 공간정보의 기반을 정비하는 역할을 수행하며, 컴퓨터 그래픽, 영상출력, 멀티미디어 등의 기법을 사용하여 이용자에게 시각적으로 알기 쉬운 형태로 정보를 표시하고 제공하는 역할을 한다.

셋째, 지구공간에서 우주공간까지의 공간정보와 정보 수집에 필요한 기술을 제공한다. 공간에 대한 관계를 규명하고 관련 기술과 정보를 제공함으로써 자연과학, 응용과학, 사회과학 등 다양한 분야의 학문 발전에 기여한다.

공간정보학은 범용적인 학제라는 점과 지구 및 우주공간 단위의 대상을 연구하는 광범위성, 다양한 분야와 함께 융·복합되는 신학문이라는 세 가지 특성을 가진다. 또한 이를 이용하여 공간정보에 대한 기술혁신과 새로운 지식을 개발하고 교육하는 것을 목표로 한다. 이러한 공간정보학을 교육받는 인재는 공간정보공학의 전문지식과 실용기술을 겸비하고, 미래의 지리정보 기술을 선도할 수 있는 국제적 감각을 갖춘 인재로 양성되며, 현실문제 해결을 위한 창의력과 책임감을 갖추어 다양한 사회적 요구에 부응하게 될 것이다.

1.2 공간정보학의 이슈

1.2.1 공간정보 구축 이슈

우리나라를 비롯하여 세계 여러 나라에서 기후변화, 수자원 및 재해에 대한 대응과 같이 인류영속을 위협하는 직면 과제와 식량, 자원 등의 문제를 해결하고 우주탐사를 위한 기초정보인 공간정보에 대한 수요가 증가하고 있다. 이러한 공간정보는 주로 측량에 의해 구축되고 있으며, 지속적인 각종 자원개발과 관리, 재난·재해와 기후변화에 안전한 대응, 과학적인 우주탐사를 위한 전 지구적 문제 해결에 필요한 기초정보를 구축하고 있다.

1) 공간정보 구축과 가시화된 기후변화

최근 기후변동선이 확대되면서 기후변화가 먼 미래의 일이 아닌 현 인류에 직면한 가장 큰 위협 중 하나가 되었다. 인류가 체감하는 기후변화는 단순히 지구 온도상승이 아닌 폭염, 혹한, 가뭄, 태풍 등 복합적인 변동성을 가진 현상이다. 이러한 기후변화는 우리 생활에 기상이변과 기후변동

〈그림 1-1〉 재해위험지구 현황

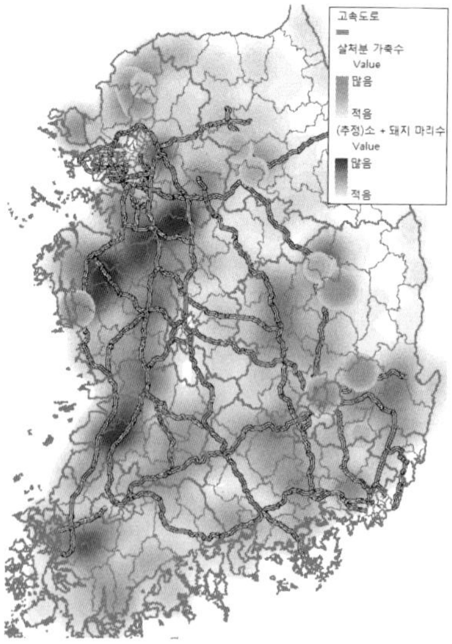

〈그림 1-2〉 구제역 확산 지도

등으로 재난·재해대비, 농수산물의 생산량 변화와 대체품종 개발, 원자재 가격변동 등의 원인이 될 만큼 불규칙적이고 광범위하게 피해가 확산되어 위협이 되고 있다.

따라서 기후변화에 대비하기 위해 정부, 기업, 개인 등 다양한 계층에게 미칠 위협을 과학적으로 진단하고 대응해야 할 필요성은 어느 때보다 중요하다. 합리적인 대응을 위해서는 진단과 분석의 기초정보인 공간정보 구축이 우선되어야 한다. 공간정보의 1차적 구축은 측량에 의해 이루어지며, 과학적인 방법론에 근거하여 보다 정확하고 지속적으로 생산되어 기후변화에 합리적이고 체계적인 대응을 가능케 할 것이다.

정부는 국토의 지속적인 관리와 국민의 안녕한 삶을 위해 기상정보, 방재정비, 수자원 관리, 영해개발과 보전, 질병관리 등을 위한 고정밀 수치지형도와 해도, 영상정보, 격자데이터 등을 구축하여 제공하고 있다.

기업들은 안정적인 생산과 공장입지 선정을 위해 다양한 정보를 활용할 수 있으며, 정부가 제공하는 정보와 민간부분에서 구축한 정보들을 융합하여 기후변화에 대한 새로운 비즈니스 모델을 개발하고, 원자재 시장변화에 대응하는 등의 위기를 관리하는 데 활용하고 있다.

2) 지구관측과 우주탐사

우주측지 측량기술은 위성과 센서를 이용해 대기, 해양, 지질 등 지구변화를 관측해 자연재해, 기후변화, 자원관리에 대응하는 것으로 인류에 유용한 정보를 신속하게 전달한다. 우리나라는 지구관측을 위해 다목적 실용위성 및 통신해양 기상위성 개발 이외에 지진, 황사, 해일, 대기 등을

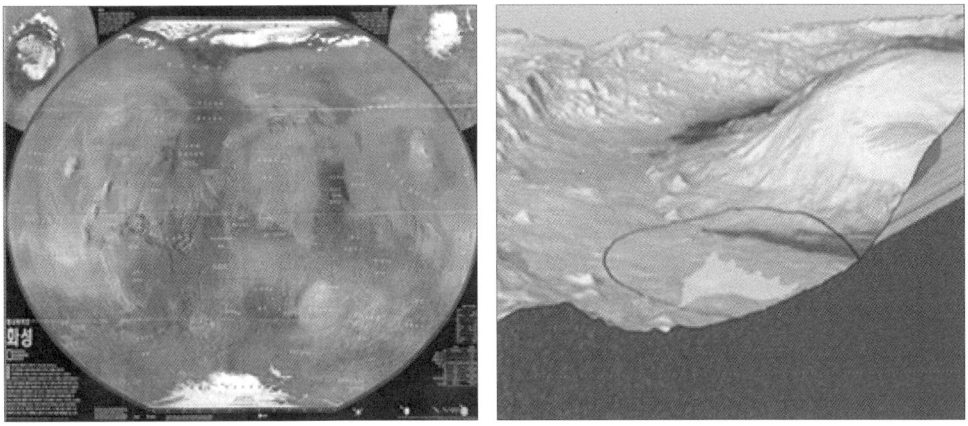

〈그림 1-3〉 화성 지도

관측하기 위한 시스템을 구축 중이다. 지구관측에 따른 기후, 기상, 해양, 생태계 정보를 바탕으로 다양한 비즈니스 활용이 확대될 전망으로 관광, 산업체, 농업, 어업을 대상으로 한 재해 및 날씨 예측, 안전 항로 등 해상정보 제공, 생태정보 안내시스템 등에 활용된다. 또한 GPS 글로나스(GLONASS) 등과 같은 고정밀 위치정보를 제공하는 측위 위성은 무인자동차, 항공기 등의 개발과 실용화를 지원한다.

〈그림 1-4〉 지구관측위성(아리랑 3호 상상도)

또한 화성 등과 같은 우주탐사 대상이 되는 행성의 정밀지도를 제작하여 우주인 및 무인탐사로봇의 안전하고 과학적인 탐사활동을 지원하고, 우리 은하 밖 탐사 등을 위한 위성궤도 설계에 요구되는 행성 간 위치정보를 구축한다.

마지막으로 지구의 안전을 위협하는 근접 천체와 기상이변에 많은 영향을 미치는 달의 운동 등을 관측하여 정밀 위치정보를 구축하여 위협에 대응한다.

1.2.2 지적 이슈

지적은 개인의 토지와 재산에 관한 권리를 부여하고 국토의 개발과 이용, 세수확보 및 환경관리 등을 위한 필수 수단이다. 이러한 지적을 효율적으로 관리·운영하기 위해 법률과 제도, 토지정보 운영시스템 등과 같은 지적시스템을 구축하고 있으나 아직까지 전 세계적으로 지적시스템을 도입하고 있는 국가는 약 40여 개국에 불가한 실정이다.

따라서 정부는 공공과 민간에게 정보 공개와 공유를 통해 서로 간 소통을 활성화하고, 체계적인 미래 토지관리를 위한 프레임워크인 지적 2.0 도입을 위해 노력하고 있다.

1) 지적 2.0

지적 2.0은 토지 및 지리정보를 통합한 다목적 지적시스템이다. 현 인류는 지속적인 개발을 통해 환경파괴, 급격한 거대도시화, 경기침체와 자연재해 증가 등 많은 문제에 직면해 있다. 이러한 문제 해결을 위해 지적 분야에서 폭넓은 수요층을 지지할 수 있는 제품과 정보의 서비스가 필요한 상황이며, 기존의 단순한 토지소유권 및 과세를 위한 면적규정을 넘어 넓은 범위와 규모를 충족시킬 '다목적' 환경의 구축이 필요하다. 따라서 토지이용 분석, 새롭고 지속적인 개발관리, 공정하고 투명한 수익시스템 개발 및 배포, 그리고 신뢰할 수 있는 의사결정 지원시스템 구축을 위해서도 다목적 지적시스템인 지적 2.0 도입에 대한 관심이 높아지고 있다.

2) 지적데이터 품질개선과 모델링

지적데이터 유지 및 품질을 개선하기 위해서는 지적도의 정확도, 데이터베이스가 현실세계에 반영되는 속도와 같은 속도의 변화, 토지피복도, 토지이용 분류체계 등 '목적의 적합성' 측면에서 다양한 방면으로 데이터 품질을 수용할 수 있어야 한다.

지형데이터 수집 도구의 경우 새롭고 즉각적인 장비가 급증하고 있다. 위성영상의 품질 또한 빠른 속도로 발달하고 있으며, 라이다(LiDAR) 장비의 수치지형모델 데이터 수집 또한 개선되었고 모두가 이용하는 스마트폰(안드로이드 등)이 있다. 이러한 장비들은 모두 토지 및 지형자료를 유지하는 데 추가적으로 활용할 수 있다.

지적 2.0 다중사용자 시스템은 새로운 데이터 유형 및 수집기술을 활용할 수 있는 도구를 제공한다. 에스리(Esri)사의 ArcGIS는 정확한 지적데이터와 토지 및 지형정보에 관한 자료를 통합적으로 관리할 수 있게 한다. 지적데이터는 보다 정밀한 측량기술, 기본 지적도를 적합하게 맞추어 새로운 데이터를 개선함으로써 점진적으로 품질을 향상시킬 수 있다. 또한 새로운 기술을 활용하여 데이터를 수집 및 유지하고, 점진적으로 데이터 품질향상을 위한 업무 흐름도를 구축하여 다수의 사용자들에게 정확한 정보를 제공하여 시스템의 틀을 형성한다. 데이터 품질향상은 비용 측면에서 더욱 효율적이고 빠른 완성도를 갖는다.

라이다, 항공사진측량, 위성영상, 측량, 레이저스캐닝, 모바일맵핑과 시민들이 수집한 지리정보들은 토지정보시스템을 통해 활용된다. 정보의 방대한 양으로 지적 2.0의 새로운 기능은 실제 3차원(3D) 관리 권한 및 사용, 유틸리티의 위치와 지역권으로 사용된다. 토지관리시스템에서 호환 가능한 데이터 모델은 축적된 데이터에서 지리정보를 통합, 공유, 활용하는 데 도움을 준다.

3차원 지적은 복잡한 공간적 관계를 표시하고 관리하는 데 필요하다. 전체 3차원 지적구현을 지원하기 위해 객체경계 정의, 객체위상과 법적표현이 추가로 정의되어야 한다. GIS를 이용하여 2

차원과 3차원을 결합하는 복합적인 접근 또한 실현 가능하고, 경제적이며 확장성 또한 높다. 지하 교통시스템, 광물관리권한(임차 및 과세 모두) 및 공간소유권, 더 나은 모델을 위한 기술개발, 현재까지의 3차원 시각화 소유권시스템 유지 등 과거로부터 3차원역량의 영향력이 발달되어 왔다. 지적 2.0은 과거 우리가 학습했던 지식을 최대한 활용하고 도시화가 진행되는 세계의 요구에 맞추어 완전한 토지행정시스템의 이해를 바탕으로 한다. 따라서 지적 2.0의 과제는 기술이 아니라 '실재'의 필요성 및 관련 입법의 변화에 대한 이해이다.

3) 권리의 지속

토지 및 재산 등록에서도 지적체계의 점진적 개선을 적용할 수 있다. 최근 유엔 해비탯(UN-HABITAT)에서 지속적 권리에 대하여 첫 번째 임대기간을 안전하게 확보하기 위해 실용적으로 접근해야 한다고 주장하였으며, 개인 토지 권리의 개선 및 업무 향상 필요성, 측량의 정확도 또는 권리의 지속에 따라 토지소유자가 변경되어야 한다고 주장하였다. 유엔 해비탯은 다양한 학문적 접근과 실질적 완성도를 인지하고, 토지관리 도메인모델(LADM: land administration domain model)과 같은 새로운 자료생성의 개발을 지원하며, 사회적 점유 도메인 모델(STDM: social tenure domain model)과 같은 모델을 특성화한다. 이러한 표준은 토지의 활용도 및 중복도와 같은 요소를 따라 토지소유권보다 낮은 단계인 임대기간의 형식을 지원한다. 지적 2.0은 데이터 표준을 인식하고, 데이터를 일관되게 구축하며, 넓은 서비스 환경과 상용규격(COTS) 소프트웨어를 활용하여 더 적은 비용으로 행정시스템을 운영할 수 있다.

상용규격 소프트웨어는 단일데이터 모델 구축을 허용하여 어려운 소프트웨어의 맞춤형 지원과 기울여야 할 많은 노력을 일부 덜어 주는 역할을 하였다. 상용규격 소프트웨어를 사용한다는 것은 기술적으로 실패 가능성이 높은 개발도상국에게는 부족한 기술을 부분적으로 지원하는 역할을 하기 때문에 중요하다.

4) 국민 참여와 신기술 도입

일반 시민의 손에 있는 스마트폰을 통한 현대 컴퓨팅 플랫폼과 기술을 활용하여, 지적 2.0은 다양하고 유연한 구현 유형을 가질 수 있다. 또한 클라우드 컴퓨팅은 개발도상국에 방대한 기능을 제공할 수 있다.

클라우드는 방대한 양의 토지 및 지리정보 데이터를 관리하고 탄력적으로 계산하는 장점이 있다. 또한 토지이용 분석 및 개발계획과 같은 핵심 토지관리 기능에 대한 복잡한 공간분석을 시행할 수 있다. 클라우드 컴퓨팅 기능을 활용하는 것은 인터넷을 기반으로 한 장치를 요구하지만 필수적인 것은 아니며, 더 많은 전력 및 데이터 저장 공간을 제공한다. 클라우드는 스마트폰 및 태블릿 컴퓨터와 같은 간단한 장치를 가지고 사용자가 데이터에 접근하고 사용할 수 있게 한다. 이는 새로운 시민들이 스마트폰을 사용하여 주소를 기반으로 한 맵핑경로 및 맵핑처리 지점 등을 다른 사용자들과 간단하게 공유할 수 있는 서비스를 제공할 수 있게 된다는 것을 의미한다. 개방형 표준, 간단한 장치, 클라우드를 통해 지적 2.0은 토지정보 사용과 가치를 극대화하기 위해 개발 및 간단한 응용프로그램을 사용할 수 있게 제공한다.

이러한 토지행정시스템 기술의 발전에 따라 시민들의 손안의 기술 또한 발전하였다. GPS, 인터넷 활성화, 스마트폰을 비롯한 맵핑기술이 지구 전 지역에서 가능하게 되었다. 스마트폰의 보급이 급속도로 확산되면서 연락망과 정보망이 구축되어 개발도상국 또한 박차를 가하게 되었다. 해외 여러 국가에서 스마트폰과 단순한 도구를 활용하여 오픈스트리트맵(OSM: open street map)과 같은 맵핑서비스를 시행할 수 있게 되었다. 이는 데이터 수집과 유지, 오차보정 등을 위한 새로운 방향을 이끌었다.

토지행정시스템에서 정보를 제공할 수 있는 기술들이 간단해짐과 동시에 투명성과 의무가 따르는 방안들 또한 제공되고 있다. 소유권 및 가치, 세금 정보는 공개 등이 그것이며, 소유주 이전에서 정보를 투명하게 전달하기 위해서는 토지정보를 관리하고 책임질 수 있는 정부가 있어야 한다는 것이 요점이다. 지적 2.0은 시민으로부터 제공되는 정보의 모든 이점을 취하고, 소유주, 소유이전, 활용, 과세 등의 정보를 다양한 장비를 활용하여 쉽게 접할 수 있도록 제공한다.

1.2.3 GIS 이슈

GIS는 초기 주로 지형과 관련된 모든 분야에 활용하기 위하여 설계된 정보시스템이었다가, 산업 전 분야로 활용범위가 확장되어 지형뿐만 아니라 도시설계, 군사, 교통, 정보통신 등 현대 사회의 전반적인 산업분야에서 이용되고 있다. 이러한 폭넓은 GIS 및 관련 데이터를 효율적으로 활용하기 위해서 독립적인 시스템을 구축하거나 데이터를 생산하고 관리하기 보다는 다양한 분야를 서로 연계하여 복합적으로 이용하고 있다. 최근 사물인터넷, 빅데이터, 증강현실, 클라우드 등 최신기술은 도시관리, 방재, 지능형 교통시스템 등 다양한 분야의 기초 및 응용기술로 활용이 확대될 것으로 기대된다.

1) 사물인터넷

사물인터넷(IOT: internet of things)이란 인터넷을 기반으로 모든 사물을 연결하여 사람과 사물, 사물과 사물 간의 정보를 상호 소통하는 지능형 기술 및 서비스를 말한다. 즉 인간, 사물, 서비스의 3분산 요소가 상호 협력적으로 센싱, 네트워킹, 정보처리 등 지능적인 관계를 형성하는 사물 공간 연결망을 의미한다. 최근 무선통신 기술의 발전과 스마트폰, 태블릿 컴퓨터 등의 단말기가 많이 보급되면서 사물인터넷 시장의 규모가 증가하고 있다. 현재 사물인터넷은 다양한 산업 간 융·복합을 통해 스마트그리드, 스마트홈, 헬스케어, 지능형 차량서비스 등의 분야에서 상용화되고 있다.

예를 들어, 이전에는 집으로 들어와 직접 불을 켜고 냉난방 시스템을 가동했다면 이제는 집에 도착하기 전에 스마트폰과 같은 단말기로 실내등이나 냉난방 시스템을 원격 조정할 수 있게 된다. 심지어 청소기나 전자레인지 같은 집 안의 지능형 기기들이 기존의 데이터를 참고하여 자동으로 작동하여 편의를 제공할 수 있다. 또한 위치기반 알림 서비스를 제공하여 걸어가거나 자동차로 이동하는 사람들에게 정보를 전송할 수 있고 건물 출입 통제 용도로 승인을 받은 사용자가 접근하면 문이 자동으로 열리는 서비스를 제공할 수 있다. 또한 특정 장소나 지역에 대해 GPS 기반으로 스마트 투어를 할 수 있도록 더 자세하고 구체적인 정보를 단말기에 전송하면서 관광 안내를 제공한다.

사물인터넷은 환경, 에너지, 재난·재해 등 국가적 현안을 해결할 수 있는 동시에 비용 절감, 운영 효율화, 신규 서비스 창출 등 기업 경쟁력 강화를 위한 수단으로 활용되고 있다(Cisco, 2013; Gartner, 2013). 특히 실시간 모니터링, 데이터 가공 및 분석을 통한 사전 진단과 예측, 자동 제어를 통해 다양한 부문의 비효율을 효과적으로 제거함으로써 비용 절감 효과가 크고, 사물인터넷 기술을 접목시킨 다양한 제품 및 서비스의 개발은 기존에 존재하지 않았던 새로운 시장과 부가가치를 창출하여 세계 및 각국 경제의 신성장 동력이 될 것으로 기대된다.

2) 증강현실

1990년 보잉사에서 항공기 조립 과정의 가상이미지를 실제 화면에 중첩시켜 설명하면서 '증강현실'이라는 용어를 최초로 사용하였다. 증강현실(AR: augmented reality)은 사용자가 현실 공간에서 컴퓨터가 재현해 내는 가상의 정보 공간을 함께 체험할 수 있도록 하는 기술로서, 컴퓨터 그래픽스, 인간-컴퓨터 상호작용, 영상 및 상황인식, 위치기반 서비스 등의 기술과 깊은 관련성을 가진다. 그런데 적지 않은 사람들이 가상현실(virtual reality)과 증강현실을 혼동하고 있다. 가상현실은 객체와 배경, 환경 모두 현실이 아닌 가상의 이미지를 사용하지만 증강현실은 현실의 이미지나 배경에 3차원 가상 이미지를 겹쳐서 하나의 영상으로 보여 주는 기술이다. 최근에는 스마트폰이나 태블릿 기기의 발달로 착용형 디스플레이 보다는 휴대형 기기상의 카메라와 터치스크린 또는 초소형 프로젝터를 이용한 증강현실 기술 적용이 활발히 개발되고 있다. 이러한 영상 하드웨어에 GPS, 전자나침반, 가속도계 등 각종 위치 및 자세 센서들이 결합되어 영상인식 및 상황인지 기술과 인식된 정보를 바탕으로 현실 상황과 공간적으로나 의미적으로 연관된 정보를 컴퓨터 그래픽스를 통해 합성하여 사용자에게 영상을 제공해 주는 기술들이 증강현실의 구현을 위해 필요하다. 또한 사용자의 위치정보에 따라 맞춤형 정보를 제공하는 위치기반 서비스 기술과도 밀접한 관련이 있다. 증강현실 기술의 차별화된 특징은 가시화적인 측면에서 현실세계의 영상과 가상정보가 공간적으로 정합되어 제시된다는 점이다. 스마트폰으로 주변 환경을 비추면 사용자가 원하는 가게 등의 위치나 평판 등을 알려 주는 'Layar', 'Wikitude' 등을 예로 들 수 있는데, 카메라로 주위 환경을 비추면 화면 속의 유적지, 커피숍, 공원, 식당 등의 정보가 화면에 나타나며 목적지를 클릭하면 구글맵과 연동하여 지도 및 거리까지 알려 주는 Layar는 50만 건 이상의 다운로드 수를 기록하고 있다.

〈그림 1-5〉 Layar 사용 모습

〈그림 1-6〉 증강현실 사용 예

3) 빅데이터

빅데이터(big data)란 기존 데이터베이스 관리도구의 데이터 수집, 저장, 관리, 분석 역량을 넘어서는 대량의 정형 또는 비정형 데이터의 집합과 이러한 데이터로부터 가치를 추출하고 결과를 분석하는 기술을 의미한다. 다변화된 현대 사회를 더욱 정확하게 예측하여 효율적으로 작동하게 하고 개인화된 현대 사회 구성원마다 맞춤형 정보를 제공하여 과거에는 불가능했던 기술을 실현시키기도 한다. 전반적으로 모든 유형의 데이터가 폭발적으로 증가하고 있는 가운데 대용량 데이터를 걸러 내 유용한 정보를 찾기 위해 병렬 처리, 인스트림(In-stream) 처리 등 첨단 기술을 사용하여 데이터 홍수를 관리하는 다양한 기술들을 내놓고 있다. 최근 공간정보 데이터가 증가하면서 빅데이터 업계는 인스트림 데이터플로우 분석, 태그 지정, 유형 및 추세의 시각화 등에서 공간정보와 GIS의 가치가 높다는 점을 인식하기 시작했다.

특히 지진이나 쓰나미 같은 자연재해나 전염병에 대한 빅데이터는 인명과 재산피해를 최소화하는 데 큰 도움이 된다. 예를 들어, 구글은 독감 유행 정보를 감지하는 데 기존에는 특정 국가나 지역의 의료기관에서 보고를 받는 보건기구가 제공하는 정보를 이용하여 독감 감시체계를 운영했다. 이후 구글은 독감 증상이 있는 사람들이 늘어나면 관련된 주제를 검색하는 빈도도 함께 늘어난다는 사실을 발견하고 시간-지역별 검색기반 독감 유행 정보를 구글 홈페이지(google.org)를 통해 제공하였다. 미국의 경우 주 단위로 갱신되는 보건 당국의 발표와 달리 구글의 독감 유행 정보는 매일 갱신되므로 독감 유행 징후를 빠르게 감지하고 대응책을 마련하는 데 유용한 정보 보완 기능을 한다. 일본은 2011년 동일본 대지진을 계기로 지진이 자주 발생하는 지역적 특성과 동일본 대지진의 피해를 입은 광역지역의 조사 및 분석 결과를 통해 지진위험도 지도를 제작 및 배

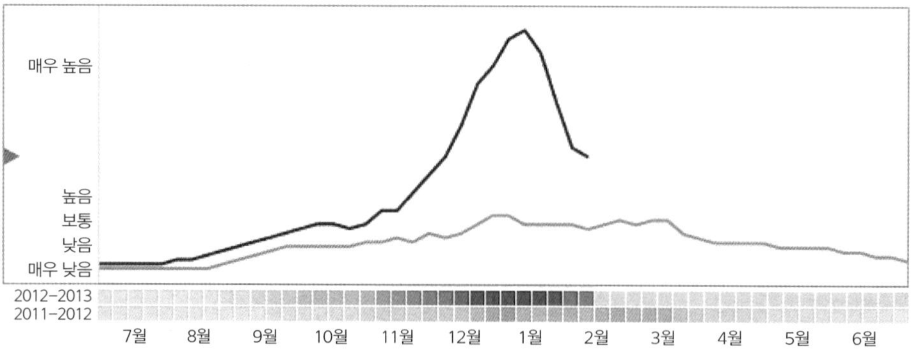

〈그림 1-7〉 검색 통계로 추정한 독감 유행지수 변화(구글)

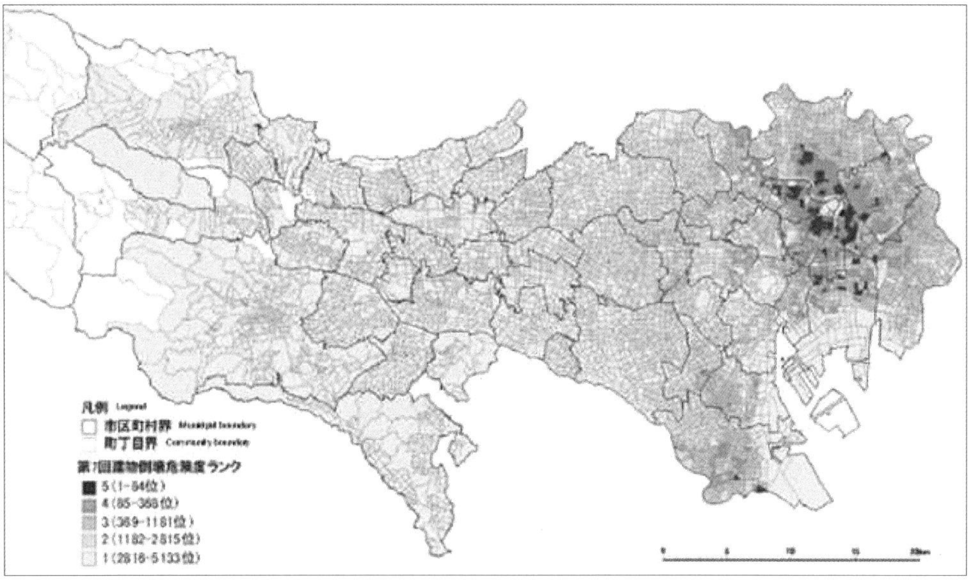

〈그림 1-8〉 일본 동경도 종합 지진 위험도 지도

포했다. 지도는 지진 발생 예상 지점 및 강도, 발생 지점으로부터 지역별 거리, 지역별 건물내진도, 화재 발생 가능성을 고려하여 위험의 단계를 1단계(낮은 위험)에서 5단계(높은 위험)까지 상대 평가하여 나타내고 있다. 이 밖에 빅데이터와 공간정보 기술을 융합한 서비스를 통해 비즈니스 기회 창출 및 수요자 중심의 정책 추진이 가능하다.

4) 클라우드

클라우드는 인터넷상의 유틸리티 데이터 서버에 프로그램을 두고 필요할 때마다 컴퓨터나 휴대폰 등으로 데이터를 불러와서 사용하는 웹 기반 서비스이다. 이는 하드웨어를 구입하고 설치하는 데 막대한 비용과 시간이 소요되는 대신 소정의 이용료만 지불하면 사용할 수 있다는 뜻이다. 이를 활용하여 사용자는 대용량 공간 및 위치정보를 효율적으로 접근, 관리, 활용할 수 있게 된다. 또한 사용자가 직접 데이터를 올리고 수정할 수 있어 공유와 개방의 성격도 가진다. 이는 기존의 데이터베이스가 특정 전문가들에 의해 수집된 것과 달리, 불특정 다수의 사용자들을 통해 정보를 취득하는 것이 가능해졌다는 것을 뜻한다. 그러므로 개별적으로 구축·운영되는 GIS를 연계·통합하여 공동으로 활용하는 클라우드 체계로 전환하고 공간정보 활용 분야로 확대하여 갱신된 공간정보를 언제 어디서나 누구든지 사용할 수 있게 되었다. 대표적인 클라우드 GIS 사례로 에스리사의 'ArcGIS Server on Amazon', 'ArcGIS.com'을 들 수 있다. GIS 애플리케이션 개발을 위한 플랫폼을 서비스하는 ArcGIS Server on Amazon을 이용하면 사용자는 GIS 애플리케이션 구축을 위한 전산 장비나 GIS 소프트웨어 없이 클라우드 환경 내에 기축되어 있는 이미지를 활용하여 빠르게 GIS 애플리케이션을 개발할 수 있다. 또한 개발된 애플리케이션을 클라우드에 배포하여 활용함으로써 사용량에 따라 하드웨어를 탄력적으로 운영할 수 있다. GIS 기능의 애플리케이션을 서비스하는 ArcGIS.com을 이용하면 사용자가 별도의 GIS 소프트웨어나 데이터 없이 웹브라우저만을 가지고 GIS 맵을 작성하고 이를 다른 사람들과 쉽게 공유할 수 있다. ArcGIS.com은 애플리케이션 기능뿐만 아니라 검색을 통해 전 세계적으로 공유된 다양한 GIS 콘텐츠도 활용이 가능하다.

공간정보 활용의 폭발적인 증가와 함께 위키(wiki) 기반의 지도서비스인 '오픈스트리트맵'은 지도 전문가가 수집한 정보로 만든 지도가 아니라 다양한 사용자가 자발적으로 주변 지도를 그리고, 수정 및 공유하여 구체적이고 실질적인 지도를 생성하는 지도서비스를 말한다. 이와 같은 방식은 그 지역을 잘 아는 사용자가 정보 제공자가 되어 풍부한 정보를 취득할 수 있다는 장점을 갖는다. 실제로 아이티 지역에서 지진이 발생하였을 때 자원봉사자들의 참여로 지진 발생지 주변의 상황을 빠르게 맵핑하여 접근이 어려운 지역의 지역정보를 수집한 사례가 있다. 오스트레일리아에서는 정부 주도의 재난·재해 정책 프레임워크를 개발하는 데 클라우드 애플리케이션을 추가하여 사용자가 직접 긴급 상황에 대한 정보를 중앙 센터에 전달하고 이 지역에 모든 트위터 사용자를 자동으로 맵핑하여 실시간 피해 알림을 받을 수 있도록 하였다.

〈그림 1-9〉 클라우드 개념

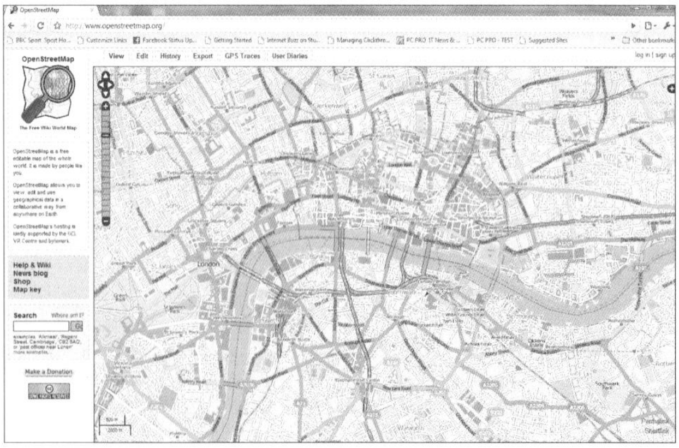

〈그림 1-10〉 오픈스트리트맵 예시

1.2.4 원격탐사 이슈

원격탐사는 영상해석뿐만 아니라 관측센서를 개발하는 광학분야와 센서를 탑재하는 플랫폼을 제작하는 기계분야까지 기술과 학문이 광범위하게 연관되어 있다. 데이터 취득, 영상처리와 같은 분야들 또한 서로 밀접하게 연계되어 기술적인 측면의 발전 추세가 원격탐사의 활용에 영향을 미친다. 현재 미국과 러시아뿐만 아니라 유럽, 중국, 일본, 인도 등의 세계 각국은 달을 비롯하여 태양계의 행성에 탐사선을 보내고 탐사 로봇 차량을 통해 다른 행성을 탐사하려는 시도를 경쟁적으로 진행하고 있다.

원격탐사위성을 우주에 발사한 국가는 50여 개국에 이르며 민간기관도 50여 개에 이른다. 미소 양국의 우주개발 패권을 차지하기 위한 경쟁이 제1의 원격탐사시대 활동의 동력이었다면, 다양한 국가와 민간기관이 원격탐사 기술을 활용하여 국민 삶의 질을 향상시키고 국가 안보를 유지하며 경제적 이윤을 얻고자 하는 다양한 실질적 요구가 제2의 원격탐사시대를 이끌고 있다. 제1의 원격탐사시대에는 위성에서 지구의 사진을 취득하는 것 자체에 의의를 두었다면, 제2의 원격탐사시대에는 원격탐사 영상을 활용하여 경제적 이윤을 창출하는 것으로 변모하였다(최남미, 2012).

1) 우주탐사

우주탐사는 달과 행성탐사를 포괄하는 개념으로 우주인이 직접 행성으로 가서 탐사하는 유인탐사와 탐사장비를 보내어 원격으로 행성을 탐사하는 무인탐사로 구분된다. 국제우주정거장(ISS: international space station)은 행성탐사의 최전선으로 건설된 우주기지이다. 국제우주정거장은 지구궤도에 건설된 대형 구조물로서 사람이 생활을 하면서 우주실험, 우주관측 등 우주개발에 필요한 임무를 수행하는 곳으로 미국(NASA)을 비롯한 유럽(ESA), 러시아(RKA), 캐나다(CSA), 일본(JAXA), 브라질(NASA와의 계약으로 참여) 등 16개국이 참여하는 우주개발 사상 최대의 국제협력 프로젝트이다(황진영, 2006).

우주탐사선에는 먼 거리에서도 각종 자료를 얻을 수 있는 원격탐사 장비가 실려 있다. 이 장비들은 달 또는 다른 행성의 표면, 자기장, 대기, 중력 등을 조사한다. 우주탐사의 초기에는 수동으로 카메라가 찍는 영상만을 자료로 얻었으나, 이후에 레이더를 이용한 원격탐사가 시도되었으며 최근에는 로봇을 행성에 착륙시켜 행성 표면에 대한 직접적인 자료를 얻는 것이 표준화된 방식으로 자리 잡고 있다. 행성의 환경, 자원 등을 탐사하는 장비로 우주탐사에 빠질 수 없는 핵심 기술로 로버(rover)가 있다. 로버는 자율 주행을 위해 스스로 지도를 제작하고, 스스로의 위치를 확인할 수 있는 기능이 있다. 로버에 탑재된 스테레오 카메라로 지형을 탐지하여 스테레오 영상을 만들어 낸 다음, 3차원지도를 만들게 되고, 이 지도를 통해 자신이 위치한 기준점을 확인하여 갈 수 있는 지역과 갈 수 없는 지역을 판단해서 위치와 나아갈 방향을 정할 수 있다. 로버는 탑재된 과학장비를 이용하여 행성의 토양이나 암석을 관찰하고 성분을 분석해 지구로 보내 주기도 한다.

우주탐사를 목적으로 발전해 온 위성 및 발사체 관련 기술은 미사일, 감시위성 및 통신시스템, 로봇 등 우주·국방 분야에서 혁명적인 역할을 하게 되어 각국의 우주탐사 기술 수준이 국제 경쟁력의 상징으로 자리 잡고 있다.

2) 무인기의 상용화가 원격탐사에 미치는 영향

무인기를 말하는 드론(drone)은 본래 '낮게 웅웅거리는 소리'를 뜻하는 단어이며 조종사 없이 무선전파로 유도하거나 지상에서 원격으로 조정하는 무인항공기(UAV: unmanned aerial vehicle)를 의미한다. 사람이 기체에 타지 않고 원격으로 조종하는 무인항공기는 군사용으로 처음 개발되어 지금까지 정찰, 감시, 폭격 등의 임무를 수행해 왔는데, 최근 민간 시장에서 지도 제작 등 다양한 원격탐사 용도로 활용이 급속히 확대되고 있다. 『뉴욕 타임스』는 2013년 올해의 단어 중 하나로 드론을 선정하였으며, 우리나라가 2013년 발표한 제6차 산업기술 혁신계획에서도 미래 성장 동력의 하나로 무인항공기시스템을 포함하고 있다(성낙환, 2014). 드론은 사용자가 활용 및 관리하기 쉬운 상태로 발달했을 뿐만 아니라 사용 목적과 환경을 반영하여 다양한 형태의 맞춤형 드론을 사용자가 직접 제작할 수 있는 장점이 있다. 통상 드론은 스마트폰으로 조종하고 드론에 부착된 카메라를 통해 영상을 촬영하는 작업이 동시에 이루어진다.

초기에 진입장벽이 다소 높은 전문화된 활동이었던 것에서 벗어나 드론의 대중화가 진행 중이다. 스포츠나 여행을 즐기는 사람이 자신의 모습을 공중에서 촬영하기 위한 목적으로 개발 중인 드론의 경우 사람이 구글맵을 통해 이동 경로를 미리 입력하면 직접 드론을 조종하지 않아도 드론이 자동으로 따라다니면서 촬영을 한다. 드론과 차량용 지도 제작시스템이 연계되는 시스템인 플라잉 컴패니언(Flying Companion)은 차량의 지붕 위에 드론을 탑재하고 있다. 이 시스템은 드론이 차량 주변을 돌면서 도로 상황과 토지이용 등 차량이 이동하는 지역의 원격탐사 영상을 실시간으로 제공한다. 탑승자는 차량 내에서 태블릿을 이용해 드론을 수동으로 조종할 수 있다(그림 1-11). 다수의 드론이 협력하여 영상을 촬영하고 고도별, 수직조망, 사각조망 등 다양한 조망으

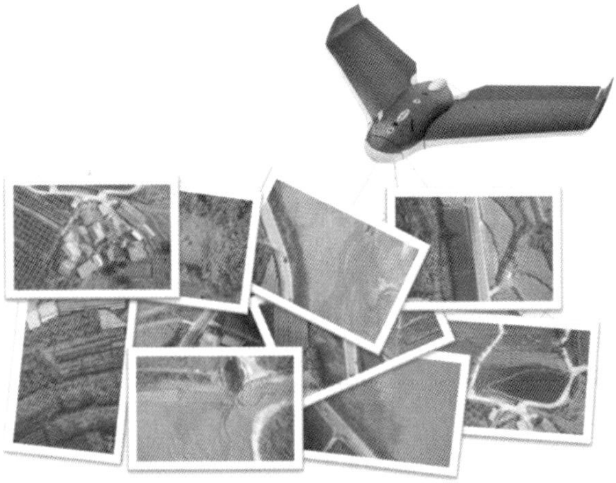
〈그림 1-11〉 원격탐사 영상을 실시간으로 확보하는 드론 시스템

로 촬영된 영상이 블록으로 조합되고 스테레오 영상으로 제작될 경우 기존의 위성영상이나 항공사진 시스템에 국한된 응용보다 훨씬 정교하고 복잡한 작업을 처리할 수 있게 되어 원격탐사의 영역은 상상을 초월하게 될 것이다.

드론영상의 공간해상도는 보통 5~10cm 수준으로서, 해상도 1m인 최신 위성사진보다 100~400배 높다. 상대적으로 좁은 지역에 대한 데이터 취득 시 유인 항공사진촬영보다 경제적이라는 장점이 있다. 10cm 미만의 드론영상 등장으로 지금까지 광학분야에서 주로 사용되었던 50cm 미만의 고해상도 위성영상에 비해서 공간해상도가 향상되어 물체의 식별 범위도 넓어졌다. 그간 원격탐사의 응용분야가 해양, 대기, 산림, 수자원 등 중규모 이상의 환경 위주였으나 드론영상을 통해 도시계획, 시설관리, 농작물 분석 등 상세한 정보가 필요한 소규모 환경까지 활용 분야가 확장되었다. 건물, 교통시설물 등 10cm 이하의 고해상도에서 식별할 수 있는 도심시설물을 관측하는 일이 가능해진 것이다.

기상관측 무인기로 유명한 에어로손데(Aerosonde)는 온도, 기압, 습도, 바람, 화학·생물학적 관측이 가능한 드론으로서 사람이 접근하기 힘든 허리케인 중심 부근의 데이터를 수집하는 데 사용되고 있다(성낙환, 2014). 드론영상은 비행체가 접근할 수 있는 지역이면 어디든 특별한 제약사항 없이 촬영 및 후처리가 가능하며 신속하게 원격탐사 영상을 확보할 수 있으므로 향후 다양한 원격탐사 분야에서 활용이 늘어날 것으로 기대된다.

1.3 공간정보학의 구성

공간정보학은 공간정보를 구축하는 측량 및 지적, 원격탐사와 구축된 정보를 관리하고 목적에 맞게 편집, 분석 및 활용하는 GIS로 분류할 수 있다.

1.3.1 공간정보 구축

공간정보학의 가장 기반이 되는 기술은 측량이며, 기반정보 구축방법에 중 가장 많이 사용되는 기술이 측량기술이다. 측량이라는 것은 거리나 각도, 사진, 시간 차 등을 이용하여 공간 상의 점의 위치를 결정하는 방법을 배우는 학문 및 기술로 공간정보 구축에서는 측량에 기초한 공간정보 수집 및 구축에 관한 내용을 수록하였다. 우선 공간정보 데이터 및 구축에 대하여 정의하였고, 그 법적 근거를 확인하였다. 또한 구축을 위한 기준이 되는 지오이드와 지구타원체에 대한 이론적 고찰을 통해 지구형상을 정의하고 이를 토대로 우리나라 위치 기준과 좌표계, 좌표 변환 및 지도투영에 대한 이론을 제시하였다.

특히 공간정보를 구축하는 데 필요한 지상측량, 사진측량, 지도 입력, 원격탐사를 통해 공간정보 구축과정에 대하여 설명하였고, 전파·광파거리측량기, 각측량기기, 디지털측량기기, GNSS(global navigation satellite system) 등 공간정보 구축에서 보편적으로 사용되는 기기의 종류와 특징을 설명하였다. 또한 공간정보 구축방법론에서 각과 거리측량방법과 높이측량방법에 대한 이론과 특징을 기술하였으며, 취득된 정보의 처리를 위해 정확도와 오차의 이론적 개념을 정립하고, 정보들의 통계처리와 조정과 보간 방법에 대하여 설명하였다.

1.3.2 지적

지적은 한 국가의 토지제도를 유지하고 보호하는 도구로서 사회의 생산관계 조절에도 작용한다. 지적의 기능은 토지관리를 위한 각종 업무에서 정확한 토지현황을 행정자료로 제공하는 토지관리의 기초업무이다. 토지소유권 등록과 조세징수를 위하여 토지관리 공부에 재산권의 상태, 위치와 면적, 지목, 등급과 지가 등을 기록하고 있다. 지적학은 토지과학 영역에서 토지재산권, 경계, 수량, 토질과 용도 등의 변화를 연구대상으로 지적제도, 지적관리체계와 기술 및 지적측량을 다룬다. 지적제도는 각종 지적사항에 대한 확정과 규정 변경으로 만든 정책, 법규와 새로운 규범, 제도, 법제화 작업을 말한다. 지적제도는 국가 지적관리 규정을 통해 실현되는 것으로 등기제도, 지적조사, 토지등급 분류 및 가격평가, 토지통계, 지적 파일과 정보화 관리제도 등을 포함한다. 지적학은 사회과학과 자연과학으로 이루어져 이론과 실무가 상호 결합된 학문으로 공간 운용에서부터 재산권에 관한 소유권, 지적공간이론, 지적정보체계에 대한 이해가 필요한 학문이다. 토지재산권제도, 지적조사, 토지등기, 토지통계, 지적관리 현대화 및 비용편익 분석 등을 다룬다. 뿐만 아니라 지적의 형성과 발전역사 및 토지등기 개념, 성질, 대상, 유형, 토지통계의 기본 원리와 지적관리제도 현대화 및 편익분석, 지적자료관리 수치지적부, 지적도의 설계, 자료갱신, 지적데이터베이스 설계, 유지보수, 조회 부분도 지적관리에 포함된다. 지적측량은 토지소유권을 등록하는 필지단위의 경계점 측량 및 필지관리를 위한 조사 업무로 공간정보인 지형지물로 인식한다. 뿐만 아니라 인간 활동 영역에 대한 효율성과 안전 및 복리를 위한 의사결정 도구이다. 지적은 토지에 대한 소유권정보를 포함하는 것으로 필지별 대장정보와 도면정보로 구성되어 있다. 공간정보에서 토지정보시스템의 역할은 인간활동과 토지에 대한 소유권 및 조세에 대한 연계정보를 가지기 때문에 공간 위치뿐만 아니라 소유자의 정보도 포함한다. 토지소유권 정보를 표현하기 위하여 대축척의 지적도면을 사용하여 각종 시설물의 관리에 있어서 확장 및 시스템적 통합관리를 가능하게 해 준다.

1.3.3 GIS

"이 세상 모든 것들은 위치를 가진다. 자신, 사람, 전화통화, 애완동물, 지진, 식료잡화, 유명한 비석 등 모두가 위치를 가지고 있다. 우리가 살면서 접촉하는 식료잡화로부터 디지털 사진에 이르기까지 모든 것들은 위치를 가진다. 이들 위치로부터 우리는 더욱 더 많은 것들을 알 수 있으며, 이로부터 새로운 경제를 창출할 수 있다." 위에 언급된 인용은 2005년 where 2.0 컨퍼런스에서 웹에서 위치정보의 중요성을 설명하면서 언급된 말이다. 우리는 매일의 삶에서 일상생활의 모든 것에 위치정보를 갖게 된다. GIS(Geographic Information System)는 이러한 정보를 지속적으로 탐지하는 것뿐 아니라 사회적으로 해결해야 하는 많은 이슈의 해답을 제시하는 데 유용하게 사용될 수 있다. 많은 문제들은 위치정보를 기본적으로 필요로 하며, 이를 바탕으로 정보와 지식, 나아가 지혜로 발전시켜 우리가 얻고자 하는 해답을 얻을 수 있다. GIS는 우리가 안고 있는 이러한 문제를 해결하는 도구로 활용될 수 있으며, 지리적 실체에 대한 구체적 지식과 일반적 지식을 사용하여 문제 해결을 지원할 수 있도록 해 주는 과학이자 기술이라 할 수 있다(Longley, Goodchild, Maguire and Rhind, 2005). 특히 최근 들어 인터넷의 발달과 모바일 기기의 급속한 보급은 위치정보의 중요성, 그리고 위치를 기반으로 하는 다양한 서비스의 중요성을 증가시키고 있으며, 그 중심에 GIS가 있다. GIS는 다양한 공간데이터와 속성데이터를 수집하여 컴퓨터의 데이터베이스에 저장하고, 데이터의 저장 및 유지 관리가 이루어지는 단계이다. 이 단계에서 실세계의 형상들은 컴퓨터가 인식할 수 있는 형태의 데이터로 저장되고, 다음 단계에서 이루어질 분석 목적에 맞게 데이터를 정비하고 관리하는 작업과 데이터베이스에 저장된 데이터는 다양한 분석 목적에 맞게 공간질의, 속성질의 등이 이루어진다.

1.3.4 원격탐사

공간정보학, 지리학, 토목공학, 도시계획학, 생물학, 조경학 등 땅을 다루는 학문 분야에서 원격탐사가 도입되지 않았거나 도입되었다 해도 이론적인 측면에서와 실무의 관점에서 문제를 찾아내는 단계가 원격탐사의 첫 출발이다. 원격탐사에 의해서 이미 확보된 정보가 존재하더라도 하루가 다르게 변하는 원격탐사 관련 기술의 발달은 전통적인 이론에 의거하여 확보된 정보의 타당성을 재검증하는 것이 일반화되고 있다. 기술의 발달이 지리학, 생물학, 조경학, 임학 등 땅을 다루는 학문 전체에서 전통적인 이론이나 사고체계를 가지고 이룩하였던 지식체계 자체를 흔들고 있기 때문이다.

모든 학문은 데이터에 의거하여 다양한 정보를 산출하여 지식으로서 인정하고 있는데 데이터 자체에 대해 판이하게 다른 새로운 환경이 일반화되면서 대두되는 다양한 문제를 발굴하는 것이 원격탐사 전문가의 임무이다(엄정섭, 2004). 원격탐사 과정에서 자료라 함은 원격영상과 더불어 영상을 판독하기 위해 다양한 문헌, 인적·물질적 바탕을 말한다. 데이터 취득 과정에서 가장 중요한 것은 원격영상을 취득하는 것이다. 영상을 선정하는 과정은 해상도, 필요한 공간정보, 영상처리에 요구되는 시간, 투입 가능한 판독 인력의 수, 자료 수집 비용 등 다양한 변수를 고려하게 된다. 영상의 전처리과정이란 영상판독을 위한 영상을 제작하기 전에 필요한 모든 작업을 통칭한다. 다양한 종류(위성의 고도 및 궤도의 변화, 지구의 운동, 파노라마 효과 등)의 왜곡을 보정하고 원격영상을 일반 지형도에서 사용된 지도투영법과 일치하도록 변환하는 것이 기하보정이다. 원격영상이 기하보정되었더라도 영상 취득 과정에 개입되는 대기조건, 지형특성이 영상정보를 왜곡하기 때문에 필요한 공간객체에 대한 정보를 확보하는 데 많은 한계가 있다. 그러므로 히스토그램을 조작하여 응용 목적에 따라 화소 값을 변형하여 영상에 뚜렷한 대비(contrast)가 이루어지도록 하며 사용 목적에 따라 원격영상의 필터링, 영상 합성, 주성분 분석 등의 작업도 이루어진다.

1편 참고문헌

- 김주현 · 서행자 · 김어진 · 이주희, 2013, 달 및 행성탐사선의 과학임무용 분광탑재체 개발동향, 『항공우주산업기술동향』, 11(1), 161~168.
- 김형근, 2014.09.23., "대학에 부는 무인항공기 붐: 수요 증가 기대되지만 규제 안 풀려", The Science Times.
- 나지홍, 2014.06.04., "사막 · 정글서도 인터넷… 구글 '와이파이 위성' 180개 쏜다", 조선일보.
- 성낙환, 2014.02., "드론의 상용화, 매스 마켓 가능할까", LG Business Insight, 1290, 23–28.
- 최남미, 2012, 세계 우주개발 미래 전망과 주요국의 정책 방향, 『과학기술정책』, 22(4), 69–85.
- 황진영, 2006, "국제우주정거장(ISS)" Retrieved 2015.1.6. from http://www.kari.re.kr/sub030401/articles/view/tableid/sense_normal/type/eNortjK3UiouTcpKTS5RsgZcMCHtBI4::/keyword/eNoBGFww5_9zOjE2Olwi7Jqw7KO8IOygleqxsOyepVwiO5bODQo::/id/91.
- Clarke, R., 2014, Understanding the drone epidemic, *Computer Law & Security Review*, 30(3), 230–246.
- Clarke, R. and Bennett Moses, L., 2014, The regulation of civilian drones impacts on public safety, *Computer Law & Security Review*, 30(3), 263–285.
- DJI, 2014, "DJI products", from http://www.dji.com/product/phantom-2-vision-plus/spec.
- DroneMetrex, 2014, "TopoDrones", from http://new.dronemetrex.com.
- Hodson, H., 2013, Precision herbicide drones launch strikes on weeds, *New Scientist*, 219(2924), 19.
- Marks, P., 2014, Elephants and rhinos benefit from drone surveillance, *New Scientist*, 221(2956), 24.
- NARC, 2014, "Field Servers, National Agricultural Research Center of Japan", from http://model.job.affrc.go.jp/FieldServer/FieldServerEn/default.htm.

공간정보 수집과 처리

2편

2.1 공간정보 구축의 개요

2.1.1 공간정보의 정의

공간정보학이란 공간데이터를 수집, 저장, 관리하고 그 데이터를 처리하여 분포, 배치, 인접관계 등의 공간분석을 수행하며, 그 결과를 표시하거나 종합하여 의미 있는 정보를 제공하는 학문을 말한다.

공간데이터는 도형데이터와 속성데이터로 구성된다. 도형데이터는 지표, 지하, 지상의 토지 및 구조물의 지리적 위치, 높이, 형상, 범위를 나타내는 자료이며, 속성데이터는 자연적 사회적 경제적 특성 등을 나타낸다. 공간데이터는 매우 넓은 범위의 데이터로서, 전 세계 규모로 볼 때는 지구공간데이터라고 하며, 지구형상, 지구환경, 세계통계자료 등이 이에 해당한다. 국가 단위로 볼 때는 국토공간데이터라고 하며, 지형, 지질, 토지이용, 자연환경, 통계자료 등이 이에 해당한다. 도시 규모에서는 도시공간데이터라고 하며 도로, 토지, 가옥, 상하수도, 가스, 전기공급시설 등이 이에 포함된다.

공간정보학은 'Geomatics', 'Geoinformatics', 'Geomatic Engineering'으로 표현한다. 영국, 캐나다, 오스트리아 등 서구국가에서 관공서의 명칭이나 대학 학과의 정식 명칭으로도 채용되고 있다. 공간정보학과 관련된 학문은 지리학, 토목공학, 건설공학, 건축학, 도시공학, 농학, 임학, 지질학, 환경과학, 도시지역경제학, 해양학, 기상학, 정보공학, 전자공학 등 다양한 학문과 연계된다.

고도정보화사회에서 필요한 공간데이터는 공간정보학에 의하여 자연, 사회, 경제, 환경 등의 기반 정보로 종합화되며 인간사회에 필요한 공간정보 기반을 정비하는 역할을 수행한다. 정책입안자, 계획가, 공무원, 주민 등의 공간데이터 이용자에게 필요한 정보를 체계적으로 정리, 분석하여 요구된 시간, 장소에 제공함으로써 정보 공개라는 거대한 흐름에서 과학적 정보 제공의 역할을 담당하고 있으며, 시각적 전달을 쉽게 만드는 역할을 수행한다. 또한 공간정보학은 공간분석, 시뮬

〈그림 2-1〉 공간데이터 구성 요소의 예

레이션 등을 이용하여 과학적인 대안을 제시함으로써 보다 정확한 판단을 내릴 수 있게 하는 의사결정 지원시스템의 역할을 수행한다.

〈그림 2-2〉는 공간정보학의 역할을 도시한 것이다.

공간정보 기반 정비	과학적 정보 제공
예: 국토청 국토 수치 정보	예: 지방자치단체 토지 가옥 종합 창구 서비스
정보의 시각적 전달	**의사 결정 지원**
예: 차량동항법장치 전자지도	예: 슈퍼마켓 입지선정

〈그림 2-2〉 공간정보학의 역할

2.1.2 공간정보법과 활용

1) 공간정보 관련 관계 법률

공간정보와 관련된 대표적인 법은 「국가공간정보에 관한 법률」, 「공간정보산업 진흥법」, 「공간정보의 구축 및 관리 등에 관한 법률」 3가지가 있다. 특히 공간정보 구축과 관련된 법으로는 「공간정보의 구축 및 관리 등에 관한 법률」이 있으며, 이 법에서는 육상 및 해양, 지적에 관한 공간정보 구축에 관한 내용을 다루고 있다.

(1) 「국가공간정보에 관한 법률」

「국가공간정보에 관한 법률」은 국가GIS의 효율적인 구축과 종합적 활용 및 관리에 관한 사항을 규정함으로써 국토 및 자원을 합리적으로 이용하여 국민경제의 발전에 이바지함을 목적으로 제정되었다. 이 법에서는 공간정보를 '지상·지하·수상·수중 등 공간 상에 존재하는 자연적 또는 인공적인 객체에 대한 위치정보 및 이와 관련된 공간적 인지 및 의사결정에 필요한 정보로 정의하고, 이 정보를 체계적으로 정리하여 사용자가 검색하고 활용할 수 있도록 가공한 정보의 집합체를 공간정보데이터베이스로 정의하고 있다. 또한 공간정보를 효과적으로 수집·저장·가공·분석·표현할 수 있도록 서로 유기적으로 연계된 컴퓨터의 하드웨어, 소프트웨어, 데이터베이스 및 인적자원의 결합체를 GIS라 하고, 기본공간정보데이터베이스를 기반으로 국가GIS를 통합 또는 연계하여 국토교통부장관이 구축·운용하는 것을 국가공간정보통합체계라 제시하고 있다.

이 법에서는 국가GIS의 구축 및 활용을 촉진하기 위하여 국가공간정보정책 기본계획을 5년마다 수립하고 시행하도록 명시하고 있으며, 그 내용은 다음과 같다.

제6조(국가공간정보정책 기본계획의 수립) ① 정부는 국가공간정보체계의 구축 및 활용을 촉진하기 위하여 국가공간정보정책 기본계획(이하 "기본계획"이라 한다)을 5년마다 수립하고 시행하여야 한다.

② 기본계획에는 다음 각 호의 사항이 포함되어야 한다. 〈개정 2014.6.3.〉

1. 국가공간정보체계의 구축 및 공간정보의 활용 촉진을 위한 정책의 기본 방향
2. 제19조에 따른 기본공간정보의 취득 및 관리
3. 국가공간정보체계에 관한 연구·개발
4. 공간정보 관련 전문 인력의 양성
5. 국가공간정보체계의 활용 및 공간정보의 유통
6. 국가공간정보체계의 구축·관리 및 유통 촉진에 필요한 투자 및 재원조달 계획
7. 국가공간정보체계와 관련한 국가적 표준의 연구·보급 및 기술기준의 관리
8. 「공간정보산업 진흥법」 제2조 제1항 제2호에 따른 공간정보산업의 육성에 관한 사항
9. 그 밖에 국가공간정보정책에 관한 사항

③ 관계 중앙행정기관의 장은 제2항 각 호의 사항 중 소관 업무에 관한 기관별 국가공간정보정책 기본계획(이하 "기관별 기본계획"이라 한다)을 작성하여 대통령령으로 정하는 바에 따라 국토교통부장관에게 제출하여야 한다. 〈개정 2013.3.23.〉

④ 국토교통부장관은 제3항에 따라 관계 중앙행정기관의 장이 제출한 기관별 기본계획을 종합하여 기본계획을 수립하고 위원회의 심의를 거쳐 이를 확정한다. 〈개정 2009.5.22., 2013.3.23.〉

⑤ 제4항에 따라 확정된 기본계획을 변경하는 경우 그 절차에 관하여는 제4항을 준용한다. 다만, 대통령령으로 정하는 경미한 사항을 변경하는 경우에는 그러하지 아니하다.

[시행일: 2015.6.4.] 제6조

이 법은 국가 공간정보 기반 조성을 위한 기본공간정보의 취득 및 관리, 국가 공간정보 통합체계 및 센터 설립에 대한 내용으로 구성되어 있으며, 국가 공간정보 체계의 구축 및 활용을 위해 공간정보 데이터베이스 구축 및 관리, 표준화, 협력체계 구축, 정보 공개와 복제 및 판매 등에 관한 사항을 명시하고 있다. 마지막으로 국가공간정보 보호를 위한 보안 관리 및 벌칙에 관한 사항을 명시하여 공간정보 구축, 활용 및 보안에 관한 사항으로 구성되어 있다.

(2) 「공간정보산업 진흥법」

「공간정보산업 진흥법」은 공간정보산업의 경쟁력을 강화하고 그 진흥을 도모하여 국민경제의 발전과 국민의 삶의 질 향상에 기여함을 목적으로 제정되었다. 이 법에서는 공간정보산업을 '공간정보를 생산·관리·가공·유통하거나 다른 산업과 융·복합하여 시스템을 구축하거나 서비스 등을 제공하는 산업'으로 정의하고 그 대상을 아래와 같이 정의하고 있다.

가. 「공간정보의 구축 및 관리 등에 관한 법률」 제44조에 따른 측량업 및 같은 법 제54조에 따른 수로 사업

나. 위성영상을 공간정보로 활용하는 사업

다. 위성측위 등 위치결정 관련 장비산업 및 위치기반 서비스업

라. 공간정보의 생산·관리·가공·유통을 위한 소프트웨어의 개발·유지 관리 및 용역업

마. 공간정보시스템의 설치 및 활용업

바. 공간정보 관련 교육 및 상담업

사. 그 밖에 공간정보를 활용한 사업

이 법에서는 공간정보산업 진흥을 위해 국토교통부장관이 5년마다 기본계획을 수립하고 시행하도록 명시하고 있으며 그 내용은 다음과 같다.

제4조(공간정보산업진흥 계획의 수립) ① 국토교통부장관은 공간정보산업 진흥을 위하여 「국가공간정보 기본법」 제6조에 따른 국가공간정보정책 기본계획에 따라 5년마다 다음 각 호의 사항이 포함된 공간정보산업진흥 기본계획(이하 "기본계획"이라 한다)을 수립하여야 한다. 〈개정 2013.3.23., 2014.6.3.〉

1. 공간정보산업 진흥을 위한 정책의 기본방향
2. 공간정보산업의 부문별 진흥시책에 관한 사항
3. 공간정보산업 기반조성에 관한 사항
4. 지방 공간정보산업의 육성에 관한 사항
5. 융·복합 공간정보산업의 촉진에 관한 사항
6. 공간정보사업자 육성에 관한 사항
7. 공간정보산업 전문 인력 양성에 관한 사항
8. 공간정보 활용기술의 연구개발 및 보급에 관한 사항
9. 공간정보 이용촉진 및 유통활성화에 관한 사항
10. 그 밖에 공간정보산업 진흥을 위하여 필요한 사항

② 국토교통부장관은 공간정보산업의 시장 및 기술동향 등을 감안하여 기본계획의 범위 안에서 매년 공간정보산업진흥 시행계획(이하 "시행계획"이라 한다)을 수립·시행할 수 있다. 〈개정 2013.3.23.〉

③ 국토교통부장관은 관계 중앙행정기관의 장 또는 지방자치단체에 제1항에 따른 기본계획과 제2항에 따른 시행계획(이하 "진흥계획"이라 한다)의 수립에 필요한 자료를 요청할 수 있으며, 중앙행정기관의 장 또는 지방자치단체의 장은 특별한 사유가 없는 한 이에 협조하여야 한다. 〈개정 2013.3.23.〉

④ 국토교통부장관은 진흥계획을 수립하고 「국가공간정보 기본법」 제5조에 따른 국가공간정보위원회의 심의를 거친 후 이를 확정한다. 확정된 진흥계획 중 대통령령으로 정하는 중요 사항을 변경하는 경우에도 또한 같다. 〈개정 2013.3.23., 2014.6.3.〉

[시행일: 2015.6.4.] 제4조

또한 공간정보산업 기반 조성을 위한 지원책으로 품질인증 도입, 기술개발 촉진과 표준화 지원, 국제협력 및 해외진출 지원, 용역에 대한 사업대가에 대해 명시하고 있으며, 공간정보산업 지원을 위한 사항으로 공간정보산업진흥시설 지원, 중소공간정보사업자 지원, 공간정보산업진흥기관 등에 관한 사항을 포함하고 있다.

(3) 「공간정보의 구축 및 관리 등에 관한 법률」

「공간정보의 구축 및 관리 등에 관한 법률」은 측량 및 수로조사의 기준 및 절차와 지적공부(地籍公簿)·부동산종합공부(不動産綜合公簿)의 작성 및 관리 등에 관한 사항을 규정함으로써 국토의 효율적 관리와 해상교통의 안전 및 국민의 소유권 보호에 기여함을 목적으로 하고 있다. 이 법에서는 "측량을 공간 상에 존재하는 일정한 점들의 위치를 측정하고 그 특성을 조사하여 도면 및 수치로 표현하거나 도면상의 위치를 현지(現地)에 재현하는 것을 말하며, 측량용 사진의 촬영, 지도의 제작 및 각종 건설사업에서 요구하는 도면 작성 등을 포함한다."라고 정의하고 있으며 그 외의 용어는 다음과 같이 정의하고 있다.

제2조(정의) 이 법에서 사용하는 용어의 뜻은 다음과 같다. 〈개정 2012.12.18., 2013.3.23., 2013.7.17., 2015.7.24.〉

2. "기본측량"이란 모든 측량의 기초가 되는 공간정보를 제공하기 위하여 국토교통부장관이 실시하는 측량을 말한다.
3. "공공측량"이란 다음 각 목의 측량을 말한다.
 가. 국가, 지방자치단체, 그 밖에 대통령령으로 정하는 기관이 관계 법령에 따른 사업 등을 시행 하기 위하여 기본측량을 기초로 실시하는 측량
 나. 가목 외의 자가 시행하는 측량 중 공공의 이해 또는 안전과 밀접한 관련이 있는 측량으로 대통령령으로 정하는 측량
4. "지적측량"이란 토지를 지적공부에 등록하거나 지적공부에 등록된 경계점을 지상에 복원하기 위하여 제21호에 따른 필지의 경계 또는 좌표와 면적을 정하는 측량을 말하며, 지적확정측량 및 지적재조사측량을 포함한다.
4-2. "지적확정측량"이란 제86조 제1항에 따른 사업이 끝나 토지의 표시를 새로 정하기 위하여 실시하는 지적측량을 말한다.
4-3. "지적재조사측량"이란 「지적재조사에 관한 특별법」에 따른 지적재조사사업에 따라 토지의 표시를 새로 정하기 위하여 실시하는 지적측량을 말한다.
5. "수로측량"이란 해양의 수심·지구자기(地球磁氣)·중력·지형·지질의 측량과 해안선 및 이에 딸린 토지의 측량을 말한다.
6. "일반측량"이란 기본측량, 공공측량, 지적측량 및 수로측량 외의 측량을 말한다.

이 법에서도 국토교통부장관이 5년마다 기본계획을 수립하고 시행하도록 명시하고 있으며 그 내용은 다음과 같다.

제5조(측량기본계획 및 시행계획) ① 국토교통부장관은 다음 각 호의 사항(수로조사에 관한 사항은 제외한다)이 포함된 측량기본계획을 5년마다 수립하여야 한다. 〈개정 2013.3.23.〉
1. 측량에 관한 기본 구상 및 추진 전략
2. 측량의 국내외 환경 분석 및 기술연구
3. 측량산업 및 기술인력 육성 방안
4. 그 밖에 측량 발전을 위하여 필요한 사항

② 국토교통부장관은 제1항에 따른 측량기본계획에 따라 연도별 시행계획을 수립·시행하여야 한다. 〈개정 2013.3.23.〉

또한 공간정보 구축의 기초가 되는 측량기준, 측량기준점의 설치와 관리를 비롯하여 기본측량, 공공측량 및 일반측량, 지적측량, 수로조사, 측량기술자 및 수로기술자, 측량업 및 수로사업 등에 관하여 정하고 있다.

제6조(측량기준) ① 측량의 기준은 다음 각 호와 같다. 〈개정 2013.3.23.〉
1. 위치는 세계측지계(世界測地系)에 따라 측정한 지리학적 경위도와 높이(평균해수면으로부터의 높이를 말한다. 이하 이 항에서 같다)로 표시한다. 다만, 지도 제작 등을 위하여 필요한 경우에는 직각좌표와 높이, 극좌표와 높이, 지구중심 직교좌표 및 그 밖의 다른 좌표로 표시할 수 있다.
2. 측량의 원점은 대한민국 경위도원점(經緯度原點) 및 수준원점(水準原點)으로 한다. 다만, 섬 등 대통령령으로 정하는 지역에 대하여는 국토교통부장관이 따로 정하여 고시하는 원점을 사용할 수 있다.
3. 수로조사에서 간출지(干出地)의 높이와 수심은 기본수준면(일정 기간 조석을 관측하여 분석한 결과 가장 낮은 해수면)을 기준으로 측량한다.
4. 해안선은 해수면이 약최고고조면(약최고고조면: 일정 기간 조석을 관측하여 분석한 결과 가장 높은 해수면)에 이르렀을 때의 육지와 해수면과의 경계로 표시한다.

② 해양수산부장관은 수로조사와 관련된 평균해수면, 기본수준면 및 약최고고조면에 관한 사항을 정하여 고시하여야 한다. 〈개정 2013.3.23.〉

③ 제1항에 따른 세계 측지계, 측량의 원점 값의 결정 및 직각좌표의 기준 등에 필요한 사항은 대통령령으로 정한다.

제7조(측량기준점) ① 측량기준점은 다음 각 호의 구분에 따른다. 〈개정 2012.12.18., 2013.3.23.〉
1. 국가기준점: 측량의 정확도를 확보하고 효율성을 높이기 위하여 국토교통부장관 및 해양수산부장관이 전 국토를 대상으로 주요 지점마다 정한 측량의 기본이 되는 측량기준점

2. 공공기준점: 제17조제2항에 따른 공공측량시행자가 공공측량을 정확하고 효율적으로 시행하기 위하여 국가기준점을 기준으로 하여 따로 정하는 측량기준점
3. 지적기준점: 특별시장·광역시장·특별자치시장·도지사 또는 특별자치도지사(이하 "시·도지사"라 한다)나 지적소관청이 지적측량을 정확하고 효율적으로 시행하기 위하여 국가기준점을 기준으로 하여 따로 정하는 측량기준점

② 제1항에 따른 측량기준점의 구분에 관한 세부 사항은 대통령령으로 정한다.

2) 공간정보 관리와 활용

측량을 통하여 얻은 최종 결과를 '측량성과'라고 하며, 대표적 측량성과는 다음과 같다. 기본 측량 및 공공측량에서 얻은 측량성과인 '지도', 지적측량에서 얻은 측량성과로서 '지적공부', 수로측량에서 얻은 측량성과인 '수로도지'가 있다. 이들은 모두 공간데이터베이스에 해당된다.

- 기본측량 및 공공측량에서 얻은 측량성과로서 '지도'란 측량 결과에 따라 공간 상의 위치와 지형 및 지명 등 여러 공간정보를 일정한 축척에 따라 기호나 문자 등으로 표시한 것을 말하며, 정보처리시스템을 이용하여 분석, 편집 및 입력·출력할 수 있도록 제작된 수치지형도와 이를 이용하여 특정한 주제에 관하여 제작된 지하시설물·토지이용현황도 등의 수치주제도를 포함한다.
- 지적측량에서 얻은 측량성과로서 '지적공부'란 토지대장, 임야대장, 공유지연명부, 대지권등록부, 지적도, 임야도 및 경계점좌표등록부 등 지적측량을 통하여 조사된 토지의 표시와 해당 토지의 소유자 등을 기록한 대장 및 도면을 말한다.
- 수로측량의 성과로서 '수로도지'란 다음 각 목의 도면을 말한다.

가. 항해용으로 사용되는 해도
나. 해양영토 관리, 해양경계 획정 등에 필요한 정보를 수록한 영해기점도
다. 연안정도를 수록한 연안특수도
라. 해저지형과 해저지질의 특성을 나타낸 해저지형도
마. 해저지층분포도, 지구자기도, 중력도 등 해양 기본도
바. 조류와 해류의 정보를 수록한 조류도 및 해류도
사. 해양재해를 줄이기 위한 연안침수 예상도
아. 그 밖에 수로 조사성과를 수록한 각종 주제도

공간정보학의 응용분야는 매우 넓다. 여기에서는 전 세계 수준, 여러 나라 이상에 걸친 지역권 수준, 국가 수준, 지방자치단체 수준, 민간기업 수준의 5가지로 나누었다. 수준별 활용 분야의 예는 다음과 같다.

(1) 전 세계

세계 총인구 예측, 전 세계적 토지이용 계획, 지구환경 감시, 온난화 예측, 엘니뇨 감시, 사막화 감시, 판(plate) 이동 감시, 오존층 파괴 감시, 전 세계적 삼림파괴 감시, 전 세계적 곡물 예측 등

(2) 지역권

국제하천 유역개발 및 관리, 대륙 간 고속도로 및 철도 계획, 대륙 규모 대기오염 및 해양오염, 산성비 감시, 빙산 감시, 황사 감시, 핵오염 감시 등

(3) 국가

국토계획, 국세통계, 환경, 자연자원 관리, 각종 기본 지도 작성, 대규모 재해대책, 사회기반 정비사업 계획, 대규모 공공투자, 치안 및 국가안전 계획 등

(4) 지방자치단체

도시계획, 지역계획, 철도, 상하수도, 가스, 전기 공급시설 등 공공시설 관리, 부동산세 관리, 방재 감시, 경찰 및 소방 서비스, 폐기물 처리시설 관리, 행정창구 서비스, 긴급의료 서비스, 문화재 보전 등

(5) 민간기업

차량자동항법장치(CNS: car navigation system), 주택지도, 택배서비스, 슈퍼마켓·은행 등의 상권분석, 고객관리, 권역별 마케팅, 관광안내서비스 등

이상과 같은 응용분야는 크게 자연, 사회 및 경제의 세 가지 분야로 나누어 볼 수 있다.

〈표 2-1〉 공간정보 관리와 활용 분야

구분 / 수준	자연	사회	경제
전 세계	지구환경 감시, 엘니뇨 감시, 사막화 감시, 판이동 감시, 오존층 파괴 감시, 산림파괴 감시	세계 총인구 예측, 전 세계적 토지이용 계획, 온난화 예측	전 세계적 곡물 예측
지역권	빙산 감시, 황사 감시	대륙 규모 대기오염 및 해양오염 감시, 산성비 감시, 핵오염 감시	국제하천 유역개발 및 관리, 대륙 간 고속도로 및 철도계획
국가	환경, 자연자원 관리, 대규모 재해대책	국세 통계, 각종 기본 지도 작성, 치안 및 국가안전 계획	국토 계획, 사회기반 정비사업계획, 대규모 공공투자
지방 자치단체	방재 감시	도시계획, 지역계획, 공공시설 관리, 경찰 및 소방서비스, 폐기물 처리시설 관리, 행정창구 서비스	부동산세 관리
민간기업			차량자동항법장치, 주택지도, 택배 서비스, 상업 입지, 고객관리, 권역별 마케팅, 관광안내 서비스

2.1.3 지구의 형상과 위치 기준

1) 지오이드와 지구타원체

지구는 반경이 약 6,357~6,378km이며, 표면이 약 72%의 바다와 약 28%의 유지로 구성된 타원체이다. 그러나 실제적인 지구의 표면은 형상이 매우 복잡하며, 불규칙적이고 불연속적이어서 수학적 정의가 거의 불가능하다. 따라서 이러한 물리적 지표면을 대상물의 위치결정 등을 위한 기준면으로 사용하기에 부적절하다.

지구 표면의 많은 부분을 차지하고 있는 해면은 지형 표면보다는 더 규칙적이라 할 수 있으나 조석이나 조류에 의하여 주기적, 또는 시간에 의해 계속 변화하고 있다. 이들 변수들은 시간의 함수로써 장시간에 걸친 측정과 분석에 의하여 결정될 수 있으며 또한 정지 상태의 평균 해면을 얻을 수 있다.

(1) 지오이드

흐르는 물이 어떤 다른 외부의 힘에 의하지 않고 오직 중력의 힘에 의해서만 자유로이 흐르도록 하여 지구 전체를 연결한다면 그 모양은 회전타원체의 모양과 매우 유사한 폐곡면이 이루어질 것이며 이때의 폐곡면은 하나의 등퍼텐셜면을 형성한다. 이러한 등퍼텐셜면을 지오이드(Geoid)라 부르며 지구의 형상으로 채용하고 있다.

우리가 여러 종류의 타원체를 도입하여 수학적으로 표시하고자 하는 지오이드 면은 아주 중요한 특성을 갖고 있다. 지오이드 면의 어느 점에서는 중력퍼텐셜이 같으며, 어느 점에서나 표면을 관통하는 수직선은 중력방향(연직방향)과 같다는 사실이다. 따라서 세오돌라이트와 레벨을 지표상에 정치하면 이때 정치된 기계의 연직축은 바로 중력의 방향을 의미하며, 동시에 이것은 기준타원체면에 수직이 아닌 지오이드 면에 수직을 의미한다.

(2) 지구타원체

등퍼텐셜면은 면 위의 모든 점에서 지구의 중력장으로 인한 퍼텐셜과 회전축을 중심으로 하는 회전에 의한 퍼텐셜이 같은 면을 말한다. 그러나 지구는 불규칙적인 지형의 변화와 질량이 다른 물질들로 구성되어 있기 때문에 회전타원체와 지오이드는 일치하지 않는다. 이러한 불일치성은 점의 위치를 결정하는 데 지오이드를 기준면으로 사용할 수 없음을 의미한다. 그러나 부분적으로 또는 지역에 따라 지오이드 면에 가장 적합한 타원체를 수학적으로 결정할 수 있으며, 지오이드 대신에 수학적으로 결정된 타원체를 기준면으로 하며 지표 위에 있는 모든 점의 위치를 결정할 수 있다. 이와 같이 수학적으로 정의된 타원체를 기준타원체 또는 지심기준타원체라 부른다. 기준타원체는 현재까지 세계 각국에서 사용하는 기준타원체들이며 이들 중 우리나라에서는 베셀(Bessel) 타원체를 사용하고 있다. 타원체는 단축을 회전축으로 하여 회전된 타원에 의하여 정의되며, 그 크기와 형상은 장축, 단축, 그리고 편평률로써 결정된다.

2) 우리나라 위치 기준

(1) 평면 위치의 기준

기준타원체와 지오이드가 일치되는 점을 측지원점 또는 경위도원점이라 부르며, 이 원점을 기준으로 하여 모든 점들의 평면 위치가 결정된다. 우리나라의 경위도원점은 현재 일본의 도쿄원점, 지구타원체는 베셀 타원체를 사용하고 있다.

1910년대 대마도-거제도-절영도(영도)를 연결하여 한반도 전역의 삼각망을 구성하였으며 도쿄원점에서는 천문관측을 실시하여 천문위도, 천문경도, 천문방위각을 측정하고 측정값을 측지위도, 측지경도, 측지방위각으로 채용하여 연직선 편차를 0으로 가정하였다. 또한 원점에서 베셀 타원체면이 평균해면인 지오이드와 일치하는 것으로 가정하여 지오이드고가 0이 되도록 설정된 기준타원체를 갖고 있다.

〈그림 2-3〉 한국경위도원점

우리나라는 국토지리정보원 구내에 한국경위도원점을 설정하고 1985년 12월 국립지리원 고시 제57호로 그 수치를 공표하였다.

1981~1985년 정밀천문측량으로 원점 관측(건설교통부 국립지리원 고시 제57조)

위치: 경기도 수원시 영통구 월드컵로 92(국토지리정보원)

경도: 127°03′05.″1451 E

위도: 37°16′31.″0934 N

원방위각: 170°58′18.″190(경기도 화성시)

(2) 높이 기준

① 1910년대: 청진, 원산, 목포, 진남포, 인천의 5개 지역에 검조소를 설치하고 1년 이상의 조위 관측을 실시하여 관측 결과에 따라 각각의 평균해면을 산정하여 이를 높이의 기준면으로 하였다.

② 1913년: 1913년 12월부터 1916년 6월까지 2년 7개월간 조위관측한 인천만의 평균해면에 근거하여 인천의 수준기점으로부터 인하대학교 구내에 수준원점(표고 26.6871m)을 설치하였다.

③ 1990년대: 전면적으로 재고시한 적국의 수준점 성과는 바로 수준원점의 근거인 1910년대 관측된 인천만의 평균해면을 기준으로 통일되었다. 제주도는 독립된 제주수준기점을 기준으로 하고 있다.

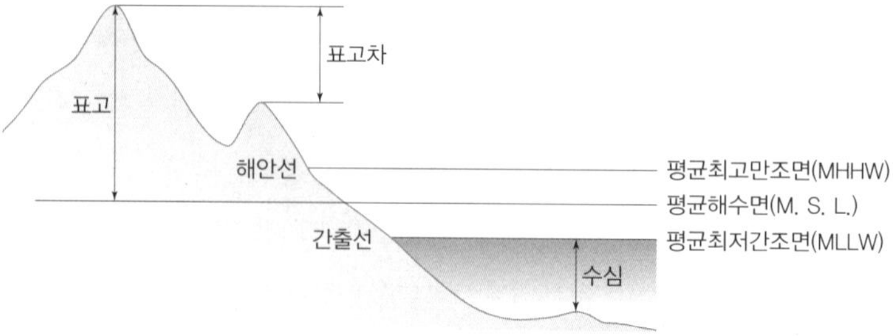

〈그림 2-4〉 표고의 기준면

④ 현재는 인천 용현동 인하공업전문대학 구내에 수준원점이 설치되어 있으며 육지 표고의 기준은 장시간에 걸쳐 측정된 조위의 평균값을 평균해수면으로 사용한다.

−표고: 26.6871m

−기준: 인천만의 평균해수면

2.1.4 좌표계와 지도투영

공간데이터는 지리적 위치와 관련 있는 데이터를 말하며 그 위치를 표시하는 좌표계를 지정하는 것은 필수적이다. 지구 상에서 수평 위치는 대지측량, 천문측량, 위성측량으로 구하는데 지구의 좌표는 주로 경위도 좌표계, 평면직교 좌표계, 극좌표계, UTM 좌표계, UPS 좌표계, 3차원 직교좌표계의 6개로 나눌 수 있다.

1) 좌표계의 정의와 종류

(1) 경위도 좌표계

경도는 본초자오선(그리니치 천문대를 통과하는 자오선)을 기준으로 하여 어떤 지점을 지나는 자오선까지 적도면의 각거리(λ)로 동서쪽으로 0~180°까지 표기하며, 위도는 자오선을 따라 적도에서 어느 점까지 관측한 각거리(φ)로 남북쪽으로 0~90°까지 표기한다.

① 천문경위도

천문경위도는 관측지점에 있어서 지오이드를 기준으로 한 좌표로, 천문경도(λ_a)는 본초자오선과 어느 지점의 천문자오선 사이의 각거리이며, 천문위도(φ_a)는 어느 지점의 연직선(지오이드의 법선)과 적도면이 이루는 각을 말한다.

삼각측량에 의해 측지위도를 구하므로 천문위도는 연직선 편차로 인해 다소 값이 다르다. 천문위도에서 측지위도를 뺀 값이 연직선 편차(타원체의 법선과 연직선이 이루는 차이)이다.

② 측지경위도

측지경도(λ_g)는 본초자오선으로 부터 적도를 따라서 어느 지점의 타원체상 자오선까지의 각거리이며, 측지위도(φ_g)는 어느 지점에서 준거타원체에 내린 법선이 적도면과 이루는 각이다.

측량에서 좌표치 준거타원체(회전타원체의 고정)의 법선을 기준으로 한다. 기본측량과 공공

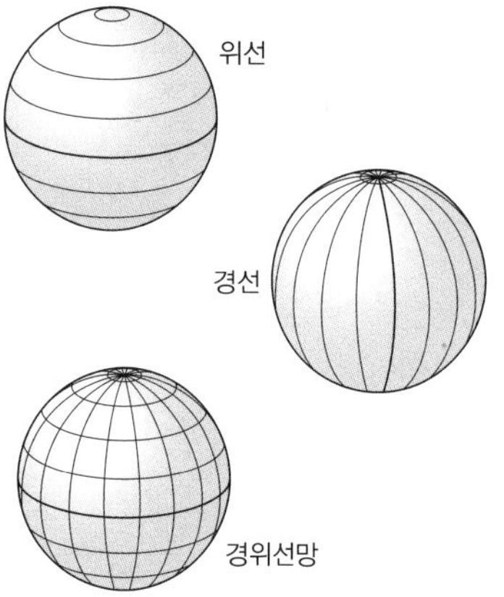

〈그림 2-5〉 위도와 경도

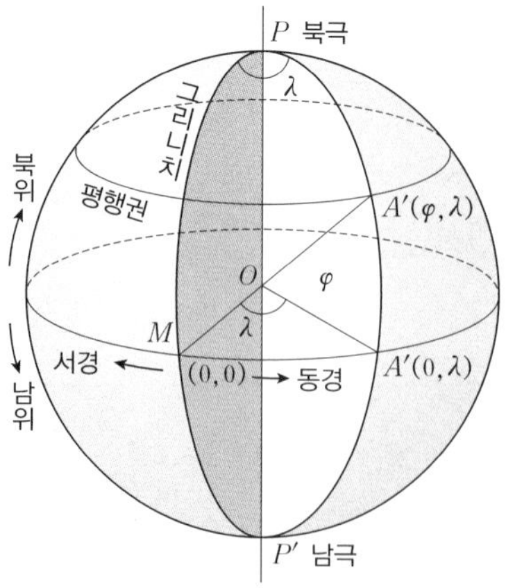

〈그림 2-6〉 위도, 경도의 개념

측량에서 기준타원체(또는 준거타원체)에 대한 지점의 위치를 경위도, 표고(λ, φ, h)로 표시한 것을 측지측량좌표라 부르며 지리좌표라 말한다. 삼각점의 수평위치는 경위도(B,L), 평면직각좌표(X,Y)로 표시한다.

적도상 지구의 둘레는 6371.0088km×2π=40040.2289km, 1°=111km, 1′=1.85km, 1″=30.88m이다.

(2) 평면직교좌표계

일반적인 측량 또는 측량 지역이 넓지 않은 경우 사용한다. 측량 지역에 대해 적당한 한 점을 좌표의 원점으로 정하고 그 평면상에서 원점을 지나는 자오선을 X축(N: 북을 +), 동서방향을 Y축(E: 동을 +)으로 한다. 각 지점의 위치는 방향과 거리를 이용한 직교 좌푯값 x, y로 표시한다.

$x_1=S_1\cos T_1$

$y_1=S_1\sin T_1$

$x_2=x_1+S_2\cos T_2$

$y_2=y_1+S_2\cos T_2$

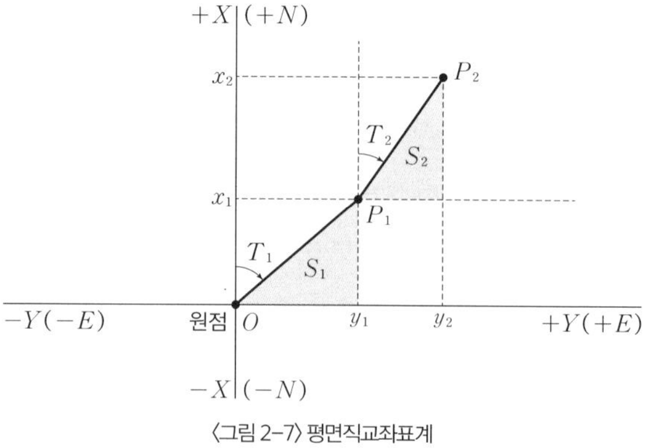

〈그림 2-7〉 평면직교좌표계

평면직교좌표에서 어떤 지점에서 다른 지점을 표시하는 방향은 방향각으로 표시한다.

① 방향각: X축과 평행한 축의 북방을 기준으로 시계방향으로 잰 각(T)

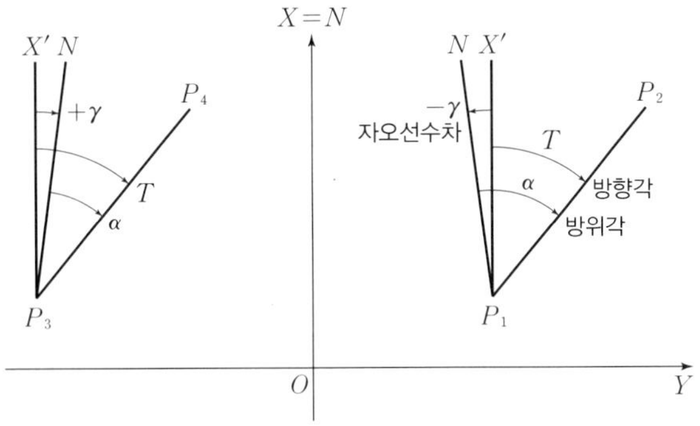

〈그림 2-8〉 방위각과 방향각

② 방위각: 자오선의 북방(N)을 기준으로 시계방향으로 잰 수평각(α)

이 두 각은 좌표원점에서 일치하나 동서로 멀어질수록 차이가 커진다.

③ 자오선수차: 자오선 방향 N과 좌표축 방향 X′의 차

④ 진북방향각: 자오선수차를 좌표축을 기준으로 나타낸 값

– 부호: 동편 +, 서편 –

※ 자오선수차, 진북방향각: 진북(N)과 도북(X′)의 차이(γ)

※ 자오선수차와 진북방향각은 절댓값이 같고 부호는 반대

– 자오선수차 N → X

– 진북방향각 X → N

방위각(α) = 방향각(T) – 진북방향각($\pm\gamma$)

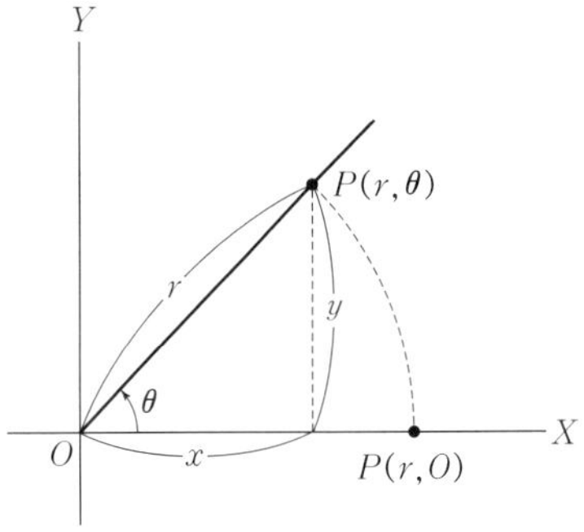

〈그림 2-9〉 극좌표계

(3) 극좌표계

거리 r과 방향 θ로 측점의 위치를 표시하는 것으로 상대적인 위치 표시가 편리하다.

(4) UTM 좌표계

국제 횡축 메르카토르 도법(Universal Transverse Mercator coodinate system)으로서 지구 전체를 원통으로 감싸는 형태의 좌표계로, 적도를 횡축, 자오선을 종축으로 한다. 지리좌표계는 각 지점의 위치를 경위도로 나타내는 데 비하여 UTM 좌표계는 구역의 고유번호와 가상의 준거점으로부터 북과 동으로 각각 떨어진 거리를 나타내는 좌표계를 말한다.

지구를 회전타원체로 보고, 종대로 180°W 자오선에서 6° 간격으로 1부터 60까지 번호를 부여(60개 구역)하고 횡대로 남·북위 80°까지만 포함시키며, 적도에서 남북으로 8° 간격으로 20개 구역에 C(80°S~72°S)부터 X(72°N~80°N)까지 20개 알파벳(ABIOYZ 제외)을 부여한다.

우리나라는 51, 52 종대와 S, T 횡대 구역에 속해 있다.

51: 120°~126°E(중앙자오선 123)°, S: 32°~40°N

52: 126°~132°E(중앙자오선 129)°, T: 40°~48°N

UTM에서 거리좌표는 미터 단위로 표시하며 종좌표는 N을, 횡좌표는 E를 붙인다.

(5) UPS 좌표계

UPS 좌표계(Universal Polar Stereographic coordinate system)는 UTM 좌표로 표시하지 못하는 두 개의 극지방을 표시하기 위한 독립된 좌표계로, 위도 80° 이상의 양극 지역의 좌표를 표시하는 데 이용한다. 양극을 원점으로 하는 평면직교좌표계로 이해할 수 있는데 좌표의 종축은 경도 0° 및 180°인 자오선이며, 횡축은 경도 90°W 및 90°E이다. 좌표의 원점은 종좌표 2,000,000mN, 횡좌표 2,000,000mE로, 구역은 남극부의 경우 A와 B, 북극부의 경우 Y와 Z로 표기한다.

(6) 3차원 직교좌표

인공위성이나 관측용 천체를 이용한 측량에서 서로 다른 기준타원체 간의 좌표 변환 시에 많이 사용된다.

좌표의 원점: 지구중심

X축: 그리니치 자오면과 적도면의 교선

Y축: XZ면에 직교하도록 동쪽으로 택한다.

Z축: 지구의 자전축

2) 좌표 변환

좌표 변환이란 A 좌표계(x,y)를 B 좌표계(u,v)로 변환하는 것으로 변환식은 2개의 좌표계 간 기하학적 관계로 결정된다. 좌표 변환의 예는 다음과 같다.

- 디지타이저를 사용하여 입력한 지도에 신축 등의 왜곡이 있거나 디지타이저 테이블의 기울어짐을 보정하는 경우

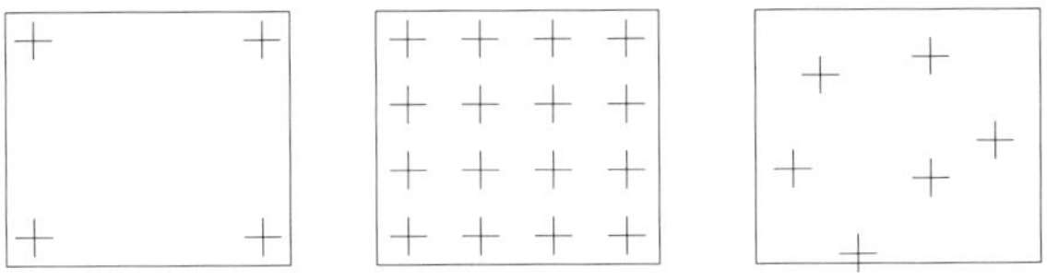

(a) 틱마크 (b) 참고격자 (c) 지상기준점

〈그림 2-10〉 좌표 변환에 이용되는 기준점

−기하학적 왜곡을 가진 사진이나 원격탐사 영상을 지도좌표계로 합친 지역코드화된 (Geocoded) 영상으로 변환하는 경우

일반적으로 지도나 영상의 좌표 변환식을 구할 때에는 미리 좌표 변환식을 선정한 뒤, 〈그림 2-10〉과 같이 틱마크(tic mark) 혹은 참고격자(réseau) 또는 지상기준점(GCP: ground control point)을 이용하여 변환식의 미지계수를 최소제곱법으로 구하는 방법을 사용한다.

지도, 사진, 영상의 좌표 변환에 널리 사용되는 변환식은 다음과 같다. 〈그림 2-11〉은 주요 좌표 변환의 개념을 보인 것이다.

(1) 헬머트(Helmert) 변환: 회전 이동, 축척의 보정

$$\begin{bmatrix} u \\ v \end{bmatrix} = \begin{bmatrix} a & b \\ -b & a \end{bmatrix} \begin{bmatrix} x \\ y \end{bmatrix} + \begin{bmatrix} x_0 \\ y_0 \end{bmatrix}$$

축척$=\sqrt{a^2+b^2}$, 회전각 $\tan\theta = b/a$, 이동량(x_0, y_0)

(2) 아핀(Affine) 변환: 스큐왜곡, 축척, 이동의 보정

$$\begin{bmatrix} u \\ v \end{bmatrix} = \begin{bmatrix} a & b \\ c & d \end{bmatrix} \begin{bmatrix} x \\ y \end{bmatrix} + \begin{bmatrix} x_0 \\ y_0 \end{bmatrix}$$

(3) 의사아핀(Pseudo) 변환: 사변형 왜곡 보정

$$\begin{cases} u = axy + bx + cy + x_0 \\ v = dxy + ex + fy + y_0 \end{cases}$$

(4) 2차(Quadratic) 변환: 방사형 왜곡 보정

$$\begin{cases} u = a_1x^2 + a_2xy + a_3y^2 + a_4x + a_5y + a_6 \\ v = b_1x^2 + b_2xy + b_3y^2 + b_4x + b_5y + b_6 \end{cases}$$

(5) 투영(Perspective) 변환: 항공사진의 편위 수정

$$u = \frac{a_1x + a_2y + a_3}{a_7x + a_8y + 1}, \quad v = \frac{a_4x + a_5y + a_6}{a_7x + a_8y + 1}$$

(6) 3차(Cubic) 변환: 3차 왜곡 보정

$$u = a_1x^3 + a_2x^2y + a_3xy^2 + a_4y^3 + a_5x^2 + a_6xy + a_7y^2 + a_8x + a_9y + a_{10}$$

$$v = b_1x^3 + b_2x^2y + b_3xy^2 + b_4y^3 + b_5x^2 + b_6xy + b_7y^2 + b_8x + b_9y + b_{10}$$

• 평면좌표 변환

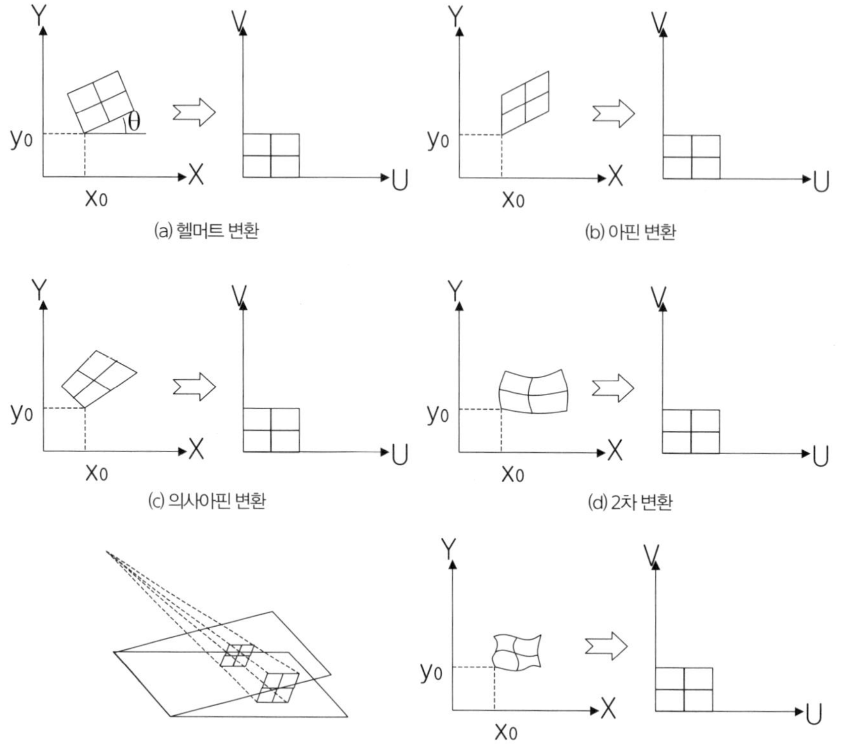

(a) 헬머트 변환 (b) 아핀 변환 (c) 의사아핀 변환 (d) 2차 변환 (e) 투영 변환 (f) 3차 변환

〈그림 2-11〉 주요 좌표 변환의 개념

3) 투영법

둥근 지구표면을 평면 상에 왜곡 없이 투영하는 것은 불가능하다. 즉 지구의 정확한 축소모형은 지구본뿐이다. 그러나 평면에 그린 지도는 휴대 및 재생산에 편리하고 세부 지역을 자세히 묘사할 수 있는 장점 때문에 널리 사용되고 있다. 따라서 현재 가장 보편적으로 사용되는 투영법을 소개한다.

(1) 메르카토르 도법

1569년 메르카토르(Mercator)에 의해 고안된 이 도법은 가장 널리 사용되는 투영법이다. 이 투영법은 큰 원통으로 지구를 둘러싸고 지표의 각 지점을 원통 상에 투영하는 것이다. 따라서 모든

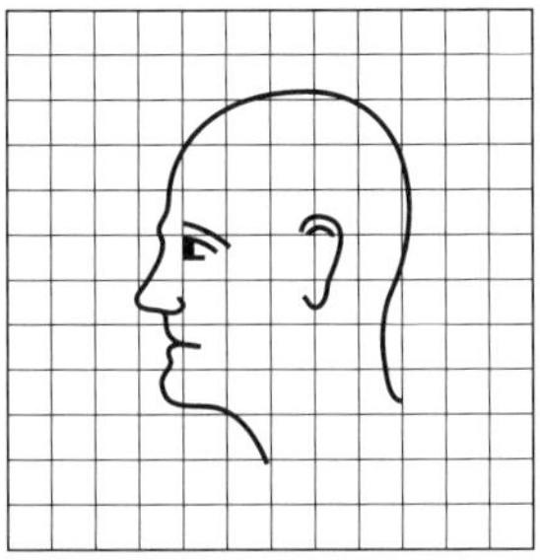

〈그림 2-12〉 실상

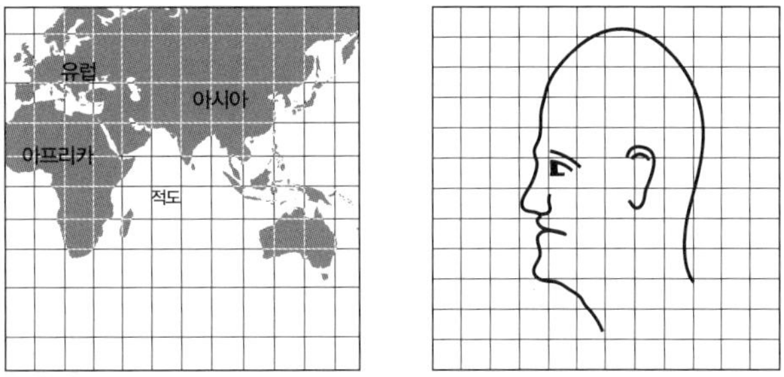

〈그림 2-13〉 메르카토르 도법

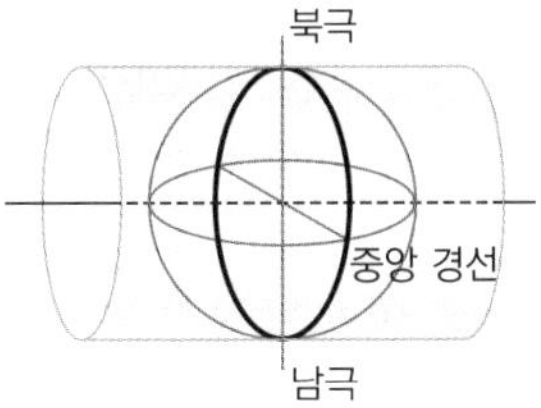

〈그림 2-14〉 횡축 메르카토르 도법

경도와 위도가 상호 직교하는 사각형 지도가 된다. 그중에 경도를 따라 남·북으로 길게 놓여 있는 지역을 정확히 투영하기 위하여 개발된 도법이 횡축 메르카토르 도법이다. 이 도법은 적도 대신 어떤 특정한 경도를 따라 외접한 원통 상에 지표를 투영하는 것이다.

(2) 심사도법

심사도법(gnomonic projection)은 그림과 같이 지구의 중심에서 지구에 외접한 평면 상에 투영한 도법이다. 그 결과 위도와 경도 사이의 간격이 투영의 중심에서 멀어질수록 급격히 증가하고, 지도 가장자리 부근의 육지 지형이 매우 왜곡되므로 다른 도법과 쉽게 구별된다. 그림에서 간파할 수 있는 것처럼 심사도법은 반구마저도 투영이 불가능하므로 통상 심사도법에 의한 지도는 주 관심 지점을 투영의 중심으로 선정하고 투영한 다음 심하게 왜곡된 주변 지형 부분을 절단해 버린 사각형 지도로 작성된다.

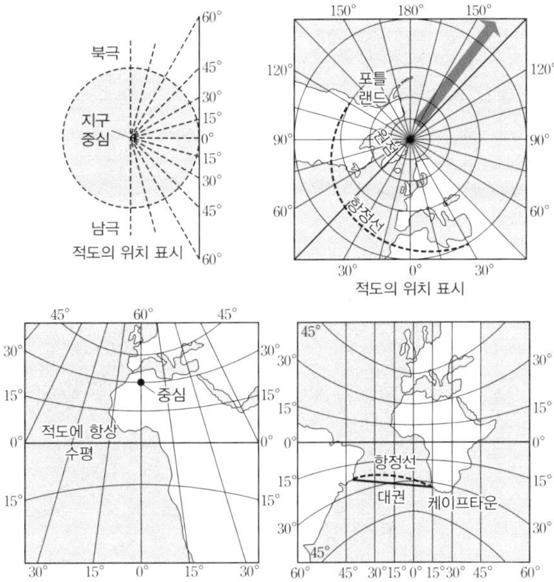

〈그림 2-15〉 심사도법의 지도

심사도법 지도는 비록 한 장의 지도 내에서 지형이 심하게 왜곡되고 축척마저 위치에 따라 변화하지만 한 가지 뚜렷한 장점은 지도 상의 두 지점을 연결하는 직선은 대권이라는 사실이다. 따라서 항해나 항공에서 대권 경로를 확인할 때는 심사도법 지도를 이용한 후 그 경로 상의 각 지점 간 방위각을 적도 중심 메르카토르 지도 상에서 결정한다.

(3) 정거방위도법

정거방위도법(azimuthal equidistant projection)은 다른 도법들과는 달리 광학적으로 투영하여 작성될 수 없으며 투영의 중심에서부터 경도와 위도를 실제 방위와 거리에 맞게 작도하는 도법이다. 정거방위도법은 그 제작 과정에서 알 수 있듯이 투영의 중심에서 어느 방향이든 방향과 거리가 정확하다. 그러나 지도 상의 투영의 중심을 제외한 어느 두 지점 사이의 방향과 거리는 정확하지 않다. 따라서 이 지도는 어떤 특정한 공항이나 공군기지에서 그 기지를 중심으로 항공로나 작전 상황도를 작성할 때 유용하다. 또한 이 도법은 극지방 지도를 그릴 때 작도하기 쉬운 장점이 있다.

(4) 원추도법

원추도법(conic projection)의 원리는 커다란 원추를 지구의 극 위에서 어느 특정한 위도에 접하게 씌우고 지구의 중심으로부터 외접한 원추에 지표를 투영한 다음 그 원추를 평면으로 펼치는 것

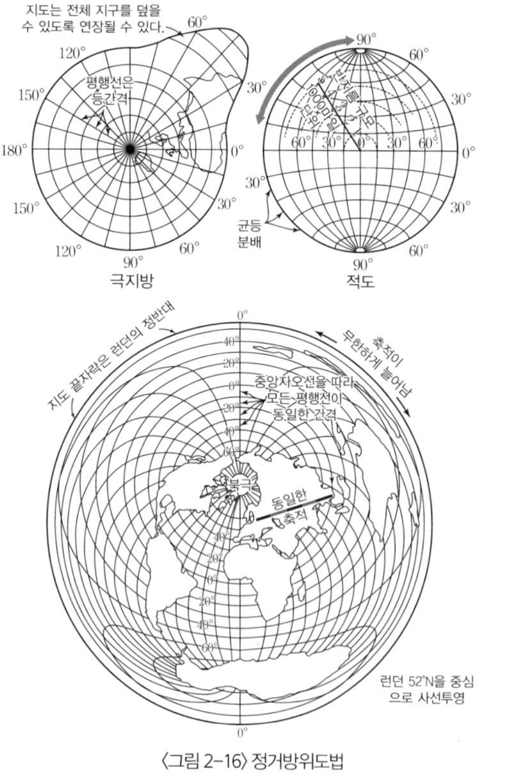

〈그림 2-16〉 정거방위도법

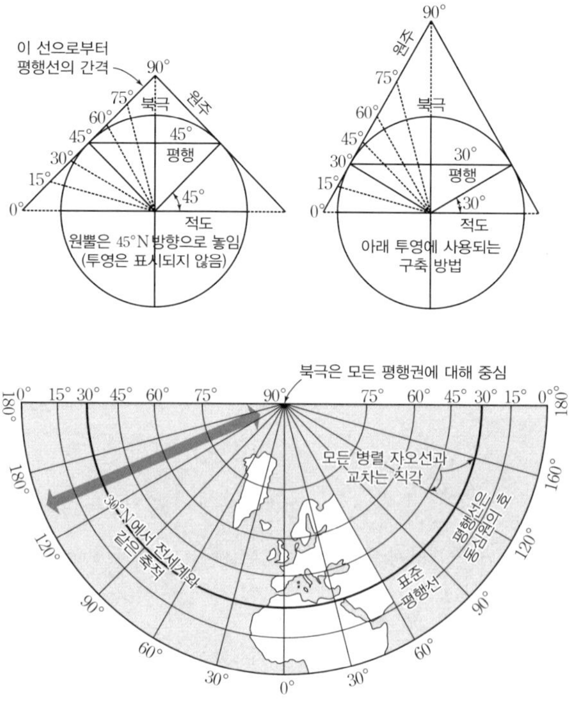

〈그림 2-17〉 원추도법의 원리

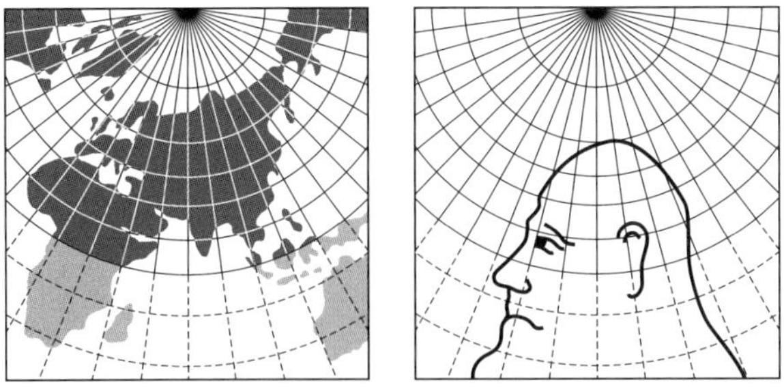

〈그림 2-18〉 원추도법의 왜곡 현상

이다. 따라서 경선들은 극에서부터 복사되는 직선들로 나타나고 위선들은 극을 중심으로 하는 동심원들로 나타난다. 근래에 이르러 원추도법은 원추면이 지표를 절단하게 설정하여 2개의 표준위선을 가진 지도의 개발 등과 같은 많은 개량형이 소개되고 있다. 미국 지도는 이러한 복수의 표준위선을 가진 개량형 원추도법이 사용되는 대표적인 예이다.

(5) 정사도법

정사도법(orthographic projection)은 시점을 무한대의 거리에 두고 지표면에 접하는 평면에 지표를 투영하는 도법이다. 이 도법은 실제 지구를 보는 듯한 입체감을 주기 때문에 일반용이나 초급 교육용으로 사용되지만 실제 지도로서의 가치는 높지 않다. 왜냐하면 투영의 중심부를 제외하고는 지도에 필요한 여러 요소가 결여되며, 특히 주변부는 왜곡이 매우 심하기 때문이다.

4) 지도

지도란 지구 상의 전부 혹은 일부를 그린 그림의 일종이다. 지도 제작 기술이 발달함에 따라 지도학이라는 분야가 생겨났으며 근대 지도학의 발달은 1569년 메르카토르에 의해 완성된 세계지도의 등장과 더불어 시작되었다.

(1) 지도의 정의

① 지도

기준 좌표계와 속성값에 의해 정의되는 점, 선, 면으로 기록되는 자료이다.

② 지형도

지물, 지모의 수평 및 수직 위치와 수목, 경작지 등 지표식생, 피복 상태, 행정경계, 지명 등의 자연·인문·사회사상이 표현되며 주제도나 특수도의 기초가 되는 지도이다.

③ 국토기본도

한 나라의 가장 기본이 되는 지도로 국토 전역을 일정한 정확도와 축척으로 제작된 지형도를 말한다. 우리나라 국토기본도의 종류는 다음과 같다.

- 육지: 1/50,000, 1/25,000, 1/5000 지형도
- 바다: 1/200,000(예찰도, 경계수역 200해리), 1/50,000(개찰도, 영해 12해리), 1/10,000(정밀조사도)

(2) 지도의 분류

① 표현 내용에 따른 분류

표현 내용에 따라서는 일반도, 주제도, 특수도로 구분된다.

- 일반도: 1/5,000, 1/25,000, 1/50,000 국토기본도, 1/25,000 토지이용도, 1/250,000 지세도, 1/1,000,000 대한민국전도 등
- 주제도: 일반도를 기초로 하여 색채, 기호를 사용하여 표시한다. 토지이용도, 지질도, 토양도, 산림도, 관광도, 교통도, 통계도, 도시계획도, 국토개발 계획도 등
- 특수도: 항공도, 해도, 대원 항법도, 천기도, 점자지도, 사진지도, 지형기복도, 지적도 등

② 제작 방법에 따른 분류

제작 방법에 따라서는 실측도, 편집도, 집성도로 구분된다.

- 실측도: 1/5,000, 1/25,000 국토기본도, 지적도, 공사용 대축척지도 등
- 편집도: 대축척지도를 소축척지도로 편집한 지도
  - 1/25,000 지형도 → 1/50,000 지형도
  - 1/50,000 지형도 → 1/250,000 지세도
- 집성도: 기존의 지도, 도면, 사진 등을 붙여서 만든 지도로 항공사진을 집성한 사진지도 등

③ 축척에 의한 분류

축척에 따라서는 다음과 같이 분류한다.

- 대축척도: 1/10,000 이상의 축척
- 중축척도: 1/10,000~1/200,000
- 소축척도: 1/200,000 이하의 축척

④ 대상지역에 따른 분류

세계도, 대륙도, 국토전역도, 지방도, 군도, 시가도 등으로 분류한다.

⑤ 양식에 의한 분류

- 도엽지도: 제작구역을 일정한 규격으로 분할하고 같은 축척으로 표현하여 접합이 가능하도

록 제작된 지도

- 전국지도: 정해진 지역을 1도축으로 사용하는 지도로 대한전도, 세계전도 등
- 지도첩: 사용하기 편리하도록 일정한 크기로 제작된 여러 가지 지도를 책자로 만든 지도

⑥ 주제도

- 토지이용 현황도(1/25,000): 토지이용 현황을 조사 수록한 지도이다.
- 지세도: 지세(地勢, geographical feature)를 표현한 지도이다. 지형도보다 소축척으로 생략된 내용이 많으나, 넓은 지역을 개관하는 데 편리하다.

2.2 공간데이터 수집

2.2.1 공간정보 수집방법

공간데이터는 도형데이터와 속성데이터로 구분할 수 있다. 도형데이터는 각 사물의 지리적 위치와 형상의 범위를 나타내며 속성데이터는 자연, 사회, 경제 등의 특성을 나타낸다. 공간데이터를 수집하는 방법은 사진측량, 원격탐사, 지도 입력, 지상측량 등이 있다.

1) 사진측량

사진측량의 경우 항공사진을 이용하는 방법과 디지털 카메라를 이용하는 방법으로 나눌 수 있다. 항공사진을 이용하는 방법은 스캐너를 사용하여 항공사진을 디지털영상으로 변환하는 것이다. 항공사진을 디지털영상으로 변환한 다음 디지털 사진측량 워크스테이션을 이용하여 3차원 측정을 수행한다. 디지털 카메라를 이용하는 방법은 디지털 카메라로 직접 디지털영상을 취득하는 것으로, CCD 카메라를 이용하여 디지털영상을 취득하고 디지털 사진측량의 기법으로 3차원 측량을 수행하는 방법이다.

2) 원격탐사

원격탐사에는 광학센서의 다중밴드 영상, 흑백 스테레오 영상, 레이더 등이 이용된다. 광학센서의 다중밴드 영상은 주제도 작성에 이용되며 흑백 스테레오 영상은 지형도 작성에 이용된다. 또한 레이더는 빙산, 파도, 해상풍 등의 조사에 이용된다.

3) 지도 입력

지도에서 공간데이터를 수집하는 방법은 디지타이저에 의한 수동 입력과 스캐너에 의한 자동·반자동 입력 방식이 있다. 스캐너를 이용하는 방법의 경우 지도의 화질 및 소프트웨어의 성능에 따라 성과가 달라질 수 있다. 또한 자동 입력 방식의 경우 완전한 자동화는 불가능하기 때문에 오류가 발생하거나 오차가 생기는 부분이 있을 수 있으며, 이때는 수동으로 수정 작업을 해야 한다.

(1) 디지타이저에 의한 수동 입력

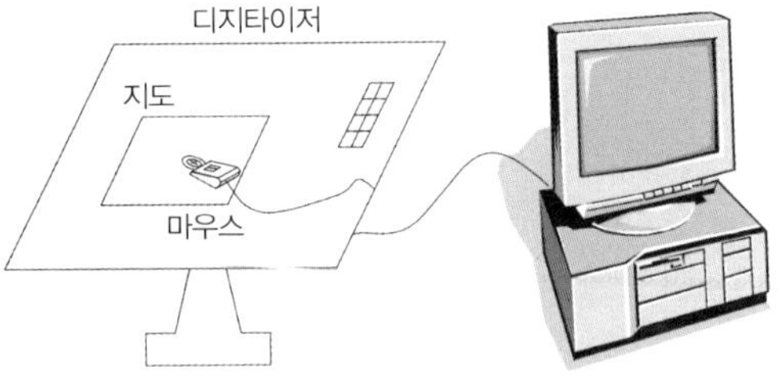

〈그림 2-19〉 디지타이저를 사용한 좌표 입력

디지타이저에 지도를 부착하고 지도 각 모서리의 좌표를 구하여 디지타이저의 기계좌표로부터 지도 좌표계로 변환한다. 측정할 지점에 마우스 십자선을 일치시키고 버튼을 누르면 그 점의 평면좌표가 지도 좌표계로 변환되고 코드 번호, 혹은 기타 속성데이터의 속성을 입력하면 GIS 입력 자료 및 디지털맵핑의 자료가 된다. 만약 등고선과 같이 연속적인 곡선을 입력하고자 하는 경우에는 시간모드나 거리모드를 이용하여 일정한 시간, 거리마다 좌표를 입력할 수도 있다.

(2) 스캐너를 이용한 자동·반자동 입력

보통 스캐너는 지도를 300dpi부터 600dpi(1in당 도트 수) 정도의 밀도로 래스터 형태의 디지털 영상으로 변환하는데 소프트웨어에 따라 그 활용도가 다르며 사용법도 다르다. 또한 지도에 있는 선은 격자 선이나 문자 등과 중첩되어 중간에 절단되는 경우가 있어 대상물을 수정할 필요가 있다. 노이즈가 적은 지도일수록 자동으로 인식되어 처리되는 비율이 높으며 모든 지도를 자동적으로 처리할 수 있는 소프트웨어는 아직 없으므로, 일부만이라도 수동으로 수정 작업을 해야 한다. 스캐너의 인식률을 높이기 위해서는 트레이싱 용지 등을 사용하여 원도에서 목표 대상만을 다시 그린 후 작업을 하는 방법이 필요하다.

4) 지상측량

지상측량은 전자평판을 이용하는 방법, GPS를 이용하는 방법, 모바일맵핑시스템(MMS: mobile mapping system)을 이용하는 방법이 있으며 전자평판측량은 토털스테이션과 펜컴퓨터를 조합하여 측량하고자 하는 대상물의 좌표, 거리, 각도 등을 측정할 수 있다. 또한 현장에서 측량 값을 직접 펜컴퓨터에 입력하여 디지털 형식으로 지형도를 편집하고 출력할 수 있다. GPS를 이용한 측량의 경우 키너매틱(kinematic) GPS와 노트북컴퓨터를 휴대하여, 측정하고자 하는 점에 안테나를 설치하면 위치 및 높이가 측정된다. 모바일맵핑시스템에 공간데이터를 수집할 수 있는 디지털 카메라, GPS, INS(관성항법장치: inertial navigation system), 컴퓨터를 탑재하고 주행하면서 디지털 카메라로 촬영하면 구조물이 측정되면서 컴퓨터에 입력되어 데이터를 수집할 수 있다.

2.2.2 공간정보 취득장비

1) 광파·전파거리측량기

〈표 2-2〉 광파거리측량기와 전파거리측량기의 기타 특성 비교

항목	광파거리측량기	전파거리측량기
반송파	적외선, 레이저광선, 가시광선	극초단파
최소 조작인원	1명(기계-반사경, 목표점에 반사경을 설치했을 때)	2명(주국과 종국에 각 1명)
관측 범위	단거리용(적외선, 가시광선): 5km 이내 중거리용(레이저광선): 60km 이내	장거리용: 30~150km
정확도	±(5mm+5ppm·D) 이내	±(15mm+5ppm·D) 이내
조작 시간	한 변: 10~20분 1회 관측: 8초 내외	한 변: 20~30분 1회 관측: 30초 내외
대표적 기종(최초 모델)	지오디미터(Geodimeter)	텔루로미터(Tellurometer)

*ppm: 거리 D에 비례하는 오차로 1ppm은 1km당 1mm(1/1,000,000)의 비율로 증가한다.

(1) 광파거리측량기

- 장점: 정확도가 높으며 중량이 적다. 작업을 신속하게 처리할 수 있으며 트랜싯과 병용이 가능하다. 지형이나 측점 부근의 장애물에 영향을 받지 않는다.
- 단점: 안개, 눈 등으로 시통성이 방해받을 수 있으며 시준이 필요하고 광로 및 프리즘 앞에 방해 요소가 있으면 안 된다.

(2) 전파거리측량기

- 장점: 장거리 관측에 적합하며 안개, 구름, 지형의 시통성에 영향을 적게 받는다.
- 단점: 단거리 관측 시 정확도가 비교적 낮으며 관측점 부근에 움직이는 장애물(자동차), 송전선 부근, 지면의 반사파 등의 간섭을 받는다.

2) 각측량기기

① 트랜싯(transit): 미국에서 발달, 유표에 의하여 직접 각을 읽는 분도반 이용

② 세오돌라이트(theodolite): 유럽에서 발달, 분도반과 현미경, 측미경을 이용, 연직각 측정 시 천정각을 0°로 하고 수평각을 90° 또는 270°로 표기

③ 클리노미터(clinometer): 지층면이나 단층면의 주향이나 경사각을 측정하는 데 이용

④ 섹스턴트(sextant): 육분의

⑤ 컴퍼스

⑥ 토털스테이션

3) 디지털 측정기기

공간데이터의 측량기기에는 용도나 필요한 정확도에 따라서 다양한 종류가 있다. 여기에서는 디지털 값을 얻을 수 있는 디지털 측정기기를 소개한다.

(1) 좌표의 측정

좌표를 측정하는 대표적인 기기는 토털스테이션과 GPS 측량기가 있으며 토털스테이션은 1대의 기계로 연직각, 수평각 및 거리를 동시에 측정하는 전파 거리·각 측량기기이다. GPS 수신기 2대를 이용하여 좌표를 측량하는데 1대는 기지점(기준점)에 설치하고, 다른 1대는 미지점에 설치하여, 위성신호를 동시에 수신, 처리, 해석함으로써 미지점의 좌표를 계산한다.

(2) 거리의 측정

거리를 측정하는 대표적인 기기에는 광파거리측량기가 있으며 목표점에 광을 발사하고, 기기에 반사되어 온 빛의 위상차를 전자적으로 해석하여 거리를 측정하는 기기이다.

(3) 각도의 측정

각도를 측정하는 기기는 대표적으로 전자 세오돌라이트와 자이로 스테이션이 있으며 전자 세오돌라이트는 수평각 및 연직각을 전자적으로 측정하는 기기로서 기기 설치 시 기울어짐은 2축 경사 센서로 전자적으로 보정되고, 각도 데이터는 직접 디지털 값으로 컴퓨터로 출력된다. 자이로

스테이션은 내장된 전자 제어 모터에 의해 자이로를 회전시켜 자동적으로 진북 방향을 검출하여 각도를 측정하는 기기이다.

(4) 수직거리의 측정

수직거리를 측정하는 대표적인 기기로는 자동 레벨과 레벨플래너가 있으며 자동 레벨은 표척이 바코드로 그려져 있어서 높이가 자동으로 읽히고 이 정보를 디지털 값으로 기록하는 기기이다. 레벨플래너는 수평방향으로 회전하면서 레이저광을 발사하여 수평면을 형성하여 수직거리를 계산하는 기기이다.

(5) 지도의 입력

지도 입력의 대표적인 기기는 디지타이저와 플래니미터가 있다. 디지타이저는 마우스의 위치를 좌표로 읽어 들이는 기기이며 플래니미터는 도형의 윤곽을 따라 움직이면 곡선의 길이와 면적을 전기적으로 측정하는 기기이다.

(6) 영상의 입력

영상을 입력하는 기기는 대표적으로 스캐너가 있다. 스캐너는 사진이나 지도를 작은 격자 형태의 디지털영상데이터로 변환한다.

4) GNSS

GNSS(글로벌항법위성시스템: global navigation satellite system)는 우주 궤도를 돌고 있는 인공위성에 발신하는 전파를 이용해 지구 전역에서 움직이는 물체의 위치, 고도치, 속도를 계산하는 위성측위시스템으로, 현재 미사일 유도 같은 군사적 용도뿐 아니라 측량이나 항공기, 선박, 자동차 등의 항법장치에 많이 이용되고 있다. 미국의 GPS, 러시아의 글로나스(GLONASS), 유럽의 갈릴레오(Galileo), 중국의 베이더우(北斗), 일본의 QZSS가 대표적인 GNSS 시스템이며, 현재 정상 가동되어 활발하게 서비스를 제공하는 위성측위시스템은 GPS와 글로나스가 있다.

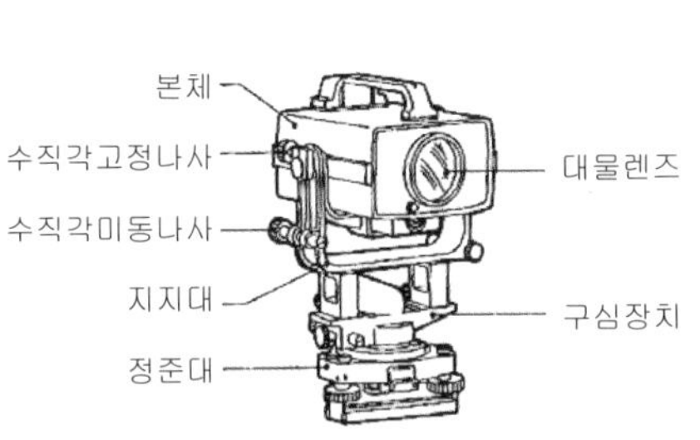

a. 광파거리측정기

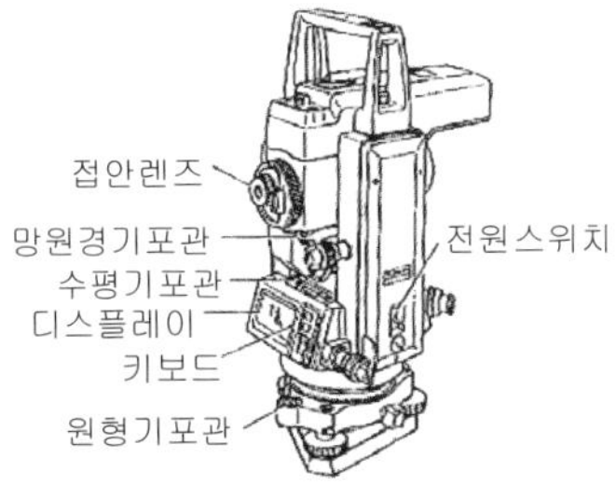

b. 세오돌라이트

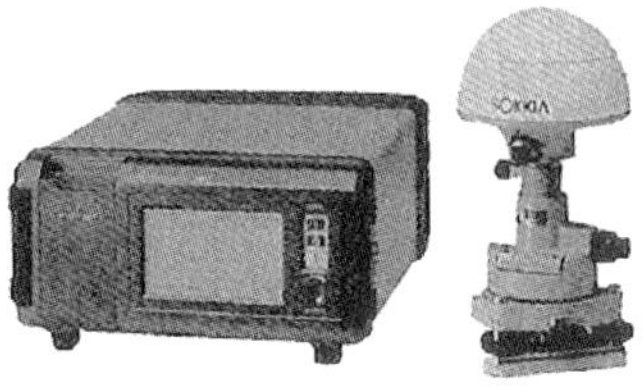

c. GPS 측량기

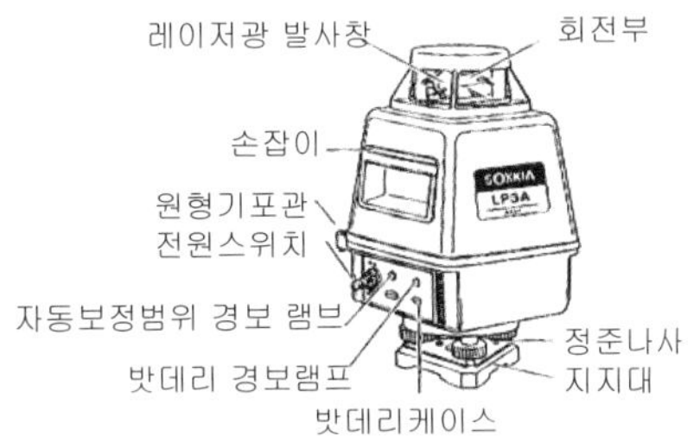

d. 레벨플래너

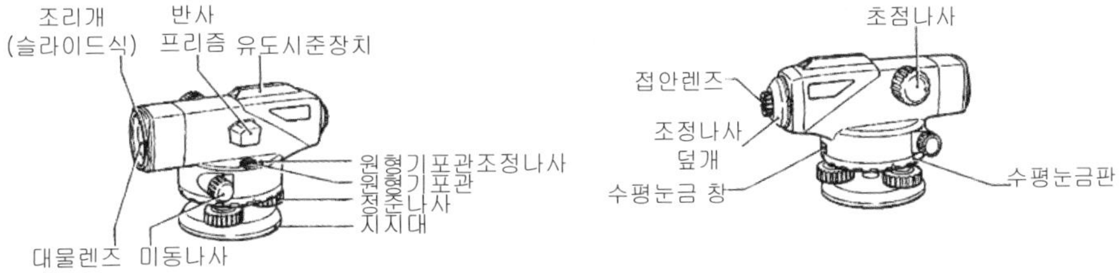

e. 자동 레벨

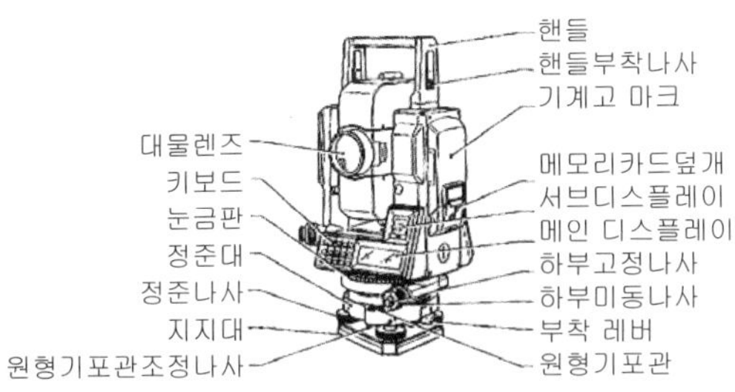

f. 토털스테이션

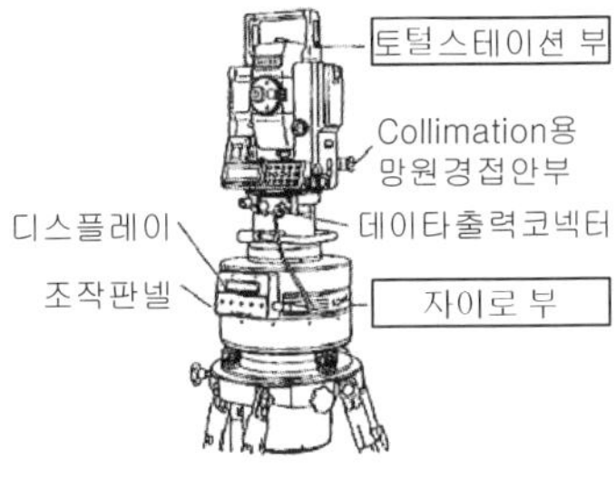

g. 자이로 광파기

〈그림 2-20〉 공간정보 측량기기

(1) GNSS의 종류 및 특징

〈표 2-3〉 GNSS 운용 및 개발 현황

시스템 명칭	운용국	완성 연도	위성 수(개)	비고
GPS	미국	1994년	32	시스템 유지에 최소 24개 위성 필요
글로나스(GLONASS)	러시아	1995년	24	시스템 붕괴로 중단했다가 2009년 재개
갈릴레오(Galileo)	유럽연합(EU)	2013년	30	한국 참여
베이더우(北斗)	중국	2010년 이후	35	베이징 올림픽 기간 중 시범 운용
준천정(準天頂)	일본	2009년	3	일본 내 우선 서비스
IRNSS	인도	2013년	7	인도 내 우선 서비스

① GPS

GPS(global positioning system)는 20,200km 상공에서 운영 중인 미국의 GPS 위성을 이용하여 지상의 위치정보를 취득하는 시스템이다. GPS 수신기는 세 개 이상의 GPS 위성으로부터 송신된 신호를 수신하여 위성과 수신기의 위치를 결정한다. 위성에서 송신된 신호와 수신기에서 수신된 신호의 시간 차를 측정하면 위성과 수신기 사이의 거리를 구할 수 있는데, 이때 송신된 신호에는 위성의 위치에 대한 정보가 들어 있다. 최소한 세 개의 위성과의 거리와 각 위성의 위치를 알게 되면 삼변측량에서와 같은 방법을 이용해 수신기의 위치를 계산할 수 있다. 그러나 시계가 완전히 정확하지 않기 때문에 오차를 보정하고자 보통 네 개 이상의 위성을 이용해 위치를 결정한다. GPS 위성은 전 세계에 설치된 관제 및 감시국을 통해 정확성 및 운영 전반에 관한 제어를 받아 그 정확성을 유지하게 된다.

GPS는 운영 초기에 군사적 목적으로 사용되어 왔으나, 민간 부분으로 점차 확대되어 현재 여러 분야에서 활용되고 있으며, 지구 상 어디에서나 24시간 이용할 수 있는 것은 물론, 기상조건, 외부의 간섭 및 방해에 강한 시스템이다.

전 세계적으로 공통좌표계(WGS84: world geodetic system)를 사용한다는 점에서 측위정보의 신뢰성 및 정확성이 우수하다. GPS는 6개의 궤도에 24개 위성을 배치하여 서비스를 제공하며, 위성으로부터의 신호는 2개의 반송파 L1(1575.42MHz)과 L2(1227.6MHz)로 송신하고 있다. 이 두 개의 주파수는 C/A코드와 P코드로 불규칙코드로 위상변조되며, 항법정보는 표준측위 서비스(SPS: standard positioning system)와 고정밀

〈그림 2-21〉 GPS 위성 배치도

도 측위서비스(PPS: precise positioning system)로 구분되어 서비스를 제공하고 있다. SPS는 측위와 시각전송의 업무로서 민간용으로 이용되며, L1주파수의 C/A코드만 사용할 수 있고, PPS는 주로 군용으로 설계되어 측위, 타이밍, 속도 기능을 가지고 L1, L2의 P(Y)코드가 사용되고 있다.

GPS는 1995년 7월 17일 완전작전능력(FOC)이 선언되면서 최초의 설계 목표를 달성하였다. 그러나 기술의 발전과 새로운 수요의 발생에 따라서 GPS 체계를 더욱 개량할 필요가 대두되었다. 1998년 미국 부통령과 백악관의 공표에 따라서 GPS 현대화 계획이 시작되었고, 미국 의회는 2000년 GPS III로 명명하면서 이 계획을 인가하였다. GPS 현대화 계획은 모든 사용자에 대해 정확도와 사용성을 향상하는 것을 목표로 하며, 새로운 지상국, 새로운 위성 및 네 개의 추가적인 GPS 신호 대역을 포함한다. 민간용의 새로운 신호 대역은 L2C, L5, L1C이며, 군용의 새로운 신호 대역은 M-Code이다.

GPS는 32개의 위성이 6개의 궤도면에 배치되어 구성되어 있다. 위성좌표를 구성하는 위성의 수는 오래된 위성이 폐기되고 GPS II 새로운 위성으로 대체되면서 바뀌게 된다. 1994년부터 글로벌 서비스가 제공되었고 현재 GPS II 버전 위성들이 참여하고 있다. 가장 최신 위성 버전으로는 GPS II-F 위성이다. 현재 록히드마틴사는 14억 달러의 개발 및 생산 계약을 체결하여 GPS III 프로그램을 개발하고 있다.

② 글로나스

글로나스(GLONASS)는 인공위성 네트워크를 이용해 지상의 목표물 위치를 정확히 추적해 내는 러시아의 '항법위성시스템'이다. 동서가 이념으로 팽팽히 맞섰던 냉전시절, 옛 소련이 개발한 프로그램이다. 1982년 첫 위성을 발사하면서 시작된 이 프로그램은 사회주의 몰락과 함께 재정 문제로 중단되었는데, 러시아가 고유가로 외환 보유 세계 3위의 부국이 되자 이를 재가동했다. 글로나스는 GPS와 다소 차이가 난다. 우선 주파수 분할 다중방식을 채택해 위성마다 반송파와 주파수가 다르다. 또 GPS에서 군사용으로만 사용하는 P코드를 글로나스는 민간용으로 이용할 수 있다. 항법위성시스템은 우주 부문인 위성을 비롯해 관제 부문인 지상 관제탑, 그리고 사용자 부문인 단말기 등으로 구성된다. 글로나스 관제탑은 모스크바 브누코보 공항 관제탑을 현대화하여 이용할 예정이다.

글로나스 항법위성시스템은 약 64.8° 경사각을 지닌, 거의 원형궤도에 가까운 3개의 궤도면에 배치된 24개의 위성으로 구성된다. 글로나스의 개발은 1976년에 시작되었고, 1991년까지 전 세계 서비스를 목표로 하였다. 글로나스 시스템 1단계는 1991년에 서로 120° 떨어진 두 개의 궤도면에서 7개의 위성들을 가지고 완료되었다. 12개의 글로나스 위성들이 1993년과 1994년에 추가

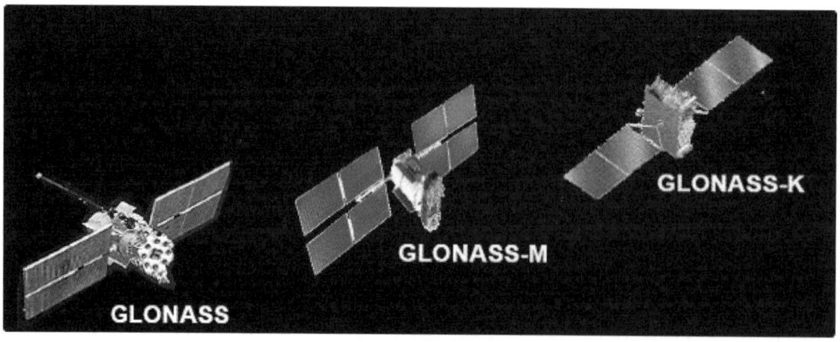

〈그림 2-22〉 3단계 GLONASS 위성

〈표 2-4〉 GLONASS 운용 현황

시스템 명칭	운용 국가	특성	현황
GLONASS	러시아(국방성)	고도: 19,100km 위성 수: 24개	현대 20기의 위성 운용

되었고 Uragan−M(또는 GLONASS−M)으로 알려진 7년의 수명을 가진 2세대 위성들이 2001년, 2004년, 2005년에 발사되었다. 2005년 말 당시 궤도 상에 14개의 위성이 있었다. Uragan−K(또는 GLONASS−K)로 알려진 10~12년의 수명을 가진 3세대 글로나스 위성들이 추가될 예정이다.

③ 갈릴레오

갈릴레오(Galileo)는 유럽연합(EU)과 ESA(유럽우주국)이 공동으로 추진하고 있는 세계 최초의 민간용 범지구 위성측위시스템으로 30기의 인공위성을 고도 약 24,000km에 배치하여 민간서비스를 주목적으로 개발 중이다. 갈릴레오 프로젝트는 유럽연합과 ESA뿐만 아니라 한국, 이스라엘, 우크라이나, 인도, 모로코, 사우디아라비아 등이 참여하여 유럽의 우주개발 역사상 가장 큰 규모의 프로젝트이다. 우리나라 역시 이 프로젝트에 참여하고 있으며, 우리나라가 확보할 수 있는 위치정보의 수평정밀도는 4~6m 정도이고 이는 GPS 위치정보에 비해 90% 이상 향상된 수준이다.

갈릴레오는 고도 23,616km와 56°의 경사각을 가진 3개 면의 지구 중궤도에 각각 10개의 위성(총 30기, 이 중 3기는 비상시를 대비한 보조 위성)으로 구성된다. 갈릴레오 항법 신호는 북위 75°까지의 적용 범위를 가지며 이 범위 내에서는 신호 상태가 양호하다. 30개에 이르는 위성들은 위치 확인에 용이한 최적의 조합으로 사용될 것이며, 3개의 보조 위성은 신뢰도를 더 높일 수 있다. 3개의 보조 위성으로 인해, 설령 위성 한 개가 손실되더라도 사용자는 아무런 영향을 받지 않을 것이다.

〈그림 2-23〉 갈릴레오 위성 발사

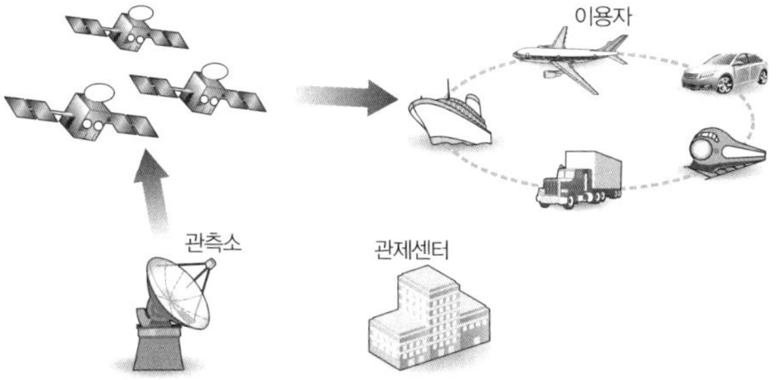

〈그림 2-24〉 갈릴레오 항법시스템 구상도

갈릴레오 제어 센터 두 곳에서 항법 임무 관리를 수행하고 위성을 제어한다. 20개의 갈릴레오 센서기지국(GSS)으로 이루어진 글로벌 네트워크에 의해 제공된 데이터는 여분의 통신 네트워크를 이용해 갈릴레오 제어 센터로 보내지고, 갈릴레오 제어 센터는 통합 정보를 계산하고 모든 위성의 시간 신호, 모든 지상 제어국의 기준 시간을 동기화하는 데 센서 기지국의 데이터를 이용하게 된다. 이른바 업-링크(up-link)라는 기지국을 통해 지상 제어 센터와 위성 간의 데이터 교환이 이루어질 것이다. 5개의 S 대역폭 업-링크 기지국과 C 대역폭 업-링크 기지국은 데이터 교환을 목적으로 전 세계에 고루 설치될 것이다.

38억 유로가 투입될 예정인 30개의 위성으로 구성된 유럽의 갈릴레오 항법시스템의 첫 번째 시험 위성 GIOVE-A가 2005년 12월 28일 수요일에 카자흐스탄 바이코누르 발사기지에서 발사되었으며, 2008년에 GIOVE-B와 GIOBE-A2가 발사되었다. 2008년 4월에는 유럽 3대 결정기구인 유럽의회, 이사회, 집행위원 간의 비공식회의를 통해 갈릴레오 프로젝트의 수정안에 대한 합의가 이루어졌다. 합의된 바에 의하면, 갈릴레오 프로그램의 개발과 전개 단계는 2008년에서 2013년까지 진행되는데, 우선적으로 계획된 위성들의 건설과 발사 및 지상의 첫 인프라 구축을 포함한다. 이어서 경영 단계는 인프라의 관리, 유지, 시스템의 규격화와 상용화 단계로서 시스템이 가동되는 시기부터 시작될 것이다.

위성항법은 항공, 해운, 최근 들어는 지상 교통에 이르기까지 필수적인 것이 되었고 현재 미국의 GPS가 거의 독점적인 서비스를 제공하고 있는 상황에서 갈릴레오는 유럽이 미국의 군용 위성항법시스템인 GPS로부터 독립할 수 있게 해 줄 것이다. 하지만 이 시스템들은 서로 보완적이다. 미국과 유럽연합은 2004년에 GPS와 갈릴레오의 공통적인 운영 기준을 마련해 GPS의 이용이 위태로워질 수 있다는 미국의 우려를 진정시켰다. 또한 갈릴레오는 러시아의 군용 위성항법시스템 글로나스와도 호환된다는 이점을 가진다. 갈릴레오는 10m의 오차 범위를 갖는 미국의 GPS보다 정밀도에서 훨씬 뛰어나며 신호체계가 향상되어 실내에서도 위치정보를 얻을 수 있다는 장점이 있다. GPS는 대형 건물이 밀집한 도심 지역의 55% 정도에서만 위치를 알아낼 수 있었지만 갈릴레오가 완성되면 인공위성의 수가 2배 이상으로 늘어 도심의 95% 이상 지역에서도 위치결정이 가능할 것이다.

고정밀 위치확인시스템이 완성되면 인류의 생활에도 엄청난 변화가 올 것이다. 물류·항공·교통 분야의 효율이 크게 증가할 것이며, 항공기의 이착륙, 선박의 항해, 기차의 운행 등에서 발생할 수 있는 문제들을 해결할 수 있을 것이다. 그뿐 아니라 구글어스와 같은 온라인 지도와 연결하여 세계 어느 곳에서나 자신의 위치를 정확히 알아내고 원하는 목표물까지의 길을 찾아낼 수 있게 될 것이다. 이러한 위성항법시스템의 개발은 정보통신 분야에도 새로운 성장 동력으로 작용할 것으로 보인다.

유럽의 갈릴레오 시스템은 유럽의 정부·군사기관들도 사용할 수 있겠지만 원래 성격이 군사용이 아닌 민간 상업용이다. 갈릴레오 서비스에는 공공의 오픈서비스 외에도 PRS(pubilc regulated service)를 통해 특정 사용자들의 접근이 제한된 암호화된 위치정보 제공서비스가 있다. 그렇기에 유럽 군사기관에서는 군사적 사용을 위해서 GPS를 고수할지 아니면 갈릴레오 시스템을 사용할지에 대해 다소 의견이 나뉘어 있다. 유럽과 미국은 GPS와 갈릴레오 위성측위시스템의 상호 운영 및 호환성에 대해 지난 2004년에 조약을 체결한 바 있었다. 그러나 이와 관련된 모든 이슈들이 해결된 것은 아니다. 유럽의 개별 국가들이 군사적 위성항법 능력을 가지고자 하여, 유럽의 전략적 자율성이라든가 유럽 자체적인 안보에 대한 요구는 커져 왔다. 2008년 7월에 유럽의회는 갈릴레오 시스템이 유럽연합의 증가하는 국방 및 안보 정책에 맞춰 개발되어야 한다고 인식했다. 갈릴레오 관리국은 2008년 조사에서 PRS 신호 사용자의 절반이 유럽의 군사기관이라고 하였다. 물론 이러한 군사기관들은 미국의 GPS 군사용 코드에도 접근할 수 있다. 유럽의 일부 GNSS 전문가들은 표준적인 군사적 시스템인 GPS와 갈릴레오를 같이 사용하여 더 좋은 서비스를 받을 수 있다고 보고 있다.

④ 베이더우

중국의 베이더우(北斗) 위성측위시스템은 지구정지궤도에 5개의 위성을 배치하고 지구 중궤도에 30개의 위성들을 배치하여 총 35개의 위성으로 구성되는 시스템이다. 현재 BeiDou-1 시스템이 있는데 이것은 중국우주기술아카데미(China Academy of Space Technology)가 개발한 3개의 위성으로 구성되어 2001년 말에 항법서비스를 제공하기 시작했고 2004년에는 민간사용자들도 사용할 수 있게 되었다. BeiDou-1 시스템은 10m 정확도로 하는 공공서비스와 보다 정밀한 중국 군사용 서비스를 제공하고 있다. 향후 10개의 위성 발사를 계획하고 있으며, 이를 통해 BeiDou-2 글로벌 내비게이션 성능을 향한 첫 단계를 준비하고 있다.

⑤ 준천정

일본의 준천정(準天頂) 위성시스템(QZSS: quasi-zenith satellite system)은 일본 내 위치정보 서비스를 제공하기 위해 증대된 GPS 시스템과 결합되는 3개의 위성들로 구성된다. 일본 우주항공 연구개발기구(JAXA)가 준천정위성을 이용한 시스템 구축을 목표로 하고 있다. 이미 2010년 9월 11일에 기술 실증을 위한 준천정위성 초호기 미치비키(QZS-1)가 발사되었으며 2017년부터 2019년까지 위성 3기가 추가로 발사되어, 4기 체제로 시스템이 운용되는 것이 결정되었다.

⑥ IRNSS

인도 지역항법위성시스템(IRNSS: Indian regional navigational satellite system)이 인도우주연구기구(ISRO)에 의해 개발 중에 있다. 3개의 위성이 지구정지궤도에 위치하게 될 것이며 적도면에서 29° 경사각을 가진 지구동기궤도에 4개의 위성이 배치될 예정이다. 인도정부는 이 프로젝트를 2006년에 승인하였으며 차후 7개 위성으로 구성된 시스템을 완료하고자 한다.

(2) 측위 원리

GPS 위성으로부터 얻어지는 관측성과는 두 가지가 있다. 첫 번째는 의사거리, 즉 위성과 수신기까지의 거리이며 두 번째는 위상차이다. 위상차는 위성에서 송신된 위성신호가 수신기에 수신될 때 수신기 자체의 발진기(oscillator)에서 생성된 신호와의 위상변위이며, 위성에서 수신기까지의 거리 계산에 활용된다.

GPS 측위법은 위성과 수신기 간의 거리를 사용하여 수신기의 위치를 결정하는 방법으로서, 위성의 위치가 기지점이 되고 수신기의 위치가 미지점이 된다. 3차원 측위법은 단독측위법과 상대측위법으로 구분한다. 단독측위법에서는 하나의 수신기에서 여러 대(4대 이상)의 위성을 관측하는 방법으로 상대측위법에 비해 정밀도가 낮다. 상대측위법은 하나의 수신기에 추가로 수신기를 하나 더 설치하여 같은 위성을 동시에 관측하는 방법으로서 단독측위법보다 정밀도가 높다. 단독측위법은 절대측위법이라 부르기도 한다. 일반적으로 단독측위법에서는 의사거리를 활용하며 상대측위법에서는 위상차를 사용한다. 여기서 반송파 신호(L1, L2)와 코드신호(C/A코드, P코드)의 종류와 측위법의 종류(단독측위, 상대측위)에 따라 GPS 측량의 정밀도가 좌우된다.

(3) 현장관측방법

GPS 측량의 현장관측방법은 관측 장소가 정지된 것을 의미하는 '스태틱(static)'과 관측 장소가 이동하는 것을 의미하는 '키너매틱(kinematic)'으로 구분된다. 이는 사용하는 수신기의 성능과 측량의 목적에 따라 달라지며, 보편적인 관측방법은 스태틱(static), 신속 스태틱(rapid static), 키너매틱(kinematic), 의사 키너매틱(pseudo kinematic), 실시간 키너매틱(real time kinematic) 등이 있다. 현장관측방법은 반송파의 위상차 측정과 상대측위 방법에 근거한 것이다.

① 스태틱 관측방법

매우 높은 정밀도를 요하는 기준점 측량 등에 사용하는 방법으로서 두 개 또는 그 이상의 수신기를 사용한다. 수신기 하나는 기지점(기준국)에 또 다른 하나의 수신기는 미지점(이동국)에 설치하고, 두 수신기를 통해 4개 또는 그 이상의 위성을 동시에 관측한다. 관측 시간은 기선의 길이에 따라 다르지만 보통 1시간 이상을 관측하며, 기선이 길수록 더 긴 관측 시간이 필요하다. 그 후 첫 번째 미지점에 설치한 수신기는 그대로 두고 기지점에 설치한 수신기를 제2의 미지점으로 이동한다. 이때 고정된 수신기는 다시 기준국으로 활용된다. 이 같은 관측방법을 수신기가 다른 기지점에 도달할 때까지 반복한다.

GPS 수신기는 단일주파수 수신기 또는 2중주파수 수신기 어느 것이나 사용할 수 있으나 단일주파수 수신기의 경우 더 많은 관측 시간이 필요하다. GPS 위성에서는 신호가 연속해서 계속 전송되고 있으며, 수신기가 위성신호를 계속해서 수신하게 되면 수신기의 저장용량을 벗어나게 된다. 이를 방지하기 위해 어느 특정 시간대의 위성신호만을 저장하도록 설정하였는데, 이러한 특정 시간 간격을 'epoch rate'라 부른다.

현장관측 데이터는 대부분의 수신기에 내장된 기억장치에 기록되고 PC 등을 활용하여 후처리를 시행한다. 스태틱 관측법에 의한 데이터는 위성에서 송출된 신호에 근거하여 계산된다. 좌표 계산은 먼저 각 점의 좌표차를 계산하고 이들을 바로 앞 측점의 좌표에 더하는 방법을 사용하여 마지막 연결된 기지점까지 계산한다. 이때 좌표 폐합오차가 발생하면 조정하며, 정밀도는 보통 평면일 때 10mm+1ppm(95%), 표고의 경우 20mm+1ppm 정도로 알려져 있다.

② 신속 스태틱 관측방법

스태틱 관측방법과 비슷하면서, 하나의 수신기는 처음의 기지점에 설치된 상태로 항상 유지되며 다른 하나의 수신기는 미지점에 순서대로 설치된다. 관측 시간은 보통 10~30분으로 스태틱 관측방법에 비하여 짧으며, 관측 시간이 짧기 때문에 기준국과 이동국 간의 원활한 통신이 필요하다. 기선의 길이는 10~20km로 제한을 두고, epoch rate는 5~10초 정도이다. 지도 제작 및 경계 측량과 같이 낮은 정밀도의 측량에 활용되며, 이때 얻어지는 정밀도는 평면의 경우 약 10~20mm+1ppm, 표고의 경우 20~30mm+1ppm 정도이다.

③ 키너매틱 관측방법

키너매틱 관측방법은 스태틱 관측방법과 같이 두 개 또는 그 이상의 수신기가 필요하다. 하나의 수신기는 기지점에 설치하여 고정시키고, 다른 하나는 관측할 측점을 찾아가며 계속해서 움직인다. 이러한 방법은 '키너매틱'이라 부르며, 키너매틱 관측방법에서 모든 수신기는 모호정수를 결정하기 위하여 관측을 시작하기 전에 반드시 초기화 과정을 거쳐야 한다. 다음은 이러한 초기화 과정을 나열한 것이다.

첫 번째 방법은 ΔX, ΔY, ΔZ가 알려진 기선을 사용하는 방법이 있다. 이는 두 기지점에서 두 수신기를 사용, 동시에 짧은 관측 시기(2~15분) 동안 스태틱 관측을 시행한다. 기선에 대한 좌표차가 알려졌기 때문에 대수적 차를 이용할 때는 미지의 값인 '모호정수'가 발생한다. 두 개의 수신기에 의해 관측된 데이터를 사용하여 차감법에 의해 대수차를 계산한다. 하나의 수신기로만 데이터를 얻을 경우에는 앞서 설명한 스태틱 관측방법을 활용한다.

초기화 과정의 다른 방법은 '안테나 교환법'으로서 하나의 기지점만 사용 가능한 경우에 활용된다. 먼저 수신기 하나를 A에 설치하고 다른 하나는 기지점에 가까운 위치에 미지점 B를 정하여 설치한다. 두 점 간의 거리는 10m 정도가 적당하며, 두 수신기로부터 몇 분간 데이터를 수신한 후, 수신기가 작동하는 상태에서 위치를 바꾼다. 이렇게 교환하는 과정에서 연속적인 추적이 이루어지거나, 4개 이상의 위성에서 추적 상태가 유지되어야 한다. 이후 추가로 몇 분간의 관측을 수행한 뒤 다시 원래 위치로 수신기를 교환한다.

마지막 초기화 방법은 'OTF(on-the fly)'라 불리는 모호정수 결정법으로서 하나의 고정국과 이동국에서 모호정수가 결정된다. OTF는 단일주파수 수신기 또는 2중주파수 수신기에서 수행할 수 있으나 2중주파수 수신기에 주로 적합하게 활용될 수 있다. 복잡한 수학적 계산과정이 필요하지만 20km의 거리에서 2분 동안 밀리미터 단위까지의 모호정수를 해결할 수 있다.

이러한 초기화 과정이 완료되면 고정국의 수신기는 기지점에 계속 유지되고, 이동국의 다른 수신기는 일정한 선을 따라 이동한다. 키너매틱 관측방법에서 두 개의 수신기는 전 관측 시기(session) 동안 최소한 4개의 위성에서 '닫힘(lock)' 상태를 유지하여야 하고, 안테나의 위치가 건물, 나무 등의 장애물로 방해받지 않도록 주의하여야 한다. 관측 작업이 완료되면 이동국은 맨 처음 기지점이나 다른 기지점에 설치하여 결과를 검사한다.

키너매틱 관측방법은 지형측량 또는 공사측량과 같이 많은 점들의 위치가 필요한 측량에 적합하다. 그리고 수심측량과 같이 이동국을 배 위에 설치하여 지속적으로 이동하는 측량에도 적합하며, 기타 항공사진측량에서 항공기에 이동국을 설치하여 촬영 순간 카메라의 위치를 파악하거나, 건설장비에 설치하여 토공작업을 실시간으로 통제, 관리하고자 할 때 적합하게 활용될 수 있다.

④ 의사 키너매틱 관측방법

의사 키너매틱 측량에서 기준국은 항상 기지점에, 다른 이동국은 미지점에 위치하고 이동국의 각 측점에서 두 번의 관측 시기를 약 1시간 간격으로 시행한다. 이 방법은 관측 시간 동안 발생하는 다양한 변수에 대하여 안정적인 값을 취득하는 데에는 적절하지만 측정된 측점들을 다시 방문하는 번거로운 단점도 있다. 의사 키너매틱 측량은 노선측량, 항공사진측량 등과 같이 한 곳에서 다른 곳으로 신속히 이동해야 할 경우에 적합하며, 처리과정이나 정밀도는 스태틱 관측방법과 비슷하다.

⑤ 실시간 키너매틱 관측방법

실시간 키너매틱 관측방법은 이동국(수신기)이 다른 측점으로 이동하여 관측하는 동안 순간적으로 측점의 위치가 결정되는 측량이다. 실시간 키너매틱 측량의 특징은 관측 성과와 수정 자료를 무전으로 송신하는 것이다. 하나의 수신기를 기준국에 설치하여, 위성관측 자료를 이동국에 송신하고, 이동국에서는 기준국으로부터 송신된 관측 성과와 이동국에서 수신한 위성관측 결과를 사용하여 이동국의 위치를 실시간으로 계산한다.

따라서 통신기의 성능은 실시간 키너매틱 관측의 작업범위를 결정하는 중요한 요소가 된다. 대부분의 국가에서 별도의 허가 없이 사용 가능한 0.5W 무전기의 경우 반경 5km 범위 안에서의 측량이 가능하다. 이와 같은 통신장치는 산이나 건물 등의 장애물에 의해 통신이 어렵게 될 수 있는데 이를 극복하기 위해 높은 장소에 기준국을 설치하거나 안테나를 높은 곳에 세워서 작업범위를 넓힌다. 최근에는 스마트폰과 같은 이동통신을 활용하여 이러한 문제를 해결한다. 실시간 키너매틱은 일반적인 키너매틱 측량에서 얻는 정밀도와 같으며, 관측순간 측점의 위치를 높은 정밀도로 취득할 수 있기 때문에 현장 작업에서 위치결정 등에 많이 활용된다.

(4) 네트워크 RTK 시스템

① 네트워크 RTK 시스템 개요

RTK(real time kinematic)는 정밀한 위치정보를 가지고 있는 기준국의 반송파 위상에 대한 보정치를 이용하여 이동국에서 실시간으로 1~2cm 정확도의 측위 결과를 얻는 일련의 측량과정을 말한다. 이 측위방식은 광범위한 측량 지역의 정밀 좌표를 신속하게 취득할 수 있기 때문에 그 활

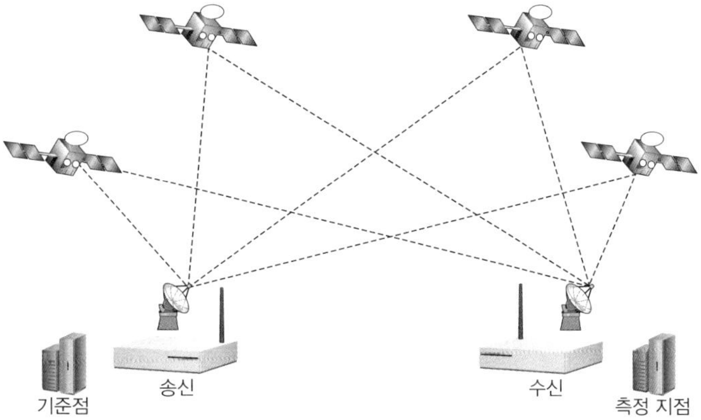

〈그림 2-25〉 네트워크 RTK 시스템 방식

용 범위가 넓다. RTK는 기준국과 이동국의 측정오차 중 공통성분이 상쇄되어 결과적으로 정확도가 높아지게 되는데, 기준국과 이동국 간의 거리가 멀어질수록 두 수신기 간 전리층과 대류권 지연 효과와 같은 측위오차의 영향이 달라지기 때문에 정확도가 저하된다. 따라서 센티미터 단위의 정확도를 확보하기 위해서는 기선거리가 짧아야 한다는 단점이 있다.

전리층과 대류권의 공통적인 오차 요인을 제거하기 위해서는 기준국과 이동국 사이의 거리를 줄이는 것이 효과적이나, 기준국은 고정되어 있기 때문에 기준국을 이동시키는 것이 불가능하다. 실질적인 대안으로 기준국을 조밀하게 설치하는 방법이 있으나 경제적인 이유 등의 여러 가지로 인해 쉽지 않다. 네트워크 RTK 시스템은 RTK가 거리에 따라 위성측위오차가 증대하는 문제를 보완하기 위해 개발되었다. 이 방법은 이동국에서 멀리 떨어진 여러 개의 실제 기준국 관측 데이터를 이용하여 이동국 근처에 가상으로 기준국을 만든다. 소프트웨어로 만들어 낸 가상 기준국 데이터와 보정 정보를 사용자에게 전송하여 기준국과 이동국 간의 거리와 관계없이 단거리 측량과 동일한 수준으로 정확도 높은 측위 결과를 얻을 수 있다.

전 국토의 효율적인 관리와 위치정보를 필요로 하는 다양한 응용 분야를 위해 독일, 캐나다, 일본, 스위스 등 세계 각국에서는 GPS 상시관측망을 이용한 네트워크 RTK 시스템을 운용하고 있으며, 그 효율성도 다양한 연구를 통해 입증되었다. 국내에서도 GPS 상시관측망을 이용한 네트워크 RTK에 대한 다양한 연구가 진행되어 왔다. 국토지리정보원은 44개의 GPS 상시관측소 중 38개의 상시관측소를 이용한 VRS(virtual reference station) 망 구축을 완료한 상태이며 향후 고도화 사업을 통해 나머지 6개의 상시관측소도 VRS 서비스를 제공할 예정이다.

② 네트워크 RTK 시스템 원리

네트워크 RTK 시스템은 기준국과 이동국 간의 기선거리와 상관없이 원거리에 대해서도 높은 정확도의 위치 측량을 가능하게 하는 측위법이다. 중앙 제어국에서 네트워크 내의 기준국 데이터를 이용하여 존재하지 않는 가상의 기준국에서의 관측치를 생성하고, GPS 측위오차를 모델링하여 이동국으로 가상 관측치와 보정메시지를 전송하게 된다. 이동국에서는 전송받은 가상 관측치와 보정메시지를 이용하여 위치결정을 하게 된다. 단, 네트워크 RTK 시스템의 종류에 따라 관측치와 보정메시지를 생성하는 방법과 전송 방식에 차이가 존재한다.

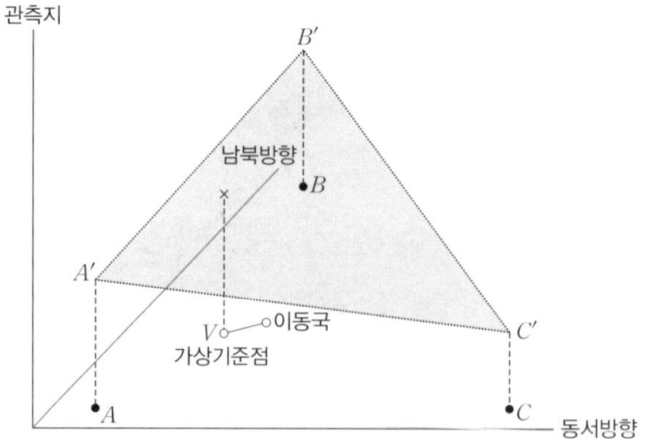

〈그림 2-26〉 네트워크 RTK 시스템 원리

중앙 제어국에서는 네트워크 내의 상시관측소 자료를 통합한 후 정수 바이어스, 전리층과 대류권 지연에 의한 신호 지연 등이 포함되어 있는 오차를 분리해 낸다. 오차들을 제거한 후 선형 보간법을 통해 가상기준국의 가상 관측치를 생성하게 되며, 분리된 오차들은 가상기준점에서의 보정치를 생성하는 데 이용된다. 선형 보간법이 아닌 고차방정식을 이용한 보간법은 실제 기준점이 많이 필요하고 계산량이 많아지는 반면, 실제 기준점 간격이 100km 이내라면, 선형 보간법을 통해서도 적당한 정확도를 얻을 수 있기 때문에 선형 보간법을 이용하는 경우가 많다. 각 기준국은 중앙 제어국과 연결되어 있고 중앙 제어국에서는 가상 기준국을 생성하기 위한 관측치와 보정정보 생성, 이동국으로 데이터 전송 등의 작업을 수행한다. 이를 위해 중앙 제어국과 사용자 사이에는 송수신이 가능한 통신 수단이 필요한데 통신의 내용인 데이터는 RTCM(radio technical commission for maritime service) 형식으로 전송하게 된다.

(5) 오차

의사거리 결정에 영향을 주는 요인은 다음과 같다.

- 위성과 수신기 시계오차
- 대기굴절에 의한 오차
- 위성의 위치 또는 궤도오차
- 수신기오차

• 안테나의 구심 오차와 높이 측정오차
• 다중전파경로에 의한 오차
• 위성의 기하학적 위치에 따른 오차

오차의 대부분은 전자파의 전파 과정에서 발생하며, 위성의 시계오차와 대기 조건에 의한 오차가 의사거리에 가장 큰 영향을 미친다. 이들은 수학적 모델과 장비, 안테나 위치 선정에 따라 값을 줄일 수 있다.

① 위성시계오차

위성에는 정밀한 원자시계가 장착되어 있으며 신호 생성을 포함한 모든 시간을 통제한다. 따라서 시간 측정의 정밀성은 GPS 측량의 정밀도에 중대한 영향을 미치며, 정밀한 원자시계가 장착되어 있더라도 어느 정도의 오차가 포함되어 있다. 항해데이터 메시지에서 시간 보정의 경우 위성시간과 GPS 시간의 차가 1ms에 달한다(1ms 간격은 약 300km의 의사거리 오차). 통제소에서는 이러한 시간오차계수를 결정하여 위성에 송신하고 위성은 다시 보정된 데이터 메시지를 발송한다.

이러한 오차는 오차수정계수를 방송메시지의 일부로 여겨 다음과 같은 2차 포물선함수를 사용하여 수신기에서 수행한다.

$$\delta^j(t)=a_0+a_1(t-t_0)+a_2(t-t_0)^2$$

$\delta^j(t)$는 관측 시기 t에 대한 위성시계오차, t_0는 위성시계의 기준 시기, a_0, a_1, a_2는 각각 위성시계의 편차, 편류, 주파수 편류를 나타낸다. 2차 포물선의 계수 a_0, a_1, a_2, t_0는 방송메시지의 일부이다.

② 대기굴절 오차

대기굴절에 의한 오차는 지구 전리층과 대기권에 의한 오차이다. 신호에 가장 영향을 미치는 대기권역은 대류권과 전리층이다. 대류권은 대기의 가장 낮은 층으로 지상 10~12km에 위치하며, 전리층은 지상에서 50~1,500km에 분포하고 있는 전파성 물질이다. 이 영역에서는 태양으로부터 방출된 자외선이 가스 분자의 일부를 이온화시키고 자유전자를 방출하는데 여기서 방출된 자유전자가 GPS 신호를 포함한 전자파의 전파에 영향을 미친다.

GPS 신호가 전리층과 대류권을 통과할 때 굴절 현상이 발생하는데, 대기권은 실질적으로 매우 낮게 이온화된 중성 가스로 이루어져 있어 굴절률이 1에서 크게 벗어나지 않으나, 전리층은 매우 낮은 압력으로 더 크게 이온화되어 굴절률이 0에서 1까지 변화한다. 따라서 위성신호가 이들 공간을 통과하여 지상에 도달할 때는 각기 다른 밀도를 가진 여러 대기층을 통과하며 대기층에 따라 각각 다른 전파 속도 때문에 신호가 통과한 궤적은 서로 다른 곡선을 그리게 된다. 이러한 변화는 낮과 밤, 계절, 신호가 대기를 통과하는 각도에 따라서도 영향을 받는다.

이러한 오차는 L1과 L2파 두 주파수에 의해 위상측정이 가능한 2중주파수 수신기를 이용하여 관측, 비례상수를 계산하고 전리층 오차를 추정하여 제거할 수 있다. 대기에서의 수증기압, 기온 등에 의한 대기권 오차는 위성신호와 관계없으며, 수학적 추정에 의하여 제거한다. 상대측위에서는 차감법을 적용하여 오차를 최소화할 수 있다.

③ 위성의 기하학적 위치에 따른 오차

위성의 기하학적 위치에 따른 오차는 관측하는 위성의 기하학적 분포에 따라 발생하는 오차를 말한다. 즉 위성의 기하학적 배치가 적절치 못할 때의 관측은 좋지 못한 결괏값을 가져올 수 있다. 위성의 기하학적 배치 상태가 정밀도에 미치는 영향을 알아보는 척도로서 DOP(dilution of precision)를 사용한다. 위성이 전 수평면에 걸쳐 다른 고도각으로 배치되고, 위성신호 사이의 각이 클 경우 위성관측에 좋은 조건이 되어 DOP 값이 적은, 정밀도가 높은 상태가 된다. 반대로 적은 수의 위성이 전 수평면에 걸쳐 같은 고도각으로 배치되고, 위성신호 사이 각이 작을 경우 DOP 값이 높으며, 이는 정밀도가 낮음을 뜻한다.

GPS 측량에서 최소제곱법으로 계산을 하면 위성의 수와 위성의 기하학적 배치 상태에 따른 정밀도를 계산할 수 있다. 현장관측 수행 전, GPS 위성 수와 위성의 가시위치를 사용하여 최소제곱법을 사전 수행해 봄으로써 측량 결과에 대한 예측과 평가가 가능하고 위성의 수와 위성의 기하학적 배치가 정밀도에 어떻게 영향을 주는지 추정할 수 있는데, 이 추정의 척도가 바로 DOP이다. 최소제곱법에 의한 분석에서 허용 가능한 DOP 계수값보다 값이 높게 산출되었다면, 좀 더 유리한 위성의 배치 상태가 될 때까지 관측을 보류하여야 한다.

④ 기타 오차

• 위성의 위치오차

위성력오차 또는 위성의 궤도오차를 의미하며 측점의 좌표계산에 영향을 준다. 방송위성력에 의하여 실시간으로 위성의 위치를 알 수 있으며 위성의 궤도오차는 주로 위성에서 부정확하게 변조된 표면력에 의하여 발생한다. 이들은 대기불안, 태양의 복사압으로서 시간에 대한 함수이며 예측하기가 어렵다. 더불어 중력모델과 궤도 예측 측점의 좌표에 대한 불확실성으로 인해 오차 보정을 더욱 어렵게 한다. 또한 궤도오차는 궤도 높이와 기선의 길이와 비례하며 매우 긴 기선의 경우에는 그만큼 정밀한 위성력을 사용해야 한다.

• 수신기오차

수신기오차는 송신된 신호를 동기화하는 데 발생하는 시계오차와 노이즈에 의한 오차를 뜻한다. 수신기의 시계는 위성의 원자시계보다 정밀하지 못하고, 수신기 시계오차는 수학적 추정이 어려워 일반적으로 미지수를 포함하여 함께 계산한다.

• 안테나 높이 측정오차, 구심오차

안테나의 높이 측정오차와 구심오차는 안테나의 중심과 위상 중심의 차이에서 발생하는 오차를 말한다. 이를 줄이기 위해서는 안테나에 부착된 광학구심기 또는 추를 활용해 수시로 점검하여야 하며, 관측하는 모든 기간 동안 안테나의 방향을 항상 같은 방위각으로 고정하고, 안테나 높이 관측 전, 후에 항상 정확히 측정할 수 있어야 한다.

• 다중전파경로에 의한 오차

다중전파경로에 의한 오차는 반송파가 지상의 수신기를 향해 직접 송신되지 못하고 건물, 나무 등 주변 장애물에 반사된 후 수신기에 수신될 때 발생하는 오차이다. 저고도 각에서의 위성관측은 다중전파경로에 의한 오차가 심할 수도 있지만, 일반적인 관측에서는 그리 심하지 않다.

2.2.3 각과 거리측량(수평측량)

1) 거리측량

거리는 어떤 두 지점 간의 길이를 말하며 기준타원체면 상에서는 상호 지점들 간의 거리, 구면 상에서는 대원의 호 길이, 중력방향에서는 직교하는 평면 상의 상호 거리를 의미한다. 또한 측량에서 거리라 하면 수평거리를 의미한다.

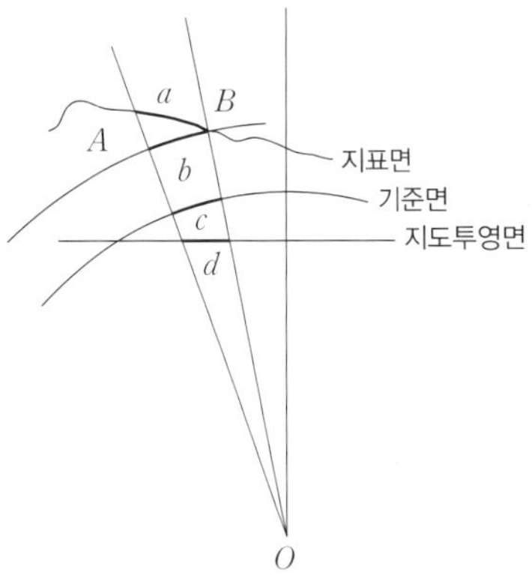

〈그림 2-27〉 수평거리

(1) 직접거리측량

직접거리측량은 줄자 등을 사용하여 거리를 직접 측정하는 방법이다. 평지의 경우 측량하고자 하는 두 점을 이용하여 그 사이에 일직선의 말뚝을 박아 측선을 연결하여 거리를 관측한다. 경사지의 경우 계단식방법과 간접관측법으로 나누어지는데, 계단식방법은 계단식으로 수평거리를 관측하여 더하는 방법이고 간접관측법은 경사거리를 측량하여 수평거리로 다시 환산하는 방법이다.

측정 도구의 종류에는 천 줄자, 강철테이프, 인바테이프가 있으며 특징은 다음과 같다.

① 천 줄자(Cloth Tape): 20~50m 정도로 간단한 거리측량에 쓰이며 신축이 심하다. 정밀측량에서 부적당 정도는 1/500~1/20,000이다.

② 강철테이프(Steel Tape): 10~50m 정도로 정밀한 거리측정에 쓰이며 부적당 정도는 1/5,000~1/10,000, 보정을 하면 1/10,000~1/100,000 정도를 얻는다(표준장력 10kg, 표준온도 15℃). 강철테이프의 장점으로는 측정 시 온도보정 등을 하면 높은 정도가 얻어지지만 단점으로는 온도변화에 의한 신축이 상당히 크며 녹슬기 쉬우며 꺾어지기 쉬운 단점이 있다.

③ 인바테이프(Invar Tape): 열팽창 계수가 매우 작은 니켈(36%)과 강철(64%)의 합금으로 제작되며 전체 길이는 25m, 눈금은 8cm이고 단척에만 1mm 간격으로 표시를 한다. 인바테이프의 장점은 온도에 따른 신축이 적고(팽창률이 강철테이프의 1/20~1/200, 일반 테이프의 1/30~1/60 정도) 단점으로는 녹슬기 쉬우며 강철테이프보다 강성이 적어 휘거나 파손되기 쉬운 단점이 있다. 인바테이프는 삼각측량 등의 정밀기선측정(1/500,000~1/1,000,000가 요구될 때), 댐의 변형측정 및 긴 교량의 건설 등에 이용되고 있다.

(2) 간접거리측량

간접거리측량은 거리를 직접 측정하지 않고 다른 거리나 각을 관측하고 전파, 광학, 삼각법 및 기하학적 방법 등을 통해 거리를 간접적으로 구하는 방법으로 종류는 다음과 같다.

① 수평표척에 의한 거리측량

- 보통 2,000mm±0.1mm
- $S=\frac{b}{2}\cot\frac{a}{2}$ 단, b: 표척 길이

② 앨리데이드(alidade)에 의한 수평거리측량

③ 스타디아(stadia)에 의한 지형측량으로 지형측량 시 수평·수직거리측정

④ 음측

⑤ 전자파 거리측량

⑥ 사진측량

⑦ 초장기선 거리간섭계(VLBI)

⑧ GPS

(3) 거리약축

거리의 약축에는 여러 가지 방법이 있으며 각각의 방법에 따라 용도의 차이가 있다. 다음은 거리약축의 종류를 나타낸 것이다.

① 보측: 보수계에 의한 방법으로 인간의 보폭을 이용하는 방법

② 앨리데이드에 의한 수평거리측량

$100 : (n_1 - n_2) = D : l$

③ 음속법: 수심측량에 많이 이용되며 소리의 속도로 거리측정

$D = \{340 + 0.6(T - 15)\} \cdot t$

④ 시각법: 이미 크기를 알고 있는 물체의 시각에 의하여 관측자로부터 대상물에 이르는 거리를 구하는 방법

⑤ 목측: 인간의 눈을 활용하여 경험적 반복 연습으로 정확도를 높일 수 있는 거리측정 방법

(4) 전자파거리측량

① 전파거리측량기

두 대의 전파송수신기를 이용하여 주국과 종국을 양 끝점에 설치한 후 다음 주국으로부터 목표점의 종국에 변조한 주파수를 발사하고 이것이 종국을 지나 다시 주국으로 돌아오는 반사파의 위상과 발파의 위상차로부터 거리를 구한다.

② 광파거리측량기

가시광선, 적외선, 레이저광선 등의 강도를 변조한 빛을 강, 약의 파로 변조하여 연속적으로 측점에 설치한 기계로부터 발사한다. 이러한 파가 목표점에 설치한 반사경으로부터 반사되어 오는 반사광과 발사광의 위상차로부터 두 점 간의 거리를 측정한다. 레이저광파거리측량기의 경우 광원을 헬륨네온(He-Ne), 갈륨비소(Ga-As: Gallium-Arsenic) 레이저라 하는 단색광의 강력한 평

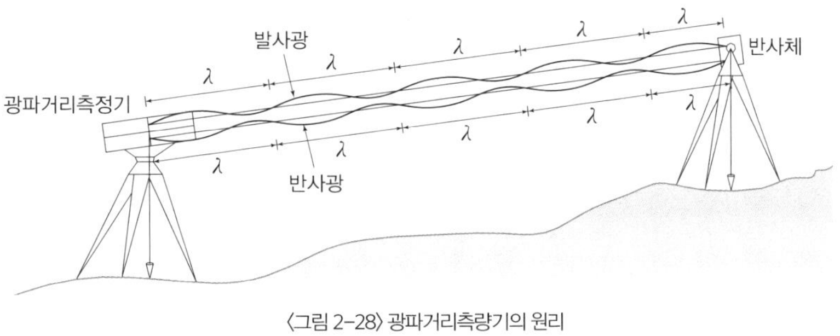

〈그림 2-28〉 광파거리측량기의 원리

행광선을 보내는 광원장치를 이용한 거리측량기(야간 80km, 주간 32km, 오차는 ±1mm 이내)이다.

③ 거리측량의 원리

일정한 길이의 주파수(f)를 이용하여 그 파장(λ)의 수(n)와 1파장 미만의 길이(d)를 이용하여 두 점 간의 거리(D)를 계산할 수 있다. 두 점 간의 거리는 다음과 같은 식으로 나타낼 수 있다.

$$D=\frac{\lambda}{2}\cdot n+\frac{d}{2}$$

④ 전자파거리측량기의 보정

전파 및 광파의 굴절률은 대기 중의 온도, 기압, 습도의 기상요소에 의해 측정 길이에 영향을 받는다. 이들 기상요소를 측정하여 실제의 굴절률을 구하여 측정거리를 보정해야 한다.

• 기상보정(온도, 기압보정)

측량을 실시할 때 기온이 표준기온보다 높을 경우에 측정 길이는 정확한 길이보다 길어지면 기온 10° 상승에 1.0m 정도의 오차가 발생하며 기계 안의 기상보정상수로 인하여 자동으로 보정하게 된다.

• 반사경 보정

반사경 상수에 따라서 반사경의 두께에 따른 오차가 발생되며 제품마다 반사경의 위치에 따른 보정치가 각각 다르므로 주의해야 한다.

(5) 거리측량의 정확도와 정오차보정

① 거리측량의 허용정밀도(표준)

• 평탄지: 1/2,500 양호, 1/5,000 우량

• 산지: 1/500 가능, 1/1,000 양호

• 시가지: 1/10,000~1/50,000의 정밀도 필요

② 거리측량방법과 일반적인 정확도

• 천 줄자: 1/500, 1/2,000

• 강철테이프: 1/5,000, 1/30,000

• 스타디아 측량: 1/200, 1/1,000

③ 정오차의 원인

• 줄자 길이가 표준길이와 다른 경우(줄자의 특성값 보정)

• 관측 시 쇠줄자의 온도가 검정 시의 온도와 다른 경우(온도보정)

• 줄자가 수평으로 되지 않는 경우(경사보정)

• 쇠 줄자에 가해진 장력이 검정 시의 장력과 다른 경우(장력보정)

• 줄자의 처짐(처짐 보정)

• 줄자가 기준면 상(평균해수면)의 길이로 되지 않은 경우(표고보정)

④ 정오차의 보정

• 줄자의 정수(특성값) 보정: 줄자의 정수란 줄자의 정확한 길이에 대해서 늘어난 길이, 또는 줄어든 길이를 표시한 것으로 줄자의 특성값 보정이라고도 한다. 줄자의 정수 보정은 테이프 길이와 표준자 길이와의 차를 보정한다.

– 정수의 보정량: $C_i=(\frac{\Delta l}{l})L$

– 줄자 1m에 대한 보정수: $\frac{\Delta l}{l}$

– 측정길이: L

• 온도 보정: 테이프의 표준온도와 측정 시의 온도가 다를 때 온도를 보정한다.

– 온도보정량: $C_t=\alpha(t-t_0)\cdot L$

– 줄자의 열팽창계수: α

– 측정 시 온도: t

– 표준온도: t_0

– 측정길이: L

• 경사보정: 양단에 표고차(고저 차) h가 있는 두 지점 간의 경사거리를 수평거리로 보정한다.

– 경사보정량: $C_g=-\frac{h^2}{2L}$

– 경사거리: L

– 표고차: h

• 장력보정: 관측한 줄자수를 검정 시에 같은 장력이 가해져 수평상태의 거리를 관측한다. 이러한 경우에는 장력 및 처짐의 보정이 필요하지 않다.

– 장력보정량: $C_p=\frac{L}{A\cdot E}(P-P_0)$

– 관측길이(m): L

– 줄자의 단면적(cm^2): A

– 줄자의 탄성계수(2,100,000kg/cm^2): E

– 측정 시 장력(kg): P

– 표준장력(검정 시 장력: kg): P_0

• 처짐보정: 거리측량 시 테이프의 처짐량을 보정한다.

– 처짐보정량: $C_s=-\frac{W^2}{24}\cdot\frac{L^3}{n^2P^2}$

– 쇠줄자의 자중(g/m): W

– 구간수: n

– 장력(kg): P

– 지지말뚝 간격(등간격): d

– 관측길이: L

• 표고보정(기준면상 길이로의 보정): 측정면에서 거리와 평균해수면에서 투영한 거리와의 차를 구하여 보정을 한다.

– 표고보정량: $C_h=-\frac{L_0H}{r}$

– 수평거리: L_0

– 평균해수면으로부터의 높이(평균표고): H

– 곡률반경(6,370km): r

2) 초장기선 간섭계

초장기선 간섭계(VLBI: very long baseline interferometry)란 동일 전파원으로부터 복사된 전파를 멀리 떨어진 두 점에서 동시에 수신하여, 두 점에 전파가 도착하는 시간 차를 정확히 관측함으로써 두 점 사이의 거리를 구하는 전파천문학의 한 분야이다. 위치측정 원리는 측정하려는 두 점 A, B에 수신 안테나를 설치하여 준성이 발하는 전파를 24시간 관측하는 것이다. 관측된 전파 신호는 디지털화하고 시각 신호와 함께 자기테이프에 기록되고 컴퓨터에 의해 처리되어 A, B 지점에 도달한 동일 신호의 시각 차(지연시간: τg)를 고정확도로 산출하고 τg=D·e/C의 관계에서 기선벡터 D가 얻어진다.

• 준성의 방향벡터: e

• 전파의 속도(광속도): C

〈그림 2-29〉 초장기선 간섭계 안테나

3) 각의 종류

(1) 평면각

① 수평각

수평각은 두 측점 사이의 시준선을 수평면에 투영 시켰을 때 그 두 선 사이에 끼인 각을 말하며 교각, 편각, 방향각, 방위각으로 분류할 수 있다. 교각은 전측선과 다음 측선이 이루는 각을 말하며 편각은 전측선의 연장과 다음 측선이 이루는 각을 말한다. 방향각은 임의의 기준 방향(도북)에서 시계방향으로 측정한 각을 말하고 방위각은 남북자오선인 진북(N)으로부터 시계방향으로 측정한 각을 말한다(방위: 어느 측선이 자오선과 이루는 0~90°의 각).

② 수직각(연직각)

수직각은 연직면(중력방향면) 내에서 수평선과 시준선이 이루는 각으로 천정각, 천저각, 고저각으로 분류된다. 천정각은 연직선의 상방향(천정)을 기준으로 연직면 내에서 목표점까지 내려서 측정한 각을 말하며 천저각은 연직선 아래쪽을 기준으로 시준점까지 올려서 잰 각을 말한다. 고저각은 수평선을 기준으로 목표점까지 잰 각을 말하며 상향각과 하향각으로 구분된다. 상향각은 수평선으로부터 상향으로 측정한 각을 말하며 하향각(부각, 俯角)은 수평선으로부터 하향으로 측정한 각을 말한다.

(2) 곡면각

곡면각은 구면 또는 타원체 상의 각을 말하며 구면삼각법을 이용한다.

(3) 입체각

입체각은 공간상 전파의 확산 각도 및 광선의 복사휘도 측정에 이용된다.

(4) 수평각 관측법

① 단각법

두 측점의 끼인각을 1회 관측하여 값을 구하는 방법이다. 관측각은 종독에서 초독을 뺀 값을 이용한다.

② 배각법

두 측점의 끼인각을 2회 이상 관측하여 평균값을 구하는 방법이다. 방향각법과 비교하였을 때

읽기오차의 영향을 적게 받으며 직접 취득하기 어려운 각 측량성과의 미소값을 누적 관측하여 반복횟수로 나누어 구할 수 있다. 또한 눈금이 부정확할 시의 오차를 최소화하기 위하여 n회 관측한 성과의 합을 360°에 가깝게 해야 한다. 배각법은 방향 수가 적은 경우에는 편리하게 이용되지만 삼각측량과 같은 많은 방향에서의 관측이 요구될 시에는 부정확하다.

③ 방향각법

한 점 주위에 여러 개의 각이 존재할 시에 임의의 시준선 방향을 기준으로 정하여 각 시준선 방향의 사잇각을 관측하고 처음 기준 방향선의 관측값과 일치하게 한다. 그리고 발생한 오차가 허용범위에 존재할 경우 각각의 각에 평균을 분대하는 방법이다. 방향각법의 경우 3등 이하의 삼각측량이나 천문 측량 등에 이용되며 측각의 정확도가 균일하여 한 점에서 여러 각을 관측하고자 할 때 이용된다.

④ 조합각관측법

수평각 관측법 중에 가장 정확한 값을 얻을 수 있으며 1등, 2등 삼각측량에 많이 사용되는 방법이다. 방향각법을 이용하여 한 점에서 모든 방향선에 있는 각들을 차례대로 관측하며 기하하적 조건이 만족될 수 있도록 최소제곱법을 이용하여 각각의 방향선에 대한 각의 최확값을 계산한다.

2.2.4 수준측량(높이측량)

수준측량은 점들 간의 고저 차 및 지반고를 관측하며 평균해수면 등의 수준면을 기준으로 한 절대표고나 임의의 높이를 기준으로 한 상대표고를 말한다. 두 점 간의 고저 차를 구하고 많은 지점의 지반 높이를 측정하며 일정한 높이를 확인하는 측량으로 주로 레벨을 이용한다. 수준측량의 용도는 다음과 같다.

1) 수준측량

① 토지의 현황 등을 표현하는 지도 제작

② 설계된 표고에 의한 건설 작업

③ 도로의 신설, 개수 공사 등에 이용되는 노선의 종·횡단면도 작성을 위한 수준측량

④ 건축, 교량 가설 공사 같은 높이점을 결정

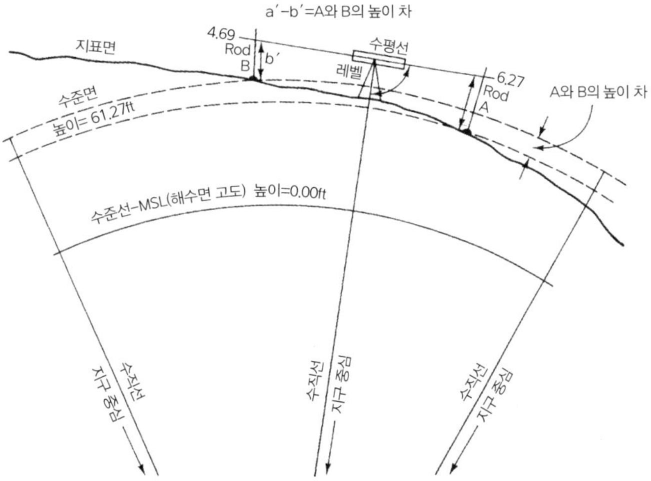

〈그림 2-30〉 수준면(1)

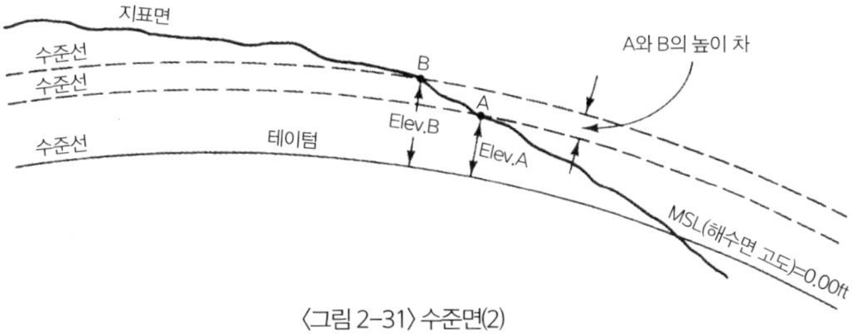

〈그림 2-31〉 수준면(2)

⑤ 배관 공사, 제방 건설 등에서 필요한 일정한 경사선을 정함

⑥ 도로, 철도, 운하 등의 공사 설계 및 공사 지역의 배수 특성 조사

⑦ 토공량 산정 등의 공사 시공에 필요한 자료 제공

(1) 수준측량의 분류

수준측량은 측량방법과 목적으로 구분할 수 있으며 측량방법에 의한 분류는 직접수준측량, 간접수준측량, 교호수준측량, 약식수준측량으로 구분된다. 직접수준측량은 레벨을 이용하여 직접 고저 차를 구하는 방법을 말하며 간접수준측량은 직접수준측량과 반대로 레벨 이외의 기계를 사용하여 고저 차를 구하는 방법을 말한다. 교호수준측량은 하천이나 호수 등으로 인하여 레벨을 이용하여 측점을 중간에 설치할 수 없는 경우, 하천의 양측에서 두 점 간의 고저 차를 구하는 방법을 말한다. 약식수준측량은 간단한 레벨에 의한 고저측량을 말한다. 측량의 목적에 의해서는 고저

측량과 단면수준측량으로 구분된다. 고저측량은 두 점 간의 고저 차 관측을 말하며 단면수준측량(종·횡단측량)은 단면 및 토공량 산출을 목적으로 실시하는 측량을 말한다.

(2) 수준측량의 용어

① 수준면(level surface): 지구에서 임의의 점을 선정하였을 때 선정한 임의의 점이 지구의 중력 방향과 90°를 이루는 곡면을 말한다.

② 수준선(level line): 수준면 상에 존재하는 두 점을 연결한 선을 수준선이라고 하며 반경 11km 이내는 직선으로 표현한다.

③ 수준점(bench mark): 기준수준면에서 높이를 정확히 구하여 놓은 점으로 높이를 정확하게 표시한 점이며 관측의 기준이 되는 점이다. 1등 수로점의 경우 평균 거리는 4km이며, 2등 수준점의 경우 평균거리 2km마다 설치해야 하며 수준점은 도로변을 따라 설치되어 있다.

④ 수준망(leveling net): 폐합수준측량에 의한 오차 점검을 위하여 수준점들을 연결한 망을 말한다.

⑤ 후시(back sight): 기지점에 세운 표척의 눈금을 읽는 것을 말한다.

⑥ 전시(fore sight): 미지점에 세운 표척의 눈금을 읽는 것을 말한다.

⑦ 기계고(instrument height): 지표면으로부터 망원경의 시준선까지의 높이를 말한다.

⑧ 전환점(turning point): 전·후의 측량을 연결하기 위하여 전시, 후시를 함께 취하는 점으로 측량 결과에 중요한 영향을 주는 점을 말한다.

⑨ 중간점(intermediate point): 전시만 하는 점으로 오차가 발생해도 다른 점에 영향을 주지 않는 점을 말한다.

⑩ 임시수준점(temporal bench mark): 수준측량의 노선이 길면 측량성과 시 용이하도록 하게 하는 점을 말한다(해당 공사가 완료될 때까지 유지되어야 하므로 견고한 곳에 설치하여야 함).

2) 수준측량의 종류

(1) 직접수준측량

① 직접수준측량의 원리

직접수준측량은 레벨을 이용하여 두 점 간의 고저 차를 구하는 방법을 말한다. 직접수준측량의 시준거리는 일반적으로 50~60m를 말하며 레벨에서 다음 표척까지의 거리를 의미한다. 전시·후

시에 등시준거리를 취하면 레벨의 조정이 불완전하여 시준선의 해당 레벨이 기포관측과 평행하지 않을 시에 발생하는 표척의 눈금값에 생기는 오차를 소거할 수 있으며 영향이 적은 지구의 곡률오차 및 빛의 굴절오차 역시 소거할 수 있다. 다음 그림은 직접수준측량의 원리와 등시준거리의 원리를 도식화한 것이다.

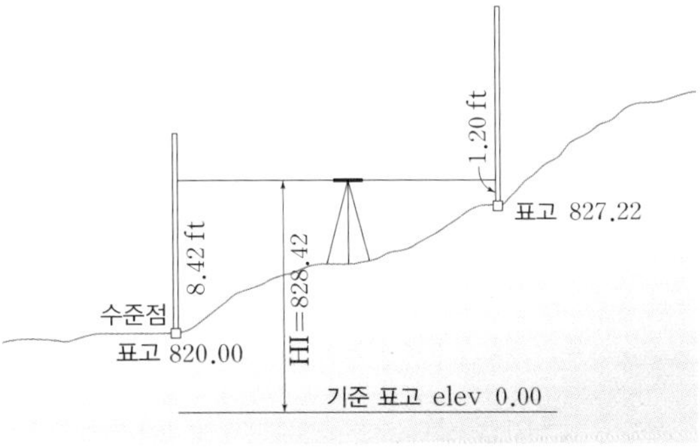

〈그림 2-32〉 직접수준측량의 원리

$$\Delta H=(a_1-b_1)+(a_2-b_2)+(a_3-b_3)+\cdots+(a_n-b_n)$$
$$=\sum a-\sum b$$
$$=\sum(B.S)-\sum(F.S)$$
$$\therefore H_B=H_A-(\sum B.S)-(\sum F.S)$$

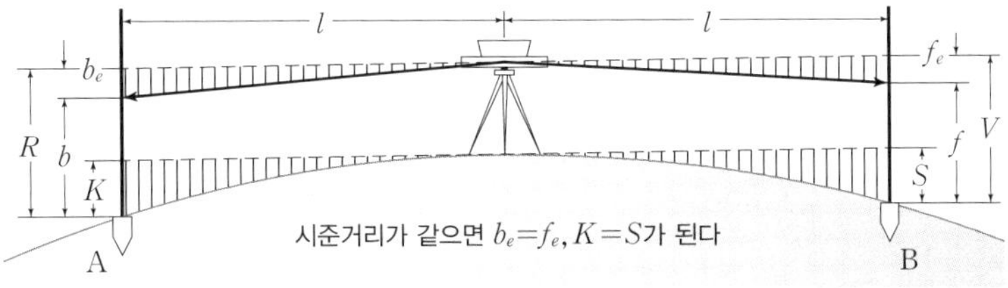

〈그림 2-33〉 등시준거리의 원리

② 직접수준측량 시 주의사항

직접수준측량을 실시할 때는 먼저 측량에 필요한 장비를 점검하여 시준거리는 60m 내외를 표준으로 정한다. 표척은 1~2개를 사용하고 출발과 도착점의 표척은 동일한 것을 사용해야 한다. 표척을 설치할 때에는 견고한 지반에 세워야 하며 시준거리는 오차를 줄이기 위하여 등거리로 한다. 오독과 오기를 주의하며, 기포는 중앙에 오도록 한다. 왕복 또는 폐합측량을 실시하며 적당한 거리에 임시수준점을 설치한다. 레벨을 이동시킬 때는 수직으로 운반하며 되도록 직사광선을 피한다. 만약 측량한 값이 오차 한계를 초과한 경우에는 재측을 실시한다.

(2) 간접수준측량

GPS 측량, 사진측량, 평판측량 등에 이용되며 레벨을 제외한 다른 관측기기들을 사용하여 높이를 측량하는 방법을 말한다.

① 앨리데이드에 의한 수준측량

$$H_B=H_A+I+H-h$$

$$H=\frac{n}{100}D$$

$$H_B=H_A+I+\frac{n}{100}D-h$$

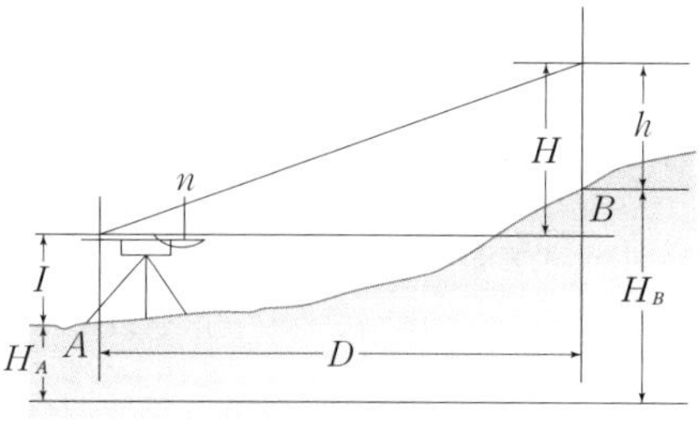

〈그림 2-34〉 앨리데이드를 이용한 수준측량

- A점으로부터 시준공까지의 높이: I
- B점의 시준고: H
- 앨리데이드 눈금의 분획수: n

I와 h의 높이가 같다면 다음과 같은 식으로 나타낼 수 있다.

$$\therefore H_B=H_A+\frac{n}{100}D$$

② 기압수준측량

대기압은 표고, 온도, 습도 등에 의하여 그 수치가 달라진다. 따라서 기압수준측량을 할 때는 대기압을 관측하여 고저 차를 구한다.

$$\Delta H=18{,}460(\log b-\log a)(1+\theta t)$$

- A점과 B점의 기압: a, b
- 공기 팽창계수(0.003665/C°): θ
- 평균온도: t

③ 스타디아측량

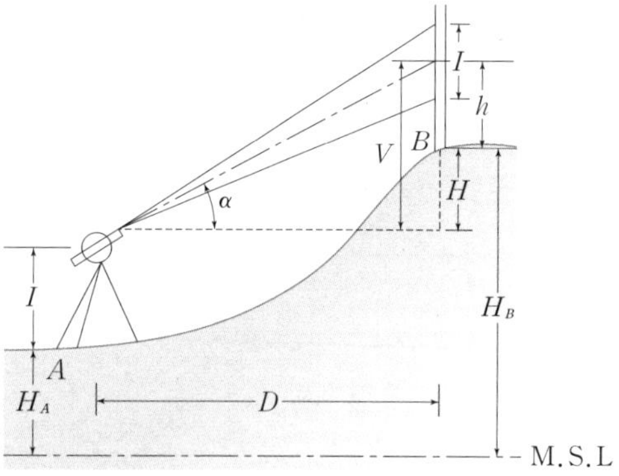

〈그림 2-35〉 스타디아를 이용한 수준측량

$$H_B=H_A+\frac{1}{2}+i+H$$

$$H=V-h=\frac{1}{2}klsin2\alpha+Csin\alpha-h$$

$$K=\frac{f}{i}$$(일반적으로 100)

$C=f+d$(일반적으로 20~30cm)

(3) 종·횡단측량

종단측량은 노선의 중심선을 따라 지반의 높이를 측량하여 종단면도를 작성하는 것을 말하며 횡단측량은 노선 각각 측점에서 중심선에 직각인 방향으로 지표에 대한 횡단면을 얻기 위해 실시하는 측량을 말한다. 횡단측량은 레벨과 줄을 이용한 방법과 폴에 의한 방법으로 구분된다.

(4) 삼각수준측량

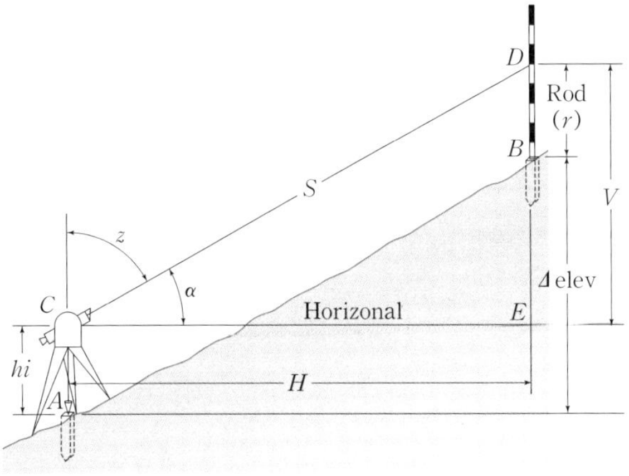

〈그림 2-36〉 삼각수준측량

삼각수준측량은 트랜싯을 이용하여 고저각(α)과 거리(D)를 관측하고 삼각법에 의하여 두 점 간의 고저 차를 계산하는 측량을 말한다. 측량을 실시할 시 측점 간의 거리가 긴 경우에는 지구의 곡률오차와 대기굴절오차를 고려해서 측량을 실시하여야 한다.

삼각수준측량은 삼각측량의 보조 수단으로 쓰이며 직접고저측량에 비해 시간과 비용이 절약되는 장점이 있지만 정확도는 훨씬 떨어지는 단점이 있다. 삼각수준측량은 두 점의 수평거리 D와 고저각 α를 알고 있는 경우, 세 점이 동일 연직면 내에 있을 경우, 세 점이 동일 연직면 내에 없을 경우에 사용한다.

3) 교호수준측량

수준측량의 측선 중에 하천, 계곡 등이 있어 레벨을 중간에 세울 수 없고, 한 쪽에서 관측하였을 때는 레벨의 기계오차, 표척의 읽기오차 및 굴절오차가 증가하므로 이를 효과적으로 소거하기 위하여 양측에서 관측하는 측량이다.

$$\Delta H = \frac{1}{2}[(a_1 - b_1) + (a_2 - b_2)]$$

4) 수준측량 오차

수준측량의 오차에는 기계조정 잔유오차에 의해 생기는 오차, 시차에 의한 오차, 표척의 눈금이 정확하지 않을 때의 오차, 표척의 영눈금 오차(영점오차), 표척의 기울기에 의한 오차, 기기 및 표척의 침하에 의한 오차, 곡률오차·굴절오차·양차, 천후기상의 상태에 따라 생기는 기타의 오차, 관측자에 의한 오차가 있다.

(1) 기계조정 잔유오차에 의해 생기는 오차

연직축이 기울어 시준선과 기포관축이 평행하지 않음으로 발생되는 오차를 말하며 등시준거리의 유지로 소거가 가능하다.

(2) 시차에 의한 오차

망원경의 시차로 인해 발생하는 오차로 접안경에 있는 '+'자 선을 선명히 조절한 후 대물경으로 목표물을 명확히 조절하여 제거할 수 있다.

(3) 표척의 눈금이 정확하지 않을 때의 오차

표척의 눈금이 정확하지 않을 때에는 사전에 표척을 기준자와 비교하여 그 보정값을 결정한 후 관측결과를 조정해야 한다.

(4) 표척의 영눈금 오차(영점오차)

저면에 마모가 있거나 변형, 부상에 의해 영눈금이 일치하지 않을 때 발생하는 오차로서 출발점에서 사용한 표척을 도착점에 다시 사용하고 기계의 정치수를 짝수로 해야 한다.

(5) 표척의 기울기에 의한 오차

표척기울기의 오차는 표척의 읽음값의 크기에 비례하며 그 경사각의 제곱에 비례하여 계산하면 오차를 제거할 수 있다.

(6) 기기 및 표척의 침하에 의한 오차

기계의 삼각 및 표척대를 견고한 지반에 설치하고 빠른 시간 내에 관측을 완료한다.

(7) 곡률오차·굴절오차·양차

① 곡률오차

곡률오차는 곡면으로 이루어진 지구표면으로 인하여 넓은 지역에서 수준면에 대한 높이와 지평면에 대한 높이 차이를 말한다.

$$\Delta c=+\frac{D^2}{2r}$$

② 굴절오차

굴절오차는 광선이 대기 중을 통과할 때 밀도가 서로 다른 공기층을 통과하면서 일종의 곡선을 그리는데, 물체를 이 곡선의 접선방향에 서서 보면 시준방향과 실제 방향과의 차이가 생기는 오차를 굴절오차라 한다.

$$\Delta r = -\frac{kD^2}{2r}$$

③ 양차

$$양차(\Delta h) = \Delta c + \Delta r = \frac{(1-k)D^2}{2r}$$

(8) 천후기상의 상태에 따라 생기는 기타의 오차

바람, 습도, 온도 변화 등의 기상이변 같은 불규칙적인 영향으로 생기는 오차를 말하며 우산을 사용하거나 오전 관측과 오후 관측의 평균값을 사용하여 오차를 줄일 수 있다.

(9) 관측자에 의한 오차

관측자의 기술 미숙, 습관에 의한 오차, 관측 도중 관측자나 관측방법을 바꿈으로써 생기는 오차, 부주의 등으로 일어나는 오차를 말한다.

2.3 공간정보의 처리

2.3.1 정확도와 오차

1) 정밀도와 정확도의 정의

(1) 정밀도

측정 시의 주의도 또는 정교한 정도와 우연오차의 정도를 나타낸다. 또한 올바름이나 참과는 관계없이 측정값들 간의 분포, 일치 정도, 즉 측정값의 상대치로서 관측값들 사이가 작다면 (주어진 양을 2회 관측하였을 경우 그 양자의 차를 말하는 교차가 작다면) 과오는 없고 작음을 의미한다.

(2) 정확도

측정결과에 대한 올바름을 표시하는 것이다. 정오차를 포함해서 정도를 나타내며, 참값과의 일치 여부(일치도)를 나타낸다. 예를 들면, 타깃에 사격을 하는 경우이다.

〈그림 2-37〉 정확도와 정밀도의 비교

2) 오차의 정의와 종류

오차는 관측값과 참값의 차를 의미한다. 어떠한 측정에서도 참값은 구해 낼 수 없으며 결과에 영향을 미치는 오차는 다음과 같다.

(1) 착오

관측자의 과실 또는 부주의에 의해 일어난다. 거리 관측 시 센티미터급, 미터급의 오차가 발생하며 대체적으로 오차가 크다. 착오는 관측을 반복하거나, 관측값을 읽은 위치를 변경함으로써 차이가 월등히 나는 값을 제거할 수 있다.

(2) 정오차

관측값이 일정한 조건하에 동일하게 일정량의 오차가 포함된 것으로 같은 크기와 같은 방향(부호)으로 발생된다. 정오차는 발생 원인이 명확하고 일정하게 발생하며 관측횟수에 따라 일정한 오차가 누적되므로 누적오차(누차, cumulative errors)라고도 한다. 예를 들어 줄자의 장력보정, 온도팽창, 정수보정에서 오차발생 원인을 알면 수치적으로 보정 또는 제거가 가능하다. 정오차가 발생하는 요인은 크게 3가지로 나뉜다.

① 기계적 요인: 사용하는 관측기계, 기구가 부정확하거나 기계제작에서 불완전, 조정의 불량, 눈금이 부정확하여 오차가 발생하는 것을 말한다.

② 자연적 요인: 주위 환경(온도, 기상조건) 및 자연현상에 따라 발생하며, 일정한 법칙에 따라 보정을 할 수 있다.

③ 개인적 요인: 개인차(목표시준 시 관측자의 습관)에 의해 생기는 오차로서, 관측방법이나 관측자를 바꿈으로써 보정할 수 있다.

관측값에는 위와 같은 요인으로 오차가 포함될 수 있으므로 잉여관측이 요구된다.

(3) 부정오차

착오와 정오차를 제거하고도 남는 오차로서, 수회 관측에도 측정값이 일치하지 않은 경우로 오차 발생 원인을 알 수 없고 오차의 크기를 규정하기 어렵다. 이 오차의 원인으로는 이유를 알고 있어도 정오차로서 처리할 수 없는 것, 즉 관측 중 우연히 생긴 조건 변화에 의한 것 등이 있다. 크기와 방향이 불규칙적으로 발생하고 (+), (−) 부호에 의해 오차가 서로 상쇄되기도 하므로 상쇄오차(상차, compensating errors)라고도 한다.

트랜싯을 사용할 때의 나사, 축 등의 미소한 변위, 정오차로서 소거되지 않은 분도원의 불완전성, 쇠줄자에 의해 관측 중에 생기는 미소하고 갑작스러운 온도 변화, 관측자의 시력 문제나 피로 등의 원인이 있으며 중복으로 오차가 발생 가능하다.

2.3.2 공간정보의 통계처리

공간데이터는 대부분 측정한 값으로서 다소간 오차가 포함되어 있다. 측정 결과로 얻은 자료를 표본이라고 하며, 측정값을 표본변수 x라고 한다. 측정값을 얻은 경우 분산 정도를 알기 위하여 적당한 수(보통 10개 이하)의 구간으로 나누어 도수분포와 누적도수분포를 구한다(그림 2-38).

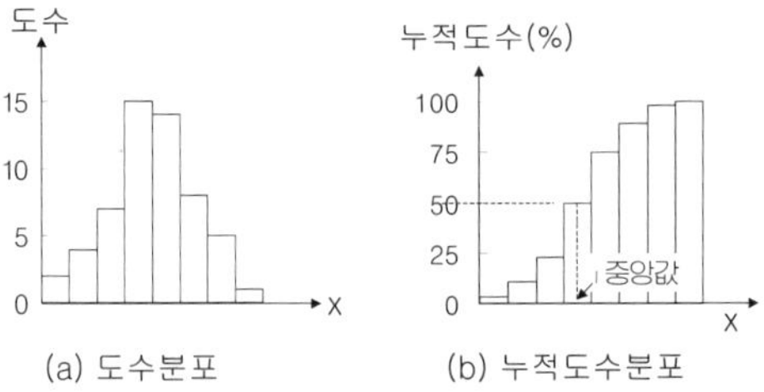

〈그림 2-38〉 도수분포와 누적도수분포

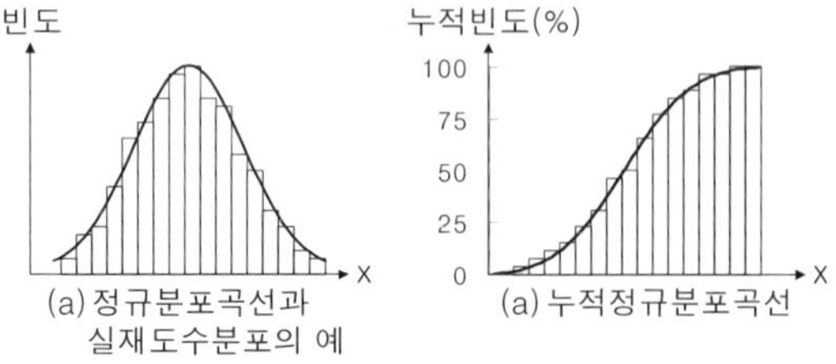

〈그림 2-39〉 정규분포

만약 측정값에 우연오차(불규칙오차)만 있는 경우에 그 빈도분포는 정규분포를 따르게 된다고 알려져 있다(그림 2-39). 여기에서는 표본, 즉 측정값이 모평균 μ인 정규분포로부터 추출된 것으로 가정하여 통계 처리를 수행하는 것으로 한다.

(1) 평균

평균은 대푯값으로 가장 널리 사용된다.

$$\bar{x} = \frac{1}{n}\sum x_i$$

여기에서 $\bar{x}$는 평균(표본평균)이며 n은 표본의 개수이다.

(2) 표본분산, 표본표준편차

$$S^2 = \frac{1}{n}\sum (x_i - \bar{x})^2 \text{: 표본분산}$$

$$S = \sqrt{\frac{1}{n}\sum (x_i - \bar{x})^2} \text{ : 표본표준편차}$$

(3) 불편추정량

모평균 및 모분산을 추정할 때에는 일반적으로 불편추정법이 사용된다. 모평균 μ의 불편추정량은 표본평균 $\bar{x}$이다. 모분산의 불편추정량은 다음과 같다.

모평균을 알고 있는 경우: $\widehat{S^2}=\frac{1}{n}\sum(x_i-\mu)^2$

모평균을 모르는 경우: $\widehat{S^2}=\frac{1}{n-1}\sum(x_i-\bar{x})^2$

일반적으로 우리들이 취급하는 관측에서는 모평균을 모르는 경우가 많으므로 분산의 추정치는 불편추정량 $\widehat{S^2}$가 이용된다. 표준편차의 불편추정량 $\widehat{S^2}$는 측량학에서는 평균제곱오차(root mean square)라고 하며 측정의 정밀도를 표시하는 데 사용된다.

1) 확률, 정규분포, 신뢰구간

(1) 확률

측량에서 미지의 값을 관측할 경우 부정오차가 일어날지 또는 일어나지 않을지가 확실치 않은 경우, 이 오차가 일어날 가능성의 정도를 나타낸다. 오차의 분포 특성은 다음과 같다.

① 큰 오차가 생길 확률은 작은 오차가 생길 확률보다 작다.

② 같은 크기의 양(+)오차와 음(−)오차가 생길 확률은 같다.

③ 매우 큰 오차는 거의 생기지 않는다.

이러한 특성을 갖는 곡선을 확률곡선 또는 오차곡선, 정규분포곡선이라고 한다. 연속적인 확률변수 X가 아래 식과 같이 분포할 때 평균 μ와 분산 σ^2을 갖는 정규분포 또는 가우스분포라고 하며 이 분포곡선이 확률곡선이다.

$$f(x)=\frac{1}{\sqrt{2\pi}\cdot\sigma}e^{-\frac{1}{2}\left(\frac{x-\mu}{\sigma}\right)^2}$$

여기서 $\frac{1}{\sigma\sqrt{2}}=h$, $(X-\mu)=\varepsilon$, h: 관측의 정밀도계수

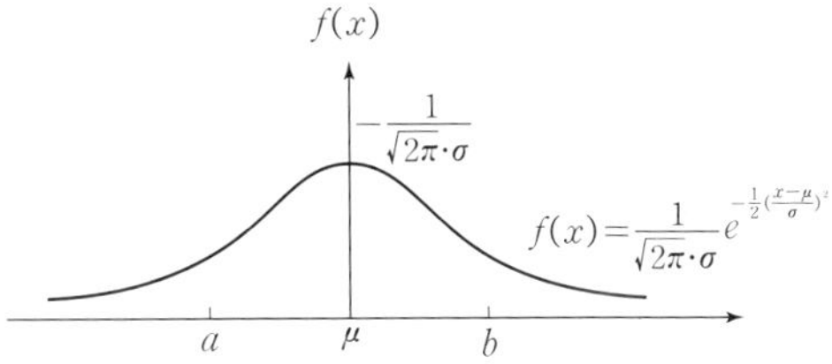

〈그림 2-40〉 정규분포곡선

이 정규분포곡선은 종 모양이며 평균 μ에 대해 대칭이다.

다음의 변수(표준변수) t를 이용하여 평균=0, 분산=1이 되도록 한 정규분포를 표준정규분포(standard normal distribution)라고 하고 $N(0,1)$로 표시한다(그림 2-40).

$$t=\frac{x-\mu}{\sigma}$$

$$f(t)=\frac{1}{\sqrt{2\pi}}\exp\left(-\frac{t^2}{2}\right)$$

(2) 정규분포

정규분포는 다음과 같은 특징을 가지고 있다.

① 정규분포를 따르는 모든 사상이 일어날 확률은 1이다.

$$\int_{-\infty}^{\infty} f(t)=1$$

② 정규모집단 $N(\mu,\sigma^2)$으로부터 선택된 n개의 표본이 $\mu-t\sigma\leq x\leq\mu+t\sigma$ 내에 포함될 확률 Pr은 다음과 같다.

$$\text{Pr}=\int_{-t}^{t} f(t)dt=1-2\int_{t}^{\infty} f(t)dt$$

$\alpha=\int_{t}^{\infty}\frac{1}{2\pi}\exp\left(-\frac{t^2}{2}\right)$값은 정규분포표로 주어진다(그림 2-41).

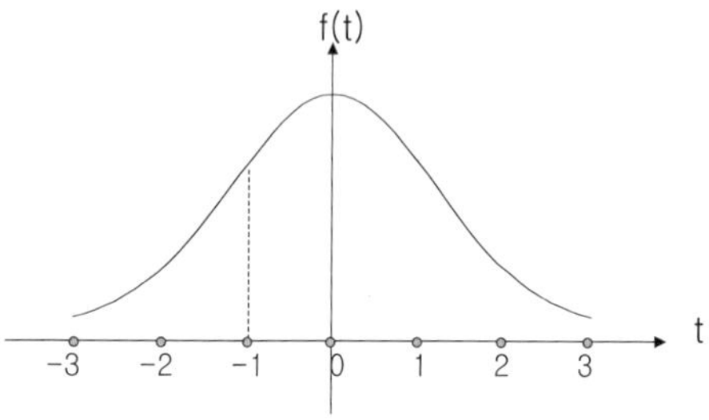

〈그림 2-41〉 표준정규분포

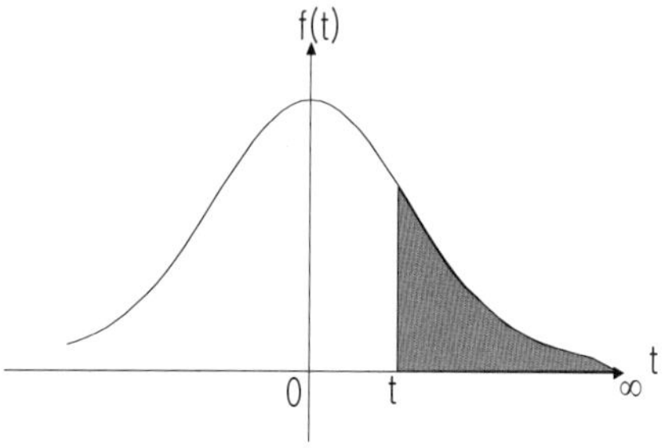

〈그림 2-42〉 정규분포표에 주어진 확률과 t 값의 관계

③ Pr은 신뢰확률이라고 하며, 다음의 구간을 신뢰확률 Pr에 대한 모평균의 신뢰구간이라고 한다. 보통 95% 또는 99% 신뢰구간이 품질관리에 많이 사용된다.

$\bar{x}-t\sigma\leq\mu\leq\bar{x}+t\sigma$

〈표 2-5〉는 대표적인 신뢰확률에 대한 신뢰구간의 값을 보인 것이다.

〈표 2-5〉 대표적인 신뢰확률(Pr)과 신뢰구간(t)의 관계

Pr	t
0.50	0.6745
0.90	1.64
0.95	1.96
0.99	2.58

t	Pr
1.0	0.683
1.5	0.866
2.0	0.954
3.0	0.997

④ 모분산 σ^2를 모르는데 n개의 표본으로부터 표본평균 $\bar{x}$ 및 표본분산 S^2를 구할 수 있을 경우,

$t=\frac{\bar{x}-\mu}{S}\sqrt{n-1}$은 자유도가 n−1인 t분포를 따른다. 이 t가 신뢰구간에 포함될 확률은 다음 식과 같다.

$$\alpha=\Pr=\{-t_a \leq t \leq t_a\}=\int_{t^a}^{t^a} f(t)dt=1-2\int_{t}^{\infty} f(t)dt$$

신뢰확률 α에 대응하는 모평균 μ의 신뢰구간은 다음 식과 같다.

$$\bar{x}-t_a\frac{S}{\sqrt{n-1}} \leq \mu \leq \bar{x}+t_a\frac{S}{\sqrt{n-1}}$$

t 분포의 $\int_{t}^{\infty} f(t)dt$의 값은 〈그림 2−41〉을 참조하면 된다.

⑤ 2변수정규분포

공간데이터를 통계 처리하려면 2변수 확률분포를 취급해야 할 경우가 있다. 예를 들어 지가(x_1)와 역으로부터의 거리(x_2)를 생각해 볼 때, 지가와 거리 간에는 무언가의 상관관계가 있다고 볼 수 있다. 이와 같은 경우, x_1의 분산 $\sigma_{x_1}{}^2$ 및 x_2의 분산 $\sigma_{x_2}{}^2$ 외에도 다음과 같은 x_1과 x_2의 공분산 $\sigma_{x_1x_2}$를 구하고 그 상관관계 r을 구할 수 있다.

$$\sigma_{x_1x_2}=\frac{\sum(x_{1i}-\overline{x_1})(x_{2i}-\overline{x_2})}{n}$$

$$\sigma_{x_1}{}^2=\frac{\sum(x_{1i}-\overline{x_1})^2}{n}\ ,\ \sigma_{x_2}{}^2=\frac{\sum(x_{2i}-\overline{x_2})^2}{n}$$

$$r=\frac{\sigma_{x_1x_2}}{\sigma_{x_1}\sigma_{x_2}}\ :\ -1 \leq r \leq 1$$

r=0이면 상관관계가 0, 즉 x_1과 x_2는 서로 독립이다. r이 0.7~0.8 정도라면 x_1과 x_2 사이에 꽤 강한 상관관계가 있다고 할 수 있다. x_1과 x_2가 각각 정규분포를 따르고 있을 때, x_1과 x_2가 동시에 발생할 확률밀도함수는 다음의 식과 같이 2차원의 정규분포 관계로 표시할 수 있다.

$$f(x_1,x_2)=\frac{1}{2\pi\sigma_{x_1}\sigma_{x_2}}\frac{1}{\sqrt{1-r^2}}\exp\left(-\frac{1}{2}d^2\right)$$

여기에서, $d^2=\frac{1}{\sqrt{1-r^2}}\left(\frac{(x_1-\overline{x_1})^2}{\sigma_{x_1}{}^2}-2r\frac{(x_1-\overline{x_1})(x_2-\overline{x_2})}{\sigma_{x_1}\sigma_{x_2}}+\frac{(x_2-\overline{x_2})^2}{\sigma_{x_2}{}^2}\right)$

2변수정규분포는 〈그림 2−43〉과 같이 종 모양이 된다. x_1과 x_2가 독립(r=0)인 경우에는 〈그림 2−44〉와 같이 Z가 상수일 때의 단면이 원형이다. 정규분포는 〈그림 2−45〉와 같이 d값을 일정하게 하는 등고선으로 표시할 수 있다.

아래와 같은 행렬을 분산−공분산 행렬이라고 하며, 정규분포를 n차원으로 확장하여 일반화할 때에 편리하게 사용된다.

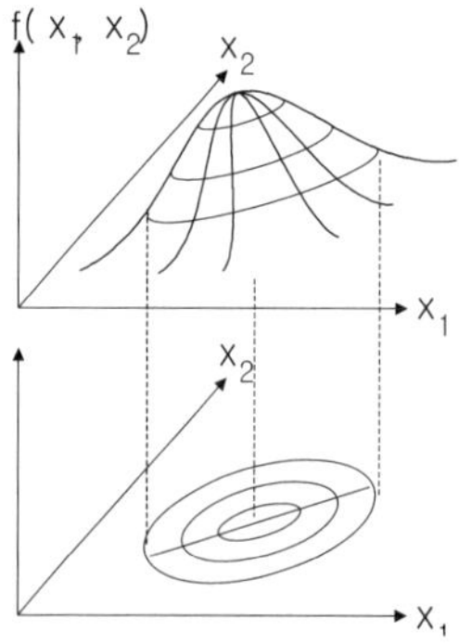

〈그림 2-43〉 2변수정규분포

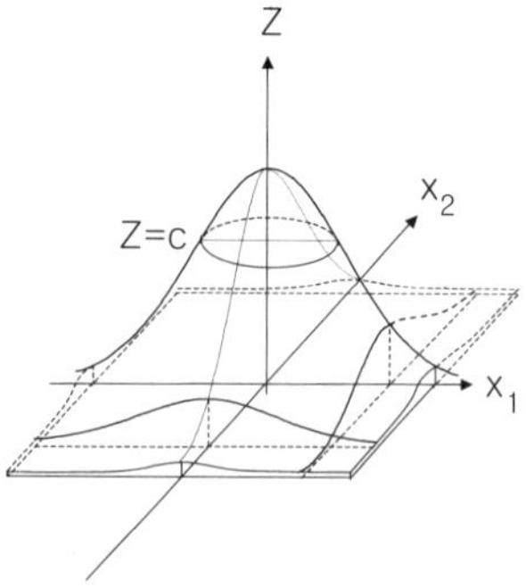

〈그림 2-44〉 x_1x_2가 독립인 경우의 정규분포

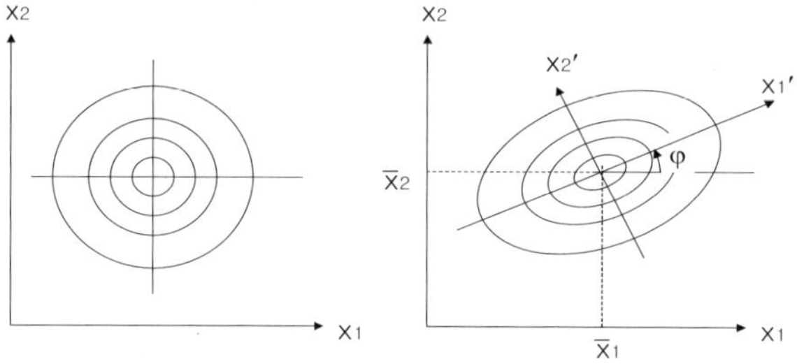

〈그림 2-45〉 2변수정규분포의 등고선 표시

$$V=\begin{bmatrix} \sigma_{x_1}^{\ 2} & \sigma_{x_1}\sigma_{x_2} \\ \sigma_{x_1}\sigma_{x_2} & \sigma_{x_2}^{\ 2} \end{bmatrix}=\sigma^2\begin{bmatrix} g_{11} & g_{12} \\ g_{21} & g_{22} \end{bmatrix}$$

여기에서 g_{ij}는 분산과 공분산의 비율이며, 가중계수 또는 여인수(cofactor)라고 한다. x_1 및 x_2의 가중치는 다음과 같다.

$$P_{11}=\frac{\sigma^2}{\sigma_{x_1}^{\ 2}}=\frac{1}{g_{11}},\ P_{22}=\frac{\sigma^2}{\sigma_{x_2}^{\ 2}}=\frac{1}{g_{22}}$$

이상과 같은 2변수정규분포는 분산-공분산행렬 V를 이용하면 다음과 같이 표현할 수 있다.

$$f(x_1,x_2)=\frac{1}{2\pi|V|^{1/2}}\exp\left\{-\frac{1}{2}(X-\overline{X})^t V^{-1}(X-\overline{X})\right\}$$

n 차원으로 확장할 때에는 위 식에서 2π를 $(2\pi)^{n/2}$로 바꾸면 된다.

2) 오차표현과 가중치

(1) 평균제곱근오차

평균제곱근오차는 잔차의 제곱을 산술평균한 값의 제곱근으로 표준편차와 같은 의미로 사용되며, 독립 관측값의 경우 분산(σ_s^2)의 제곱근으로 나타낸다.

1회(개개의) 관측값에 대한 표준편차의 추정치(평균제곱오차)는 다음과 같이 얻을 수 있다.

$$\sigma_s = \pm\sqrt{\frac{\sum v^2}{n-1}}$$

$\sum v^2$: 잔차의 제곱의 합

n: 관측 횟수

최확값($\bar{x}$)에 대한 표준오차(평균제곱오차)

$$\sigma_m = \frac{\sigma_s}{\sqrt{n}} = \pm\sqrt{\frac{\sum v^2}{n(n-1)}}$$

– 표준편차: 독립관측값의 정밀도, 최확값에 대한 신뢰도 기준

– 표준오차: 최확값의 정확도, 참값에 대한 신뢰도 기준

표준편차와 표준오차는 넓은 의미에서 같이 사용하고 있다.

표준오차 ≒ 표준편차 ≒ 평균제곱오차 ≒ 중등오차

독립관측(1회 관측, 개개의 관측값)의 평균제곱근오차(표준편차)는 측량에서 관측횟수가 20회 이내이므로 잔차를 이용한 표준편차 공식을 이용한다.

경중률(관측 정도)이 같을 때 $\sigma_s = \pm\sqrt{\frac{\sum v^2}{n-1}}$

경중률(관측 정도)이 다를 때 $\sigma_s = \pm\sqrt{\frac{\sum p v^2}{n-1}}$ (p: 경중률)

몇 회 관측한 최확값의 평균제곱근오차(표준오차= $\frac{\sigma_s}{\sqrt{n}}$)

경중률(관측 정도)이 같을 때 $\sigma_m = \pm\sqrt{\frac{\sum v^2}{n(n-1)}}$

경중률(관측 정도)이 다를 때 $\sigma_m = \pm\sqrt{\frac{\sum p v^2}{(\sum p)(n-1)}}$

(2) 확률오차

확률오차(γ)는 최확값이 참값과 일치할 확률이 50%라는 의미로, 표준편차의 승수 k(정밀도의 척도)가 0.6745인 오차를 말한다.

$\gamma = 0.6745\ \sigma_s$ 즉, 평균제곱오차의 0.6745배

표준편차(σ_s)는 확률밀도곡선의 68.3%에 해당하는 즉, 68.3%의 확률오차를 나타낸다.

$\gamma 68.3 = \sigma_s$

$\gamma 50 = 0.6745\ \sigma_s \Rightarrow$ 표준편차의 67.45%가 50% 확률오차

$\gamma 90 = 1.6449\ \sigma_s$

관측값의 최대오차는 평균제곱근오차의 3~4배(Emax=3σ~4σ)이며 최대오차를 초과하면 착오로 간주한다.

- 표준편차: $\sigma_s = E_{68.27}\%$(68.27%의 확률)$=1.0\sigma_s$
- 확률오차: $\gamma = E_{50}\% = 0.6745\sigma_s$

1회 관측에 대한 확률오차(γ)와 정확도

경중률(관측 징도)이 같은 경우 $\gamma=0.6745\sigma_s=\pm 0.6745\sqrt{\dfrac{\sum v^2}{n-1}}$

경중률(관측 정도)이 다른 경우 $\gamma=0.6745\sigma_s=\pm 0.6745\sqrt{\dfrac{\sum pv^2}{n-1}}$

정확도$=\dfrac{\gamma}{l_1}, \dfrac{\gamma}{l_2}, \dfrac{\gamma}{l_3}, \ldots, \dfrac{\gamma}{l_n}$

최확값에 대한 확률오차(γ)와 정확도

경중률(관측 정도)이 같은 경우 $\gamma_0=0.6745\sigma_m=\pm 0.6745\sqrt{\dfrac{\sum v^2}{n(n-1)}}$

경중률(관측 정도)이 다른 경우 $\gamma_0=0.6745\sigma_m=\pm 0.6745\sqrt{\dfrac{\sum pv^2}{(\sum p)(n-1)}}$

정확도$=\dfrac{\text{확률오차}}{\text{최확값}}$

3) 가중치

어떤 측정의 분산(σ_0^2)을 기준으로(중량 1) 다른 방법 혹은 다른 측정기기로 측정할 때 얻어진 분산(σ^2)이라면 가중치(p)는 다음의 식으로 나타낸다.

$p=\sigma_0^2/\sigma^2$

가중치는 분산에 반비례한다. 즉 측정의 정밀도가 좋을수록 분산은 적어지고 가중치는 커진다. 가중치의 역수를 가중계수 혹은 여인수라고 한다.

2.3.3 공간정보의 조정과 보간

1) 최소제곱법

최소제곱법은 우연오차가 존재할 때 오차를 조정하기 위해 사용된다. 충분히 큰 n개의 측정을 행할 때 오차($\varepsilon_1, \varepsilon_2, \cdots, \varepsilon_n$)가 일어날 확률은 정규분포 $N'[0,\sigma^2]$ 식으로부터 다음과 같이 구할 수 있다.

$$f(\varepsilon_i)=\frac{1}{\sigma\sqrt{2\pi}}\exp\left(-\frac{\varepsilon_i^2}{2\sigma^2}\right)d\varepsilon_i$$

$$\Pr=f(\varepsilon_1)f(\varepsilon_2)\cdots f(\varepsilon_n)$$

$$=\frac{1}{(\sigma\sqrt{2\pi})^2}\left\{-\frac{1}{2\sigma^2}(\varepsilon_1^2+\varepsilon_2^2+\cdots+\varepsilon_n^2)\right\}d\varepsilon_1 d\varepsilon_2\cdots d\varepsilon_n$$

가장 확실한 최확추정식은 이와 같은 오차의 조합을 최소로 하는 것이므로, 다음과 같이 오차의 제곱의 합을 최소화한다.

$\varepsilon_1^2+\varepsilon_2^2+\cdots+\varepsilon_n^2$=최소

실제 측정에서는 참값을 알 수 없으므로 오차 ε_i도 알 수 없다. 따라서 최소제곱법에서는 가장 확실하다고 생각되는 값(최확값)으로부터의 차(잔차)를 이용하여 잔차의 제곱의 합이 최소가 되도록 최확값을 구하고 있다.

$\sum v_i^2$=최소

간단한 예로서 (x_i, y_i) $i=1\cdots n$을 측정하여 선형방정식 $y=ax+b$, 즉 a, b의 최확값을 구하는 방법을 알아보자(그림 2-46).

x_i값에는 잔차가 없고, y_i값에만 오차가 있다고 할 때, 잔차 v_i는 다음과 같이 주어진다.

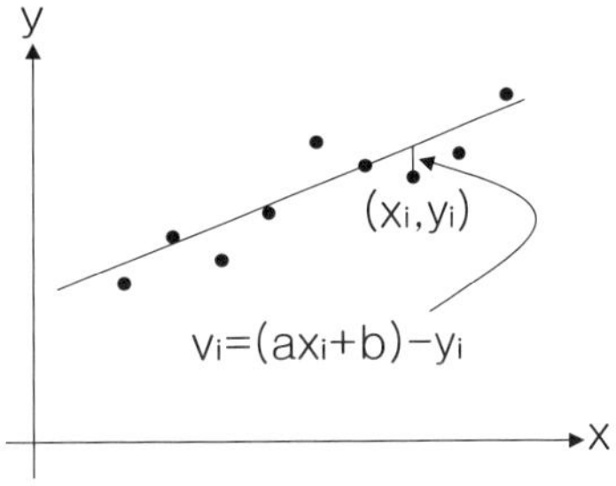

〈그림 2-46〉 잔차와 최소제곱

$v_i=(ax_i+b)-y_i$

이것을 행렬을 이용하여 일반적으로 표현하면 다음과 같다. 이것을 관측방정식이라고 한다.

$$\boldsymbol{V}=\boldsymbol{AX}-\boldsymbol{B};\ \boldsymbol{A}=\begin{bmatrix}x_1 & 1\\ x_2 & 1\\ \vdots & \vdots\\ x_n & 1\end{bmatrix},\ \boldsymbol{B}=\begin{bmatrix}y_1\\ y_2\\ \vdots\\ y_n\end{bmatrix},\ \boldsymbol{X}=\begin{bmatrix}a\\ b\end{bmatrix},\ \boldsymbol{V}=\begin{bmatrix}v_1\\ v_2\\ \vdots\\ v_n\end{bmatrix}$$

최소제곱법은 v_i의 제곱합을 최소로 만드는 a, b를 구하는 문제이므로 v_i의 제곱합을 각각 a와 b

로 미분한 값을 0으로 하는 2원1차 연립방정식(이것을 정규방정식이라고 함)을 푸는 문제가 된다.

$$v_i^2=(ax_i+b)^2+y_i^2-2(ax_i+b)y_i$$
$$=a^2x_i^2+2abx_i+b^2+y_i^2-2ax_iy_i-2by_i$$
$$\frac{\partial \sum v_i^2}{\partial a}=0,\ \sum x_i^2\cdot a+\sum x_i\cdot b+\sum x_iy_i$$
$$\frac{\partial \sum v_i^2}{\partial b}=0,\ \sum x_i\cdot a+nb+\sum y_i$$

정규방정식은 행렬을 이용하면 다음과 같이 표현할 수 있다.

$$\boldsymbol{A^tAX=A^tB}$$
$$\boldsymbol{X=(A^tA)^{-1}A^tB}$$

(1) 최소제곱법의 해법: $\boldsymbol{y=ax+b}$의 경우

$$\begin{cases} x_1a+b=y_1 \\ x_2a+b=y_2 \\ \vdots \quad \vdots \\ x_na+b=y_n \end{cases} \longrightarrow \begin{bmatrix} x_1 & 1 \\ x_2 & 1 \\ \vdots & \vdots \\ x_n & 1 \end{bmatrix}\begin{bmatrix} a \\ b \end{bmatrix} - \begin{bmatrix} y_1 \\ y_2 \\ \vdots \\ y_n \end{bmatrix} \text{ 또는 } \boldsymbol{AX=B}$$

$v_i=(x_ia+b)-y_i$라고 하면

$$\begin{bmatrix} v_1 \\ v_2 \\ \vdots \\ v_n \end{bmatrix} = \begin{bmatrix} x_1 & 1 \\ x_2 & 1 \\ \vdots & \vdots \\ x_n & 1 \end{bmatrix}\begin{bmatrix} a \\ b \end{bmatrix} - \begin{bmatrix} y_1 \\ y_2 \\ \vdots \\ y_n \end{bmatrix} \text{ 또는 } \boldsymbol{V=AX-B}$$

$$\sum v_i^2=\boldsymbol{V^tV}=\text{최소}$$
$$\frac{\partial \boldsymbol{V^tV}}{\partial \boldsymbol{X}}=0 \quad \therefore \boldsymbol{A^tAX=A^tB}$$
$$\begin{bmatrix} \sum x_i^2 & \sum x_i \\ \sum x_i & n \end{bmatrix}\begin{bmatrix} a \\ b \end{bmatrix} = \begin{bmatrix} \sum x_iy_i \\ \sum y_i \end{bmatrix}$$
$$a=\frac{n\sum x_iy_i-\sum x_i\sum y_i}{n\sum x_i^2-(\sum x_i)^2},\ b=\frac{\sum x_i^2\sum y_i-\sum x_i\sum x_iy_i}{n\sum x_i^2-(\sum x_i)^2}$$

(2) 최확값 이론

최확값(MPV: most probable value) 이론은 '최소제곱이론'으로 산정, 오차의 제곱의 합이 최소가 되는 값이 참값에 근접할 확률이 가장 큰 값이다. 잔차의 제곱의 합이 최소가 되는 값으로 참값에 근접할 확률이 가장 큰 값이다.

최확값=100.2

	100.0	100.2	100.4
100.0	0	4	16
100.2	4	0	4
100.4	16	4	0
Σ	20	8	20

$\sum v_i^2 \fallingdotseq 0$

잔차를 합한 값이 큰 것이 정도가 나쁘다.

경중률은 관측값의 신뢰도를 나타내는 값으로서 비중, 무게, 중량 등이 있다. 관측횟수에 비례하며 관측 길이, 표준오차의 제곱에 반비례한다. 최확값 결정 방법은 다음과 같다.

① 경중률이 같은 관측값의 경우: 최확값은 산술평균으로 결정된다(어떤 양을 장비나 방법 등의 동일 조건을 사용하여 독립적으로 관측한 경우). 어떤 값을 n회 관측하여 그 값을 $l_1, l_2, l_3, \cdots, l_n$라고 하면

최확값 $\bar{x} = \dfrac{l_1+l_2+\cdots+l_n}{n} = \dfrac{\sum l}{n}$이다.

② 경중률이 다른 관측값의 경우: 어떤 양을 다른 경중률로 측정했을 경우(반복 횟수, 기계의 종류, 측정 거리) 각각의 관측값에 경중률 고려, 관측값의 우연오차는 최확값을 근거하여 표준편차, 표준오차 및 확률오차에 의해 다루어진다.

③ 각각의 관측값에 대한 경중률이 $p_1, p_2, p_3, \cdots, p_n$으로 다른 경우

$$\bar{x} = \frac{p_1l_1+p_2l_2+\cdots+p_nl_n}{p_1+p_2+\cdots+p_n} = \frac{\sum(pl)}{\sum p}$$

(3) 최소제곱법의 정확도

최소제곱법으로 최확값을 구하는 경우 이때 적용한 정확도, 즉 최확값의 분산, 최확값의 신뢰구간, 측정값의 신뢰구간을 구할 필요가 있다.

① 측정값의 분산

측정값 y_i의 모분산 σ^2은 일반적으로 알 수 없기 때문에 불편분산추정값 $\hat{\sigma}^2$를 사용한다. 미지 파라미터가 q개인 경우에는 다음 식을 이용하여 불편분산추정값 $\hat{\sigma}^2$를 계산한다.

$\hat{\sigma}^2=\frac{\sum v_i^2}{n-q}$

$n-q$는 자유도이며, $y=ax+b$인 경우에서는 $q=2$이다.

② 최확값의 분산

$y=ax+b$의 경우 최확값 a, b의 분산-공분산행렬은 다음과 같다.

$$\begin{bmatrix}\sigma_a^2 & \sigma_{ab}\\ \sigma_{ab} & \sigma_b^2\end{bmatrix}=\sigma^2\begin{bmatrix}g_{aa} & g_{ab}\\ g_{ab} & g_{bb}\end{bmatrix}=\sigma^2\begin{bmatrix}\sum x_i & \sum x_i\\ \sum x_i & n\end{bmatrix}$$

일반적으로 가중계수의 행렬 G는 최소제곱법의 정규방정식을 풀 때 사용한 계수행렬의 역행렬이다.

$$\boldsymbol{G}=(\boldsymbol{A}^t\boldsymbol{A})^{-1}$$

최확값 a, b의 가중치 P_a, P_b는 다음 식과 같다.

$$P_a=1/g_{aa},\ P_b=1/g_{bb}$$

③ 최확값의 신뢰구간

측정값의 분산 σ^2은 일반적으로 알 수 없으므로 불편분산추정량 $\hat{\sigma}_a$을 이용하여 a, b의 불편분산추정량 $\hat{\sigma}_a^2$, $\hat{\sigma}_b^2$을 구한다. a, b는 자유도 $n-q=n-2$인 t 분포를 따른다. 신뢰확률 α(예: 95%)와 자유도 n-2에 대응하는 값 t_α를 구하면, 최확값 a_0, b_0의 신뢰구간을 다음과 같이 구할 수 있다.

$$a_0-t_\alpha\hat{\sigma}_a\leq a\leq a_0+t_\alpha\hat{\sigma}_a$$

$$b_0-t_\alpha\hat{\sigma}_b\leq b\leq b_0+t_\alpha\hat{\sigma}_b$$

④ 측정값 y_i의 신뢰구간

x_i에는 잔차가 없고 y_i에만 오차가 있을 경우, y_i의 분산 σy_i^2은 오차전파의 법칙에 따라 다음과 같이 구할 수 있다.

$$\sigma_{y_i}^2=\sigma_a^2x_i^2+2\sigma_a\sigma_b x_i+\sigma_b^2$$

$$=\sigma^2(g_{aa}x_i^2+2g_{ab}x_i+g_{bb})$$

분산 $\sigma_{y_i}^2$을 모르는 경우에는 불편분산추정량 $\hat{\sigma}^2$을 이용하면 불편분산 $\hat{\sigma}_{y_i}^2$을 다음과 같이 구할 수 있다.

$$\hat{\sigma}_{y_i}^2=\hat{\sigma}^2(g_{aa}x_i^2+2g_{ab}x_i+g_{bb})$$

자유도 n-2의 t분포를 참조하면 y_i의 신뢰구간은 다음과 같다.

$$a_0x_i+b-t_\alpha\hat{\sigma}_{y_i}\leq y_i\leq a_0x_i+b+t_\alpha\hat{\sigma}_{y_i}$$

(4) 가중최소제곱법

측정값은 측정 횟수, 측정기기의 정확도 등에 따라 정밀도가 다를 수 있다. 이러한 각 측정값의 중량 p_i를 각 측정값의 분산 σ_i^2에 대한 단위 가중치(σ^2)의 비율로서 다음과 같이 정한다.

$$p_i\sigma_i^2=\sigma^2$$

이 경우 최소제곱법은 다음과 같은 가중잔차의 제곱의 합을 최소로 만드는 문제가 된다.

$$\sum p_i v_i^2=\text{최소}$$

$y=ax+b$의 최확값을 구하는 문제를 예를 들면, 다음과 같다.

$$\frac{\partial \sum p_i v_i^2}{\partial a}=0,\ \frac{\partial \sum p_i v_i^2}{\partial b}=0$$

$$\begin{bmatrix} a \\ b \end{bmatrix} = \begin{bmatrix} \sum p_i x_i^2 & \sum p_i x_i \\ \sum p_i x_i & \sum p_i \end{bmatrix} \begin{bmatrix} \sum p_i x_i y_i \\ \sum p_i y_i \end{bmatrix}$$

가중계수의 행렬 G는 다음과 같다.

$$G=\begin{bmatrix} g_{11} & g_{12} \\ g_{12} & g_{22} \end{bmatrix} = \begin{bmatrix} \sum p_i x_i^2 & \sum p_i x_i \\ \sum p_i x_i & \sum p_i \end{bmatrix}^{-1}$$

단위가중치에 대한 각 측정값의 분산 σ^2의 불편분산추정량 $\hat{\sigma}^2$은 다음과 같다.

$$\hat{\sigma}^2=\frac{\sum p_i v_i^2}{n-q}$$

$y=ax+b$ 문제의 경우 $q=2$이다. 행렬로 일반화하면 다음과 같다.

$$\boldsymbol{X}=(\boldsymbol{A}^t\boldsymbol{P}\boldsymbol{A})^{-1}\boldsymbol{A}^t\boldsymbol{P}\boldsymbol{B}$$

여기에서 $\boldsymbol{P}$는 다음과 같은 대각행렬이다.

$$\boldsymbol{P}=\begin{bmatrix} P_1 & 0 & \cdots & 0 \\ 0 & P_2 & \cdots & 0 \\ \vdots & \vdots & \ddots & \vdots \\ 0 & 0 & \cdots & P_n \end{bmatrix}$$

관측방정식이 비선형의 함수 $f(a, b, \cdots, t)=0$인 경우, 관측값의 근사값 $a_0, b_0, \cdots, t_0$ 근처까지 전개하여 선형화한 후 반복계산법에 의해 수렴할 때까지 반복하여 구한다.

$$a=a_0+\Delta a,\ b=b_0+\Delta b, \cdots,\ t=t_0+\Delta t$$

$$f_i \approx f_i(a_0, b_0, \cdots, t_0)+\frac{\partial f_i}{\partial a}\Delta a+\frac{\partial f_i}{\partial b}\Delta b+\cdots+\frac{\partial f_i}{\partial t}\Delta t=0$$

선형화된 관측방정식 $\boldsymbol{AX}=\boldsymbol{B}$의 형태로 표시하면 행렬의 요소는 다음과 같다.

$$A=\begin{bmatrix} \frac{\partial f_1}{\partial a} & \frac{\partial f_1}{\partial b} & \cdots & \frac{\partial f_1}{\partial t} \\ \frac{\partial f_2}{\partial a} & \frac{\partial f_2}{\partial b} & \cdots & \frac{\partial f_2}{\partial t} \\ \vdots & \vdots & \ddots & \vdots \\ \frac{\partial f_n}{\partial a} & \frac{\partial f_n}{\partial b} & \cdots & \frac{\partial f_n}{\partial t} \end{bmatrix},\quad B=\begin{bmatrix} -f_1(a_0, b_0, \cdots, t_0) \\ -f_2(a_0, b_0, \cdots, t_0) \\ \vdots \\ -f_n(a_0, b_0, \cdots, t_0) \end{bmatrix},\quad \Delta X=\begin{bmatrix} \Delta a \\ \Delta b \\ \vdots \\ \Delta t \end{bmatrix}$$

$$X=X_0+\Delta X$$

$$\Delta X=(A^tPA)^{-1}A^tPB$$

2) 점·선·면 보간

보간이란 적은 수의 관측값으로부터 관측점 이외의 지점에 대한 관측값을 추정하는 방법을 말한다.

(1) 점보간

점보간은 관측점이 적고 인근의 관측값과 어느 정도 연속성이 있다고 판단될 때 사용된다. 예를 들면, 강우량, 기온 등의 기상관측값, 지하수위관측값 등의 보간에 사용된다. 점보간에는 티센(Thiesen)다각형이 많이 사용된다. 티센다각형은 〈그림 2-47〉과 같이 등거리 연산자를 이용하여, 원의 복사방향으로 원을 확대할 때, 원이 만나는 등거리 선에 의해 생성된다. 이 방법을 보로노이 분할(Voronoi Tessellation)이라고 한다. 티센다각형에 의한 점보간 방법은 최근린보간법이다. 티센다각형 내의 모든 점들은 동일한 관측값을 가지게 된다.

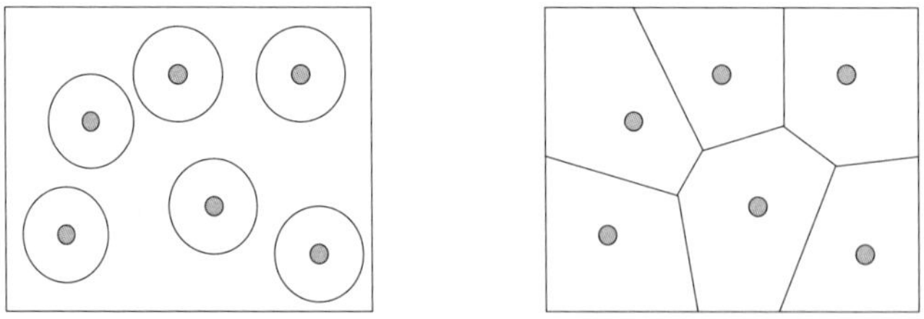

(a) 등거리 연산자 (b) 티센다각형

〈그림 2-47〉 티센다각형 생성 방법

차수가 높아질수록 거리가 가까운 점의 영향이 더 강해진다. 일반적으로 2차 함수가 많이 사용된다.

(2) 선보간

선보간은 곡선에 들어맞도록 곡선 맞춤하는 것을 말한다. 크게 근사보간과 엄밀보간으로 2가지 방법으로 나눌 수 있다.

① 근사보간: 맞추고자 하는 곡선이 원래의 관측점을 지나가지 않아도 무방하다.

② 엄밀보간: 맞추고자 하는 곡선이 원래의 모든 관측점을 지나간다.

(3) 면보간

면보간 혹은 곡면 맞추기는 수치표고모델(DEM: digital elevation model) 등 연속곡면에 있는 점을 보간하는 데 광범위하게 사용된다. 관측점이 격자배열, 불규칙배열에 따라 보간 방법이 달라진다.

3) 근사보간과 엄밀보간

(1) 근사보간

근사보간(Approximate Interpolation)에는 다음의 3가지 방법이 있다.

① 이동 평균: 〈그림 2-48〉과 같이 $-d$부터 d까지의 윈도우를 이동시키면서 윈도우 내의 평균값을 차례로 구한다.

② B 스플라인(B spline): x_i가 등간격으로 주어진 경우, B 스플라인곡선은 다음의 함수로 주어진다(그림 2-49).

$$y=\frac{(1-t)^3}{6}\cdot y_{i+1}+\frac{3t^3-6t^2+4}{6}\cdot y_i+\frac{-3t^3+4t^2+3t+1}{6}\cdot y_{i+1}+\frac{t^3}{6}y_{i+2}$$

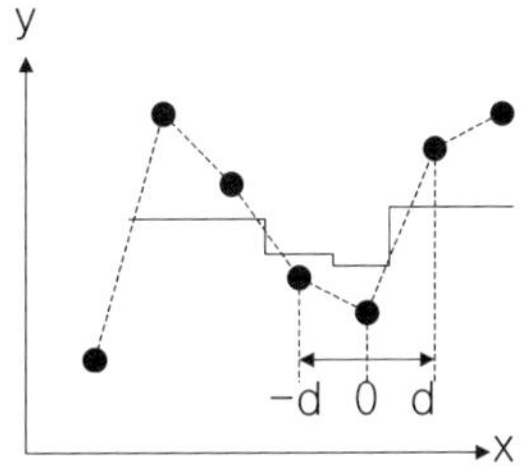

〈그림 2-48〉 이동 평균(3점)

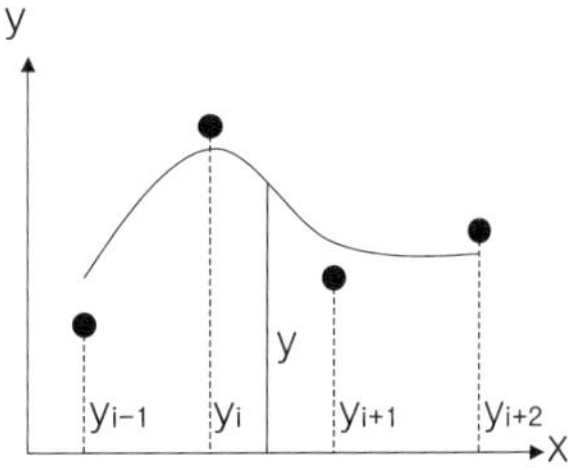

〈그림 2-49〉 B 스플라인곡선

③ 최소제곱법: 가장 잘 맞는다고 생각되는 함수 $y=f(x)$를 선정하고, 관측값($i=1, n$)에 대하여 잔차 v_i의 제곱합을 최소로 만드는 미지수를 구한다.

$\sum v_i^2 = \sum \{y_i - f(x_i)\}^2$ → 최소

(2) 엄밀보간

엄밀보간(Exact Interpolation)에는 다음 3가지 방법이 있다.

① 최근린보간: 〈그림 2-50〉과 같이 최단거리에 있는 관측값을 사용한다.

② 선형보간: 〈그림 2-51〉과 같이 두 개의 인접한 관측값을 직선으로 연결한다.

$y=(x-x_i)(y_{i+1}-y_i)/(x_{i+1}-x_i)+y_i$

$x_i \leq x \leq x_{i+1}$

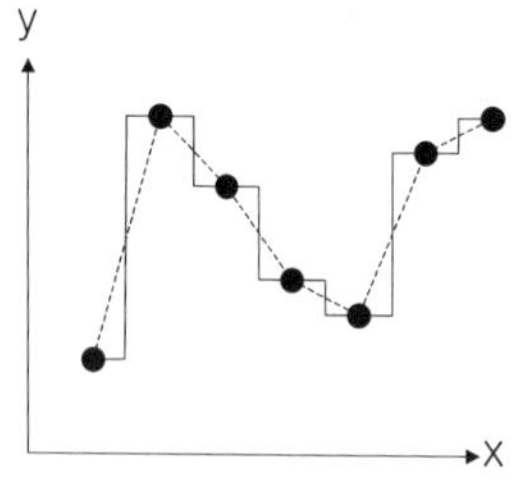

〈그림 2-50〉 최근린보간

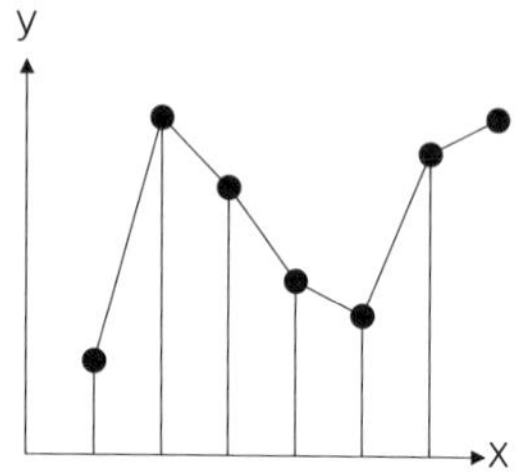

〈그림 2-51〉 선형보간

③ 3차 곡선: 2개의 인접한 관측점에서 곡선의 1차미분 및 2차미분이 연속한다는 조건을 사용하여 3차 곡선을 생성한다. 이러한 곡선을 스플라인이라고 한다.

$y=ax^3+bx^2+cx+d$

관측점의 간격이 등거리인 경우에 스플라인곡선은 다음과 같은 함수가 된다(그림 2-53).

$$y=\frac{-t^3+2t^2-t}{2}\cdot y_{i-1}+\frac{3t^3-5t^2+2}{2}\cdot y_i+\frac{-3t^3+4t^2+t}{2}\cdot y_{i+1}+\frac{t^3-t^2}{2}\cdot y_{i+2}$$

여기에서 $0 \leq t \leq 1$이며, 관측점의 간격을 단위(1)로 할 때 x_i값으로부터 측정한 거리이다. y의 값이 x의 단일함수가 아닌 경우에는 〈그림 2-53〉과 같이 보조변수 u를 도입하여 x와 y의 양쪽 방향으로 스플라인을 적용한다.

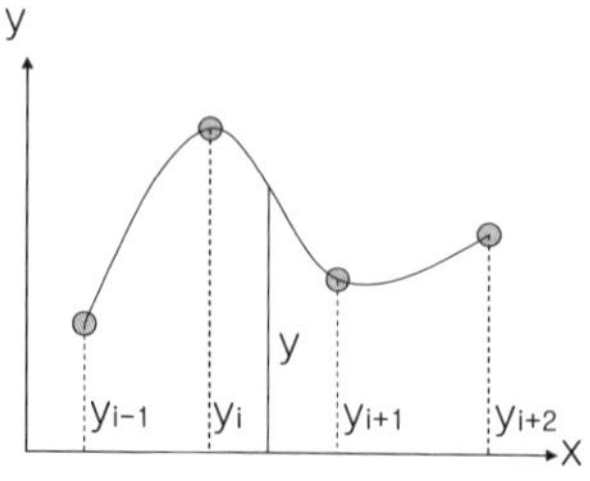

〈그림 2-52〉 선형보간

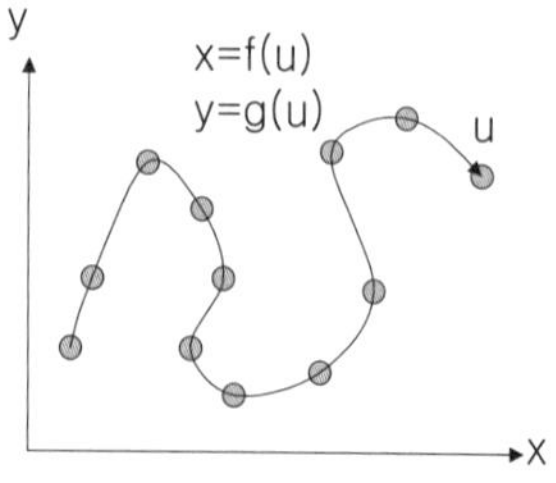

〈그림 2-53〉 보조변수를 이용한 스플라인

4) 격자배열면보간과 불규칙배열보간

(1) 격자배열면보간

지형데이터가 격자형으로 만들어져 있을 경우 네 점을 이용한 쌍1차보간 혹은 16점을 이용한 쌍3차보간을 많이 사용한다. 쌍1차보간은 사용하는 점의 개수가 적어 계산이 간단하지만, 격자 경계선에서 경사, 경사방향이 연속하지 않는 결점이 있다. 쌍3차보간의 경우 부드러운 곡면을 얻을 수 있지만, 계산처리가 많다.

① 쌍1차보간: 아래 〈그림 2-54〉와 같이 격자형 표고데이터 Z_{ij}가 있을 경우 4개의 격자점으로 둘러싼 안쪽의 표고 Z는 다음과 같이 구한다.

$$Z=f(u,v)=(1-v\,v)\begin{pmatrix} Z_{ij} & Z_{i+1,j} \\ Z_{i,j+1} & Z_{i+1,j+1} \end{pmatrix}\begin{pmatrix} 1-u \\ u \end{pmatrix}$$

$$=(1-u)(1-v)Z_{ij}+(1-u)vZ_{i,j+1}$$

$$+u(1-v)Z_{i+1,j}+uvZ_{i+1,j+1}$$

여기에서 (u, v)는 격자 간격을 1로 만든 정규화좌표로서 $0\leq u,\ v\leq 1$이다. 위 식은 〈그림 2-54〉(b)에서 알 수 있는 바와 같이 격자 경계부에 보간점을 구하고, 각각을 u축 혹은 v축에 평행한 직선으로 연결할 때 얻어지는 점을 구하는 식이다.

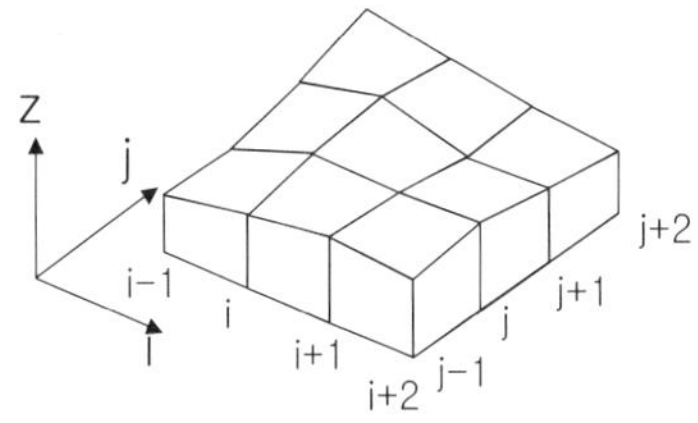

(a) 정박격자의 쌍1차곡선

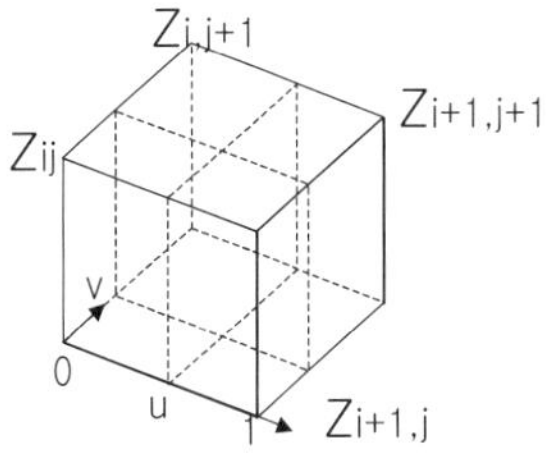

(b) 정규화 좌표계

〈그림 2-54〉 쌍1차보간

② 쌍3차보간: 쌍3차보간은 원하는 위치를 둘러싼 16개의 격자점을 이용한다. 네 점을 이용하여 3차식 스플라인곡선을 생성한다. 쌍1차보간과 같이 격자 간격을 1로 한 정규화 좌표계를 도입하면 원하는 점 (u, v)의 표고 Z는 다음과 같이 구할 수 있다(그림 2-56).

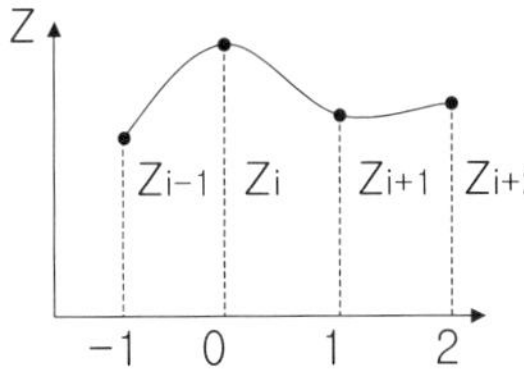

〈그림 2-55〉 스플라인곡선

$$Z(t)=a_1t^3+a_2t^2+a_3t+a_4$$

$$Z(0)=Z_i$$

$Z(1)=Z_{i+1}$

$Z'(0)=(Z_{i+1}-Z_{i-1})/2$

$Z'(1)=(Z_{i+2}-Z_i)/2$

여기에서 $Z'(t)=dZ(t)/dt$

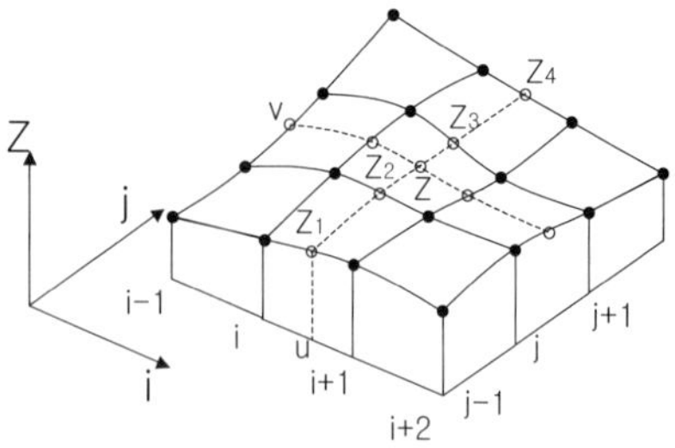

〈그림 2-56〉 쌍3차보간

4×4 격자점을 u축에 평행한 4점씩 4개의 선에 대한 스플라인곡선을 생성한다. 각각의 스플라인곡선에서 u값의 표고 Z_1, Z_2, Z_3, Z_4를 보간한다.

구한 Z_1, Z_2, Z_3, Z_4를 사용하여 스플라인곡선을 만든다. 구한 스플라인곡선에서 v값의 표고를 보간한다. 등간격 격자의 표고 Z_{i-1}, Z_i, Z_{i+1}, Z_{i+2}를 연결한 스플라인곡선은 격자 간격 내의 점 $t(0\leq t\leq 1)$에 대하여 다음과 같은 식으로 주어진다.

$$Z=f(t)=(Z_{i-1}, Z_i, Z_{i+1}, Z_{i+2})=\begin{bmatrix} f_1(t) \\ f_2(t) \\ f_3(t) \\ f_4(t) \end{bmatrix}$$

$$=f_1(t)Z_{i-1}+f_2(t)Z_i+f_3(t)Z_{i+1}+f_4(t)Z_{i+2}$$

여기에서 $f_1(t)=(-t^3+2t^2-t)/2$

$f_2(t)=(3t^2+5t^2+2)/2$

$f_3(t)=(-3t^3+4t^2+t)/2$

$f_4(t)=(t^3-t^2)/2$

쌍3차 보간은, 2중 보간법이므로 다음과 같은 식으로 주어진다. 여기에서 $0\leq u, v\leq 1$

$$Z=f(u,v)=\{f_1(v)\, f_2(v)\, f_3(v)\, f_4(v)\}\begin{bmatrix} Z_{i-1,j-1} & Z_{i,j-1} & Z_{i+1,j-1} & Z_{i+2,j-1} \\ Z_{i-1,j} & Z_{i,j} & Z_{i+1,j} & Z_{i+2,j} \\ Z_{i-1,j+1} & Z_{i,j+1} & Z_{i+1,j+1} & Z_{i+2,j+1} \\ Z_{i-1,j+2} & Z_{i,j+2} & Z_{i+1,j+2} & Z_{i+2,j+2} \end{bmatrix}\begin{bmatrix} f_1(u) \\ f_2(u) \\ f_3(u) \\ f_4(u) \end{bmatrix}$$

(2) 불규칙배열면 보간

표고점이 불규칙하게 분포되어 있는 경우, 특히 표고점이 그다지 밀집하지 않은 경우에는 가중평균과 불규칙삼각망모델(TIN)의 두 가지 보간 방법이 많이 사용된다.

① 가중평균: 〈그림 2-57〉과 같이 보간할 점을 중심으로 6~8개의 관측값이 반경 d_{max}인 원 속에 들어오도록 원을 그린다. 이때 보간값은 다음과 같은 가중평균이 된다.

$Z=\frac{\sum w_i Z_i}{\sum w_i}$ Z: 보간값 Z_i: 관측값

(a) 점내삽 윈도우 (b) 관측점의 거리

〈그림 2-57〉 가중평균의 원리

가중치 w_i는 다음의 1차부터 3차 함수 중의 하나를 사용한다.

$w_i=1-\frac{d_i}{d_{\max}}$ 1차 함수

$w_i=1-\left(\frac{d_i}{d_{\max}}\right)^2$ 2차 함수

$w_i=1-\left(\frac{d_i}{d_{\max}}\right)^3$ 3차 함수

다항식에 의한 보간은 가중평균과 유사하게 보간하고자 하는 주위의 점을 선택하고 다음 식과 같은 다항식을 최소제곱법으로 구하여 표고를 결정한다.

$Z(u, v)=a_1u^3+a_2u^2v+a_3uv^2+a_4v^3+a_5u^2+a_6uv+a_7v^2+a_8u+a_9v+a_{10}$

또는 $Z(u, v)=a_1u^2+a_2uv+a_3v^2+a_4u+a_5v+a_6$

단, 보간하고자 하는 점을 원점으로 하는 u, v를 만들고 4개의 상한마다 최소 2~3개의 점이 배치되도록 거리를 정하여야 한다. 보간점에 가까운 점일수록 영향력을 크게 하고자 할 경우에는 가중평균에서 이용한 가중치를 사용하여 가중 최소제곱법을 이용하면 된다. 하지만 이 방법은 보간하고자 하는 점의 주위에 있는 표고점들의 배치가 고르지 못할 경우에는 보간 정밀도가 현저하게 떨어진다는 단점이 있다.

② 불규칙삼각망 모델(TIN: triangulated irregular network): 불규칙하게 배치되어 있는 표고점으로부터 삼각망을 생성하여 삼각형 내의 표고는 삼각평면으로부터 보간하는 DEM의 일종이다. 삼각형에 의한 평면 근사방법이므로 지형점의 밀도가 높아야 한다. 또한 산꼭대기, 계곡, 단층 등 특징점이나 지형선을 따로 부여하지 않으면 정밀도가 떨어지게 된다. 불규칙삼각망 모델은 이미 상용 소프트웨어로 판매되고 있으므로 본 장에서는 삼각망의 생성, 표고의 보간 등 기본적인 사항만 설명하고자 한다.

③ 삼각망의 생성

불규칙하게 배치된 표고점이 어떤 규칙에 따라 자동적으로 삼각망을 생성할 수 있는가 하는 문제에 대하여, 불규칙삼각망 모델에서는 앞서 설명한 티센다각형을 활용하는데, 이를 활용하여 수행한 분할을 보로노이 분할이라고 한다. 다음으로 다각형이 한 변을 공유하는 표고점을 연결하면 삼각망을 만들 수 있다. 이러한 삼각형을 들로네 삼각형(Delaunay Triangle)이라고 한다.

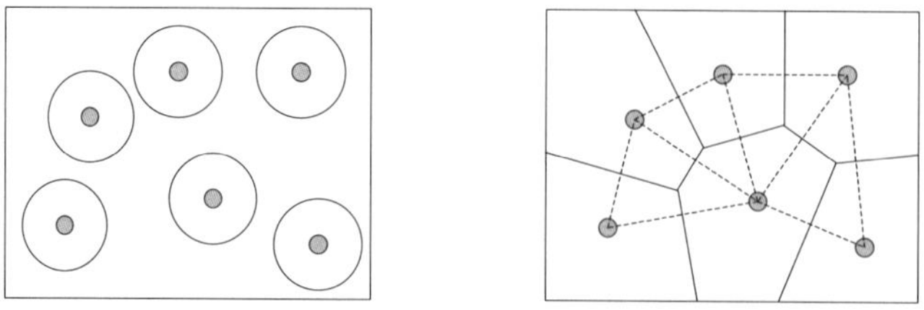
(a) 등거리 연산자 (b) 티센다각형과 삼각망

〈그림 2-58〉 불규칙삼각망 모델에서 삼각망 생성방법

④ 표고의 보간

삼각형의 꼭짓점을 $P_i(X_i, Y_i, Z_i)$, i=1,2,3이라고 할 때, 삼각형 내부의 점 (X, Y)에 대한 표고 Z는 다음과 같이 구할 수 있다.

$$Z=f(X, Y)=a_0+a_1X+a_2Y$$

$$a_0=\frac{2}{S}\begin{bmatrix} X_1 & Y_1 & Z_1 \\ X_2 & Y_2 & Z_2 \\ X_3 & Y_3 & Z_3 \end{bmatrix},\ a_1=-\frac{2}{S}\begin{bmatrix} Y_1 & Z_1 & 1 \\ Y_2 & Z_2 & 1 \\ Y_3 & Z_3 & 1 \end{bmatrix},\ a_2=\frac{2}{S}\begin{bmatrix} X_1 & Z_1 & 1 \\ X_2 & Z_2 & 1 \\ X_3 & Z_3 & 1 \end{bmatrix},$$

여기에서 $S=\frac{1}{2}\begin{bmatrix} X_1 & Y_1 & 1 \\ X_2 & Y_2 & 1 \\ X_3 & Y_3 & 1 \end{bmatrix}$(삼각형의 면적)이다.

단, 삼각형의 꼭짓점은 시계방향으로 번호를 부여한다. 점 $P(X, Y)$가 삼각형의 내부에 있는지 외부에 있는지는 다음과 같은 식으로 판별할 수 있다(그림 2.59).

$\begin{vmatrix} X & Y & 1 \\ X_i & Y_i & 1 \\ X_{i+1} & Y_{i+1} & 1 \end{vmatrix} \langle 0\ (i=1, 2, 3)$이면 외부에 있다.

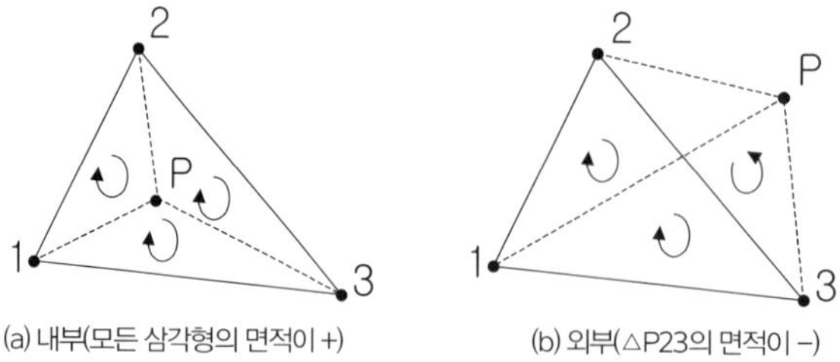

(a) 내부(모든 삼각형의 면적이 +) (b) 외부(△P23의 면적이 −)

〈그림 2-59〉 삼각형 내·외부의 판정

⑤ 불규칙삼각망 모델의 데이터 구조

삼각망을 신속하게 구조화하기 위하여 세 가지 다른 형태의 데이터 구조가 사용되고 있다. 〈그림 2-60〉과 아래 표 (a), (b), (c)는 세 가지 데이터 구조를 도식화한 것이다.

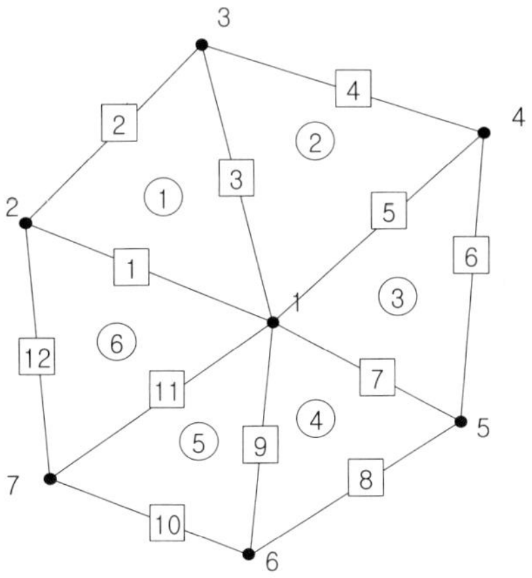

〈그림 2-60〉 불규칙삼각망 모델 위상

(a) 삼각형 데이터 구조

삼각형 번호	꼭짓점 좌표(시계 방향)	인접 삼각형
①	$(x_1,y_1,z_1)(x_2,y_2,z_2)(x_3,y_3,z_3)$	②⑥
②	$(x_1,y_1,z_1)(x_3,y_3,z_3)(x_4,y_4,z_4)$	①③
...	...	...

(b) 꼭짓점 데이터 구조

꼭짓점 번호	꼭짓점 좌표	인접 꼭짓점
1	(x_1,y_1,z_1)	2,3,4,5,6,7
2	(x_2,y_2,z_2)	1,7,3
...	...	...

(c) 변 데이터 구조

변 번호	시점, 종점	좌측 삼각형	우측 삼각형
[1]	1,2	⑥	①
[2]	2,3	0	①
...	...	...	...

2편 참고문헌

- 국토해양부, 2010, 제3차 국가 GIS 사업백서.
- 국토해양부, 2010, 제4차 국가공간정보정책기본계획(2010~2015).
- 김수경, 1992, 『컴퓨터 그래픽』, 디자인신문사 출판국.
- 김용운, 1992, 『위상의 기하학』, 동아출판사.
- 대한토목학회, 2010, 『최근 10년 한국토목사』.
- 유복모, 1992, 『측지학』, 동명사.
- 유복모, 1999, 『측량학원론(Ⅰ)』, 박영사.
- 유복모, 2003, 『경관공학』, 동명사.
- 유복모, 2004, 『측량학원론(Ⅱ)』, 박영사.
- 유복모, 2006, 『디지털측량공학』, 박영사.
- 유복모, 2007, 『건조물 측량』, 대가.
- 유복모, 2007, 『사진측량학』, 문운당.
- 유복모, 2010, 『측량공학』, 박영사.
- 유복모 · 유연, 2011, 『지형공간정보학 개관』, 동명사.
- 조규전, 2003, 『측량정보공학』, 양서각.
- 최창조, 1984, 『한국의 풍수사상』, 민음사.
- 츠시야 아쯔시 저, 최윤수 · 허민 · 서용철 역, 2005, 『신 GPS측량의 기초』, 대한측량협회.
- JOHN R. JENSEN 저, 임정호 · 박종화 · 손홍규 역, 2005, 『원격탐사와 디지털영상처리』, 시그마프레스.

지적

3편

3.1 지적

토지는 인간의 사회활동과 노동을 통하여 국가운영이 가능하도록 하는 공간기반이다. 지적은 토지가 사회활동과 생산관계에서 지속적으로 발전하도록 완벽한 방향으로 변화하고 있다. 지적에 있어서 '지(地)'는 토지를 말하며 지구표층의 육지와 해양 및 내륙수역을 포함한다. '적(籍)'은 공부, 등기대장, 등기를 일컫는다. 이러한 점에서 지적을 가장 간단하게 토지등기장부라고 한다. 지적(cadastre)은 라틴어 'caput'와 'capitastrum', 즉 과세 대상과 등기장부에서 또는 그리스어 'katastikhon' 징세등기장부에서 유래되었다는 설이 있다. 국가는 토지를 효율적으로 운용하기 위하여 토지행정체계를 갖추어야 한다. 토지행정은 토지의 양도, 개발, 사용, 평가 및 이전을 지원하는 체계로 인간과 토지와의 관계는 모든 사회에서 본질적으로 중요하다.

3.1.1 지적의 정의

지적은 한 국가의 토지제도를 유지하고 보호하는 도구로서 사회의 생산관계 조절에도 작용한다. 지적의 기능은 토지관리를 위한 각종 업무에서 정확한 토지현황을 행정자료로 제공하는 토지관리의 기초업무이다. 토지소유권등록과 조세징수를 위하여 토지관리공부에 재산권의 상태, 위치와 면적, 지목, 등급과 지가 등을 기록하고 있다.

3.1.2 지적학의 정의

지적학은 토지과학 영역에서 토지재산권, 경계, 수량, 토질과 용도 등의 변화를 연구대상으로 지적제도, 지적관리체계와 기술 및 지적측량을 다룬다. 지적제도는 각종 지적사항에 대한 확정과 규정변경으로 만든 정책, 법규와 새로운 규범, 제도, 법제화 작업을 말한다. 지적제도는 국가 지적관리규정을 통해 실현되는 것으로 등기제도, 지적조사, 토지등급 분류 및 가격평가, 토지통계, 지적파일과 정보화 관리제도 등을 포함한다. 지적학은 사회과학과 자연과학으로 이루어져 이론과 실무가 상호 결합된 학문으로 공간 운용에서부터 재산권에 관한 소유권, 지적공간이론, 지적정보체계에 대한 이해가 필요하다. 그 내용은 토지재산권제도, 지적조사, 토지등기, 토지통계, 지적관리 현대화 및 비용편익 분석 등을 다룬다. 그뿐만 아니라 지적의 형성과 발전역사 및 토지등기 개념, 성질, 대상, 유형, 토지통계의 기본 원리와 지적관리제도 현대화 및 편익 분석, 지적자료관리, 수치지적부, 지적도의 설계, 자료 갱신, 지적데이터베이스 설계, 유지·보수, 조회 부분도 지적관리에 포함된다.

3.1.3 지적측량의 정의

지적측량은 토지소유권을 등록하는 소유권 필지 단위의 경계점측량 및 필지관리를 위한 조사업무로 공간정보인 지형지물로 인식할 뿐만 아니라 인간활동 영역에 대한 효율성과 안전 및 복리를 위한 의사결정 도구이다. 공간정보에서 지적은 토지에 대한 소유권정보를 포함하는 것으로 필지별 대장정보와 도면정보로 구성되어 있다. 토지정보시스템의 역할은 인간활동과 토지에 대한 소유권 및 조세에 대한 연계정보를 가지기 때문에 공간의 위치뿐만 아니라 소유자와 같은, 사람에 대한 정보도 포함한다. 토지소유권 정보를 표현하기 위하여 대축척의 지적도면을 사용하여 각종 시설물 관리 시 확장과 시스템적 통합관리가 가능하다.

3.1.4 토지와 경제

토지 및 건축물은 국가의 경제적 자산 중 하나로 토지 및 건물에 대한 권리보장 없이는 투자를 얻기 어렵다. 바람직한 토지행정은 다양한 방법으로 경제발전에 기여하는 것으로 투자자에 대해서는 안전성을 제공하고 시장에서는 부동산이 거래될 수 있도록 하는 것이다. 또한 정부가 토지양도에 따른 양도세와 재산 평가가치에 따라 세금을 매긴다. 이는 재산세와 같이 개인 수입과는 달리 건물 및 토지가 세금징수에 대해 은닉할 수 없는 큰 특징을 가지고 있다. 바람직한 토지행정은 토지 및 재산세 관리자가 보다 용이하게 세금을 징수할 수 있도록 한다.

3.1.5 토지정보 관리

지적정보와 토지정보시스템(LIS: land information system)은 토지를 유용하게 하고 도시계획과 사회기반시설 개발을 향상시키며 환경을 감시하는 데 보조적인 역할을 한다. 국가도 주요한 토지 소유 주체이기는 하나 그 토지 및 건물의 관리를 최적으로 하고 있는 경우는 거의 드물다. 대부분의 국가는 지적데이터 및 정보를 공개하여 접근, 수집, 처리 및 배포하고 있다. 토지정보는 서비스의 직접 판매 또는 서비스 제공 및 의사결정 프로세스에 가치를 부가하는 등 다양한 방식으로 개발될 수 있는 가치 있는 상품이다.

3.1.6 지적의 특성

어느 국가에서나 반드시 관리해야 하는 것이 토지소유권, 가치 및 사용 부분이다. 많은 국가에서 토지사용권과 소유권은 별개로 다루어지나 재산권은 여전히 그 소유권의 확실성 및 이로부터 발생될 수 있는 사용권이 있다. 〈그림 3-1〉은 토지행정의 3요소에 대하여 나타내었다. 토지자원이 최적으로 사용된다면, 토지관리 및 이와 연관된 자원들은 반드시 통합적 국가 토지정책체계 내에서 운영되어야 한다. 현대지적은 일차적으로 일반화된 데이터보다는 개별 토지필지 차원에서 상세한 정보에 연계되어 있다. 수익은 자산관리, 부동산 양도, 대출 담보, 통계분석, 개발제한, 긴급 계획 및 관리, 환경영향평가, 주택거래 및 토지시장 분석, 토지 및 재산 소유권, 토지 및 재산 과세, 토지개혁, 통계자료 검토, 물리적 계획, 재산 포트폴리오 관리, 공적 의사소통, 위치 조건, 위치 관리 및 보호 등에서 얻을 수 있다.

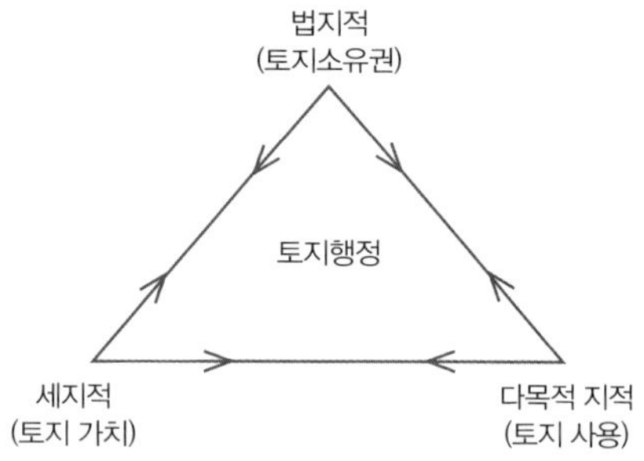

〈그림 3-1〉 토지소유권, 가치 및 사용

3.2 지적측량

지적측량은 토지필지경계를 측량하고 조사하여 소유권을 등록하고 관리하는 체계이다. 공간의 위치를 결정하기 위하여 지상물에 대한 절대 및 상대적인 위치로 관리하는 방법과 측량기준점으로부터 거리와 각도를 측정하여 도해 또는 좌표로 관리하는 방법이 있다. 우리나라에서는 측지측량에 의한 공간정보준거체계를 기준으로 기하적인 통일을 이룬다. 지적측량의 기준인 지적삼각점, 지적삼각 보조점, 도근점으로 지적측량 현장자료의 취득 관리 및 경계위치를 결정한다. 각 필지별로 경계점이 이루는 다각형과 지적기준점좌표를 연결하여 경계점에 대한 방위각과 거리를 측정하여 경계점좌표를 계산한다. 측정한 좌표에 따라서 도면 작성과 면적산출 및 필지정보를 등록한다.

3.2.1 기초측량

측지계 기반의 공간준거체계 및 위치정보처리에 대한 기준점으로 전 국토를 하나의 통일된 좌표계로 측정하여 좌표를 산출한다. 기초측량은 지적삼각측량과 지적도근측량으로 삼각측량의 기본이 되는 것이 기선측량이다. 이 기선측량은 온도보정, 인장보정, 경사보정 등을 처리하여 측정한다. 기준점측량을 위하여 도상 계획과 지상에 표지를 설정하기 위한 선점 작업 및 설치 과정을 거친다. 지적기초측량은 후속적인 지적도 측량의 골격이 되는 측량으로 거리측정, 각 측정에 의하였으나 최근에는 GNSS측위 방법으로 대부분 이루어진다.

3.2.2 지적삼각측량

지적삼각측량은 토지측량의 기초가 되는 삼각점의 위치를 삼각법에 의하여 측량하는 데에서 붙여진 이름이다. 지적측량을 할 때에는 반드시 기준점이 필요하다. 측량의 지적측량 기준점에는 1~4등까지의 삼각점으로 삼각점의 밀도가 2.5km 격자망 내에 1점의 비율로 그물처럼 망을 구성하여 삼각망을 이룬다. 지적측량 기준점은 대부분 4등 삼각점을 이용하지만 부족하여 지적측량에서 확장하여 지적삼각측량이라고 한다. 지적기준점측량은 지적삼각측량, 지적삼각보조측량, 도근측량으로 구분한다. 현재에는 GPS 및 GNSS 기술의 발전으로 보다 정확하고 전국적인 망을 구성하는 Network-RTK 측량방식을 사용할 수 있다. 지적기준점측량은 측점조정계산, 삼각형의 개략계산, 구과량계산, 경위도 계략계산, 귀심계산, 삼각망 조정, 삼각망정밀계산, 평면좌표 계산의 과정을 거친다.

3.2.3 지적기준점측량

지적기준점은 1910년대 토지조사사업으로 인해 일본의 대마도에 있는 1등 삼각점으로부터 해상으로 약 80,000m 떨어진 절영도(현 영도)와 거제도를 연결하는 소위 대마도 연락망에 의거, 1910년부터 1918년 사이에 한반도 전역에 대해 삼각측량을 실시하였다. 1등 삼각점 400점, 2등 삼각점 2,401점, 3·4등 삼각점 31,646점을 설치하였다. 31,646개의 3·4등 삼각점에는 토지조사사업 이전에 이미 특별한 원점을 설정한 구소삼각점 1,904점과 특별소삼각점 200점이 포함되어 있다. 한반도의 삼각점은 13개의 기선으로 그 성과를 검사하였으며, 기선의 정도는 전장에 대하여 1/500,000 이내로 규정하였다.

〈표 3-1〉 지적측량 기준점의 종류와 그 성과의 보존 및 관리 기관

구분	성과의 보존·관리 기관	지적측량의 세부방법과 지적측량기준점표지의 설치기준
지적위성 기준점	국토교통부	(행)령이 정하는 방법 점 간 거리는 평균 30~50㎞
지적삼각점	시·도	삼각점, 지적삼각점 표지의 점 간 거리는 평균 2~5㎞
지적삼각 보조점	소관청	삼각점, 지적삼각점 표지의 점 간 거리는 평균 1~3㎞
지적도근점	소관청	삼각점, 지적삼각점, 지적삼각보조점, 지적도근점 표지의 점 간 거리는 평균 50~300m 이하

3.2.4 지적측량 투영법

지적측량에서는 1910년 토지조사사업 당시 가우스상사 이중투영법(Gauss Conformal Double Projection)을 채택하여 투영하였다. 이후 가우스상사 이중투영법이 계산상의 어려움 등 많은 단점을 내포하고 있어 가우스크뤼거(Gauss-Krüger) 투영법을 사용하였다. 따라서 일반측량에서는 해방 이후 우리나라의 구면좌표를 계산하는 데 가우스크뤼거 투영법을 채택하여 사용하고, 기존의 지적측량에서 채택한 가우스상사 이중투영법과 혼용되고 있다. 1910년대 토지조사사업에서 사용한 측지원자의 준거타원체는 베셀 타원체를 사용했으며, 평면좌표 계산을 위한 투영법으로 가우스상사 이중투영법을 사용하였다. 국가기준점과 수치지도의 평면좌표체계는 투영법인 횡축 메르카토르 투영법을 사용하고 있으며, 지적기준점과 지적도는 가우스상사 이중투영법을 사용하고 있다.

우리나라 지적측량 평면직각좌표계는 3개의 투영원점으로 구성, 북위 38°를 기준으로 동경 2°씩 구획되어 있다. 이와 같이 3개의 투영원점을 기준으로 전국을 동부, 중부, 서부로 구분하여 평면직각좌표계를 구획하고, 모든 지역좌표가 양수(+)가 되도록 종축에 500,000m(단, 제주도는 550,000m), 횡축에 200,000m의 정수값을 더한다. 국가기준점 성과와 수치지도는 가우스크뤼거 투영법을 사용하고, 지적성과에서는 가우스상사 이중투영법을 채택하고 있다. 그러나 지적성과에는 토지조사사업 이전에 이미 특별히 원점을 설정하여 측량을 실시한 지역은 구소삼각원점 직각평면좌표이다. 일반원점은 1910년 토지조사령에 따라 토지조사사업에 의하여 3개의 원점이 있으며 그 위치는 서부원점(북위 38도, 동경 125도), 중부원점(북위 38도, 동경 127도), 동부원점(북위 38도, 동경 129도)이다.

우리나라에서는 〈표 3-2〉와 같이 토지조사사업 이전에 특별원점을 설정하여 측량을 실시한 지역으로 구소삼각원점이 있으며, 서울, 경인의 일부 지역과 경상북도 대구 등의 지역에 11개의 원점이 있다.

〈표 3-2〉 구소삼각원점

원점	위도	경도	삼각점 수
망산	북위 37°43′07″.060	동경 126°22′24″.596	77(5)
계양	북위 37°33′01″.124	동경 126°42′49″.685	99(5)
조본	북위 37°26′35″.262	동경 127°14′07″.397	169(15)
가리	북위 37°25′30″.532	동경 126°51′59″.430	85(2)
등경	북위 37°11′52″.885	동경 126°51′32″.845	220(5)
고초	북위 37°09′03″.530	동경 127°14′41″.585	171(8)
율곡	북위 35°57′21″.332	동경 128°57′30″.916	193(4)
현창	북위 35°51′46″.967	동경 128°46′03″.947	121(-)
구암	북위 35°51′30″.878	동경 128°35′46″.186	171(5)
금산	북위 35°43′46″.532	동경 128°17′26″.070	126(9)
소라	북위 35°39′58″.119	동경 128°43′36″.841	196(5)

주: ( )의 숫자는 일반원점의 성과가 병기된 점수임. 계 1,619점

구한국 정부에서는 대삼각측량 전에 경인 지역과 대구 지역에서 소삼각측량을 실시하였으며 경인 지역(19개 지역: 시흥, 교동, 김포, 양천, 강화, 진위, 안산, 양성, 수원, 용인, 남양, 통진, 안성, 죽산, 광주, 인천, 양지, 과천, 부평), 대구 지역(8개 지역: 대구, 고령, 청도, 영천, 현풍, 자인, 하양, 경산) 2~4등 기준점으로 구소삼각점수는 경기 지역에 821점, 경북 지역에 798점으로 총 1,619점이다. 이 중 경기 지역 40점, 경북 지역 63점, 합계 103점에 대하여는 통일원점의 성과를 병기, 단위를 간(間)으로 평면좌표를 계산하였다.

3.3 지적세부측량

〈그림 3-2〉 지적세부측량 작업

지적기준점측량이 끝나면 기준점에 준거한 필지경계점에 대하여 수평거리와 고도 및 수평각을 측정하여 좌표를 계산하고 이를 지적공부에 등록한다. 측정점의 좌표계산은 평면좌표계에 의하여 측정거리와 방위각으로 산출한다. 방위각은 기계점과 후시점에 대한 기준방위각에 측정내각을 더하여 산출한다. 지적세부측량의 경우 지적측량의 목적에 따라 표와 같이 여러 가지 측량으로 구분하여 업무처리를 달리한다.

〈표 3-3〉 지적세부측량의 종류와 그 내용

종류	내용
복구측량	지적공부를 복구하기 위한 측량
신규 등록측량	신규 등록 토지가 생긴 경우
등록 전환측량	등록 전환할 토지가 생긴 경우
분할측량	토지를 분할하는 경우
해면성말소측량	바다로 된 토지의 해면말소의 경우
확정측량	도시개발사업 등의 사업으로 토지 이동의 경우
축척 변경측량	축척 변경이 필요한 경우
기초측량	지적측량기준점 표지 설치측량
등록 사항정정측량	지적공부의 등록 사항을 정정하기 위한 측량
검사측량	소관청의 지적측량수행자가 실시하는 측량
경계복원측량	경계점을 지표 상에 복원하기 위한 경우
현황측량	지상구조물 또는 지형지물이 점유하는 위치 현황을 지적도 또는 임야도에 등록된 경계와 대비하기 위한 측량

현장측량을 위하여 도근점의 좌표성과를 기계에 입력하여야 하는 것과 같이 사전작업이 필요하다. 먼저 사업에 관한 명칭과 측량일자 및 측량사에 관한 정보를 입력하여야 한다. 이어서 보다 정확한 성과 산출을 위하여 측정 당시 온도와 기압 및 습도, 프리즘상수 지구곡률, 평균해수면보정, 자동점번호 부여와 같은 환경정보를 처리한다. 측정의 경우 토털스테이션 측량장비를 사용하여 현장측량 단말기에서 관측환경과 측정성과를 저장하고 이를 내업 단계에서 도면화한다.

전자파일 내용에는 〈표 3-4〉와 같이 소프트웨어의 버전, 작업 명칭, 관측장비명, 측정코드, 프리즘망 수, 측정점의 명칭, 경사 거리, 고도각, 수평각 등의 제원이 기록되어 있다.

〈표 3-4〉 전자파일 내용

```
00NMSDR33 V04-04.02 00-000-00 00:00 211111
10NMJOB3 121111
06NM1.00000000
01NM:SET5F V01-00 020078  31  0.00000000
13PCP.C. mm Applied:-30.000
02TP 00000031509.97000000 937.27400000 20.05300000 1.50500000 11
03NM1.60000000
08TP 00000009510.50400000 908.83800000 19.69900000 11
08TP 00000010510.40000000 907.75700000 19.48700000 11
```

3.3.1 직각좌표의 극좌표 변환

지적필지의 위치와 면적은 거리와 각도 및 좌표로 나타낸다. 지적측량성과에서 경계점 간의 거리와 방위각을 산출하기 위하여 두 점 간의 좌표 차이(dx,dy)에 의하여 점 간 거리와 방위각을 다음의 공식으로 산출한다. 필지 면적은 폐쇄다각점에 대한 좌표를 이용하여 산출하고 면적의 단위는 법에 따라서 결정한다.

① 공식

$$A=\tan^{-1}\left(\frac{dY}{dX}\right) \quad D=\sqrt{dX^2+dY^2}$$

(dX,dY: 직각좌표, D: 거리, A: 각도)

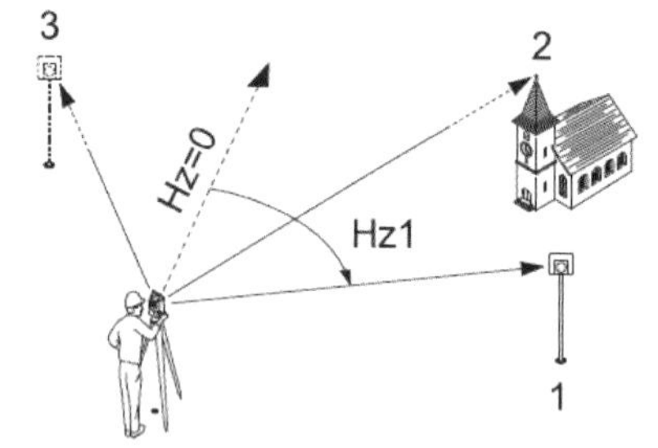

〈그림 3-3〉 방위각 계산

② 방위각 계산

- 공식에 따라 방위각(A)을 구한다.
- 기지점 1 또는 3점을 기준점으로 영(0) 방위각을 구하고 3번 점을 측정한다.

③ 좌표 산출

- 경계점의 지적좌표(N)=기계점 좌표(N)+측정거리 * COS(방위각)
- 경계점의 지적좌표(E)=기계점 좌표(E)+측정거리 * SIN(방위각)

④ 면적 계산: 〈그림 3-4〉는 면적 계산의 예로, 면적은 6이 된다.

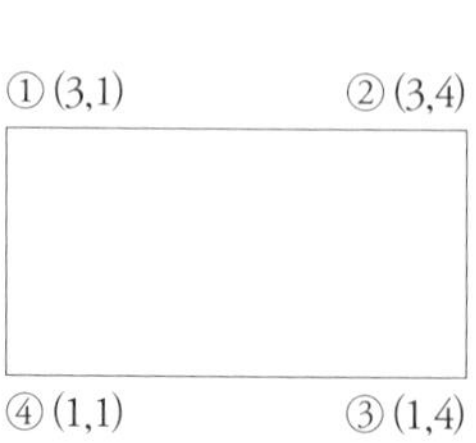

〈그림 3-4〉 면적 계산의 예

$$S=\frac{1}{2}\sum_{i=1}^{n}(X_iY_{i+1}-X_{i+1}Y_i)$$

3.3.2 지적확정측량

지적확정측량은 대단위지역 지적측량을 시행하는 일정한 범위의 토지를 지적측량에 의하여 경계와 면적을 결정하는 것으로 도시개발 사업에 의한 시가지확정측량과 농경지확정측량으로 구분하여 실시한다. 해당 지역 지적공부를 폐쇄하고 지적확정측량을 실시하여 토지 소재, 지번, 지목, 면적 및 좌표 등을 다시 정하여 지적공부에 등록하는 준 사법적인 행정 행위이다. 지적확정측량으로 결정된 면적에 의하여 시행자는 환지처분을 하여 청산한 후 촉탁등기를 하며 소관청에서는 등기된 서류에 의하여 지적공부를 정리한다. 지적확정측량은 초기에는 측판측량방법에 의하여 시행되었으나 지적법 개정으로 수치측량방법이 도입되었으며 오늘날에는 확정측량에 필요한 지적기준점의 설치를 위하여 GPS 측량방법을 활용하여 기초측량을 실시하고 있다.

1) 계획과 준비

자료 준비를 위하여 시행자 측이 사용한 기초점성과표 및 관측부를 기초로 하여 사업계획평면도, 현황측량도, 가로망도, 중심점망도 및 계산부, 지구계점 관측계산부, 환지계획도 및 획지 면적 계산부 등 필요한 서류를 처리한다. 사업분석을 위하여 사업시행자, 사업명칭, 토지 소재, 가구 수, 필지 수, 지구계분할 유무와 예정필수, 기타 필요한 사항을 조사하고 인접지에 지적확정측량을 실시한 지역 현황과 사용할 지적측량기준점 등을 조사한다. 현장을 답사하여 측량계획도와 지구계 현황의 일치 여부와 가로망 상황, 기준점과의 시통 여부를 세밀하게 파악하여 계획을 수립한다. 측량업무 집행에 중요한 과정으로 지적삼각점 또는 지적도근점 설치를 위하여 소관청 또는 사업자와 업무협의를 한다. 주요한 협의사항은 측량원점 결정과 지적삼각점 또는 지적삼각보조점 신설과 사용할 삼각점 결정 및 기준점매설에 관한 사항을 점검한다. 도면축척(대부분 1/500, 1/1,000이나 지적공부관리상 변경 가능)결정, 경계표지를 설치하고 국·공유지 관리에 따른 별도의 필지 분리 또는 도로, 하천, 구거 등의 도곽에 따른 분필 여부 및 행정구역 조정 등을 협의한다.

2) 계획 수립

조사된 업무량의 작업 여건과 기간 등을 감안하여 작업공정계획을 세울 때에 외업, 내업, 기후 등을 참고하여 계획을 세우고 업무 수행 능력을 고려하여 분담시키는 형식으로 인력을 배치한다. 최신 장비를 최대한 활용하는데, 이때 특히 최신 측량 장비를 이용하면 업무가 빠르나 법규의 뒷받침이 없어서 나중에 다시 계산부를 작성하여 제출하는 경우가 있음에 유념한다.

3) 도곽구획

도곽은 도면의 크기를 결정하고 도면의 호수를 부여하여 색인한다. 지적도 도곽과 확정측량원도 등은 업무 집행 전에 미리 만든다. 지적도 도면(곽)의 크기는 가로 40cm, 세로 30cm의 직사각형으로 도곽선 수치는 원점을 기준으로 작성한다. 예를 들어 종선 414876.45m, 횡선 217910.52m인 점을 포함하는 지적도 도곽을 1/500 축척으로 작성하면 다음과 같다.

〈표 3-5〉 도곽구획 계산 예

종선	횡선
500000m−414876.45m=85123.55m 85123.55m÷150m=567.4m 567×150m=85050m 500000m−85050m=414950m(상도곽선) 414950m−150m=414800m(하도곽선)	217910.52m÷200m=1089.5 1089×200m=217800m(좌도곽선) 217800m+200m=218000m(우도곽선)

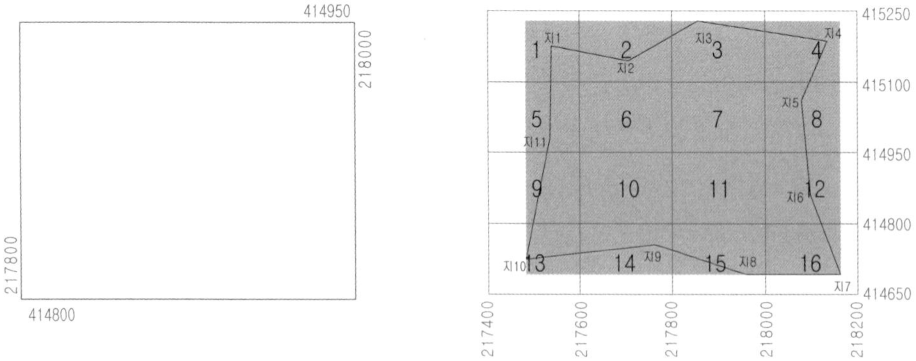

〈그림 3-5〉 도곽 및 도면호수의 부여

4) 일람도 및 결과도 작성

도곽선 수치가 결정되면 방안지에 일람도를 작성, 도곽선 수치를 기입하여 지구계를 전개하고 도면 호수를 기록한다. 이 경우 지구계점은 지1, 지2 등으로 일련번호를 부여하고 지적도 도호는 1, 2, 3 등으로 기록한다. 일람도 작성이 완료되면 측량원도를 만들고 색인도, 제호 및 도곽선 수치를 기입하고 원도의 색인도에는 도면의 도호를 기입한다.

5) 지적자료 취득

지적측량은 개별 필지에 대한 경계점을 도식적으로 표현하여 인접 소유자 간 필지 영역의 한계를 설정하는 것이다. 넓은 의미의 지적측량은 경계측량뿐만 아니라 소유권 조사까지 포함한다. 따라서 (기하학적인 공간정보를) 거리와 방향 및 좌표에 의하여 측정점에 대한 정보를 취득하거나 소유권자의 소유 형태와 소유자 정보 또한 알 수 있다.

3.3.3 수치지적측량

1970년대 컴퓨터와 측정기기가 끊임없이 발전되고 생산되면서 새로운 컴퓨터 제도와 응용으로 수치 표시와 지도 자료 수치화 및 데이터 처리를 위한 지적도 데이터베이스와 도형 출력을 할 수 있게 되었다. 1980년대에 다양한 지적도 데이터베이스와 지리정보시스템(GIS)이 구축되어 컴퓨터 제도가 급속도로 발전하여 광범위하게 사용되면서 컴퓨터 도면 제작은 1980년대 말부터 1990년대까지 디지털 맵핑 작업으로 확산되었다.

1990년대 초기 전자야장(EDC: electronic data collector)을 이용하여 자동으로 기록, 계산, 도형처리 등이 가능해져 도형편집시스템을 갖춘 사무실의 컴퓨터 화면상에서 지적도를 편집할 수 있었다. 이때부터 도형 측정 기술의 디지털화가 광범위하게 이루어지면서 수치지적측량의 생산과 응용이 보편화되었다. 수치도형측정은 수치도면을 생산하는 데에만 국한되지 않고 수치지적도가 어떻게 각종 주제의 GIS와 데이터를 교환하는가, 어떻게 디지털 지도 제품을 응용하여 공정계산을 하는가 하는 문제를 더 많이 고려하게 되었다. 따라서 이전 단계에서 개발한 각종 디지털화 맵핑시스템의 데이터 구조, 개발, 확충으로 각종 도형(지형도, 지적도, 배관도, 준공도 등) 생산을 광범위하게 하였다. 수치지적측량은 새로운 측량방법으로서 자동화와 정밀도가 높아 계속 발전하여 수치화측량으로 평판측량을 대체하게 되었다.

도시 지역과 같이 대축척의 지적도를 작성하기 위하여 측량한 자료는 소프트웨어의 처리를 통하여 대축척 지적도와 각종 속성정보를 얻을 수 있을 뿐만 아니라 수치좌표 데이터베이스를 구축할 수 있게 한다.

토털스테이션은 기계, 광학, 전자부품 등으로 구성되어 현장에서 각종 지적경계점을 측량하여 데이터를 실시간으로 전자야장에 기록한다. 〈표 3-6〉과 같이 토털스테이션 표시부에 관측거리, 각도 및 좌표가 표시된다. 전처리를 한 후 적합한 자료 양식으로 데이터 폴더에 저장하는 동시에 도형 처리하여 CAD로 편집한다. 토털스테이션 측량의 장점은 작업하기 쉽고 착오가 발생할 가능성이 낮다는 것이다.

토털스테이션으로 관측한 자료는 〈표 3-7〉과 같이 내장 소프트웨어 기능에 따라 측정 환경을 설정할 수 있다.

측량자료 수집과 데이터 처리는 일체화한 디지털 지적측량 방식으로 토털스테이션으로 현장에서 모든 지적 요소의 데이터를 수집한 후 무선통신을 통해 실시간 데이터를 휴대용 컴퓨터로 전송한다. 데이터 처리 소프트웨어는 실시간으로 데이터를 처리하며 측정된 지적 요소의 기호와 도형을 나타내고 최초 수집한 데이터와 후처리 데이터는 전부 각각의 데이터 폴더 또는 데이터베이스

〈표 3-6〉 토털스테이션의 표시부

표시	내용	표시	내용
V	연직각	VD	연직거리
V%	연직각/구배	SD	사거리
HR	우회 수평각	N	북편
HL	좌회 수평각	E	동편
HD	수평거리	Z	높이

〈표 3-7〉 메뉴의 구성과 기능

메뉴	기능	비고
설정 모드	각도 단위, 경사 보정 등	
조정 모드	기계오차 조정, 날짜 및 시간 설정, 기계상수 설정	프리즘 상수
통신 모드	유선-무선(블루투스), 프로토콜, 데이터 전송, 응용프로그램 다운로드	인터넷 기술 적용(와이파이 등)
관리 모드	파일 관리, 메모리 정보 표시, 파일의 초기화	
표준측정 모드	각도측정, 거리측정, 좌표측정	
응용측정 모드	후시표정, 대변측정, 배각측정, 좌표측설, 노선측량	필요에 따라 추가 가능

에 기록된다. 현장에서 도면이 만들어지기 때문에 직관적이고 빠르며 효율이 높다는 장점을 가지고 있다. 반면에 단점은 휴대용 컴퓨터의 가격이 비싸고 현장 환경에 대한 적응력이 약하다는 점이다.

대부분 토털스테이션은 원형디스크의 바코드를 광학적인 방법으로 각도를 정확하게 측정한다. 거리측정은 마이크로파를 생성하거나 근적외선 신호를 작은 고형상(small solid-state emitter)에서 방출되는 신호를 확대하여 반사경의 경로를 측정하여 거리로 산출한다. 1.5mm+2ppm의 정확도로 1,500m 이상 측정한다.

대부분의 토털스테이션 측량은 이미 알고 있는 기지점에서 미지점의 좌표를 상대적으로 계산한다. 따라서 방위각에 의한 삼각함수로 좌표를 산출하기 위하여 최소 두 점 이상의 기지점이 필요하다. 이러한 기지점을 구하기 어렵거나 좌표를 바로 산출하기 위하여 GPS/GNSS를 사용한다.

기계 내부 또는 휴대형 야장에 원시 측정 자료(거리, 수평각, 고도각)를 저장한 경우에는 측정점에 대한 상대적인 각도와 거리에 의하여 좌표를 산출한다. 이러한 좌표 산출을 사무실에서 컴퓨터로 전송하여 처리할 수도 있지만 현장에서 바로 계산 및 측정점을 연결하여 도형 작업을 한다.

3.3.4 Network-RTK 측량

Network-RTK GPS/GNSS 수신기를 이용하여 현장에서 측정한 각종 지적자료를 GPS 데이터 처리용 소프트웨어로 처리한 다음 적합한 형식으로 데이터 폴더에 저장할 수 있다. 이와 동시에 데이터를 기반으로 스케치하여 도형측정 소프트웨어로 도형을 완성한다. Network-RTK 수신기는 실시간으로 신속하게 정밀도가 높은 장거리 측량 장비로 1990년대 중반에 발전한 것이다. 장점은 타 수신기에 비하여 기준점이 대폭 줄었으며 평평한 지역에서는 하나의 기준점으로 몇 십에서 심지어 몇 백 킬로미터를 측량할 수 있으며 지형이 복잡한 지역에서도 앞에서 제시한 방법보다 기준점이 10배 이상 줄어들어 효율성이 높다. 단점은 반드시 스케치를 해야 하며 무선통신과 위성신호의 사각지대에서는 데이터를 수집하지 못하기 때문에 반드시 토털스테이션으로 보완측량을 하여야 한다는 것이다. 그럼에도 Network-RTK 수신기를 이용한 측량방법은 토지이용 현황조사 및 토지이용 변경조사, 토지이용을 모니터링할 때 아주 유용하다.

3.3.5 Network-RTK 및 통합측정

데이터를 집중하여 측량하는 방법의 단점을 극복하고 각각의 측량방법에 따른 장점을 사용하여 어떤 지형이든 임의 축척의 지적도로 측량을 완성할 수 있다. 전천후, 무장애, 속도, 고정밀도, 고효율로 내·외업을 통합하여 지적정보를 수집할 수 있어서 미래 지적측량의 발전 방향이기도 하다.

〈그림 3-6〉 Network-RTK 측량 실습

통합 측정의 경우는 각도와 거리를 측정하는 토털스테이션과 인공위성에 의한 Network-RTK 측량 장비를 기계적으로 유선으로 연결하거나, 무선통신 방식으로 거리측정과 각도측정이 곤란한 경우 인공위성측위를 수행하고 그 반대로 인공위성측위가 어려운 지역에서는 토털스테이션을 이용하여 2가지 측정방식을 현장 조건에 맞추어 적용할 수 있다.

3.4 수치항공사진측량

수치항공사진측량은 데이터 수집 대상지역에 대하여 수치측량 기술을 이용하여 사진으로 지적데이터를 취득한 다음 도형측정 전용 소프트웨어를 이용하여 수집한 데이터를 처리함으로써 필요한 기본 지적도, 토지이용 현황도 등 각종 주제도를 얻을 수 있다. 항공사진측량 기술 초기에는 주로 토지이용 현황도를 제작할 때 사용되었으며 초창기 도화기에는 자동기록 장치가 없었기 때문에 촬영 측량기술이 아주 빠르게 응용되었다. 초기에는 1/5,000~1/20,000 촬영 축척으로 그 정밀도가 ±10~15cm에 이르렀다. 현대에는 촬영해상도가 높아지고 지상사진이나 고정밀도 영상기술을 이용하여 측정오차가 ±3~5μm까지 낮아졌다. 1990년대에 GPS와 연계하여 지상측량 보정정보로 정밀도는 대폭 올라갔고 작업은 훨씬 간편해졌다. 현장 수치측량방법이 경제적이고 신속하며 광활하게 지적측량을 진행할 수 있지만 소축척 1/5,000~1/50,000의 토지이용현황도 및 상응하는 변경조사와 토지이용 조사의 경우에는 위성영상, 항공사진측량, 무인항공기(UAV), GPS/GNSS 등 다른 방법을 적용할 수 있다. 필지경계점에 대한 정확도를 높게 측정하거나, 건축물이 밀집된 도시지역과 같이 경계점의 수가 많아 토털스테이션으로 측정에 시통이 어려운 경우 수치항공사진측량 방법이 유리하다.

3.5 수치지적측량

전통적인 지적측량은 평판측량, 경위의 및 토털스테이션을 이용하여 각종 지적 요소의 공간적 위치와 기하 형태를 측정한 다음 일정한 축척으로 도형을 완성한다. 디지털 지적측량은 해석적인 간접측량방법이다. 일반적인 측량방법에 비하여 장점을 많이 가지고 있다.

수치지적측량은 자동 기록, 계산 및 도형 완성을 할 수 있을 뿐만 아니라 CAD에서 사용자가 다양하게 처리할 수 있는 데이터파일을 제공한다. 수치지적측량 자동화는 효율이 높고 노동 강도가 낮을 뿐만 아니라 착오가 생길 확률은 적으며 완성된 지적도는 정확하다.

일반적인 측량방법에서 축척 정밀도가 도형의 최고정밀도를 결정한다. 도형의 질은 점 위치의 정밀도 외에 도형처리와 관련이 있다. 사용 측량장비의 정밀도가 아무리 높다 하더라도 도해지적도의 정밀도에 미치는 영향을 제거할 수가 없다. 수치지적측량은 기록, 저장, 처리, 도형작성 등 전 과정에서 관측치를 자동으로 전송하며 도형을 자동 처리하여 측량데이터의 정밀도가 외업측량 정밀도로 그대로 반영된다.

수치지적측량은 지적정보가 실시간으로 갱신하기 어려운 점을 극복할 수 있다. 변경한 부분을 컴퓨터에 입력하여 데이터를 처리하면 기존의 지적공간정보와 관련된 정보를 갱신할 수 있기 때문에 현실성을 보증할 수 있다. 이런 장점은 지적관리의 기본원칙을 잘 구현하고 있다.

수치지적측량은 측정구역에서 범위의 제한을 받지 않는다. 작업팀의 임무는 하천, 도로 등 자연 분계선으로 구분할 수 있으며 길거리에 따라 구분할 수도 있다. 측정구역에서 전체적인 기준점망을 구축한 다음, 전 측정구역의 임의 위치에서 실측하거나 팀을 나누어 작업할 수 있다. 디지털 지적측량은 결과의 신뢰성이 높고 정밀도가 균일하며 일반적인 인접지역 처리문제도 감소시켰다.

디지털 지적측량은 고정된 축척의 도형 크기로 지적도를 저장하는 것이 아니라 수치좌표로 저장하는 1:1의 수치지적이다. 필요한 경우 일정 범위 내에서 다른 축척과 도형 크기의 지적도를 출력할 수 있으며 여러 레이어(층, 겹)로 겹쳐진 다목적 지적도를 출력할 수 있다. 데이터로 매체가 제공한 디지털지도를 기록하고 전송하여 다수의 이용자가 공유할 수 있을 뿐만 아니라 경계점 위치좌표, 점 간 거리, 방향 및 필지 면적 등을 자동으로 추출할 수 있다. 또한 인터페이스를 통하여 디지털 지적도를 공정 CAD에 전송할 수도 있으며 지리정보시스템의 구축에도 유용하게 사용할 수 있고 소프트웨어의 성능에 따라 간편하게 각종 처리를 진행할 수 있다. 수치지적측량은 정확도가 높은 디지털정보를 제공하므로 지적정보시스템으로 구축할 수 있다. 디지털 지적측량의 단점은 초기 투자비용이 높다는 점이다. 하지만 시간이 갈수록 시설과 소프트웨어 비용이 내려가며 경제적 조건이 개선되고 기술이 점점 성숙되기 때문에 결국은 지적측량의 주류가 될 것이다.

3.5.1 수치지적측량의 작업

수치지적측량은 지적측량 중에서 선진적인 기술과 방법으로 지적측량의 외업, 내업을 일체화한 종합작업시스템으로 컴퓨터 기술을 지적관리에 적용한 필연적인 결과이기도 하다. 수치지적측량의 최대 장점은 지적측량과 동시에 지적도형 데이터베이스를 구축할 수 있으며 지적정보시스템과 연결할 수 있어서 지적관리의 현대화를 위한 기초가 된다.

3.5.2 수치지적측량 작업 공정

수치지적측량 소프트웨어는 자료 수집과 입력, 처리, 데이터베이스 관리, 도형 편집과 수정 기능을 가지고 있어야 한다. 소프트웨어는 범용성이 강하고 안정성이 뛰어나야 하며, 데이터의 표시와 편집이 직관적이고 간결해야 한다. 이용자가 간편하게 작업할 수 있도록 해야 하며, 메뉴 사용과 마우스 작업이 가능하여야 한다. 수치지적측량은 〈그림 3-7〉과 같이 전자야장을 이용하여 각종 지적정보 데이터를 수집하여 컴퓨터에 전송하고 CAD 소프트웨어를 이용하여 수집한 데이터를 처리할 뿐만 아니라 데이터베이스 관리와 각종 지적지도와 성과를 작성하여 출력할 수 있는 자동화 측정 기술과 방법이다.

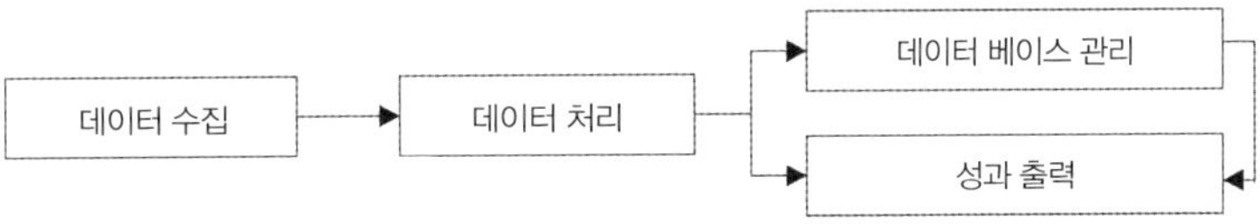

〈그림 3-7〉 수치지적측량 작업 공정

1) 수치지적자료 수집

지적정보 수집은 측량장비와 전자야장을 이용하여 관련된 지적 요소 정보데이터를 얻는 것으로 규정된 자료형식으로, 기록 매체에 저장하거나 직접 데이터를 처리하는 장치에 전송하는 과정이다. GPS의 경우 NMEA(national marine electronics association) 형식에 GPS 수신기 안테나의 위치(경위도 및 고도)정보와 측정시간, 위성의 배치, 수신위성 수, 수신 상태 등에 관한 정보들이 포함된다.

〈표 3-8〉 NMEA 데이터의 예

-$GPGGA: Global Positioning System Fix Data -$GPGSV: GPS satellites in view -$GPGSA: GPS DOP and active satellites -$GPRMC: Recommended minimum specific GPS/Transit data

$GPGGA의 코드의 형태는 다음과 같다.

〈표 3-9〉 GPGGA 데이터의 내용

$GPGGA,134807.000,3732.6627,N,12701.3549,E,1,04,2.6,39.7,M,19.7,M,,0000*69

코드를 분석해 보면 앞의 134807.000은 현재의 시각으로 13시 48분 07초 000을 나타낸다. 이는 표준시각으로 한국의 시차를 더하여 한국의 현재 시간을 알 수 있다. 다음으로 N 앞의 3732.6627은 북위를 나타내며, E 앞의 12701.3549는 동경을 나타낸다. 이 좌표를 분석하면 북위 37도 32.6627, 동경 127도 01.3549를 나타낸다.

2) 데이터 처리

서로 다른 방법으로 수집한 데이터를 통신 포트 및 상응하는 통신 소프트웨어를 통해 컴퓨터에 전송한 다음 후처리 소프트웨어의 처리를 거쳐서 데이터를 표준화된 형식으로 전환하고 마지막으로 데이터 처리 소프트웨어를 이용하여 구획된 필지면적을 계산하고 지적도를 그린다.

〈그림 3-8〉은 지적측량성과를 예시한 것으로 측량 지역의 주소, 도면의 축척, 도곽, 도호, 관측자, 검사자, 지적필지 등으로 구성되어 있다.

3) 측량성과 출력

데이터를 처리한 방법에 따라서 지적측량에 필요한 각종 성과물을 출력 및 제출한다.

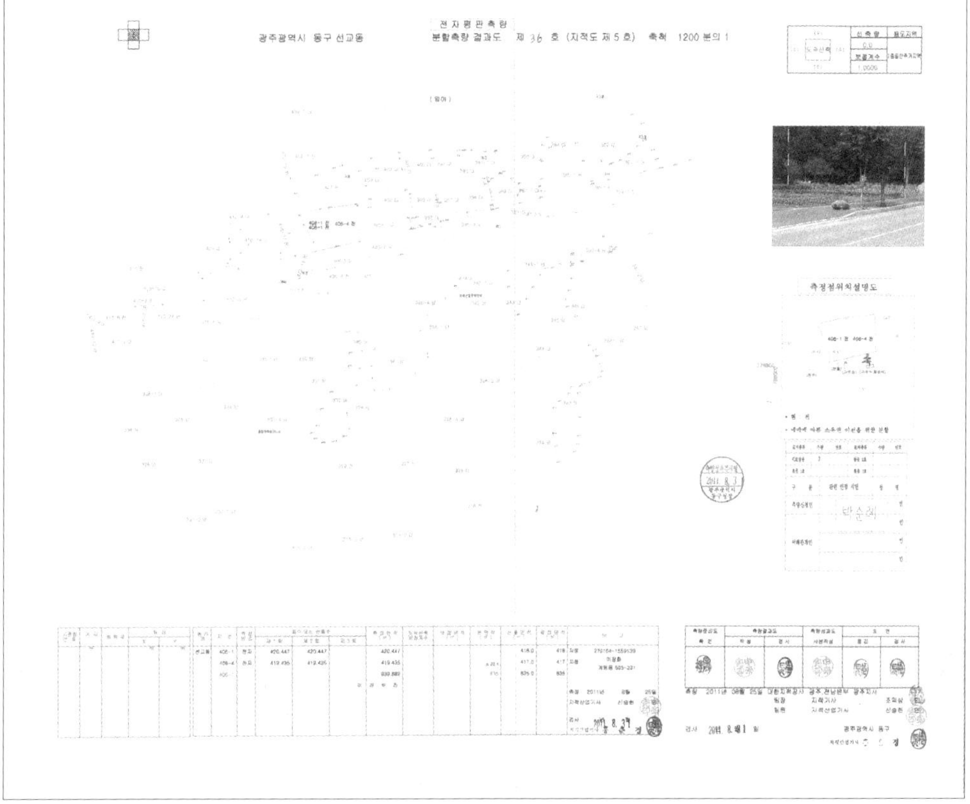

〈그림 3-8〉 지적측량성과의 예

4) 데이터베이스의 관리

향후의 편리한 지적 변경 및 지적정보의 자동화 관리를 위하여 1차 데이터와 처리를 거친 데이터는 모두 저장해야 하며 지적데이터베이스를 구축해서 지적정보시스템에 데이터를 제공하여야 한다. 〈표 3-10〉은 지적전단 파일(text) 내용의 예로 지적 필지의 시작부와 종료부는 각각 〈필지S〉, 〈필지E〉와 같이 나타내고 필지 점의 수와 각 점에 대한 좌표, 도면 번호, 축척, 면적 등의 순으로 기록되어 있다.

〈표 3-10〉 지적전단 파일의 예

〈필지S〉
-고유번호
4157010100106870000
-필계점
1
8
458472.130 173599.570
458471.120 173607.500
458539.970 173696.680
458612.950 173640.120
458609.710 173637.460
458602.350 173629.210
458595.380 173620.610
458539.250 173547.690
-도면번호
0050/0050
-축척코드
00
-지목코드
10
-면적
10691
-토지이동사유코드
50
-토지이동일자
19980401
-토지이동사유관련지번
NULL
-사업시행신고구분코드
0
-사업시행지번호
NULL
-소유권변동원인구분코드
03
-소유권변동일자
19951124
-등록번호
431
-성명및명칭
경기도(교육감)
-주소
NULL
-소유구분코드
4
-공유구분코드
NULL
-도형축척코드
05
-도면구분
2
-용도지역
제2종일반주거지역
-국토계획법률
도시지역, 제1종일반주거지역, 최고고도지구(공항고도제한해발112.86m~371.43m미만), 공공시설용지(초등학교), 제1종지구단위계획구역(북변택지개발사업), 중로1류(집산도로)(접함), 중로2류(집산도로)(접함), 학교
-다른법령
[성장관리지역-산업집적활성화및공장설립에관한법], [성장관리권역-수도권정비계획법], [택지개발예정지구(북변택지개발사업)-택지개발촉진법], [하수처리구역(걸포처리분구)-하수도법], [상대정화구역(김포서초등학교)-학교보건법], [절대정화구역(김포서초등학교)-학교보건법], [학교환경위생정화구역(김포서초등학교)-학교보건법], [진입표면구역-항공법]
-토지이용규제
토지거래계약에 관한 허가구역
-시행령
NULL
-공시지가가격(㎡당)
1040000(2008.01)
-원점코드
02
-종번
0903/0000
〈필지E〉

3.5.3 지적측량 소프트웨어의 주요 기능

지적측량 과정에서 데이터 처리과정은 가장 복잡하고 중요한 일이며 이는 데이터의 다양성과 지적요소의 복잡성과 관련이 있다. 따라서 데이터 처리 방법도 복잡하고 다양한 특성을 가지고 있으며 소프트웨어 개발이 어려운 원인이기도 하다. 디지털지적맵핑시스템(DCSMS)은 컴퓨터를 중심으로 토털스테이션, 디지털 측정기, 입체좌표측정기, 해석측정기 등 자동화 측정기를 입력장치로 하고 플로터, 프린터 등으로 출력하며 디지털지적맵핑 소프트웨어를 통하여 데이터 수집, 전송, 데이터 처리 및 성과 출력을 일체화한 지적맵핑시스템이다.

〈그림 3-9〉 지적측량 소프트웨어

〈표 3-11〉 지적측량 소프트웨어 메뉴의 예

메뉴	내용
설정	날짜/시간, 사용 토털스테이션, 작동모드, 반복측정, 기준점파일 선택/제거, 프린트 설정
측설	점측설, 지거측설, 도로측설, 트래버스측점
도형계산 (COGO)	면적 계산, 면적분할, 방위각/방향각 변환, 교차점계산(2, 3, 4점 교차), 역계산, 좌표계산(순계산), 오프셋(Offset) 점계산, 방향선상의 점계산, 후방교회(2, …, n점), 선교차, 우각계산, 도면점검, 최소자승 회귀선계산
삼각측량	삼변측량, 2각과 내각, 2각과 맞변, 2변내각, 변 맞각, 간접수준
망조정	축척변경, 좌표 이동/회전, 각 조정, 컴퍼스 조정, 트랜싯 조정
기능	작업, 토털스테이션기계, 환경읽기, 허용공차, 측정단위, 측정일자/시간, 계산기 기능, 분류코드목록, 하드웨어, 내부 소프트웨어 갱신, 사용자 프로그램, 언어 선택
측량	지형(세부)측량(Topography), 트래버스측량, 후방교회, 반복·대회측정, 관측성과 보기, 건축물측량, 보정처리, 대변·간접표고계산, 키보드 입력
현장측량	좌표측설(선측설, 호의측설), 후방교회, 역계산, 면적 계산, 점의 투영, 줄자측정, 헬머트 변환
성과작성	화면출력, 좌표성과 출력, 관측성과 출력, 프린트 설정

〈그림 3-10〉은 수치지적도 업무처리흐름도로 먼저 측량데이터 수집, 속성정보, 자료전송, 좌표계산, 필지구성, 도면 작성, 자료관리와 순서로 처리된다. 이러한 업무의 흐름에 따라 현장관측자료가 최종적으로 도면화되어 관리된다. 수치지적도 작업은 최종적으로 경계점에 대한 좌표데이

터와 필지의 형상을 필지로 구성하는 도면과 개별 필지에 대한 면적과 소유자 등 속성정보로 구축하여 관리하는 것이다.

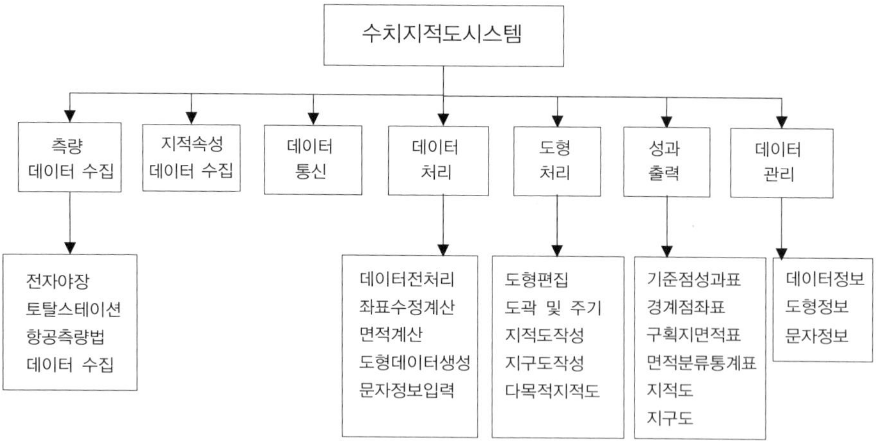

〈그림 3-10〉 수치지적 업무처리흐름도

3.6 지적측량작업공정

종래에는 경계(측정)점에 대한 측정점번호, 거리와 각도 및 좌표를 야장에 기록하여 지적도면을 작성하였지만 컴퓨터기술의 발전으로 측정성과와 도면 작성을 수치화하여 현장관측을 한다. 토털스테이션으로 측량하면 거리와 각도 및 좌표산출을 신속하게 수치자료로 취득할 수 있다. 토털스테이션측량을 하기 위하여 내업에서 기준점정보를 입력하고 컴퓨터와 연결하여 현장에서 측량작업을 마무리할 수 있는 시스템이 구성되어야 한다. 토털스테이션의 가장 큰 특징은 관측성과가 바로 저장되기 때문에 인위적인 착오가 없다. 많은 측점을 신속·정확하게 취득할 수 있다는 점은 토털스테이션의 장점이다. 1980년대 초에 토털스테이션은 광파거리측정(EDM)성과를 수치로 읽어서 화면에 출력하여 광학적인 세오돌라이트의 독취오차를 없애게 되었다. 그뿐만 아니라 전자식 세오돌라이트는 전자야장과 함께 사용하여 읽고 쓰는 오차를 없애게 되었다. 전자야장에 기록되어 있는 내용들은 바로 컴퓨터에 연결하여 전송하기 때문에 야장에서 컴퓨터로 자료를 입력하는 과정에서 발생하는 오차가 없다. 이 경우 측거의 정도는 5mm+1ppm, 측각의 경우 1/2초 정도가 전자적으로 측정되어 사용자가 토털스테이션이 나오기 이전에 사용했던 것과 같이 원하는 형태대로 가공 처리하게 된다. 대부분 토털스테이션 측량의 경우 2명의 측량자만으로도 측정이 가능하다.

3.6.1 지적측량계획

토털스테이션과 전자야장을 사용할 경우 측정점의 수는 1일당 200~275점 정도 측정할 수 있다. 하지만 생산성은 곡선으로 변화된다는 점을 감안하여야 한다. 보통 4~5명의 측량사로 장비와 코딩이 능숙한 것으로 할 때 최대의 생산성이 있다. 2명의 측량사가 측정할 경우 150m 이내에서 가장 효율적으로 작업할 수 있으며 전수(rod person)가 다음 점으로 이동하는 동안에 기계를 조작하여 야장에 코드를 입력하도록 한다. 보통 시준, 측정, 기록과 같은 기계 작동에 약 20초가 소요되며 코딩하는 데에 5~10초가 걸린다. 150m 정도로 이동 측정할 경우 2명의 전수가 작업을 하면 앞 전수가 이동하는 동안 다른 전수를 측정할 수 있기 때문에 생산성이 훨씬 증가한다. 150m보다 이동거리가 큰 경우 1명을 추가하여 측정하는 것이 합리적이다.

대부분 측량팀에는 기술전문가가 있다. 기술전문가가 폴을 가지고 전수 작업을 하고 초보자는 기계를 작동하도록 한다. 전수의 전달 코드에 따라 기계를 작동하여 측정하고 전자야장(EDC: electronic data collector)에 입력한다. 토털스테이션 운영이 쉽도록 가장 빠른 방법으로 기계를 작동하게 하고, 경험이 많은 사람이 전체 작업을 통제하여 데이터 취득에 중점을 두도록 한다. 여러 명의 전수를 운영함으로써 생산성을 증가할 수 있으며 측정 데이터와 속성정보를 읽고 기입하는 시간을 급격히 감소시킬 수 있다. 전수는 각각 독립적으로 이동해 가면서 측정 및 속성 분류작업을 할 수 있다. 평면이나 지성선의 경우 교체 방법(개구리 뜀식)으로 서로 작업할 수 있으며 종일 작업할 경우 기계수와 작업을 교대하게 하여 피로를 덜게 할 수 있다.

2명의 전수 중에 1명의 전수가 경험이 많으며 다른 한 명의 전수에게 이동을 지시하고 가능하면 무전기를 사용하여 작업을 신중하게 처리할 수 있도록 한다. 전자야장의 경우 데이터 취득에서 비용을 많이 절감시킬 수 있다.

3.6.2 현장관측

전자야장(EDM) 모듈의 경우 기계에 올려놓고 연결한다. 이어서 기계를 정준한다. 토털스테이션 전원을 켜고 대기 보정치(ppm)를 설정(보통 오전, 오후에 작업)하고 수평각을 설정한다. 이어서 좌표설정(입력)은 후시점 측정(방위각: 전시에 대하여 180°차)을 하고 표정을 마친다.

1) 전자야장

표정이 이루어지면 전자야장에 측량 및 작업 일자를 기록하고 측량 인원 및 기계 일련번호(자동)를 입력한다. 이어 전자야장 및 페이지 번호를 입력하고 기계좌표, 후시 방위각, 기준 폴의 높이와 기계고를 입력한다. 위의 모든 사항을 야장에도 기록한다. 후시점 측정 및 측정성과를 기록하고 문자, 수치, 서술자를 입력한다. 후시점에 대한 표정 처리 및 표정 결과를 저장한다. 반복 측정에 따른 레이어, 측정점 번호 부여 및 측점에 대한 속성을 정확히 입력한다. 즉 주변점, 측정점(side shot)을 측정 및 기록한다.

2) 현장 데이터 코딩

〈그림 3-11〉 지적측량 현장관측

수기에 의하든지 전자야장으로 기록할 때에는 자료처리 시에 점을 정확하게 확인할 수 있도록 측정 자료를 코드 및 서술자로 작성하여 기록하는 데 많은 시간이 소요된다. 지형측량과 평판측량에서 측정점들의 곡선, 중심선, 맨홀 등 유사한 속성을 정확하게 수정하거나 등고선 처리하기 때문이다. 현재는 전자야장에 의하여 차근차근히 코딩함에도 불구하고 장점이 될 수도 있지만 단점이 될 수도 있다. 전자야장의 장점은 착오가 없다는 점이고, 간단히 자료를 전송하기 때문에 추가적인 입력 과정을 상당히 줄일 수 있다.

현장에서 코딩할 경우 현장에서 직접 측량사가 도면으로 확인해 가면서 측정하기 때문에 많은 야장스케치 작업을 줄일 수 있다. 또한 점을 서로 연결하여 최종 도면을 만들기 때문에 별도의 작도 업무가 필요하지 않다.

3) 현장 컴퓨터

현재 대부분의 측량장비들이 측량한 자료를 현장에서 처리하게 되는데, 이러한 자료처리의 장점은 현장에서 잘못된 부분을 쉽게 수정할 수 있다는 점이다. 노트북 컴퓨터로 현장 업무를 처리할 수 있으며 이들 컴퓨터로 GPS와 토털스테이션 데이터를 전송하여 컴퓨터에 한 번 저장된 자료는 프로그램으로 쉽게 계산할 수 있다. 우선 토털스테이션과 전자야장을 유선 또는 무선으로 연결

〈그림 3-12〉 야장 컴퓨터에 의한 지적측량 작업

한다. 기계 설치가 끝나면 일반적인 측정 대상물에 대하여 측정한 결과와 사전에 정의해 놓은 코드 처리로 데이터베이스화한다. 필요한 경우 사용자 코드를 처리하고 기하학적인 조정을 위하여 지적기준점망 조정 처리(최소제곱 조정)를 한다. 이 경우 측각에 대한 조정과 변 조정 처리 및 좌표 조정이 따른다. 각 측정점에 있어서 숫자/문자서술자 인식프로그램 필요하며 ASCII data의 편집과 조사 기능을 가져야 한다. 파일 형식을 dxf, shp, dgn과 같은 일반 CAD 프로그램과의 호환 처리가 가능하여야 한다. 현장측량에서 레이어와 속성이 동일한 선형(담, 둑, 하천, 포장도로, 수로 등)의 선 연결 처리를 한다.

4) 지적계산

공간정보의 좌표체계는 도면을 작성하기 위치정보의 틀이 되는 체계성을 가지고 있다. 이 체계성은 지심 침 측지좌표와 평면직각좌표 또는 지물에 대하여 상대적인 위치와 간단한 좌표계산, 순계산공식, 역계산공식, 거리계산, 각도계산, 면적, 교차점 등이 필요하다.

3.7 지적도와 필지경계

공간정보 기본도는 항공사진측량에 의해 작성한 수치지도와 토지소유권 관리를 위한 지적도가 일치하지 않는 지역이 산재해 있다. 일반적으로 이러한 요인으로는 지적도 자체가 가지고 있는 도해지적도 관리상의 문제, 지적도면 전산화 과정에서의 문제, 지적과 지형에서 보는 경계 개념의 상이 문제, 측량기준점인 삼각점 관리 이원화 문제 등을 대표적으로 들 수 있다.

3.7.1 지적도

지적제도를 토지의 경계 표시 방법에 의해 분류하면 도해지적과 수치지적으로 나눌 수 있다. 도해지적(graphical cadastre)은 토지의 경계점을 현장에서 종이 위에 작도하여 지적도 또는 임야도 등에 등록하고 토지 경계의 효력을 도면에 등록된 경계에만 의존하는 지적제도이고, 수치지적(numerical cadastre)은 토지의 경계점을 도해로 표시하지 않고 수학적인 좌표로서 표시하는 지적등록제도로 정밀하게 경계를 표시하고 컴퓨터로 관리할 수 있는 지적제도이다. 이러한 지적과 지형이 일치하지 않는 원인들 중 도해지적 자체가 갖고 있는 문제점을 우선 들 수 있다. 도해지적은 토지조사사업 당시 평판측량에 의하여 작성된 것으로 측량 당시의 여건으로 보아 현재에 비해 측량정확도가 현저히 떨어질 것을 추측할 수 있으며 대부분 현재까지 당시의 도면을 그대로 사용함으로써 오손, 훼손, 마모 등에 의해 현재 그 보존 상태가 매우 불량하다. 훼손 정도가 심한 도해지적은 재작성 또는 전산화가 이루어지고 있다.

1) 지적도 관리

도해적으로 용지에 작성된 지적도면은 그 관리에서 많은 문제가 발생할 수밖에 없다. 지적도면의 열람 시 감독 소홀로 인하여 열람자가 도곽선 부근을 훼손하거나 지적도 등에 가필, 낙서, 먹물이나 잉크 등을 쏟아 오손하는 경우, 그리고 운반 시 발생하는 훼손의 문제를 들 수 있다. 특히 토지의 이동이 많아 도면의 열람 및 등사가 빈번한 지적도는 마모, 복사기 사용 시 빛과 열에 의한 변형이 크게 발생하고 있으며 지적도면의 보관을 위한 지적서고 관리 규정이 있으나 항온, 항습기 등의 기계 고장이나 여러 가지 환경적인 원인에 의하여 종이로 제작되어 있는 도면 관리는 쉬운 일이 아니다.

2) 지적도 재작성

지적도면을 사용하려면 재작성해야 한다. 그러나 도면의 재작성은 거의 모든 경우에서 수작업으로 이루어지므로 도면 재작성 과정 시 작업자의 숙달도와 피로도 등에 따라 개인적인 오차 또는 오류가 발생하게 된다. 자동재작성 과정상에서 역시 좌표 독취에서 개인오차와 숙련도에 따른 좌표관측값의 차이가 발생하고 있다. 그리고 지적도면은 여러 원인에 의해 발생되는 신축 정도가 일정하지 않으므로 도곽 또는 독취한 좌푯값의 보정을 상황에 따라 달리 적용하여야 하나 이를 일률적으로 도곽 신축 정도에 따라 보정함으로써 보정 후 도곽접합을 실시하였을 경우 토지 경계선에서 접합이 제대로 이루어지지 않는 문제가 발생하고 있다. 또한 지적도면의 훼손 정도가 매우 심하여 좌표독취 시 식별이 곤란하여 발생되는 2차적인 문제가 있다.

3) 지적도면 불부합

도해지적 자체가 가지고 있는 또 다른 문제점은 지적도 도곽 간의 불부합 문제이다. 이러한 불부합은 동일한 축척의 지적도 가운데에서는 지적도 도곽 간 발생하는 경우, 상이한 축척 간 지적도 경계를 접합할 때 발생하는 경우, 법정동 경계가 다른 지적도 도곽을 접합할 때 발생하는 경우로 볼 수 있으며 그 유형을 살펴보면 다음과 같다. 먼저 일 필지 일부가 중복으로 등록되는 사례로서 이는 등록 전환 시의 측량오차나 골조측량 시에 사용한 원점이 서로 다를 경우 원점구역의 접촉지역에서 발생하는 예가 많다. 둘째로 이격하는 경우로서 삼각점 또는 도근점의 계열과 도선의 배열이 서로 달라 신규 등록, 등록 전환과 같은 이동지 정리측량의 오류로 나타나기도 한다. 셋째로 불규칙한 경우로 일정한 방향으로 밀리거나 중복되지 않고 산발적으로 오류가 등록된 경우이다.

3.7.2 필지경계

지형과 지적의 불부합 원인으로 건물의 신축 시 실제 토지의 경계와 다르게 축조되는 경우를 예로 들 수 있다. 지적도의 필지경계는 1910년 토지조사사업 당시 처음 만들어진 것으로 이후 토지

이동에 따른 많은 경계 변동이 있었으며, 우리나라 건축물의 내구연한을 고려해 볼 때 3~4회의 새로운 건물의 신축 또는 증축이 이루어졌을 가능성을 고려해 볼 수 있다. 이때 실제 토지경계와 다르게 축조된 건물을 항측해서 실제 도화한 것과 지적도의 필지경계선은 서로 일치하지 않고 필지경계를 벗어 날 수 있다.

항측과 지적법상 경계에 대한 설정 기준이 상이한 것도 지적불부합의 한 원인이 될 수 있다. 지적법에서는 경계설정 기준으로 연접되는 토지 사이에 고저가 없는 경우에는 그 지물 또는 구조물의 중앙으로 한다. 연접되는 토지 사이에 고지기 있는 경우에는 그 지물 또는 구조물의 하단부, 토지가 해면 또는 수면에 접하는 경우에는 최대 만조위 또는 최대 만수위가 되는 선이다. 도로, 구거 등의 토지에 절토된 부분이 있는 경우 그 경사면의 상단부이다. 공유수면 매립지토지 제방 등을 토지에 편입하여 등록하는 경우에는 바깥쪽 어깨 부분이다. 반면 항측에 의한 경계는 법규로 지정된 바는 없으나, 도식 규정이나 수치지도 작성 및 작업규칙을 참고하였을 때, 건물, 담장, 법면, 도로 등에서 지적경계와 항공사진측량에 의한 지형경계와 개념 차이가 있다.

수치지적의 경우 대부분이 구획정리사업 실시 이후 지적삼각점과 도근점에 따른 통일된 기준에 의해 지적부가 완성되었다. 도해지적 가운데에서도 1/600 지적도의 경우 삼각점과 도근점을 이용하여 도면을 작성하였으나, 1/1,200 지적도에서는 삼각점과 도근점을 이용하였을 때 실제 현황과 맞지 않는 경우가 많이 발생하여 부분측량에 의하는 경우도 많이 있다. 균일한 정밀도를 갖는 항공사진측량과는 달리, 지적도의 경우 부분적으로는 현황과 일치하나 전체적으로는 현황과 일치하지 않으며, 소축척 지적도로 갈수록 심해진다.

3.8 지적과 공간정보시스템

지적정보는 토지와 소유권에 대한 내용을 체계적으로 관리하는 집합체로서 토지 측량 사항과 소유권 및 이용에 대한 요소로 구분된다. 토지 개체에 대하여 초창기에는 주로 소유권 관리 부분을 중점적으로 다루었으나 현대에는 그 활용 및 이용 부분에서 더 많은 필요성을 느낀다. 즉 단순한 개인의 토지 소유권 보장 이외에 국가 전반적으로 토지를 효율적으로 활용하고 체계적으로 관리하여야 한다. 이러한 대상토지와 소유권에 대한 정보를 전산시스템에 의하여 관리, 다양하게 이용 및 서비스함으로써 이 분야에 대한 관심도가 날로 증가하고 있다. 토지는 국민, 주권과 더불어 국가의 3대 구성 요소 중 하나로 인간 생활의 기본이 되는 의식주를 제공하는 중요한 부분이며, 자본주의의 전개와 더불어 생산 수단 내지는 부의 축적과 가치 보전의 대상으로 중요시되어 왔다. 지적은 전 국토에 대하여 필지별로 위치, 형상, 면적, 가격, 소유자와 이용 형태 등 구체적인 토지 정보를 등록하고 있을 뿐 아니라 그 변동 사항을 끊임없이 조사하고 측량하여 관리하고 있다. 특히 지적도는 우리나라에서 가장 대축척의 공도(公圖)라는 특성을 지니고 있고 국토 전반에 걸쳐 상세한 정보자료를 유지·관리하고 있으므로 제반 토지행정에 광범위하게 사용되고 있다. 이처럼 지적정보는 국토종합개발, 도시계획, 건축행정, 농림행정, 국유재산관리, 조세행정 등에서 기초자료로 활용되고 있으며, 토지 정책에 대한 의사결정 자료를 제공한다.

토지정보시스템은 자료의 취득, 관리, 추출, 분석, 표시 및 기록하는 체계로 LIS(land information system)의 축척이 1:2,500 이상의 대축척이 된다. 이는 법률적인 문제와 기술적인 토지 서술이 연계되며 토지지번체계, 대장 파일 및 측량 내용이 연계되어 있다. 다목적으로 토지 등록 사항에 대하여 공간자료와 연계하여 자동화 처리가 되고 필지를 기초로 재구성된다. 레이어에 여러 필지가 하나의 구성 요소가 되어 데이터의 통합과 분석이 된다. 이는 공간적인 골격에 의하여 표현된다. 지적정보는 통합지적정보(ICIS: integrated cadastral information system)로 도시기반 시설물의 계획과 관리, 지역계획에 따른 계획 및 영향 효과의 분석, 정부와 병원 등의 재난 구호에 따른 위치정보의 제공, 부동산 평가자료, 개인의 소유권에 대한 관리, 토지의 개발과 부동산에 관련된 지방행정 경계의 관리, 선거, 토지의 개발 등 다양하게 관련된다. 공간적인 지적정보는 지번, 좌표와 같이 수치에 의하여 시각화되는 자료로 주로 측량의 성과에 의한다. 속성(대장)정보는 인위적인 분류에 의하여 형식화된 자료로 지목, 소유자 정보 등으로 공간정보와 속성정보의 연계는 지번체계에 의하여 유지된다. 또한 이들은 국가 기준점에 의하여 체계화되어 있으며 지적의 경우에는 평면좌표에 의하여 구성된다. 기본도는 일정한 도엽체계와 색인도로 이루어지고 지적정보는 다른 레이어와 중첩, 융합에 의하여 도형으로 표시될 뿐만 아니라 질의어에 의하여 자료의 분석이 가능하다. 또한 지적자료는 지번의 주기에 의하고 합병과 분할에 따라 갱신·변동되며 소유권의 변동 사항도 일정한 시간 간격으로 자료가 갱신된다.

3.8.1 지적도면 전산화 산업

시범사업과 각종 사전 연구를 토대로 1998년 7월 23일 지적도면 전산화 추진계획을 확정하고 지적·임야도면 748,000매 전량에 대한 전산 입력이 시작되었다. 도면 전산화에 의해 구축된 수치 파일은 지적공부(전산파일)로써의 효용을 가지게 되며 제작 방법은 기존의 지적도 재작성방법과 동일한 성격을 가지고 있다. 이용 측면을 보면 지적측량은 물론 지적도면의 열람등본 등 대민 서비스 업무와 타 부처 사업 등에 공동 활용할 수 있으며, 지적공부의 완전전산화에 따른 지적제도의 발전과 측량방법의 현대화를 유발할 계기가 마련된 것이다. 지적도면은 국가의 공적장부로서 전국적으로 표준화하여 통일성, 획일성이 유지되어야 하고 지적도면 전산화사업에 의해 작성된 지적도면 수치 파일 또한 지적법에 의한 지적공부이다. 따라서 지적측량에 직접 사용되므로 국민의 재산권과 직결되어 정확성 확보가 중요하다. 지적도면 전산화사업은 1999년부터 2003년까지 5개년 계획으로 총 1,058억을 투입하여 추진하되 효율적인 업무 추진을 위하여 2단계로 구분하여 1단계에서 지적도면 수치 파일을 우선 작성하고 2단계에는 작성된 지적도면 수치 파일을 보정하여 데이터베이스를 구축하였다.

3.8.2 필지중심 토지정보시스템의 개발

필지중심토지정보시스템(PBLIS)의 개발은 일 필지를 중심으로 건물, 도시계획 등 형상과 관련된 도면정보와 이들과 연결된 각종 속성정보를 효과적으로 저장·관리·처리할 수 있도록 하고 향후 시행될 지적재조사사업의 기반을 조성하는 사업이다. 지적도면 수치 파일을 데이터베이스화하고 이들 정보를 검색하고 관리하는 업무 절차를 전산화하여 자동화하고, 토지 및 관련 정보를 국가 및 국민에게 종합적이며 신속하게 제공하여 과학적 지적행정을 도모하기 위한 것이다. 지적행정 업무의 대부분이 토지대장 위주의 도해지적을 바탕으로 이루어져 업무 절차가 복잡하고 종이도면에 의한 부정확성 등 여러 가지 문제들을 포함하고 있다. 특히 지적도면은 1910년대에 토지조사사업에 의거하여 제작된 것으로써 도면의 신축이나, 마모로 인해 토지 경계 분쟁이 발생하여 지적재조사에 의한 토지정보시스템 구축이 필요하다.

3.8.3 지적파일 및 위상구조

측량작업을 완료하면 처리과정 중 작업파일이 생성되는데, 이를 관리하여 다음 작업을 할 경우에 작업 변경 또는 수정사항을 신속하고 편리하게 변경할 수 있으므로 매우 유용하게 사용할 수 있다. 지적파일의 명칭은 소관청고유번호, 측량종목, 파일의 생성연도로 구성되어 있어 파일의 명칭만 보아도 개략적인 정보를 파악할 수 있다.

아래 파일의 명칭은 소관청고유번호 10자리(4311311200), 소관청산하 출장소번호 1자리(0), 지사사업자등록번호 13자리(1234567890123), 측량종목번호 3자리(103), 데이터 생성 연도번호 4자리(2004), 접수번호 4자리(0001)로 구성되어 있다.

【4311311200 0 1234567890123 103 2004 0001cif】

3.8.4 지적도면 정보

지적도면의 내용은 〈표 3-12〉와 같이 기준점, 투영법, 코드, 도엽체계, 레이어코드 등 다양한 정보를 포함하고 있다.

〈표 3-12〉 지적도와 지형도 정보

항목	지적도	지형도	비고
기준점체계	지적삼각점→지적삼각보조점→도근점	삼각점→삼각보조점→도근점	정밀도를 높이기 위하여 지적삼각점은 삼각점을 포함하는 것이 바람직함
투영법	가우스상사 이중투영	가우스크뤼거(TM)	경위도의 역변환 후 재투영하는 방법
정도	밀리미터 단위 공차 발생 (가령, 1/500 축척은 공차가 50mm)	미터 단위 공차 발생	오차가 다른 경우 도면 간 불일치 발생
코드 (레이어 포함)	지번 지목(24개) 경계선 행정구역 코드 등 분류 방식	대/중/소/세분류	지적도와 지형도의 분류 체계 다름 지형도에서 지적도 분류 방식을 수용하는 것이 바람직함
심볼	적음	코드 분류에 따른 심볼 수 많음	서로 교집합 되는 부분 이외의 경우 협의 필요
축척	대·중축척(1/500~1/6,000)	중·소축척 (1/5,000~1/2,500,000)	축척의 상이한 정도로 차이 발생 임야도인 경우 1:1,000이나 1:5,000 수치지도 활용 가능

1) 수치지도의 코드체계

수치지도는 수치지도작성작업규칙에 근거하여 제작되고 있으며, '표준코드'는 수치지도를 구성하는 도엽코드, 레이어코드 및 지형코드로 구분된다.

2) 도엽코드

현재 측량법에서 사용하는 색인(index) 방법은 도엽코드를 그대로 사용하는 방법으로 도엽코드의 처음 두 자리는 북위를 표시하고 셋째 자리는 동경의 끝자리를 의미한다.

3) 레이어코드

도엽코드로 분류된 파일의 부속코드로서 다음과 같이 분류한다. 지적도의 도곽선은 평면직각좌표의 원점으로부터 계산하여 1도엽의 종횡선 지상거리로 나누어 구획하며, 구소삼각지역은 구소삼각원점으로부터 계산하여 도곽선을 구획함으로써 일반원점과 일치하지 않는다.

〈표 3-13〉 지적도 축척별 도곽 규격

축척별	도상 규격	지상 거리(m)	포용 면적(㎡)	원점 지역
1:500	30cm×40cm	150×200	30,000	일반원점
1:600	1.1자×1.375자	200×250	50,000	
1:1,000	30cm×40cm	300×400	120,000	
1:1,200	1.1자×1.375자	400×500	200,000	
1:2,400	1.1자×1.375자	800×1,000	800,000	
1:3,000	40cm×50cm	1,200×1,500	1,800,000	
1:6,000	40cm×50cm	2,400×3,000	7,200,000	
1:600	1자×1.1자	100×125	41,322.31	구소삼각원점
1:1,200	1자×1.1자	200×250	165,289.26	
1:2,400	1자×1.1자	400×500	661,157.02	
1:3,600	1.1자×1.5자	600×750	1,478,603.3	
1:6,000	1.1자×1.5자	1,200×1,500	5,950,413.2	

〈표 3-14〉 지적 파일 축척 구분 코드

구분	축척	축척 구분 코드	대상 지역
토지대장 등록지 (지적도)	1:500	05	시가 지역
	1:600	06	시가 지역
	1:1,000	10	농업 생산 기반 정비사업 지역
	1:1,200	12	농촌 지역
	1:2,400	24	
	1:3,000	30	
	1:6,000	60	
임야대장 등록지 (임야도)	1:3,000	30	시가지 부근의 산간 지역
	1:6,000	60	기타 산간 지역

3.8.5 지적도

〈표 3-15〉 지적도면의 작성 방법 및 규정

레이어 명	속성	규격	비고
1	지적선	기본값	검은색
10	지번, 지목	2mm	검은색
71	도근	2mm	검은색 및 붉은색
211	타점 및 현황선		붉은색 점선
217	경계점표지		붉은색 원
281	방향선		붉은색
282	분할선		붉은색 실선
294	보조점	4mm(규격 변동 가능)	$不_1$,$不_2$ 등으로 표시
600	기존 현황 파일		파란색 점선

3.9 지적정보의 활용

토지정보시스템의 이용자는 주로 지방자치단체, 조세 및 부동산, 토지이용 계획, 건축물 조사 기관이 관련되어 행정 업무 부분과 교통계획 및 관리, 비상 구조, 쓰레기 처리, 보호 구역, 공공시설 등의 부분에서 활용하며, 부동산 개발, 자산 관리, 보험, 자연보호, 경제개발 등의 영역까지 포함된다. 토지정보시스템은 공간기준계에 연계되는 것으로 여기에는 측지원자, 좌표체계, 국가기준계 및 서술적 측량 성과와 연계된다. 국가기관별 토지(지적)정보에 대한 주요 영역은 정책 지원에 활용되며 공간자료, 부동산 거래, 용도 지구 관리 등 다양하다.

3.9.1 수치지적의 현황 및 지적도면 전산화

국가지리정보체계 구축을 위한 지형도 및 주제도의 수치화 사업에서 지적정보의 수용이 그 무엇보다도 시급한 선결 과제로 1995년에 범정부 차원에서 「국가지리정보체계구축 기본계획」을 수립하고 1단계(1995~2000)는 GIS의 기반 조성, 2단계(2001~2005)는 GIS 활용 확산, 그리고 3단계(2005~2010)는 GIS 정착으로 단계별 GIS 사업을 추진하기로 하였다. 1단계 사업에서는 전 국토의 공간정보 구축을 목적으로 전국 78개 도시지역을 대상으로 1/1,000 수치지도(총 14,349도면)와 산악지역을 제외한 전국을 대상으로 1/5,000 수치지도(총 11,430도면)를 전산화하였다. 또한 6개의 주제도 전산화사업인 지형지번도, 행정구역도, 토지이용현황도, 도로망도, 도시계획도, 국토이용계획도가 추진되었다. 1999년까지의 지적정보화는 지적도 등 도면정보의 전산화를 포함하지 않고 문자정보의 전산화에만 그쳐 토지정보의 제공 및 공동 활용, 대민 서비스의 극대화에 한계를 가지고 있었다. 지적도면의 전산화가 이루어지지 못한 이유는 기존 지적도면의 신축으로 인한 오차, 지적도면의 관리 소홀로 인한 오손이나 훼손, 다양한 축척으로 인한 지적도면 상호 간 정확도 차이, 측량의 오류 등으로 인한 정확도 문제, 지적도면과 실지와의 불부합 등 여러 가지 원인을 들 수 있다. 전산기술의 발달과 더불어 도로, 건물 및 지하매설물 등의 효율적인 관리를 위한 토지정보시스템 구축이 일반화되면서, 국가 및 유관기관에서 수치지적도 수요가 급증하자, 토지정보기반조성과 국민과 공공수요자에게 적시에 정보를 제공하는 체제를 구축하고자 2000년부터 전국 지적 · 임야도 전산화 작업을 시작하였다.

〈표 3-16〉 지적도면 전산화 추진 과정

구분	기간	주요 내용
준비 단계	1992~1993	• 지적도면 전산화 사전 연구 • PBLIS 구축을 위해 지적도면 전산화 필요성 제기
시범 구축	1994~1995	• 지적도면 전산화 실험사업 • 지적도면 전산화를 포함 LIS 프로토타입 개발 • 국가지리정보체계(NGIS) 1단계 사업에 지적도면 전산화 사업 포함 • 대전 유성구를 대상으로 시범구축사업 • 부동산관리시스템과 연계
	1996~1997	• 대전 유성구를 대상으로 시범구축사업 • 지적도면 전산정보 활용 사전 연구
보완 단계	1997~1999	• 지적도면 접합 사전 연구 • 지적도면 전산정보 활용 사전 연구
전국 확산 단계	2000~	• PBLIS의 도형정보로서 지적도면 전산화 사업 전국적으로 추진

현재의 지적도면은 토지조사사업 당시의 기술로 제작된 것으로 도시화, 산업화 현상으로 구획 정리 분할 등 토지이동이 빈번하고, 도면이 변질되고 신축마모 때문에 지적의 유지 관리와 토지분쟁이 빈발하고 있어 점차 심각한 문제점으로 대두되었다. 지적도면을 수치화하는 데 전통적인 디지타이저를 이용하여 지적도면 좌표를 독취하여 수치도면을 제작하는 작업이 본격적으로 시작된 것은 1970년대 초부터이다. 지적도면 전산화를 위한 디지타이저 방식과 같이 노동집약적인 수작업 방식을 탈피하기 위하여 스캐닝 방법을 적용하여 많은 지도를 수치화하였다. 도면을 스캐닝하여 래스터데이터 형태로 작성하고 이 래스터를 자동으로 벡터화하는 알고리즘이 적용된 전용 소프트웨어를 통해 벡터데이터로 변환하였다.

3.9.2 법령의 정비

1975년 12월 31일 지적법 전문 개정 내용 중 전산화 기반 조성과 관련된 내용이 포함되어 법령이 정비되었다. 먼저 대장의 서식을 한자부책식(韓紙簿冊式)에서 카드식으로 개편하였다. 이를 위해 토지 소재지의 행정구역 명칭에 행정구역 코드(당시 8자리)를 부여하고 이를 모든 토지 관련 정보의 키(key)값으로 활용함으로써 어떠한 정보도 연계가 가능케 하였다. 또한 지목, 토지이동연혁, 소유권변동연혁 등을 코드화하여 업무의 표준화는 물론 전산화 시 입출력 자료의 통일성을 기하여 자료의 정확성과 신뢰성을 확보할 수 있었다. 둘째, 면적 단위를 척관법에 의한 평(坪)과 보

(步)에서 미터법에 의한 제곱미터로 환산하여 단위를 통일했으며, 셋째, 토지대장과 임야대장에 토지 소유자의 주민등록번호를 등재하는 제도를 신설하는 등 지적정보화의 제도적인 준비를 하였다.

3.9.3 토지·임야대장 카드화

지적법 개정에 따라 60여 년간 사용된 부책식대장의 카드화 작업이 1975년부터 1978년까지 4년간 61억 2,600만 원의 예산을 투입하여 전국 토지·임야대장 3,063만 필에 대한 카드화사업이 추진되었다. 이 사업은 모든 문자는 한글과 아라비아 숫자로 기재하되, 문자가 정형화된 기재사항 인장을 제작(고유번호, 면적, 주민등록번호, 지번 및 직인 날인번호의 인장은 숫자를 회전할 수 있도록 제작)하여 날인하였고, 면적은 각 단위마다 별(★)표를 추가로 두어 단위 앞에 가필을 할 수 없도록 하였으며 토지 소재, 지목, 토지이동 사유 및 소유권 변동 사유는 종목별로 인장을 제작하여 날인토록 하였다.

전산처리 효율성을 높이며 토지 관련 행정 업무에 널리 사용될 수 있도록 법인이 아닌, 국가 및 지방 행정 기관, 외국인 및 외국 공공 기관, 그리고 기타 모든 법인이 아닌 사단·재단에 고유성과 범용성 있는 등록번호를 부여하고, 개발된 각종 등록번호의 고유성이 유지될 수 있도록 관련 제도를 개선하였다. 또한 법인의 등록번호 체계 확립, 기존 법인 및 토지를 소유한 법인이 아닌 사단·재단에 등록번호 부여, 외국인(외국 국가기관 및 공공단체 포함)의 등록번호 부여, 국가기관 및 지방자치단체 분류번호를 부여하였다. 지역번호는 토지소재지를 표시하였는데 시·도를 표기하기 위한 2자리와 시·군·구를 표기하기 위한 2자리로 구성하고 당시 사용하던 KS 지역번호를 변환하여 부여하였다. 지적필지의 고유번호(17자리)는 일 필지에 한 번호로 하고 행정구역(8자리)+대장구분(1자리)+지번(8자리)으로 구성하였고 지목, 토지이동 사유, 소유권 변동 사유는 일련번호(코드)를 2단위로 하여 소원(小圓)을 두르도록 하여 기재사항 앞에 표시하였다. 아쉬운 점은 업무량이 방대하여 부책식대장의 최종 사유만을 이기하도록 하여 사정 당시부터 작성일 현재까지의 연혁 전부가 이기되지 않은 점이다.

3.9.4 소유자 주민등록번호 등재 정리

전산화에 따라 동명이인(同名異人)을 구분하고, 소유권의 위·변조를 방지하여 지적공부의 공신력을 제고하고자 내무부는 토지(임야)대장 및 공유지연명부에 토지소유자의 주민등록번호 등재를 1979년부터 시작하여 2년(전 시·구, 15만 필 이하 군은 1979년도에, 15만 필 이상 군은 1979~1980년) 동안 등재토록 하였으나 기간 내에 완료되지 못하여 이후 사업을 지속하여 등재토록 하였다.

3.9.5 면적 단위의 미터법화

1979년부터 2년간 카드식 대장의 기재 사항 중 면적 표시 단위를 척관법(평, 정보 등)에서 미터법으로 환산하고 척관법에 의한 면적은 주 쌍선으로 말소하여 대장을 정리함으로써 면적의 등록단위를 통일시켜 전산화에 대비하였다.

3.10 현대지적

3.10.1 다목적지적

다목적지적은 필지 단위로 토지와 관련된 기본적인 정보를 즉시 이용 가능하도록 종합적으로 제공하여 주는 기본 시스템으로, 종합지적 또는 통합지적이라고도 한다. 다목적지적 제도는 일필지 단위로 정보를 종합적으로 등록하고 그 변경 사항을 항상 최신화하여 신속 정확하게 지속적으로 토지에 대한 정보를 제공하는 제도이다.

지적은 우리나라에서는 지적공부를 의미하며 국내에서 통용되고 있는 정의로서는 "지적은 국토의 전반에 걸쳐 일정한 사항을 국가 또는 국가의 위임을 받은 기관이 등록하여 이를 국가 또는 국가가 지정하는 기관에 비치하는 기록"이라고 설명하고 있다. 그러나 현대 사회에서 확장된 정의로는 "지적은 지표면에서나 공간 또는 지하를 막론하고 재정적 가치가 있는 모든 부동산 물건을 계속 유지·관리하기 위한 국가의 토지행정이다."라고 할 수 있다. 따라서 토지와 관련한 물리적 현황과 법적 권리 관계 등을 등록·공시하며, 공적인 측면에서는 국토를 효율적으로 관리하며 사적인 측면에서는 일 필지 단위 토지에 대한 소유권의 보호 및 재산의 가치를 제고하는 데 활용한다. 처음에는 과세를 위한 수단으로 출발하였으나, 토지소유권과 부동산 시장을 촉진하는 법지적을 통해 가격 정보, 필지 관계 정보를 기록, 보관, 제공 등의 운영을 목적으로 하는 다목적 지적으로 발전하고 있다.

3.10.2 입체(3차원)지적

입체(3차원)지적은 2차원 지적과는 달리 입체적인 소유권을 등록한 지적제도로서 공간상에 소유권을 달리하는 개체가 있을 경우 이를 등록·관리하는 제도이다. 즉 토지의 이용이 다양화됨에 따라 토지의 경계와 지목 등 지표의 물리적 현황은 물론 지상·하 시설물을 수치로 등록공시하는 것으로 입체지적이라고도 한다. 지적제도는 등록 차원에 따라 다차원(2차원, 3차원, 4차원, 5차원 지적)으로 분류된다. 우리나라는 현재 2차원 지적관리체계이나 이를 3차원관리체계로 바꾸기 위한 많은 연구들이 진행되고 있다. 이는 경제성장에 따른 산업화와 도시집중화가 토지이용의 다기화를 가져오고 있으며 인구밀도가 높아 토지의 입체적인 활용이 증가하고 있기 때문이다. 따라서 평면적 토지이용을 지표면뿐만 아니라 지하 및 공중공간으로 확대하여 개발할 것을 유도하는 등에 따른 국토의 입체적인 자원에 대한 정확한 관리가 필요하다. 현재의 지적공부 등록 사항은 지표면 상의 일 필지 내의 지적정보인 토지 표시 사항에 관한 것이었다. 그러나 현실세계의 토지상황은 토지의 다양화된 입체적 이용이 활발한 상태이기 때문에 3차원 지적정보에 대한 권리의 등록 및 관리를 위해 등록 사항을 현실에 적합하도록 확대하고자 하는 것이다.

3.10.3 지적조사

지적조사는 새로운 지적을 등록하거나 현재의 토지 현황과 지적공부에 등록된 사항이 서로 일치하지 않아 지적공부 등록 사항을 바로잡고 지적 초기 종이에 작성된 아날로그 지적을 수치지적 성과로 전환하는 것이다. 지적재조사는 정확한 재조사와 측량으로 신뢰 높은 대국민 서비스를 실시한다는 것이다. 지적재조사는 토지소유권 보호와 사회적 갈등 해소, 국가공간정보인프라의 핵심 정보로 다른 공간정보와 융합, 미래 국가의 성장 동력을 마련한다. 현재 추진 중인 지적재조사 방법은 지적재측량과 조사를 수행하는 데 새로운 측지기준계인 세계측지계로 한다. 지적재조사 추진 방향은 「지적재조사에 관한 특별법」에 따르며 토지소유자 동의, 지구지정, 주민협의회, 재조사측량, 경계 결정, 조정금 산정 등의 사업을 시행한다.

지적은 필지 단위 토지를 공간정보의 최소단위로 정확성과 현실성을 가진 다목적지적 기능을 목표로 한다. 지적정보는 공간정보의 특징을 갖고 풍부한 속성을 나타내며 강력한 실용성이 있다. 지적정보의 본질적 특성은 다른 정보와 구분되며, 이러한 특징으로 지적정보는 여러 영역에서 사용된다. 따라서 지적정보의 활용 부분은 굉장히 광범위하고 응용 방식도 다양하다. 직접적으로 지적정보의 이용은 지적정보 관리 부서에 합법적인 절차를 거쳐 가공하지 않은 지적정보를 취득하거나 사용하는 것이다. 간접적으로 통계 및 공간분석과 같이 지적정보에 대하여 가공 후 응용하는 것이다. 이는 지적정보에 대해 데이터와 공간분석으로 각종 서식과 도형을 작성한 후에 이를 다시 관련 부서에서 구체적으로 토지이용 계획, 도시계획에 이용할 뿐만 아니라 상세 계획과 공정 계획의 편집, 토지 공급, 부동산 시장관리와 국가법률 및 행정 업무 등에 응용된다. 두 번째는 지적 기본정보를 바탕으로 다른 정보와 융합하는 것이다. 이용 부서는 소방, 경찰, 수도, 전화, 환경보호, 과학연구 등으로 다양하게 활용된다.

3편 참고문헌

- 내무부, 1996,지적과 필지중심 토지정보시스템구축실험사업 보고서, 63-80.
- 대한지적공사 연수원,1996,『지적측량중급과정』, 우리사, 491-501.
- 조규전, 1996,『표준측량학』, 보성문화사, 16-22.
- 지적연수원, 2007,『지적세부측량』, 대한지적공사, 22-43.
- 황보상원, 2004,『알기쉬운 지적측량』, 에이미디어, 133-143.

SPATIAL INFORMATION SCIENCE

GIS

4편

4.1 GIS 개요

4.1.1 GIS의 개념 및 정의

1) GIS개요

"이 세상 모든 것들은 위치를 가진다. 자신, 사람, 전화통화, 애완동물, 지진, 재고 처분, 유명한 비석 등 모두가 위치를 가지고 있다. 우리가 살면서 접촉하는 식료·잡화로부터 디지털 사진에 이르기까지 모든 것들은 위치를 가진다. 이들 위치로부터 우리는 더욱 더 많은 것들을 알 수 있으며, 이로부터 새로운 경제를 창출할 수 있다."

위의 인용은 2005년 where 2.0 콘퍼런스에서 웹에서 위치정보의 중요성을 설명하면서 언급된 말이다. 우리는 매일 일상생활의 모든 것에서 위치정보를 갖게 된다. GIS(geographic information system)는 이러한 정보를 지속적으로 탐지하는 것뿐 아니라 사회적으로 해결해야 하는 많은 이슈의 해답을 제시하는 데 유용하게 사용될 수 있다. 예를 들면, 다음과 같은 문제를 생각해 볼 수 있다.

- 출퇴근 시 어떤 길을 선택할 것인가?
- 추석 귀향길에 고향집에 가는 가장 빠른 도로는 어디일까?
- 노인복지시설을 추가로 건립한다고 할 때 어느 곳이 가장 적합한 장소인가?
- 정부에서 새로운 진료소나 병원을 건립하고자 할 때 어디가 가장 최적의 입지일까?
- 초등학교 학령인구 변화에 따라 초등학교 권역을 어떻게 설정하는 것이 바람직할까?
- 심야노선버스를 확대하려고 할 때 버스노선을 어떻게 정해야 할까?
- 국립공원에서 공원 보호를 위해 일정 구역을 보호구역으로 지정하고 새로운 등산로를 지정하고자 할 때 새로운 등산로는 어떻게 지정해야 할까?
- 프랜차이즈 지점을 새로이 출점하고자 할 때 어느 곳이 가장 적합한 장소인가?
- 도시에서 유동인구의 특성과 소비 패턴은 어떻게 나타날까?
- SNS(social network service)에 사람들이 올리는 글을 통해 전염병의 확산이나 투기 조짐이 나타나는 지역을 어떻게 감지할 수 있을까?

이러한 많은 문제들은 위치정보를 기본적으로 필요로 하며, 이를 바탕으로 정보와 지식, 나아가

지혜로 발전시켜 우리가 얻고자 하는 해답을 얻을 수 있게 한다. 따라서 GIS는 우리의 문제를 해결하는 도구이며, 지리적 실체에 대한 구체적 지식과 일반적 지식을 사용하여 문제 해결을 지원해 주는 과학이자 테크놀로지라 할 수 있다(Longley, Goodchild, Maguire & Rhind, 2005).

2) GIS의 정의

GIS에 대한 정의는 다양하지만 일반적으로 데이터를 수집, 가공, 관리, 처리 및 분석하며 정보제공과 관련된 기능을 보유하고 있는 시스템으로 정의할 수 있다(Aronoff, 1991). GIS의 단계를 살펴보면 다음과 같다.

첫째, 데이터의 수집 및 가공단계는 다양한 공간데이터와 속성데이터를 수집하여 컴퓨터의 데이터베이스에 저장하는 단계이다. 이 단계에서 자료의 수집은 수치지도나 항공사진, 인공위성영상뿐 아니라 기존에 보유하고 있던 종이지도, GPS(Global Positioning System) 등을 통해 입력되는 데이터와 주소나 좌푯값, 위치 값 등을 보유하고 있는 데이터를 이용하여 이루어질 수 있다.

둘째, 데이터의 관리 단계는 데이터의 저장 및 유지 관리가 이루어지는 단계이다. 이 단계에서 실세계의 형상들은 컴퓨터가 인식할 수 있는 형태의 데이터로 저장되고, 다음 단계에서 이루어질 분석 목적에 맞게 데이터를 정비하고 관리하는 작업이 이루어진다. 분석을 위해서는 컴퓨터에 공간데이터를 입력하는 것뿐 아니라 공간과 관련된 다양한 속성정보들이 필요한데 이러한 속성정

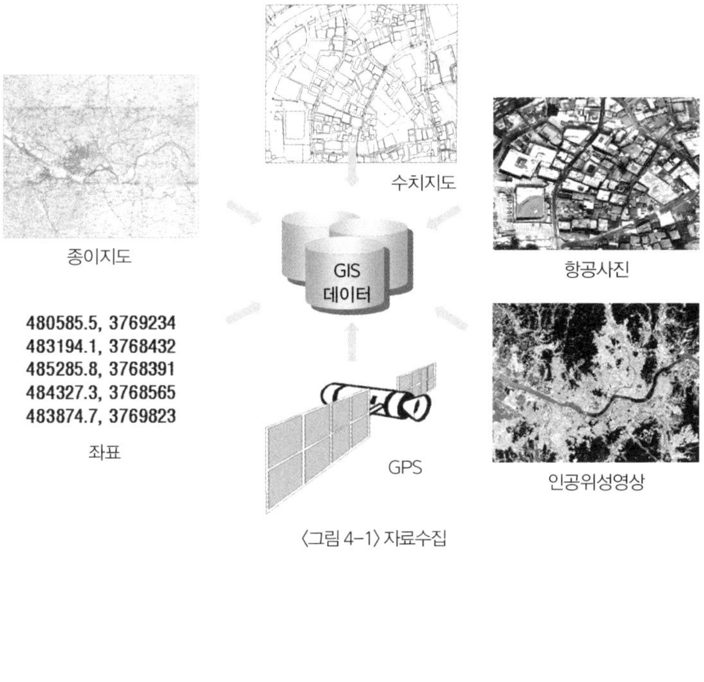

〈그림 4-1〉 자료수집

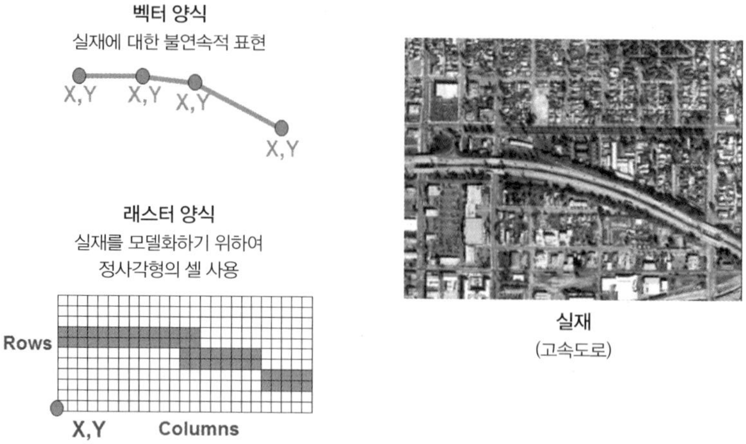

〈그림 4-2〉 공간데이터 저장

보들을 기존의 자료들과 연계하는 것도 이 단계에서 이루어지는 작업이다. 또한 데이터의 무결성이나 품질 등에 대한 검토도 이루어져야 한다. 다음 단계의 분석과 문제 해결을 위해 데이터를 어떤 방식으로 저장하고, 어떤 속성데이터를 구축하여 연결하며, 데이터를 어떻게 관리할 것인가에 대한 결정이 이루어지는 단계라 할 수 있다.

셋째, 데이터의 처리 및 분석이 이루어지는 단계이다. 데이터베이스에 저장된 데이터는 다양한 분석 목적에 맞게 공간질의, 속성질의 등이 이루어지고, 탐색적 데이터 분석, 통계적 데이터 분석, 그리고 공간 통계 등의 방법을 사용하여 문제를 해결하고 답을 찾는 작업을 수행하게 된다.

넷째, 분석한 결과를 제공하는 단계이다. 앞에서 분석한 결과들을 사용자에게 다양한 매체를 통해 전달하는 단계라 할 수 있다. 종이지도, 인터넷, 이미지파일, 혹은 사용자와의 상호작용이 가능한 지도 등으로 분석 결과를 표출하는 시스템이라 할 수 있다.

GIS를 공간데이터의 입력, 저장, 분석 및 제공과 관련된 시스템, 즉 지리정보체계로 정의하는 것이 일반적이지만 최근 들어 보다 광범위한 개념으로 확장되고 있는 추세이다. 최근에는 GIS를 지리정보과학(GIScience: geographic information science)으로 인식하면서 공간정보를 다루는 기술과 방법을 연

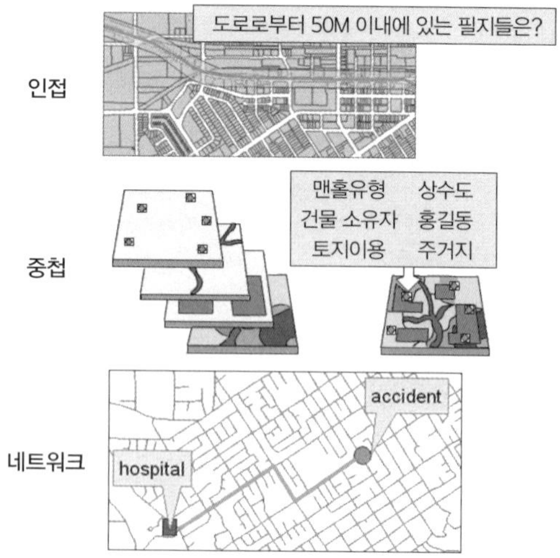

〈그림 4-3〉 데이터 분석

〈그림 4-4〉 분석결과의 제공

구하는 과학 분야의 하나로 보는 인식이 확대되고 있다. 즉 GIS란 실세계의 현상을 표현하는 수단으로 디지털 정보기술을 이용하여 지구표면을 연구하는 정보과학이라는 것이다(Longley, Goodchild, Maguire & Rhind, 2005). GIScience 관점은 최근 들어와 더욱 발전하고 있으며, 특히 미국에서 지리정보과학을 발전시키기 위해 1996년에 UCGIS(University Consortium for Geographic Information Science)가 형성되고 현재 약 60여 개의 대학이 참여하면서 정보과학으로서 보는 관점이 증가하고 있다.

3) GIS의 구성 요소

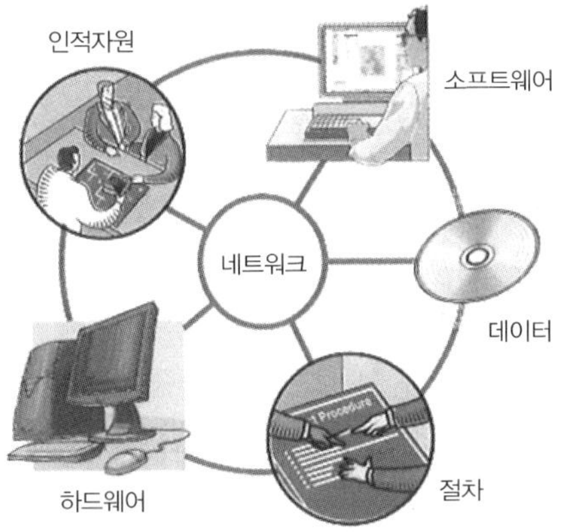

〈그림 4-5〉 GIS의 6가지 구성 요소
(Longley, Goodchild, Maguire & Rhind, 2005, p.24)

GIS의 개념이 처음 도입된 이후 GIS의 정의, 활용 분야 등은 급격히 발전하여 그에 따른 GIS의 구성은 분야마다 다를 수 있지만, 핵심은 크게 6개의 구성 요소로 살펴볼 수 있다. 첫째는 하드웨어이다. 하드웨어는 GIS가 운영되는 기본 토대로서 자료 입력장치, 자료 출력장치 등이 포함될 수 있는데, 가장 핵심은 데이터를 저장하고 자료를 처리 및 관리하는 데스크톱 PC, 워크스테이션 등이 중심을 이룬다. 1980년대 후반 이후 컴퓨터 하드웨어의 성능 향상과 가격 인하로 하드웨어에 대한 가격 부담은 크게 낮아지고 있는 실정이다. 그리고 최근 인터넷의 급속한 발달과 노트북, 스마트폰, 스마트패드 등의 보급은 컴퓨터뿐 아니라 모바일 단말기에서도 GIS 기능이 수행되거나 검색이 이루어지는 환경을 제공하고 있다.

둘째는 소프트웨어로, GIS 데이터의 구축과 조작, 다양한 분석 기능들이 GIS 소프트웨어를 통해 이루어진다. 일반적인 GIS 소프트웨어의 기능은 입력, 데이터 관리, 출력 기능 등으로 이루어지며, 사용자에 따라 전문가 중심의 소프트웨어와 일반 사용자를 위한 소프트웨어로 나눌 수 있다. 흔히 데스크톱 GIS 소프트웨어와 전문가용 GIS 소프트웨어로 구분하기도 한다. 데스크톱 GIS

소프트웨어는 인터넷 환경이 아닌 오프라인으로 일반 PC에서 구현되는 GIS 소프트웨어를 말한다. 보통 독립 컴퓨터에 설치되어 사용되는 것이 일반적이다. 전문가용 GIS 소프트웨어는 기능 측면에서 보다 다양하고, 수준 높은 GIS 기능을 제공한다. 일반적으로 GIS를 이용하여 시스템을 개발하고, 웹으로 GIS를 서비스하는 경우 시스템은 3계층 구조를 갖게 되는데, 각 구조별로 활용되는 GIS 소프트웨어 제품군이 달라진다.

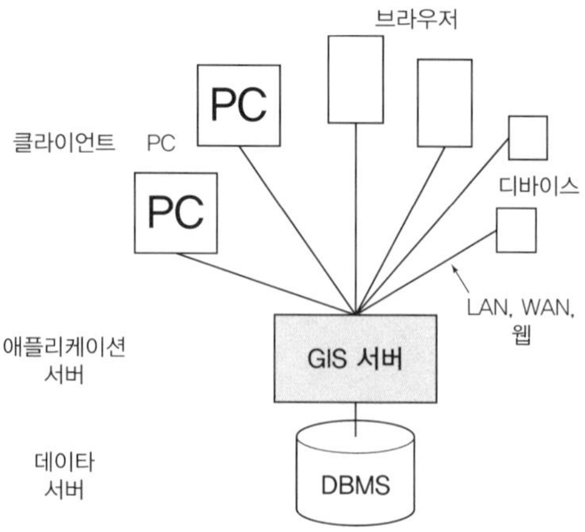

〈그림 4-6〉 GIS 소프트웨어의 3계층 구조
(Longley, Goodchild, Maguire & Rhind, 2005, p.162)

셋째는 데이터이다. GIS 데이터는 가장 중요한 GIS 구성 요소로서 일반적으로 GIS시스템 구축에 필요한 비용의 70~80%가 데이터 구축에 사용된다. 데이터는 공간데이터, 속성데이터, 기타 유형의 데이터로 구분할 수 있다. 공간데이터는 공간사상의 위치 및 관련 정보 등으로 구성되며, 속성데이터는 공간사상에 대한 실세계 정보를 담고 있는 정보들, 그리고 기타 유형으로는 실시간 정보, 멀티미디어 정보 등이 있다. 예를 들면, 수치지형도에는 건물, 도로, 각종 경계 등의 공간정보가 만들어지는데, 건물에는 건축물대장, 도로에는 도로대장, 경계에는 다양한 통계자료를 연계하여 데이터베이스를 구축하고 활용할 수 있다. 또 이와 함께 사진자료, 도면자료 등도 이미지로 구축하여 데이터베이스로 활용 가능하다.

넷째는 인적자원이다. 인적자원이란 시스템 구축, 유지 관리, 활용단계를 통해 데이터 제작자, 시스템 관리자, 프로그래머, 시스템 엔지니어, GIS 분석가, 사용자 등 다양한 업무를 수행하는 사람들을 포함한다. GIS가 제대로 운용되고 작동되기 위해 각 과정에서 필요로 하는 인적자원은 숙련도가 낮은 수준에서부터 높은 수준의 기술력을 가진 인적자원으로 구분될 수 있다. 국내에서 기존의 GIS는 주로 데이터의 구축, 도로관리시스템, 상하수도 관리시스템, 지하시설물 관리시스템 등 반복적인 업무의 지원을 위한 시스템 구축이 주를 이루었다. 그러나 GIS의 핵심이 다양한 분석과 문제 해결을 위한 대안의 제공이라고 볼 때 이를 위해서는 관련 분야 전문 인력의 양성이 필수적이라 할 수 있다. 최근 우리나라의 공간정보 정책을 담당하고 있는 국토교통부에서도 공간정보 인재양성을 위한 기본계획을 수립하고 고등학교, 전문대학교, 대학교 및 대학까지 교육을 확대하여 공간정보 인재양성을 위해 다양한 노력을 기울이고 있다(국토교통부, 2013).

다섯째는 절차에 관한 것이다. GIS를 효율적으로 수행하기 위해서는 일정한 순서와 방법 등의 절차가 요구되며, 실제 세계에서 야기되는 공간적 문제를 해결하기 위한 방법론이 필요하다. GIS

는 사용 목표 및 구체적인 목적에 따라 적용되는 방법론이나 절차, 구성내용 등이 다르게 된다. 실제 지방자치단체에서는 GIS 자체를 관리하기 위한 시스템이 아니라 해당 업무를 수행하는 데 GIS가 활용되고, 업무의 일부로써 GIS를 활용하고 있다. 즉 각 분야별로 해당분야의 업무분석에 기초한 GIS 업무시스템을 구축하는 것은 시스템의 효율적 활용을 위해 매우 필요한 요소이다.

여섯째는 네트워크라 할 수 있다. 네트워크에 대한 중요성은 1990년대 초 인터넷의 보급 및 보편화와 함께 그 중요성이 증가하고 있으며 현재 가장 필수적인 구성 요소로 간주되고 있다. 특히 최근에는 인터넷을 통한 GIS 서비스가 활성화되면서 GIS 구성 요소로서 네트워크의 중요성은 더욱 커지고 있다. 다양한 사용자들 간 네트워크를 통한 GIS가 발전하면서 시스템구조가 클라이언트-서버 구조로 바뀌고 있으며, 강력한 GIS 서버가 시스템을 구축하고, 다양한 네트워크상에서 수많은 사용자들이 클라이언트로 연결되고 있다. 그뿐만 아니라 모바일, 랩탑 등 하드웨어의 발달과 무선 통신기술의 발달로 무선 네트워크를 통한 GIS의 활용도 점차 높아지고 있다.

4.1.2 최근 GIS 발전 동향

GIS가 처음 태동한 것은 1960년대 초반이라 할 수 있다. 그 이후 GIS는 컴퓨터 하드웨어와 소프트웨어의 발달, 인터넷의 보급화, 스마트폰 및 휴대단말기의 대중화 등 IT의 발달과 함께 급격한 성장을 이루었다. 그러나 1990년 초반부터 불어온 인터넷의 보급과 제2의 인터넷 혁명이라 할 수 있는 웹 2.0, 그리고 최근 언급되고 있는 웹 3.0의 대중화는 GIS 발전에서 또 다른 변화를 이끌고 있다. 본 절에서는 그 가운데 실제 GIS를 학습하고, 활용하는 입장에서 주목해야 할 몇 가지 주요 이슈를 다루고자 한다. 그 첫 번째는 데이터에 대한 것이며, 두 번째는 GIS 소프트웨어, 세 번째는 지오웹의 등장에 관한 것이다.

1) 데이터

GIS의 구성 요소로서 데이터의 중요성은 앞서 언급한 바와 같다. 특히 공간데이터는 개인의 차원에서 보면 쉽게 구축할 수 있거나 접근이 가능한 상황이 아니었다. 그러나 최근 정보화의 급격한 진행과 함께 국가적 차원에서는 정부가 보유하고 있는 공공데이터를 민간에 공개하여 민주주의 활성화 및 시민의 참여, 경제적 가치 창출을 도모하고 있다. 이는 GIS를 활용하는 입장에서 보면 활용할 수 있는 자원이 증가함을 언급하는 것이며, GIS 활용의 무게중심도 자료의 구축보다 다양한 데이터의 분석 및 이를 통한 문제 해결과 답을 제공하는 것으로 가치가 전환되고 있음을 나타내는 것이라 할 수 있다.

정부 차원의 데이터 공개는 미국이 공공정보 공개를 위한 'Data.gov(2009.5)' 사이트를 개설한 이래 영국(Data.gov.uk, 2010.1), 오스트레일리아(Data.gov.au, 2009.12), 캐나다(open.canada) 등이 공공정보 공개 사이트를 구축하고 운영하고 있으며, 우리나라도 2010년 '공공정보 민간 활용 촉진 종합계획'을 수립하고 공공정보의 공개 및 민간 활성화를 위해 노력하고 있다. 미국의 Data.gov에서는 2014년 3월 현재 총 127,113건의 데이터 세트를 제공하고 있는데, 크게 'Raw data'와 'geospatial dataset'로 분류하여 제공하고 있다. Geospatial data는 약 80,691건의 데이터 세트가 공개되고 있으며, 공간데이터는 html이나 WMS(web map service), WFS(web feature service), GML(geography markup language) 등 웹서비스 표준, 에스리(ESRI)사의 ArcGIS Map Service 형태로 제공되고 있으며, 데이터를 다운받을 수 있고, 데이터와 함께 메타데이터가 제공되고 있다.

영국은 Data.gov.uk에서 2014년 3월 현재 17,838건의 데이터를 제공하고 있다. 조회 수를 기준으로 데이터 활용도를 보았을 때, 통계 공표구역 경계 데이터, 잉글랜드 지역별 결핍지수 데이터 등이 상위에 속해 있어 위치정보를 포함하는 데이터가 활용도가 높음을 알 수 있다. Data.gov.uk 사이트 역시 공간데이터는 맵핑이라는 주제로 제공하고 있다. 위치정보와 관련된 데이터는 현재 2,045건을 제공하고 있으며 [Map Based Search] 라는 메뉴에서 GeoServer를 사용하여 지도 기반의 데이터 검색을 제공하고 있다.

오스트레일리아에서도 정부데이터 공개 사이트(data.gov.au)를 통해 2014년 3월 현재 약 3,367건의 데이터를 제공하고 있으며, 캐나다, 뉴질랜드, 서유럽의 많은 국가들, 그리고 아시아에서 우리나라, 싱가폴, 홍콩, 인도, 인도네시아, 중동의 몇몇 국가 등 선진국을 중심으로 정부차원에서 공공데이터 공개 정책을 추진하고 있으며, 이러한 추세가 빠르게 확산되고 있다(그림 4-7).

우리나라에서도 공공데이터포털(http://www.data.go.kr) 사이트를 통해 중앙정부, 지방자치단체 및 공공기관에서 구축한 데이터를 제공하고 있다. 제공방법별로 분류하면 크게 '다운로드(공공데이터포털에서 이용 가능)'와 'LINK(기관 자체에서 제공됨, 중계 지원)'로 분류된다. 서울시도 개인정보, 보안정보 등 비공개정보를 제외한 모든 행정데이터의 전면 개방을 목표로 서울 열린데이터 광장(http://data.seoul.go.kr)을 운영하고 있다. 공간데이터는 서비스 유형 필터 중 'MAP'으로 분류하여 제공하고 있으며, 'MAP'으로 분류된 공간데이터는 에스리의 온라인 지도와 함께

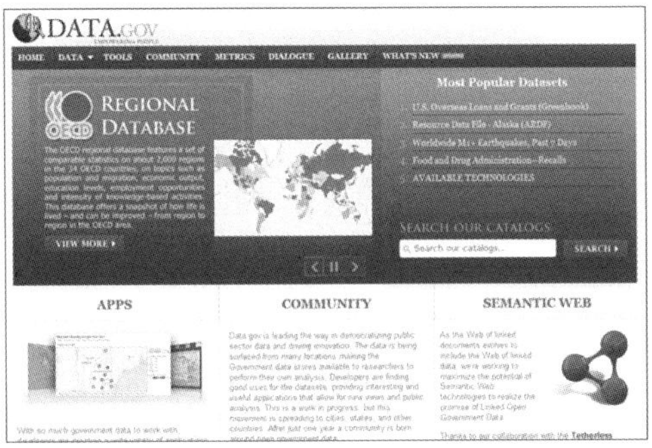

미국(data.gov)

영국(data.gov.uk)

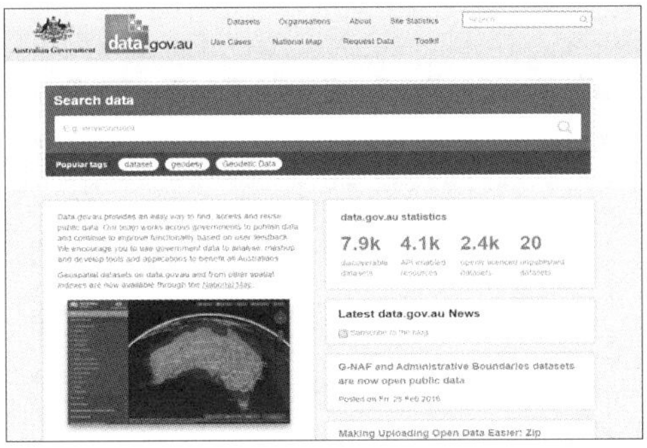

오스트레일리아(data.gov.au)

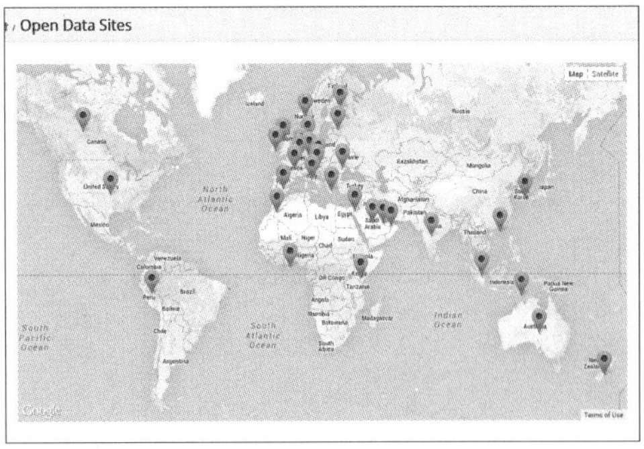

공공데이터를 공개하는 국가들(data.gov.in)

〈그림 4-7〉 해외 정부 차원의 정보공개 사이트

SHP, DXF, GML 등의 형태로 제공하고 있다.

국가기관들도 해당 기관 홈페이지 등을 통해 기관의 자료를 제공하고 있는데, 통계청이 그 대표적인 사례라 할 수 있다. 통계청에서는 국가통계포털, 통계지리정보서비스 등을 통해 통계자료를 제공하고 있다. 국가통계포털(http://kosis.kr)은 국가승인통계들을 제공하는 사이트로, 120개 기관, 547종의 국가승인통계를 제공하고 있다. 또한 국가통계포털에서 서비스하고 있는 통계와 연계하여 외부에서 사용할 수 있도록 국가통계 오픈 API를 제공하고 있다. 통계청에서는 국가통계포털과는 별도로 통계정보와 위치정보를 융합하여 제공하는 통계지리정보서비스 사이트(http://sgis.kostat.go.kr)도 운영하고 있다. 통계지리정보서비스는 [통계내비게이터(소지역)], [지도로 보는 행정구역통계], [통계지도 시계열서비스], [인구이동통계], [고령화 현황보기] 등을 제공하고 있다. 이외에도 문화재청에서는 문화재공간정보서비스(http://gis-heritage.go.kr) 사이트를 통해 공간정보를 서비스하고 있으며, 기상청(http://www.kma.go.kr)에서는 기상관측자료, 환경부의 환경공간정보서비스 사이트(http://egis.me.go.kr)에서는 토지피복도, 생태자연도, 국토환경성평

공공데이터포털(http://www.data.go.kr)

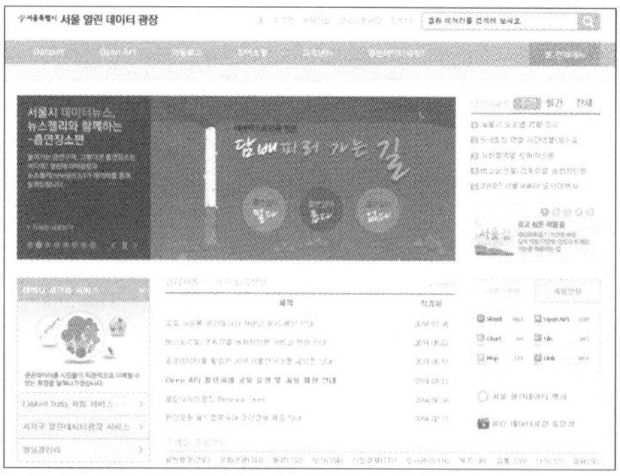

서울 열린 데이터 광장(http://data.seoul.go.kr)

〈그림 4-8〉 우리나라 주요 정보공개 사이트

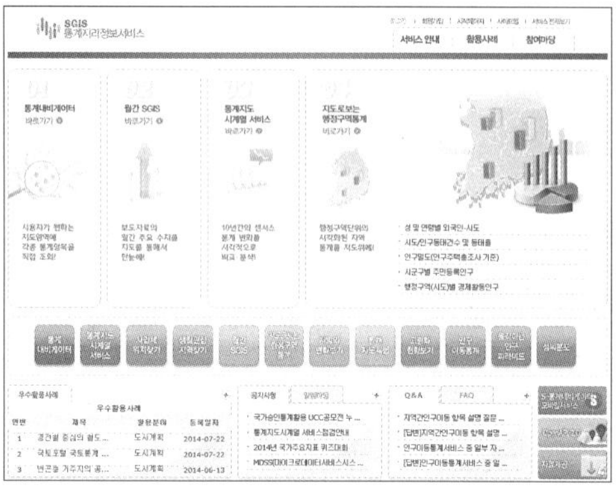

통계지리정보서비스(http://sgis.kostat.go.kr)

문화재공간정보서비스(http://gis-heritage.go.kr)

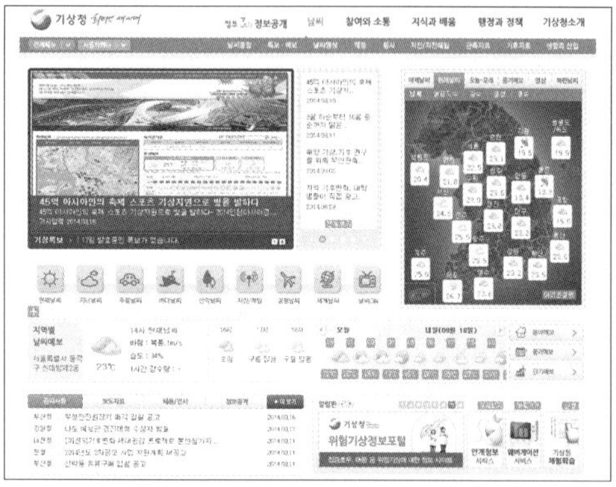

기상청(http://www.kma.go.kr/index.jsp)

환경공간정보서비스(http://egis.me.go.kr)

〈그림 4-9〉 우리나라 중앙부처 차원의 주요 정보공개 사이트

〈그림 4-10〉 국가공간정보유통시스템(https://www.nsic.go.kr/ndsi)

가지도, 환경용도지역지구 관련 자료를 다운받거나 신청하여 활용 가능하다. 우리나라 국가 차원에서 공간정보에 대해 공공뿐 아니라 민간 차원에서 보유하고 있는 데이터까지 가장 많이 검색하고 활용할 수 있는 사이트는 국가공간정보유통시스템(https://www.nsic.go.kr/ndsi)이라 할 수 있다. 이 사이트는 공공기관뿐만 아니라 민간기관에서 구축 및 가공한 데이터에 대해서도 검색이 가능하고, 필요에 따라 자료를 신청하거나 구매하여 활용할 수 있다. 공간정보 유통시스템에는 수치지도, 항공사진, 일반공간정보, 민간공간정보 등이 있으며 주요 공간정보로 도로명주소, 천리안 위성영상, 전자해도, 해양주제도 등을 신청하거나 직접 다운받아 활용 가능하다. 또한 주거인구, 아파트 가격정보, 직장인구, 기업정보, 은행, 학교, 병원 등의 민간자료도 무료로 활용 가능하다.

2) 소프트웨어

GIS 구성 요소로서 GIS 소프트웨어는 필수적이다. 데스크톱용 GIS, 전문가용 GIS, 공간 DBMS 등 GIS의 구성이 다양해짐에 따라 이에 따른 기능을 수행하기 위한 GIS 소프트웨어가 필요하다. 기존의 GIS 소프트웨어 시장은 몇몇 독점 소프트웨어의 점유율이 높았다. 이러한 현상은 IT 대부분의 분야에서 나타나는 공통적인 현상으로 대부분의 상용화된 독점 소프트웨어가 미국을 중심으로 한 소수 국가에 집중된 관계로 대다수의 국가들은 자국 제품보다는 외산 제품에 의존하는 것이 일반적이었다. 그러나 최근 많은 국가들이 외산독점 소프트웨어를 견제하기 위한 방안으로 오픈소스 소프트웨어(OSS: open source software)에 대한 투자를 통해 기술력을 키우고 있으며, GIS 분야에도 오픈소스 소프트웨어를 사용하는 다양한 사례들이 등장하고 있다. 오픈의 의미는 무료라는 것이 아니며, 소프트웨어 소유권이 독점되지 않았다는 것을 의미한다. 오픈소스 소프트웨어의 의미는 소스 접근의 허용과 함께 소스의 갱신, 재배포의 공개 여부에 관한 것으로 오픈소스 소프트웨어의 사용은 경우에 따라 무료일 수도 아닐 수도 있다. 최근에는 오픈되었다는 의미와 무료 사용이 가능하다는 의미를 함께 포함하는 FOSS(free and open source software)라는 용어가 등장하였고, 공간정보 분야에서는 FOSS4G(free and open source software for geospatial)라는 용어를 사용하고 있다. 최근에 공간정보산업에서 FOSS4G의 활용에 대한 관심이 높아지고 있는 데는 다음의 특징들에서 그 배경을 찾아 볼 수 있다(홍일영 외, 2014). 첫째로는 지리정보과학(GIScience)의 발전이다. 초기 GIS는 정부 및 국가 주도로 이루어졌고 소프트웨어 비용과 공간데이터 접근의 제약으로 전문가들만이 사용 가능한 시스템이었다. 그러나 연구 및 교육 분야를 중심으로 GIS를 활용하는 커뮤니티가 증가하고, 위성영상을 비롯한 다양한 공간데이터가 배포되면서 일반 커뮤니티의 참여와 활용이 높아졌다. 특히, GPS를 비롯한 사용자 디바이스의 대중화는 GIS를 통한 일반인들의 공간데이터 취득과 분석을 용이하게 한다. 이와 같은 공간정보를 이용한 지리정보과학의 발전 속에 시공간데이터 모델, 지리공간 온톨로지, 공간통계, 셀룰러 오토마타와 같은 새로운 분석 기법이 등장하고 있는데, 이들은 대부분 오픈소스 소프트웨어를 기반으로 분석도구를 개발하여 연구자들과의 공유를 도모하고 있다. 둘째는 최근의 산업 환경 변화와 관련이 있다. FOSS가 최근 각광을 받는 것은 글로벌 경제위기에 따라 정부기관들이 비용 절감 방안들을 모색하면서 소프트웨어의 비용 부담을 줄이려는 공공기관의 노력 때문이라고 볼 수 있다. 이와 함께 1위만 살아남는 소프트웨어 분야의 치열한 경쟁 속에서 공간정보 분야에서도 특정 독점 소프트웨어 이외의 소프트웨어들은 극심한 매출 부진으로 오픈소스 소프트웨어로의 전환을 통해 소프트웨어 비용을 줄이고 컨설팅을 통한 솔루션을 제공하려는 움직임이 등장하고 있다. OSGeo(http://www.osgeo.org)와 OpenGeo(http://opengeo.org) 웹사이트에서는 GIS와 관련한 대부분의 오픈소스 패키지 및 개발 도구들에 관한 문서와 소스코드를 제공하고 있다. 2015년 기준으로 오픈소스 기반 공간정보 소프트웨어를 개발하기 위하여 300~400개가량의 프로젝트가 진행 중이다(Freegis.org). Steiniger and Hunter(2013)는 FOSS4G MAP 2012에서 공간정보 관련 오픈소스 기술을 8개 유형으로 분류하였다(표 4-2). 현재 활용되고 있는 오픈소스 공간정보 소프트웨어를 앞에서 제시한 8대 기술 분류별로 나타내면 〈표 4-2〉 및 〈그림 4-11〉과 같다.

〈그림 4-12〉는 기존 공간정보 상용 소프트웨어와 오픈소스 소프트웨어를 비교한 것으로, 오픈

〈표 4-1〉 주요 FOSS4G 프로젝트의 특징

FOSS4G	사용 환경	개발 환경	재원	국가	주요 특징
GRASS	데스크탑	C, C++	정부 기관	미국	래스터 기반 공간분석
GDAL	SW라이브러리	C, C++,	민간 기관	유럽	공간데이터 라이브러리
GeoServer	서버	Java	민간 기관	미국	인터넷지도 서버
MapServer	서버	C, C++	민간 기관	미국	인터넷지도 서버
QGIS	데스크탑	C, C++	민간 기관	미국	데스크탑 기반의 지도 제작
uDig	데스크탑	Java	민간 기업	캐나다	인터넷지도 서버 지원 데스크탑 GIS
MapWindow	데스크탑	.NET	대학	미국	윈도 전용 데스크탑 GIS
KOSMO	데스크탑	Java	민간 기업	스페인	데스크탑 GIS
PostGIS	서버	C, C++	대학	미국	공간정보 데이터베이스 서버

〈표 4-2〉 오픈소스 공간정보 소프트웨어 기술 분류

번호	오픈소스 공간정보 소프트웨어 기술
1	데스크탑 GIS(Desktop GIS)
2	공간 DBMS(Spatial DBMS)
3	서버GIS(Server GIS)
4	모바일 GIS(Mobile GIS)
5	탐색적 공간분석(Exploratory Spatial Data Analysis Software)
6	원격탐사(Remote Sensing software)
7	GIS 개발 SW 라이브러리(Software Libraries for GIS Development)
7.1	입출력/변환(Data input/output and conversion libraries)
7.2	기하모델(Geometry libraries)
7.3	투영(Projection libraries)
7.4	자료 처리/분석(Geographic data processing and analysis libraries)
7.5	기타(Other libraries)
7.6	개발 프레임워크(Development Frameworks)
8	인터넷 맵핑 SW(Software for Internet Mapping Applications)
8.1	웹 맵 서버(Web Map Server)
8.2	웹 맵 응용 개발 프레임워크(Web Map Application Development Frameworks)
8.3	기타(Other, 즉 special thick client applications)

출처: Steiniger and Hunter, 2013

소스 소프트웨어가 기존 상용소프트웨어의 기능을 대체할 수 있다는 가능성을 보여 주고 있으며, 〈그림 4-13〉은 공간정보 시스템 수직구조상에서 오픈소스 소프트웨어가 기존 상용소프트웨어의 기능을 대체할 수 있음을 보여 주고 있다.

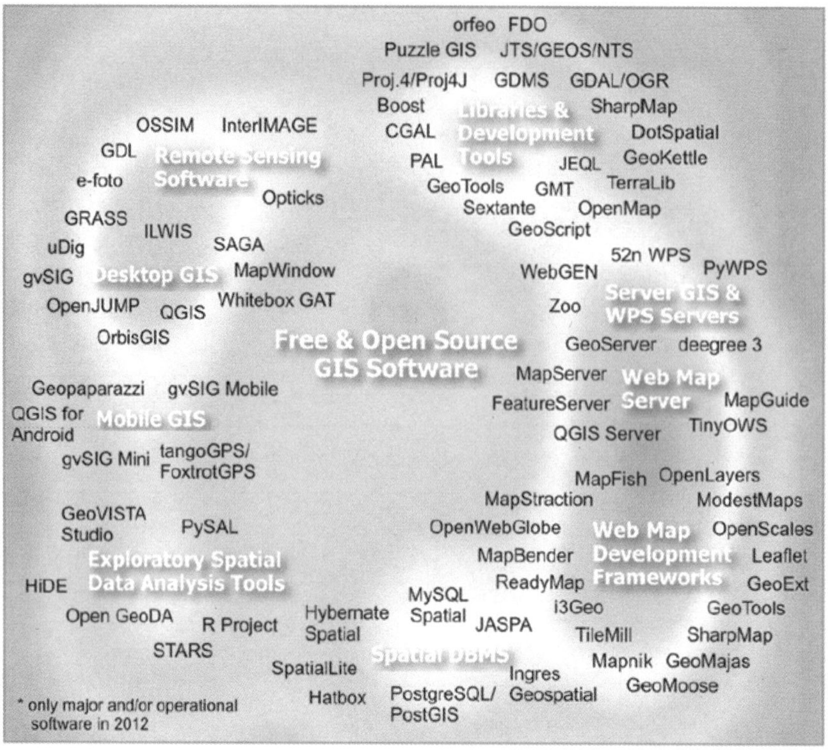

〈그림 4-11〉 기술 분류별 오픈소스 공간정보 소프트웨어(Steiniger and Hunter, 2013)

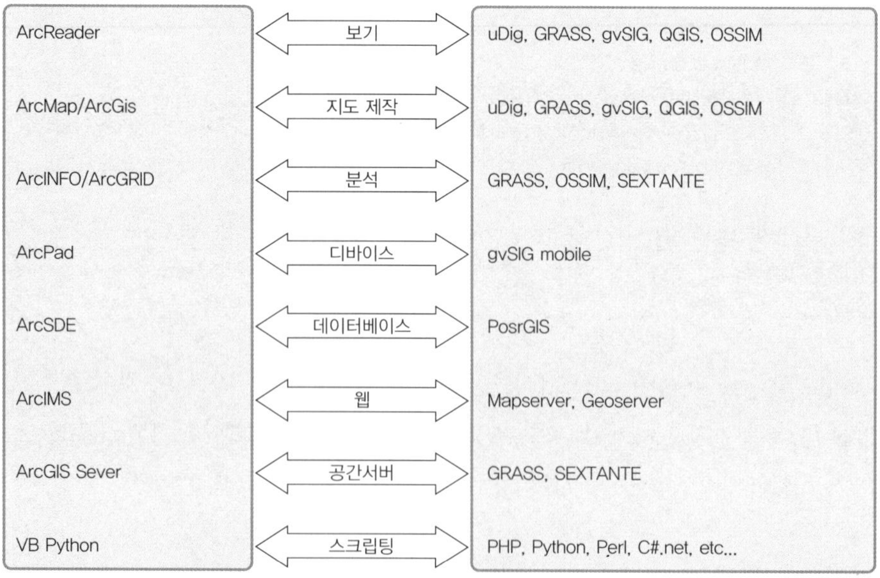

〈그림 4-12〉 오픈소스 GIS와 독점 상용 소프트웨어의 대체 가능성(신상희, 2013)

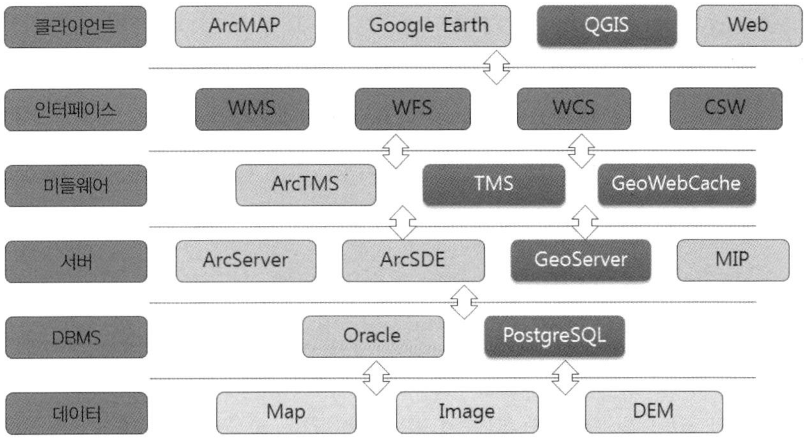

〈그림 4-13〉 공간정보 시스템 수직구조상에서 상용 소프트웨어와 오픈소스 소프트웨어 대체 가능성 비교(신상희, 2013)

3) 인터넷 및 지오웹의 발달

1990년대 초반 인터넷의 보급, 그리고 인터넷 사용의 증가는 GIS 분야에서도 커다란 변화를 가져왔다. 가장 큰 변화의 계기가 된 것은 웹 2.0과 지오웹의 발달이라 하겠다. 웹 2.0은 웹 2.0을 가능케 해 준 여러 가지 기술적 측면에서 언급되는 개념으로 기술 그 자체를 의미하기도 하지만 협업, 공유, 공개를 전제로 하는 개념이다. 인터넷의 보급은 많은 IT 벤처 기업이 창업하게 했지만 거품이 꺼지면서 많은 IT 기업들이 문을 닫았다. 그러나 그 가운데에서도 여전히 살아남은 기업의 운영철학이 바로 협업, 공유, 그리고 공개이다.

웹을 기반으로 하는 이러한 분산환경에서 다양한 정보들을 연계·통합하기 위한 기술로 부각된 것이 SOA(service oriented architecture)라 불리는 서비스 지향 아키텍처이다. SOA는 기존의 애플리케이션 기능들을 비즈니스적 의미 단위로 묶어 표준화된 인터페이스를 갖는 서비스로 구현하고, 이 서비스들을 필요에 따라 조합하여 활용할 수 있게 하는 소프트웨어 개발 아키텍처를 뜻한다. 이때 서비스는 플랫폼에 종속되지 않고 느슨하게 연결되며, 상호 조합이 가능하다. 이러한 SOA 개념이 웹 기반 환경에서 편리하고 효과적으로 사용자 참여와 협업을 이끌어내도록 변화된 것이 Open API(Application Program Interface)라 할 수 있으며, 이것이 웹 2.0을 플랫폼화하는 가장 핵심적 요소가 되었다(장윤섭 외, 2007).

Open API를 통해 매시업이 가능해지며 사용자는 원하는 정보만을 가져와 결합하여 새로운 형태의 서비스를 생산할 수 있다. 예를 들어 구글맵 서비스에 야후 날씨정보 서비스, 아마존의 쇼핑

정보 서비스, 플리커의 사진 공유 서비스, 기타 위치정보 서비스 등을 결합하여 새로운 서비스를 만드는 것이 매시업이라 할 수 있다. 매시업 생산자는 서비스를 제공하는 주체이지만, 자신만의 자료나 데이터베이스를 구축할 필요가 없으며 심지어 서버 환경을 구축하지 않고도 서비스가 가능하다. 사용자의 참여와 협업, 자료의 공유를 통해 이루어지는 매시업은 다양한 형태로 제작되고 있지만, 정보의 상당수가 지리적인 연계성을 가지기 때문에 지도를 기반으로 하는 서비스 제작이 많이 이루어지고 있다(강영옥, 2008).

지리공간 웹은 분산환경의 다양한 지리공간정보 및 서비스에 대해 웹을 통한 자유로운 검색, 접근 및 이용이 가능토록 한 웹 환경으로, 지리정보를 기반으로 만들어진 디지털 환경이라 할 수 있다. 웹상의 다양한 정보와 자료를 하나로 엮어 내는 매시업 사례 중에 상당수가 위치정보와 관련이 있거나 지도 상에서 시각적으로 위치를 파악할 수 있게 되어 있는데 이는 웹을 기반으로 하는 이용자 환경도 지리정보를 중심으로, 지도 기반 서비스를 중심으로 전환하고 있다는 것을 의미한다. 이러한 변화의 흐름을 미리 읽어 낸 구글, 마이크로소프트, 야후, 네이버와 같은 유명 인터넷 서비스 업체들은 Open API 기반의 인터넷지도서비스를 제공하고 있다. 네이버의 경우 국내 지도 서비스만을 제공하지만 외국 업체의 경우 전 세계적인 지도, 인공위성영상까지도 무료로 제공하고 있으며 질적인 면에서도 기존의 상용 인터넷 GIS 제품에서 제공하던 내용보다 월등한 수준의 서비스를 제공하고 있다. 전 세계 지도와 고해상도 인공위성영상이 무료로 제공되기 때문에 인터넷 GIS서비스를 위한 솔루션과 지도 데이터 구입비용, 하드웨어 구축비용을 절감시켜 줄 뿐만 아니라 단순 지도서비스 이상의 정보 제공을 가능케 한다.

Nat Torkington은 위치기반 서비스에 기반을 둔 웹을 "where 2.0"이라는 용어로 처음 개념화하였다. 그는 전통적인 애플리케이션 플랫폼과 where 2.0 플랫폼의 차이를 〈표 4-3〉과 같이 설명하였다. 실제로 많은 비즈니스들이 IT 시스템에 점차 더 많은 위치 특화된 기능들을 부여해 가고 있으며, 멀지 않은 미래에 지리공간정보가 IT 시스템의 거의 모든 측면에 깊게, 보이지 않게 통합

〈표 4-3〉 where 1.0과 where 2.0

where 1.0	범주	where 2.0
USGS, Landsat	기본 지도	구글, 야후, 마이크로소프트
ESRI, MapInfo SDK	소프트웨어	Web Maps APIs
지형, 강, 건물	레이어	사진, 비디오, 여행 지점, 블로그
항측 업체	참여자	웹 사용자
GML, WFS, WMS	표준	GeoRSS, KML
정부, GIS 벤더	3rd party	매시업 개발자

될 것으로 예견하고 있다(장윤섭 외, 2007).

외국의 경우 웹 2.0에 기반을 둔 관련 연구가 활발히 일어나고 있다. 또한 지리학이나 GIS 분야에서는 참여에 기반하며, 인터넷지도 기반의 매시업들에 대해 기존의 GIS나 지리학과는 차별되는 개념으로 GIS/2(Miller, 2006), Neogeography(Turner, 2006), Volunteered Geography(Goodchild, 2007) 등으로 개념화하고 있다. 즉 Miller(2006)는 지도 기반 매시업의 출현은 많은 시민과 시민단체들에게 참여와 협업의 가능성을 열어 주었으며, 그 기반에는 2005년 2월에 나타난 구글맵의 지도 기반 매시업이 핵심적으로 작용하였다고 언급하고 있다. 이러한 참여와 협업에 의해 만들어지는 GIS는 기존의 GIS와는 차별화된다는 측면에서 GIS/2라고 정의하였다. 그는 2005년 8월 말 미국에서 허리케인 카트리나가 발생했을 때, 미디어에 의한 정보 제공보다 시민들에 의해 만들어진 콘텐츠들이 구글맵에 매시업되면서 많은 정보들이 미국 시민들에게 즉각적으로 전달된 사례를 보여 주고 있다. Turner(2006)는 기존의 GIS는 값이 비싸고, 전문가에 의해서만 사용이 가능한 시스템이라면, 맵퀘스트(MapQuest)와 야후맵(Yahoo! Maps), 그리고 구글맵은 온라인 맵핑의 새로운 장을 열어 주었다고 언급하고 있다. Neogeography란 "new geography"라는 뜻이며, 기존의 전통적 GIS 영역 밖에 있었던 일련의 기술과 툴들을 포함하고 있다고 정의한다. 즉 사용자들은 기존의 툴들을 이용하여 자신만의 용어로 지도를 만들고, 사용하는 것이 가능해졌으며, Neogeography는 텔레비전 쇼가 촬영되는 장소가 어디인지, 첫 키스를 했던 장소가 어디인지 등을 알 수 있는 재미있는 것이라고 정의하고 있다. Goodchild(2007)는 최근 인터넷지도를 근간으로 사용자들에 의해 자발적으로 만들어지고, 수집되며, 공유되는 지리정보를 "Volunteered Geography"라고 정의하였다. 즉 위키매피아(Wikimapia)나 오픈스트리트맵(OpenstreetMap) 사이트는 개개 시민들의 협업으로 어떻게 지리정보가 쌓여 가는지를 보여 주는 좋은 예이며, 구글어스나 마이크로소프트사의 버추얼어스 등은 사용자들이 자신의 데이터를 이용하여 흥미롭고 재미있는 다양한 애플리케이션을 아주 쉽게 만들 수 있는 환경을 제공하고 있다고 언급하고 있다.

인터넷지도를 이용한 매시업은 Paul Rademacher가 구글맵의 애플리케이션 코드를 해킹하여 부동산정보와 조합시켰던 하우징맵(HousingMaps.com)이 계기가 되었다. 하우징맵은 부동산정보 사이트(craigslist.org)에 이용자들이 게시한 부동산정보를 구글의 인터넷지도와 연계하여 서비스되도록 구축한 사이트이다. 이 사이트의 개발자는 구글맵 API가 오픈되기 전에 해킹과 매시업을 통해 시스템을 구축하였으며, 구글은 이를 계기로 구글맵의 Open API화를 앞당겼다. 구글맵 API가 공개되면서 주유소 가격정보, 허리케인 정보, 쇼핑정보, 교통정보 등의 정보와 결합된 다양한 시도가 이루어지고 있는데 특히 부동산, 여행 분야에서 많은 매시업이 등장하였다

(googlemapsmania.blogspot.com). 매시업 내용을 분석한 프로그래머블웹(programmableweb.com) 사이트를 보면 새롭게 생기는 매시업 사이트는 지속적으로 증가세를 보이고 있으며, 이러한 매시업 가운데 인터넷지도와 매시업하는 비율이 전체의 40% 정도를 차지하고 있음을 알 수 있다(그림 4-14).

구글맵이 서비스를 시작한 것은 2005년 2월이었다. 물론 구글맵 서비스 이전에도 맵퀘스트, 야후맵과 같은 온라인 맵핑 서비스가 존재해 왔고, 이외에도 온라인을 통해 지도서비스를 하는 사이트들은 다수 존재하였다. 그러나 구글맵이 다른 지도와 다른 점은 전문적 지식 없어도 사용이 쉽다는 점과 사용자와의 인터페이스에서 AJAX 기술을 사용하여 경계구분이 거의 없이 지도 검색이 아주 빠르다는 점, 그리고 구글맵이 제공하는 다양한 API는 사용자들이 아주 쉽게 다른 자료와 매시업을 할 수 있게 만들어 인터넷지도와의 매시업을 증가시키는 데 큰 기여를 하였다는 점이다. 최근 들어 다른 지도들도 유사한 서비스를 제공하기 때문에 맵퀘스트, 야후맵, 마이크로소프트의 버추얼어스를 이용한 매시업이 많아지고 있기는 하나, 아직까지는 구글맵을 이용한 매시업이 가장 많이 존재하고 있는 실정이다. 국내에서는 네이버가 2006년부터 API를 제공하고 있으며, 다음, 브이월드(VWorld) 등도 유사한 서비스를 제공하고 있다.

이러한 지오웹의 발달은 첫째, 기존에 GIS나 인터넷지도의 활용은 GIS 전문가만 할 수 있는 영역이라고 여겨져 왔지만 현재 세계적 IT 업체가 제공하는 인터넷지도의 활용은 전문가가 아닌 일반인들에 의해 만들어지고 있으며, 아주 쉽게 활용할 수 있는 환경을 제공하고 있다. 둘째, 일반인들의 다양한 관심사가 위치기반으로 재편되고 있다. 부동산, 여행, 관광, 쇼핑, 도시정보, 지역정보, 지역별 날씨, 스포츠, 음악, 일자리, 공공에서 보유하고 있던 범죄정보, 교통정보, 건축허가정

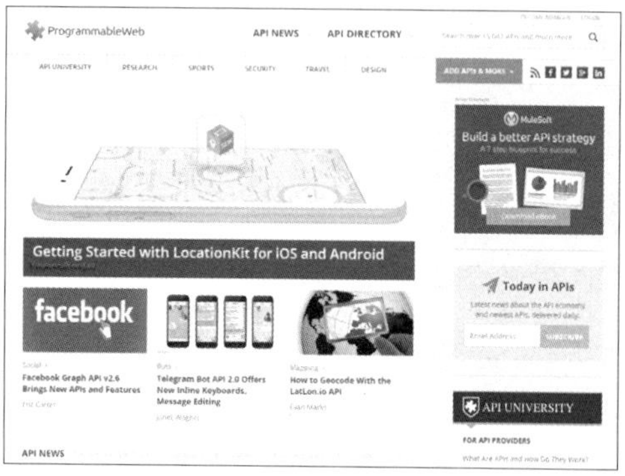

매시업 증가 추세

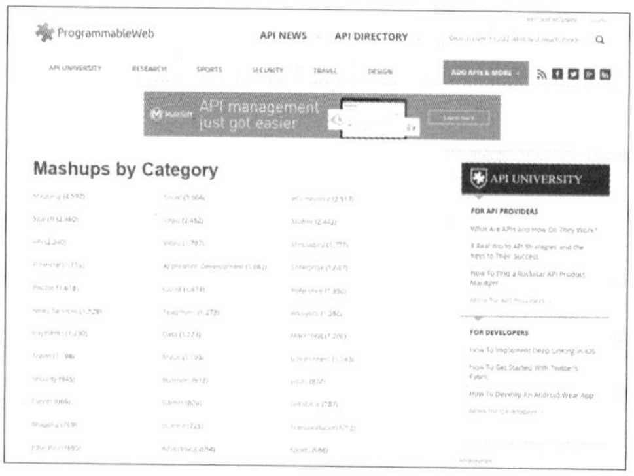

매시업 유형

〈그림 4-14〉 매시업 증가 추세 및 유형(www.programmableweb.com, 2013. 1. 10)

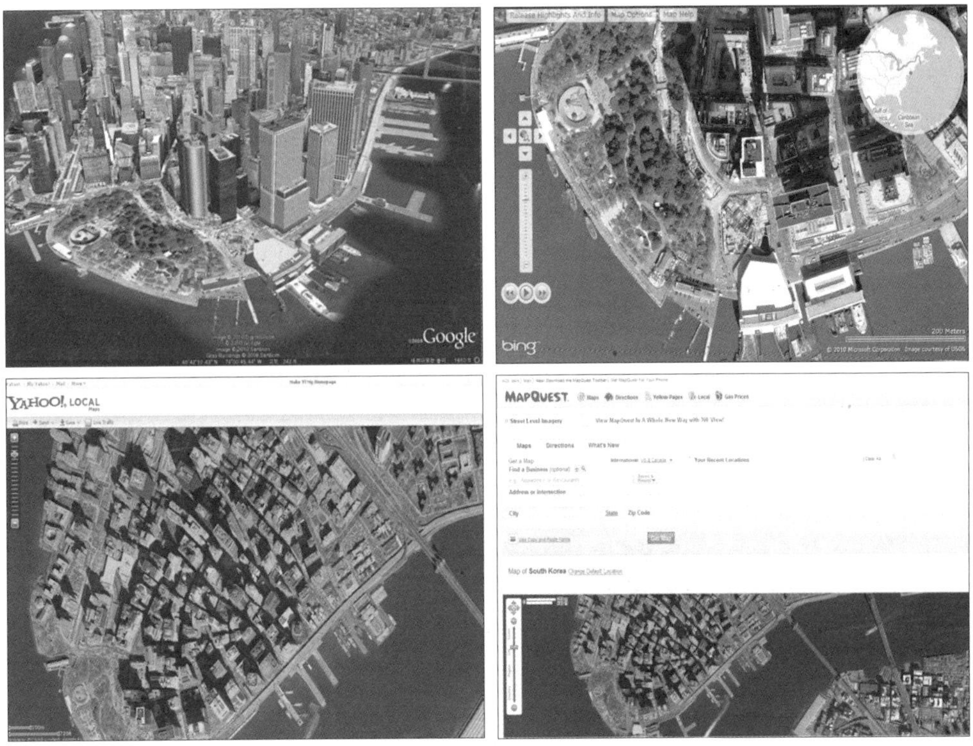

〈그림 4-15〉 해외 기업의 인터넷지도서비스(구글, 빙맵, 야후맵, 맵퀘스트)

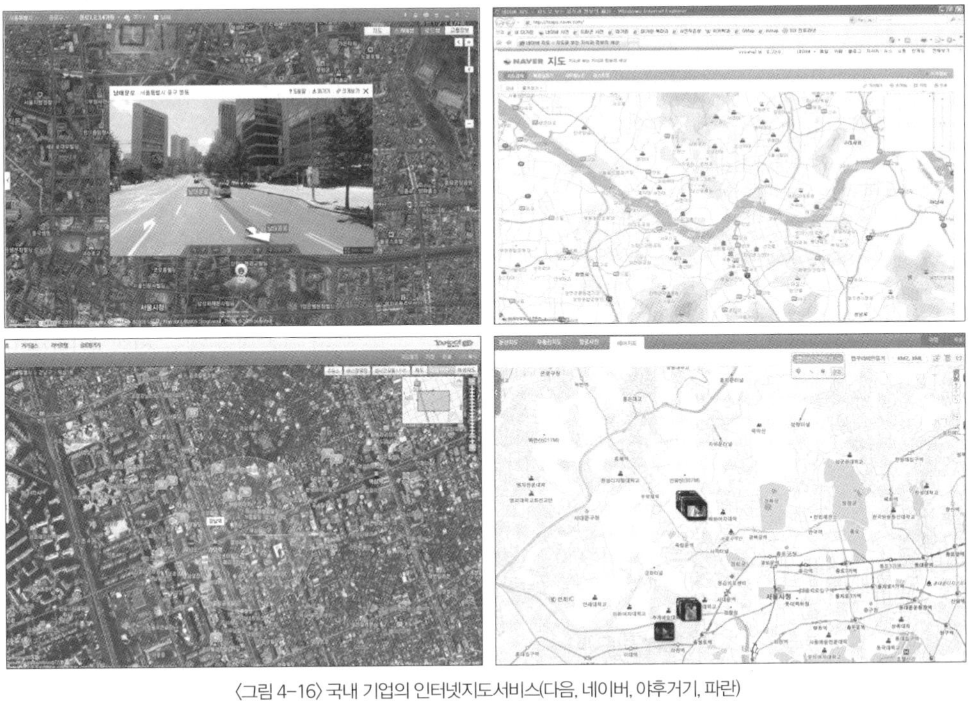

〈그림 4-16〉 국내 기업의 인터넷지도서비스(다음, 네이버, 야후거기, 파란)

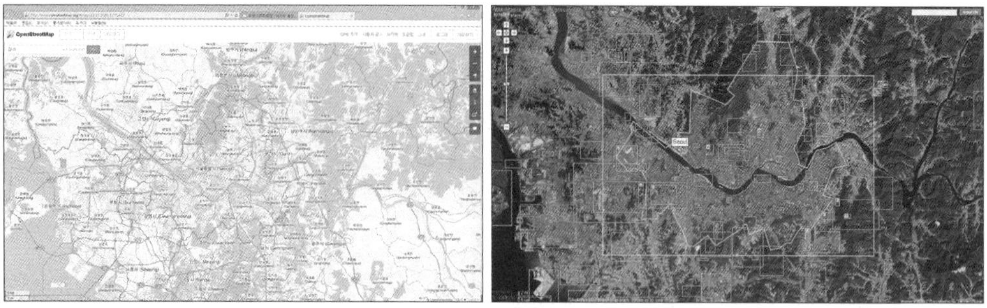

〈그림 4-17〉 사용자들의 참여에 의해 만들어지는 지도(OpenstreetMap, Wikimapia)

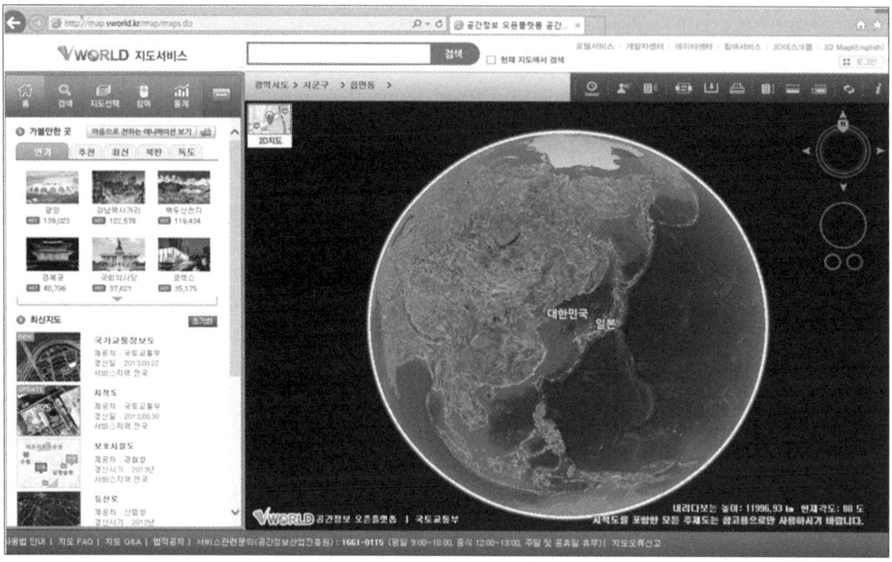

〈그림 4-18〉 우리나라 브이월드 지도서비스

보 등 관심 있는 모든 정보들이 인터넷지도에 매시업되면서 위치기반 정보로 재편되고 있다. 셋째, 이러한 정보의 취합이 한 사람의 관심사인 경우도 있지만 여러 사람의 참여와 협업에 의해 더욱 풍부한 콘텐츠로 만들어지고, 역동적이며 생생히 살아 있는 정보로서 가치를 발휘하고 있다.

4.2 공간데이터 입력 및 공간데이터 모델

4.2.1 공간데이터 취득 및 수집

GIS 분석을 위해서는 자료의 수집이 필요하다. GIS에 입력되는 공간자료로는 수치지도나 항공사진, 인공위성영상, 종이지도, GPS 데이터, 기타 위치정보를 보유하고 있는 텍스트데이터 등이 있다. 대축척의 수치지도를 제작하기 위해서는 항공사진으로부터 수치도화의 과정을 거치지만, 기 제작된 데이터를 구입하거나 무료로 제공하는 사이트 등을 통해 자료를 받아서 활용하는 경우가 대부분이다.

일반적으로 GIS에 필요한 데이터를 구축하는 비용은 GIS 프로젝트 전체 비용의 약 70~80%를 차지할 정도로 데이터의 구축 여부가 GIS 응용분야에 지대한 영향을 미치는 것으로 알려져 있다. 특히 GIS데이터는 개인 차원에서 구축하기 어려워 공공 부분에서 구축하는데, 막대한 비용이 소요된다. 이는 선진국에서도 동일한 현상이었다. 그러나 앞서 언급된 바와 같이 정보화의 급격한 진행과 정부 차원의 데이터 공개 정책에 따라 다양한 데이터를 활용하는 것이 가능해졌다. 〈표 4-4〉는 공간데이터를 다운받거나 신청에 의해 협조받을 수 있는 주요 자료 출처를 정리한 것이다. 자료는 크게 공간데이터와 속성데이터로 구분하고, 공간데이터는 벡터와 래스터 형태 그리고 전 세계 차원의 데이터와 우리나라 데이터를 수집할 수 있는 사이트로 정리하였다. 네이버, 다음,

〈그림 4-19〉 항공사진으로부터 수치지도 제작과정

〈표 4-4〉 GIS 관련 주요 자료 출처

데이터 유형		범위	자료 유형	제공사이트
공간데이터	벡터	전세계	도로망, 지명 등	오픈스트리트맵(http://www.openstreetmap.org)
			국가경계, 주요 도시, 도로, 철도, 공항, 항구, 시가화 지역, 공원 등	Natural Earth (http://www.naturalearthdata.com/downloads)
		우리나라	도로명주소, 도로 및 건물정보	도로명주소안내시스템(http://www.juso.go.kr)
			도로망, 교통 네트워크 데이터 등	국가 교통DB센터(http://www.ktdb.go.kr)
			행정구역 경계(시·군·구, 행정읍·면·동, 집계구) 및 통계자료	통계지리정보서비스(http://sgis.kostat.go.kr)
			토지피복도, 생태자연도, 국토환경성 평가지도 등	환경공간정보서비스(http://egis.me.go.kr)
			임상도, 산림입지도, 산사태위험등급도, 임도망도 등	산림공간정보서비스 (fgis.forest.go.kr)
			문화재 정보	문화재 공간정보서비스(http://gis-heritage.go.kr)
			기상관측자료 등	기상청(http://www.kma.go.kr)
			학교, 편의점, 공시지가, 인구, 추정소득분위, 기업 정보 등	국가공간정보유통시스템 (http://www.nsic.go.kr/ndsi/main.do)
			도시계획지역/지구, 시설, 새주소도로 및 건물, 산사태 위험지도, 교통 CCTV 등	브이월드(www.vworld.kr)
	래스터	전세계	30m 해상도 DEM	GDEM 30M(http://reverb.echo.nasa.gov/reverb)
			30/90m 해상도 DEM	SRTM 30M, 90M(http://www.geosage.com)
			SPOT 영상의 식생지수	SPOT-VGT NDVI: VITO Observation (http://www.spot-vegetation.com)
			랜드샛 영상	Landsat Series(http://landsat.usgs.gov)
텍스트 데이터			공간데이터, 텍스트데이터	각국의 데이터 제공 사이트 우리나라 공공데이터포털(https://www.data.go.kr) 서울 열린데이터 광장(https://data.seoul.go.kr) 정부 부처별 웹사이트 등

〈표 4-5〉 국가공간정보유통시스템에서 제공하는 민간-무료 데이터

	데이터	유형	상세정보	데이터 형식
1	주거인구	격자중심점(100m 단위)	성/연령별 인구 수	GRS80/TM/중부/.shp
2	아파트	격자중심점(100m 단위)	가격/평형정보	GRS80/TM/중부/.shp
3	빌라	격자중심점(100m 단위)	가격/평형정보	GRS80/TM/중부/.shp
4	추정소득분위	격자중심점(100m 단위)	평균소득 분위정보	GRS80/TM/중부/.shp
5	직장인구	격자중심점(100m 단위)	성/연령별 직장인 수	GRS80/TM/중부/.shp
6	벤처기업	격자중심점(100m 단위)	기업정보 중 벤처기업 수	GRS80/TM/중부/.shp
7	수출입기업	격자중심점(100m 단위)	기업정보 중 수출입기업 수	GRS80/TM/중부/.shp
8	코스닥상장기업	격자중심점(100m 단위)	기업정보 중 코스닥 상장기업 수	GRS80/TM/중부/.shp

9	외국인투자기업	격자중심점(100m 단위)	기업정보 중 외국인 투자기업 수	GRS80/TM/중부/.shp
10	외부감사기업	격자중심점(100m 단위)	기업정보 중 외부감사기업 수	GRS80/TM/중부/.shp
11	1,000대 기업	지적기반(point 단위)	기업명	GRS80/TM/중부/.shp
12	은행	지적기반(point 단위)	은행명	GRS80/TM/중부/.shp
13	어린이집	지적기반(point 단위)	명칭	GRS80/TM/중부/.shp
14	유치원	지적기반(point 단위)	명칭	GRS80/TM/중부/.shp
15	초등학교	지적기반(point 단위)	명칭	GRS80/TM/중부/.shp
16	중학교	지적기반(point 단위)	명칭	GRS80/TM/중부/.shp
17	고등학교	지적기반(point 단위)	명칭	GRS80/TM/중부/.shp
18	대학교	지적기반(point 단위)	명칭	GRS80/TM/중부/.shp
19	병원	격자중심점(100m 단위)	병원 수	GRS80/TM/중부/.shp
20	편의점	격자중심점(100m 단위)	편의점 수	GRS80/TM/중부/.shp
21	토지	격자중심점(100m 단위)	2000~2010년 공시지가	GRS80/TM/중부/.shp

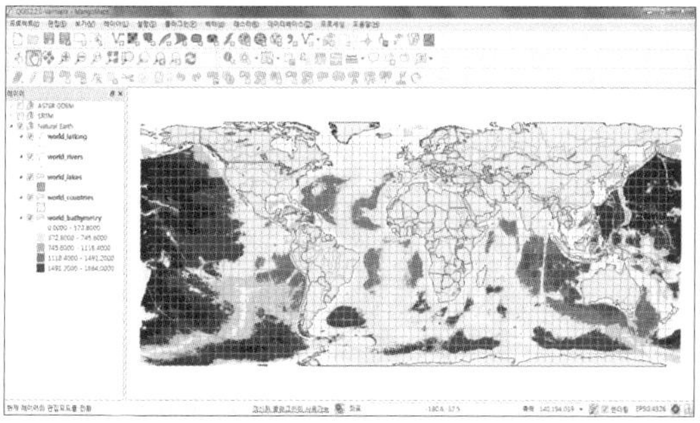

Natural Earth data(벡터 데이터)

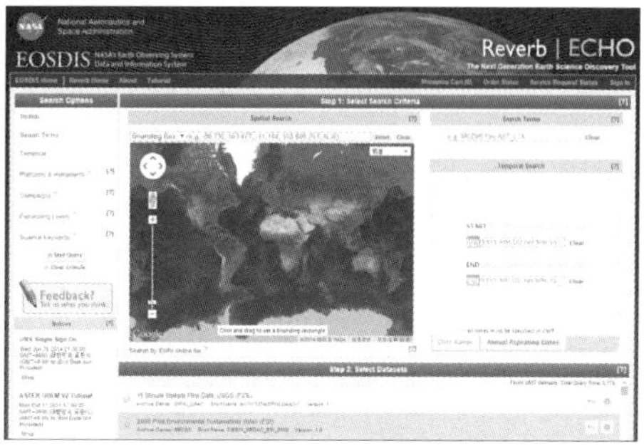

Aster GDEM(30M DEM 데이터)

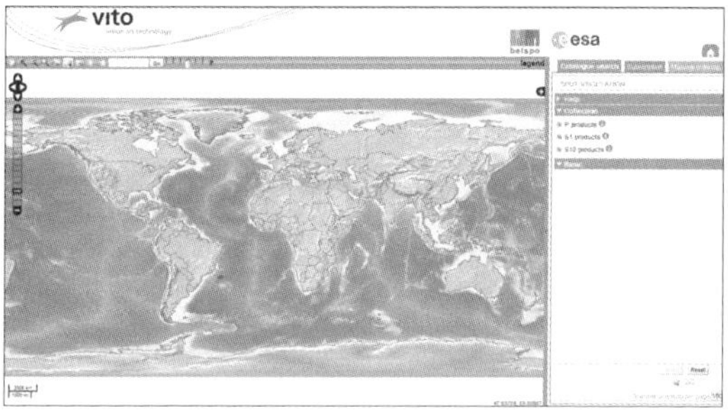

SPOT-VGT NDVI: VITO Observation(SPOT영상)

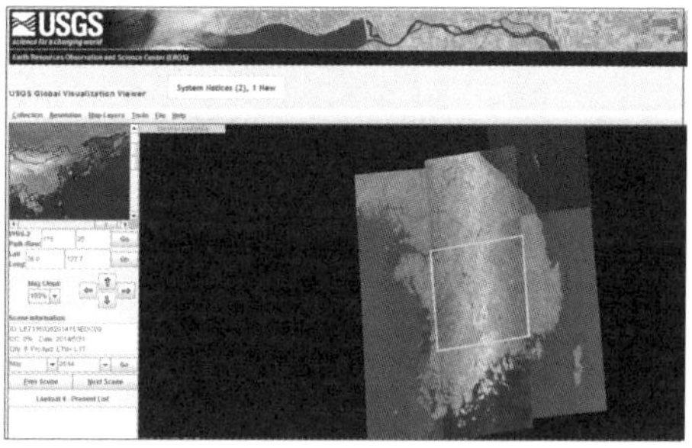

랜드샛 Series:USGS Global Visualization Viewer(랜드샛 영상)

〈그림 4-20〉 전 세계 데이터를 다운로드할 수 있는 사이트

구글, 브이월드 등에서 제공하는 지도는 지도 API를 통해 활용이 가능하며, QGIS에서는 플러그인을 설치하여 배경지도로 활용할 수 있다.

〈표 4-6〉 서울 열린데이터 광장 공간데이터 제공 목록 예시

	데이터	상세정보	데이터 형식
1	방재시설 현황(구호소/대피소)	WGS1984, ITRF2000	.shp
2	공중화장실 공간정보	WGS1984, ITRF2000	.shp
3	도서관 공간정보	WGS1984, ITRF2000	.shp
4	가로수 공간정보	WGS1984, ITRF2000	.shp
5	자전거도로 공간정보	WGS1984, ITRF2000	.shp
6	연강수량(1998~2009년 평균) 공간정보	WGS1984, ITRF2000	.shp
7	겨울철평균기온(1998~2009년 평균) 공간정보	WGS1984, ITRF2000	.shp
8	가을철평균기온(1998~2009년 평균) 공간정보	WGS1984, ITRF2000	.shp
9	여름철평균기온(1998~2009년 평균) 공간정보	WGS1984, ITRF2000	.shp
10	봄철평균기온(1998~2009년 평균) 공간정보	WGS1984, ITRF2000	.shp
11	행정동별 지역난방 사용량(2005~2008) 공간정보	WGS1984, ITRF2000	.shp
12	행정동별 가스 사용량(2005~2008) 공간정보	WGS1984, ITRF2000	.shp
13	행정동별 전력 사용량(2005~2008) 공간정보	WGS1984, ITRF2000	.shp
14	행정동별 상수도 사용량(2005~2008) 공간정보	WGS1984, ITRF2000	.shp
15	연평균최저기온/최고기온(2005~2008) 공간정보	WGS1984, ITRF2000	.shp

〈표 4-7〉 서울 열린데이터 광장 주소정보(위치정보)를 보유하고 있는 텍스트데이터 예시

	데이터	주소정보	데이터 형식
1	서울 주차정보 안내	○	.xls
2	지하철역별 승하차인원	지하철역 정보	.xls
3	버스노선별/정류장별 승하차인원	버스정류장명, ID	.xls
4	문화재정보	○	.xls
5	장애인도서관 정보	○	.xls
6	공영주차장 주차가능 대수	○	.xls
7	가로판매대 공간정보	○	.xls
8	장애인 시설정보	○	.xls
9	공공 와이파이 위치정보	○	.xls
10	구두수선소 공간정보	○	.xls
11	시장·마트정보	○	.xls
12	전통시장정보	○	.xls
13	공공체육시설정보	○	.xls
14	노인복지시설정보	○	.xls
15	공원정보	○	.xls

4.2.2 공간데이터 입력

입력되는 자료에 대한 분석을 위해서는 가공작업이 필요하다. 가공작업은 자료 유형별로 상이한데, 이를 정리한 내용은 〈표 4-8〉과 같다. 벡터 형식의 공간데이터로 자료를 취득한 경우, 자료의 포맷을 확인하고 적절한 포맷을 선택하도록 한다. 최근에 표준화에 대한 중요성과 함께 shp나 xml, wfs 등의 형태로 제공되는 데이터가 많지만 일부 기관의 고유형태로 제공되는 데이터의 경우 자료의 변환이 필요할 수도 있다. 또한 출처가 다른 데이터를 중첩하여 사용하고자 할 경우 좌표계를 일치시켜야 하는데 이때 기준이 되는 좌표계로 좌표계를 통일해 주어야 활용이 가능하다.

이미지 형태로 제공되는 자료 유형은 크게 2가지로 나누어 볼 수 있다. 첫째는 항공사진이나 인공위성영상과 같은 이미지 데이터이다. 위성영상의 경우 〈그림 4-21〉과 같은 위성영상의 좌표계 등록 및 영상처리과정이 필요하다. 두 번째는 〈그림 4-22〉와 같이 종이지도 형태의 자료를 스캐닝하여 활용해야 하는 경우이다. 최근에는 대부분의 자료들이 디지털 형태로 존재하지만 과거 고지도나 지형도 등은 종이지도 형태로 존재하는 경우도 다수 있다. 이 경우 자료를 스캐닝한 후 기준점을 알고 있는 명확한 점에 대해 투영좌표계 값을 부여하는 지상기준점(GCP: ground control point) 설정 후 화면상에서 추출하고자 하는 정보를 벡터라이징할 수 있다. 예를 들면, 〈그림 4-22〉는 1964년 도로망으로, 2014년과 비교하여 도로망이 얼마나 발달하였는지를 비교하기 위해 도로망을 벡터라이징하는 경우라 할 수 있다. 스크린 상에서 벡터화한 이후 수정작업이 이뤄져야 하는데 디지타이징 이후 흔히 발생하는 오류와 이를 위한 수정작업은 〈그림 4-23〉과 같으며, 입력데이터의 오류를 수정하는 작업이 필요하다.

시트 형태의 자료라 함은 엑셀자료나 csv(comma-separated values: 몇 가지 필드를 쉼표로 구분한 텍스트 데이터 및 텍스트 파일), txt 형태의 자료를 말한다. 이러한 시트 형태의 데이터를 공간데이터로 구축하는 과정은 크게 3가지 경우로 나눠 볼 수 있다. 첫째는 시트 형태의 자료에 경위도 좌푯값이 포함되어 있는 경우이다. 이 경우는 경위도 좌푯값을 위치정보로 지정하면 공간데이터 레이어로 구축하여 활용할 수 있다. 둘째는 시트 형태의 자료에 주소정보가 포함하고 있는 경우이다. 지번주소이든 새주소이든 주소정보가 정확하면 지오코딩(geocoding) 작업을 통해 공간데이터로 구축할 수 있다. 셋째는 통계자료이다. 예를 들면, 우리나라 시·군·구별 통계, 시·도별 통계, 행정동별 통계, 전 세계 국가별 통계자료의 경우는 행정경계를 나타내는 공간데이터와 결합하여 공간데이터의 속성값으로 부여하고 분석이 가능하다.

API 형태로 제공되는 데이터는 API 코드를 분석하여 활용할 수 있는데 이런 경우 대부분이 개발

〈표 4-8〉 GIS에 입력되는 자료유형별 필요한 가공 절차

자료 유형	제공 형태	필요한 가공
지도	2·3차원의 지도 형태 데이터 제공 공간데이터 원(Raw) 파일 제공(SHP, DXF, GML)	• 데이터 포맷 확인 및 변환 • 좌표계 확인 및 좌표계 등록
이미지	이미지 자료(jpeg, img, tiff 등)	• 이미지스캐닝 → 지상기준점등록(GCP 설정) → 벡터라이징 → 오류 수정
시트 (sheet)	csv, xls 등 테이블 형태의 데이터 세트	• 경위도 좌푯값이 있는 경우: 위치정보를 지정하여 레이어로 등록 • 주소정보가 있는 경우: 주소정보를 지오코딩하여 레이어로 등록 • 통계자료: 행정경계 공간데이터와 연계하여 행정구역의 속성자료로 활용
API	오픈 API 형태로 제공(지도 API, 데이터 API)	• API 코드를 분석하여 활용

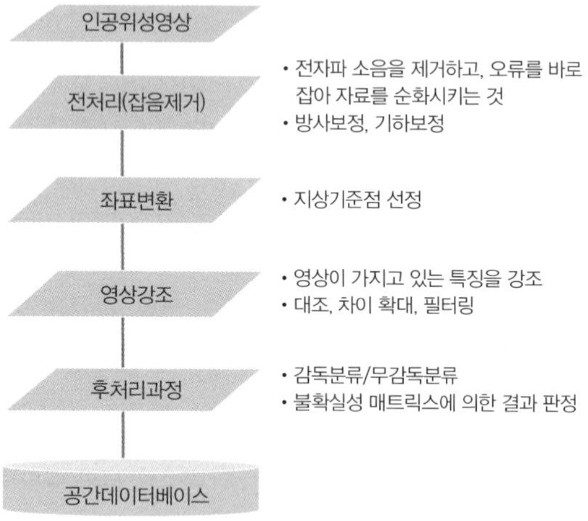

〈그림 4-21〉 위성영상 처리과정

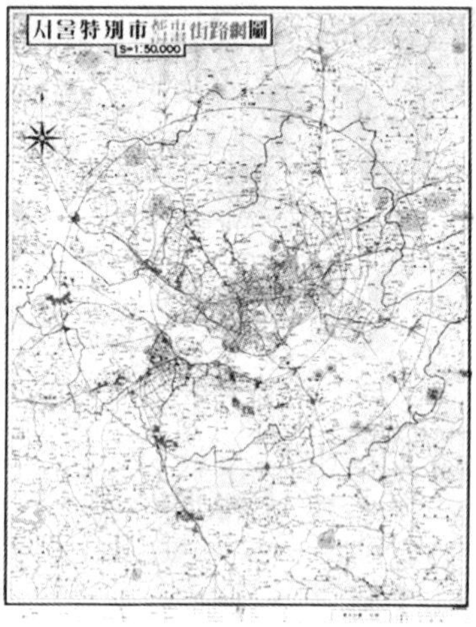

〈그림 4-22〉 1964년 서울시 도로망도
(스캐닝 후 벡터라이징 필요)

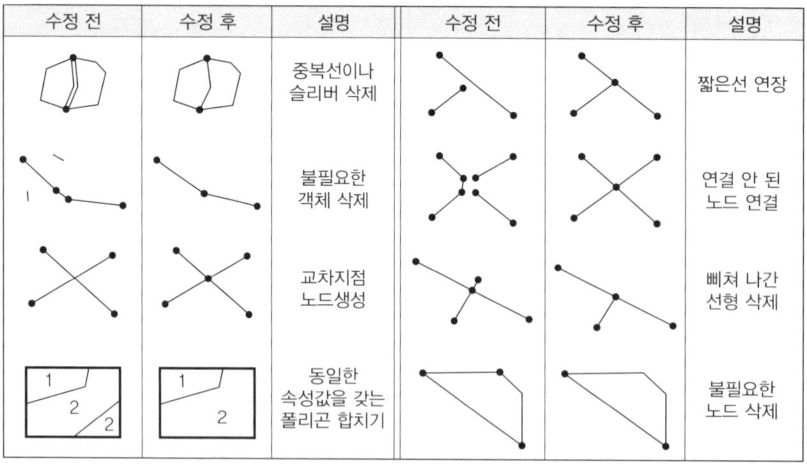

〈그림 4-23〉 디지타이징 오류 수정

〈표 4-9〉 지도 및 데이터 API 제공 사이트

유형	사이트
구글맵	https://developers.google.com/maps/documentation/javascript/tutorial?hl=ko
브이월드	http://dev.vworld.kr/dev/api.do
네이버지도	http://developer.naver.com/wiki/pages/mapAPI
다음지도	http://apis.map.daum.net
공공데이터포털	https://www.data.go.kr
서울 열린데이터 광장	http://data.seoul.go.kr/openinf/develop/developer.jsp

자를 위한 것이며, API를 활용하는 방법을 함께 제공하기 때문에 활용법을 숙지한 후 활용이 필요하다(4.5절 참조).

4.2.3 공간데이터 모델

1) 데이터 모델의 개념

GIS 분석 과정은 실세계의 다양한 현상들을 인지하고, 관찰한 것을 측정하고, 이를 데이터 모델화하여 컴퓨터에서 작동 가능한 데이터베이스로 구축한 후, 다양한 분석 기법을 적용하여 그 결과를 표현하고 해석하며, 예측하는 일련의 과정이라 할 수 있다. 이 과정 가운데 데이터 모델화란 실세계의 다양하고 복잡한 현상들을 한정된 컴퓨터 내에 나타나기 위해 무엇을 어떻게 나타낼 것인가를 구조화하는 작업이라 할 수 있다. 데이터 모델화 과정에서는 실세계의 지리공간을 어떻게 인지하고 개념화할 것인가가 매우 중요하다.

일반적으로 지리공간은 건물, 도로, 필지, 맨홀, 공원 등과 같이 분명하게 하나의 실체로 인식될 수 있는 객체(object)와 기온, 바람, 압력, 고도 등과 같이 공간상에 연속적으로 나타나면서 변이를 나타내는 장(field)으로 구분할 수 있다. 객체란 이산적이며 뚜렷한 속성을 가지고 있어 그 경계가 뚜렷하게 구분되는 실체라 할 수 있다. 객체는 대개 점, 선, 면으로 나타내며, 객체와 속성을 나타내는 속성정보를 포함하는 것이 일반적이다. 필드는 연속적인 현상을 나타내는 데 사용되며, 연속적인 현상을 표면으로 나타내기 위해 표면을 격자형으로 분할하여 규칙적인 셀 형태로 나타내거나 '불규칙삼각망' 또는 'TIN(triangulated irregular networks)'으로 나타내기도 한다. 셀은 삼각형, 사각형, 육각형 등의 모양을 가지고 있으며, 그리드 혹은 이미지 형태로 나타낸다.

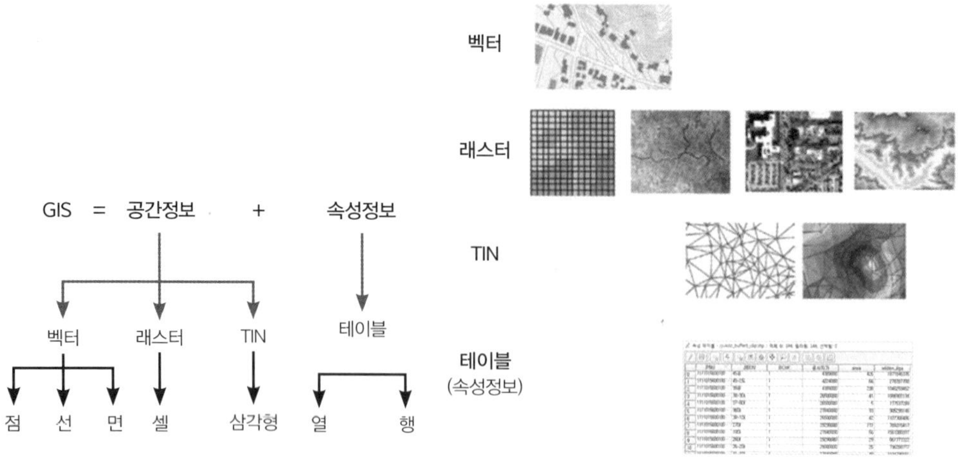

〈그림 4-24〉 GIS 데이터 모델

데이터 모델이란 실세계를 추상화시켜 표현하는 것으로 데이터 모델화는 실세계를 추상화시키는 일련의 과정이라고 볼 수 있다. 실세계의 지리공간을 GIS의 데이터베이스로 구축하는 과정은 추상화 수준에 따라 개념적 모델, 논리적 모델, 물리적 모델의 세 단계로 나눌 수 있다. 개념적 모델이란 실세계에 대한 사람들의 인지를 나타낸 것으로, 사용자의 견해와 관점에 따라 동일한 지역도 다르게 개념화될 수 있다. 이 단계에서 추상화된 정보가 데이터에 담기게 된다. 개념적 모델링은 데이터베이스를 디자인하는 과정의 일부이지만 컴퓨터의 실행 여부와는 관련이 없으며, 데이터베이스와도 독립적이다. 개념적 데이터 모델로 공통적으로 사용하는 것의 하나는 실체-관계(E-R: entity-relationship) 데이터 모델이다. 논리적 데이터 모델은 데이터베이스의 실행을 염두에 두고 보는 관점이다. 따라서 논리적 모델에서는 실세계를 다이어그램, 리스트, 테이블로 나타내며, 데이터가 보다 공식적으로 기록된다. 추상화의 마지막 단계인 물리적 데이터 모델은 컴퓨터에서 데이터의 물리적 저장을 의미한다. 즉 데이터가 기록되는 포맷, 기록되는 순서, 접근경로 등을 나타내는 것으로 하드웨어와 소프트웨어에 의존적이다.

2) 벡터데이터 모델

벡터데이터 모델은 실세계에서 나타나는 다양한 대상물이나 현상을 점, 선, 다각형을 사용하여 표현하는 것으로, 벡터데이터의 구조는 객체들의 지리적 위치를 방향성과 크기로 나타낸다. 각 객체들은 그들의 지리적 위치와 속성에 의해서 데이터 구조가 설계된다. 예를 들면, 맨홀은 하나의

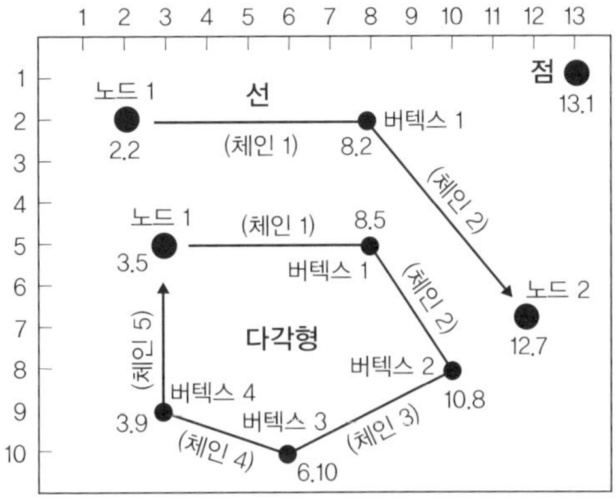

〈그림 4-25〉 벡터데이터 구조

점 좌표(x, y)와 라벨로 표현되며, 도로중심선은 시작되는 노드(x, y) 와 끝나는 노드(x, y), 그리고 라벨로 구성된 선형으로 표현될 수 있다. 그리고 건물경계는 일련의 점 좌표(x, y)와 라벨을 포함하는 폴리곤으로 표현될 수 있다. 선형으로 나타내는 객체의 경우 직선으로 나타내는 객체는 시작과 끝나는 점 두 개의 x, y 좌표 쌍으로 구축된다. 그러나 연속적인 복잡한 선으로 나타내야 하는 경우 노드(node)와 버텍스(vertex)를 통해 나타내며, 굴곡이 심한 복잡한 객체는 일련의 체인으로 곡선 형상을 직선의 집합으로 나타낸다.

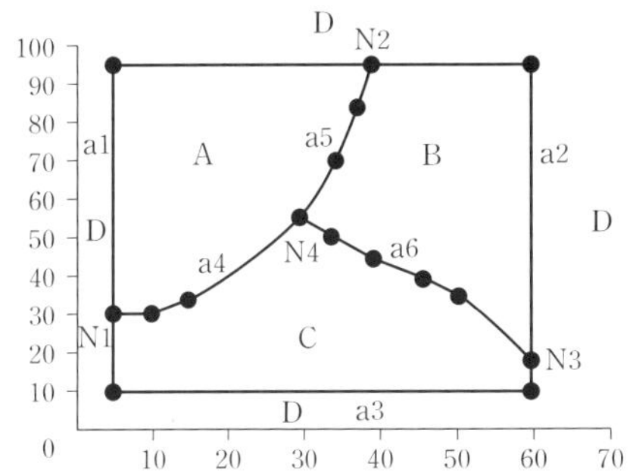

Arc Topology				
Arc	Start Node	End Node	Left Polygon	Right Polygon
a1	N1	N2	D	A
a2	N2	N3	D	B
a3	N3	N1	D	C
a4	N1	N4	A	C
a5	N4	N2	A	B
a6	N3	N4	C	B

Polygon Topology	
Polygon	Arcs
a3	a1, a4, a5
a4	a2, a5, a6
a5	a3, a4, a6
a6	Outside study area

Node Topology	
Node	Arcs
N1	a1, a3, a4
N2	a1, a2, a5
N2	a2, a3, a6

〈그림 4-26〉 위상 구조를 갖는 벡터데이터

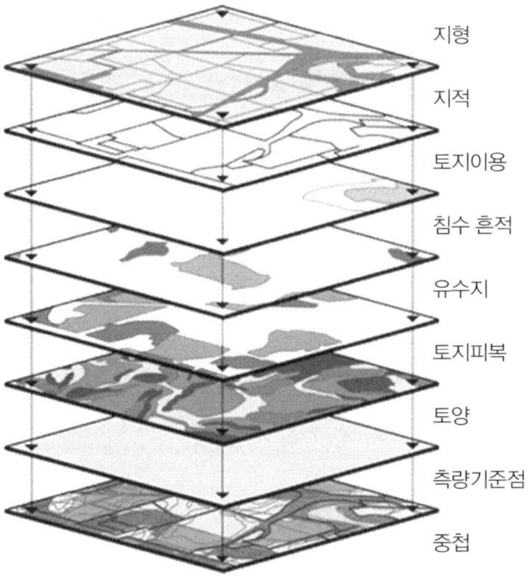

〈그림 4-27〉 레이어별 벡터데이터 구축

벡터데이터를 구축하는 데 위상구조를 만드는 것은 매우 중요한 작업이다. 위상관계란 객체들의 공간관계를 명시적으로 정의하는 것으로, 객체들이 위상관계에 대한 정보를 갖고 있는 경우 유사한 성격을 갖는 다각형을 결합할 수도 있고, 중첩을 비롯한 다양한 공간분석 기능을 수행할 수 있다. 벡터데이터의 위상구조가 구축되면 객체들 간의 인접성, 연결성, 포함성에 대한 정보를 파악할 수 있게 되고, 이를 통해 공간분석에 유용하게 활용할 수 있게 된다. 예를 들면, 주어진 도로의 왼편에는 어떤 지역이 있고, 오른편에는 어떤 지역이 있는지를 파악할 수 있다. 또한 끝나는 지점에서 어떤 도로와 연결되는지에 대한 정보를 추출할 수 있다. 벡터데이터로 실세계를 모델링할 때 해당 지역은 분석 목적에 맞게 여러 개의 레이어로 구성하며 하나의 레이어는 점, 선, 폴리곤 등 계통적으로 분석 목적에 따라 데이터를 구축하게 된다.

3) 래스터데이터 모델

래스터데이터 구조는 실세계의 객체를 그리드(grid), 셀(cell) 또는 픽셀(pixel)이라고 불리는 '최소 지도화 단위'의 집합으로 나타낸다. 래스터데이터는 전체 면을 일정 크기의 셀로 분할하고, 각 셀에 속성값을 입력하고 저장하여 연산하는 구조이다. 래스터데이터 구조는 도면자료를 스캐닝하거나 항공사진, 인공위성을 통해 수신하여 얻은 영상자료들이 대표적이다. 래스터 구조는 각 셀별로 정보의 유무에 따라 '1' 또는 '0'으로 주어진 객체의 이미지를 저장하며, 위치정보는 행과 열에 의해 자동적으로 결정되는 단순한 구조라고 볼 수 있다. 래스터 구조는 실세계를 규칙적인 모양으로 공간 분할하여 나타내며, 모든 객체는 한 픽셀에 의해 표현되기 때문에 공간 분할 방식이 매우 중요하다. 공간 분할 방식에는 사각형, 육각형, 삼각형 등이 있으나 사각형의 공간 분할이 가장 보편적으로 사용되고 있다. 래스터데이터 구조가 가지는 가장 큰 문제는 객체의 형상이 사각형이나 각진 모양인 경우를 제외하고는 대부분 객체의 형상과 크기가 부정확하게 나타나게 된다는 점이다. 이와 같이 래스터데이터 구조는 객체의 형상을 일반화시키고 공간적 부정확성과 분류의 부정확성을 가져온다. 이러한 오차는 크게 문제시되지 않을 수도 있으나 데이터의 사용 목적에 따라서는 상당히 심각할 수도 있다. 오차를 줄이는 방법은 공간해상도를 높여서 셀의 수를 증가시키는 것이다. 공간해상도가 높을 경우 객체의 형상을 보다 정확하게 나타낼 수 있으므로 지도화와 공간분석 시에 선호되는 장점이 있는 반면, 많은 수의 셀을 처리하는 데 드는 시간과 큰 저장 용량을 필요로 하게 되는 점은 단점이라 할 수 있다.

래스터데이터 구조의 경우 셀 위치 자체가 지리적 위치에 대한 정보를 가지고 있다. 일반적으로 좌상점과 우하점이 지리적 위치를 나타내는 기준점이 된다. 이러한 (x, y) 좌표와 셀의 크기는 임의의 셀의 지리적 위치를 결정하는 데 사용된다. 래스터데이터 구조에서 모델링이나 중첩과 같은 공간분석이 용이하게 이루어지는 것은 바로 동일하게 공간 분할된 구조하에서 각 셀은 동일한 좌표계를 가지게 되며, 주제별로 구축된 레이어는 정확하게 중첩될 수 있기 때문이다.

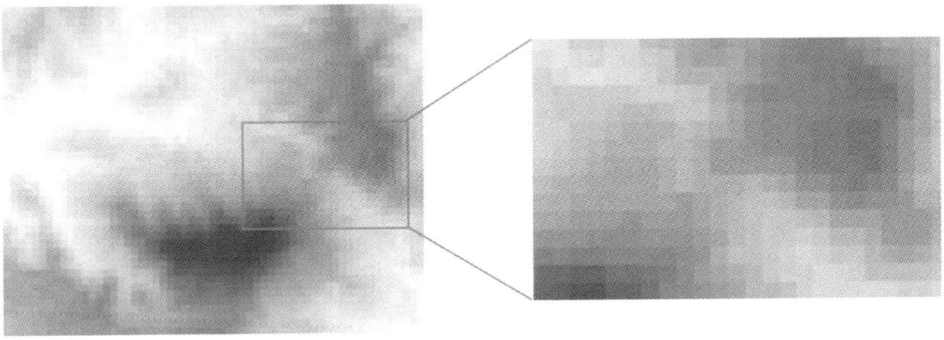

〈그림 4-28〉 래스터데이터에서 고도 표현

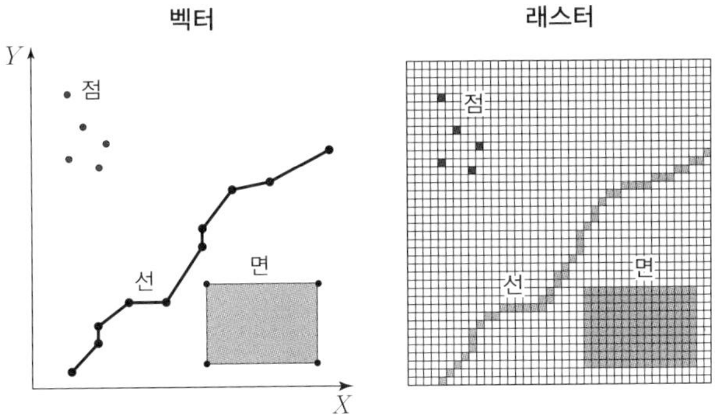

〈그림 4-29〉 벡터데이터 모델과 래스터데이터 모델의 비교

4) 벡터데이터와 래스터데이터의 호환

GIS 데이터베이스 구축 시에 벡터데이터 모델과 래스터데이터 모델의 선택은 매우 중요하다. 두 데이터 모델은 근본적인 차이점을 갖고 있기 때문에 사용 목적에 부합되는 데이터 모델을 선택하는 것이 중요하다. 두 데이터 모델의 장단점을 비교하면 〈표 4-10〉과 같다. 이와 같이 두 데이터 모델은 서로 다른 장단점을 보유하고 있기 때문에 GIS 소프트웨어에서는 벡터데이터와 래스터데이터 간 호환 기능을 제공하는 경우가 대부분이다.

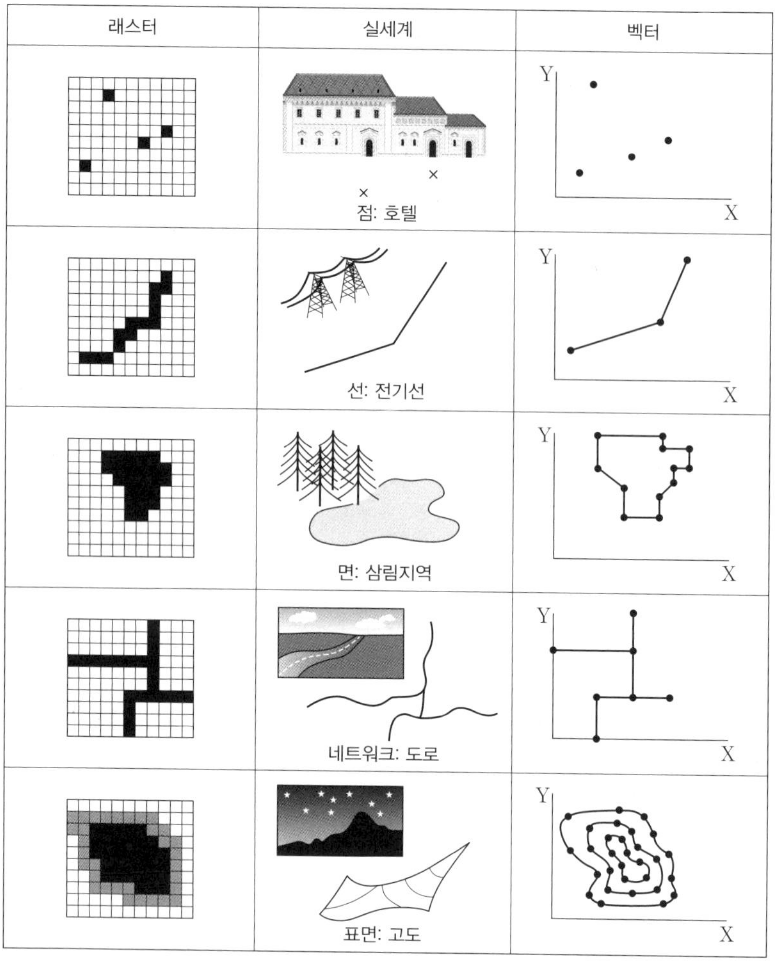

〈그림 4-30〉 벡터와 래스터데이터 모델에서 실세계 모델링

〈표 4-10〉 벡터데이터와 래스터데이터 모델의 장단점 비교

	벡터데이터 모델	래스터데이터 모델
장점	• 시각적 효과가 높으며, 실세계 묘사 가능 • 결과물에 대한 상세 표현 가능 • 위상관계 표현 가능 • 저장 공간을 적게 차지 • 공간객체에 속성정보의 추출, 일반화, 갱신이 용이	• 데이터 구조가 단순 • 공간분석 기능을 쉽고 빠르게 처리 • 인공위성영상자료와 연계가 용이하며, 영상자료를 GIS 데이터화하기 용이 • 다양한 모델링 작업이 용이
단점	• 데이터의 구조가 복잡하며, 래스터데이터보다 관리가 어려움 • 데이터의 수정이 래스터데이터보다 어려움 • 공간 연산이 상대적으로 어렵고 시간이 많이 소요	• 시각적 효과가 떨어지며, 공간적으로 부정확 • 일반화에 따른 공간적 부정확성 및 해당 위치에 대한 정확한 정보 전달 미흡 • 벡터데이터와 비교 시 상대적 해상력이 낮음 • 많은 저장 공간을 필요로 함

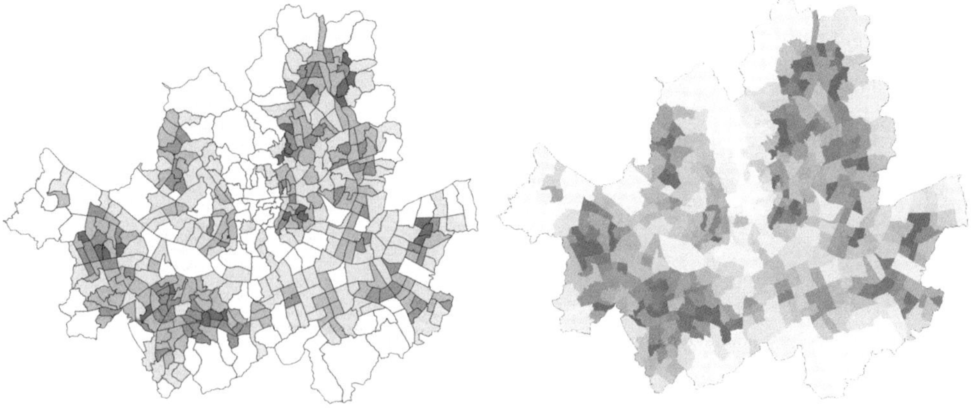

〈그림 4-31〉 서울시 동별 인구밀도 지도(벡터)를 래스터데이터로 변환

5) TIN 데이터 모델

불규칙삼각망 또는 TIN 데이터 모델은 불규칙적으로 존재하는 일련의 삼각형을 생성하여 배열한 것이다. TIN 데이터 모델에서 표면은 표본 추출된 표고점들을 선택적으로 연결하여 형성된 겹치지 않는 부정형의 삼각형으로 이루어진 모자이크식으로 표현된다. TIN 모델의 특징은 추출된 표본점들이 x, y, z값을 가지고 있다는 점과 벡터데이터 모델이기 때문에 위상구조를 갖고 있다는 점이다. TIN 데이터 구조는 TIN의 생성을 제어하는 일종의 삼각형 분할규칙에 토대를 두고 있다. 상당히 많은 점(x, y, z)들을 연결하여 삼각형을 구축하는 방법은 다양할 수 있으며, 그 결과 생성되는 등고선도 달라질 수 있는데, 표본점으로부터 삼각형의 네트워크를 생성하는 방법으로 가장 널리 사용되고 있는 방법은 들로네(delaunay) 삼각법이다. 들로네 삼각법은 티센(thiessen) 다각형 또는 보로노이(voronoi) 폴리곤이라고 불리는 최근린 지역의 개념을 토대로 하고 있다. 여기서 최근린 지역은 일련의 점으로 구성되는 지리적 영역을 다각형으로 분할하여 생성된 폴리곤이다.

일반적으로 TIN의 데이터 구조는 삼각형과 노드, 변으로 구성된다. 노드는 (x, y, z) 좌푯값으로 정의되고, 삼각형은 이웃하는 각 노드를 연결하여 구축된다. TIN 데이터는 기본적으로 아크속성테이블과 노드속성테이블, 폴리곤 속성테이블의 3가지 속성테이블을 포함하게 된다. 폴리곤 속성테이블에는 각 삼각형을 구축하고 있는 변들과 인접한 삼각형에 대한 정보를 갖고 있으며, 아크속성테이블은 모든 변의 연결성과 방향성을 알려 주는 노드에 대한 정보를 갖고 있다. 이와 같이 TIN 데이터는 위상관계를 갖고 있기 때문에 각 면의 경사도나 경사의 방향을 쉽게 산출할 수 있으며, 복잡한 지형을 표현하는 데도 매우 효과적이다. TIN 모델은 표본지점의 위치와 표본지점의 수

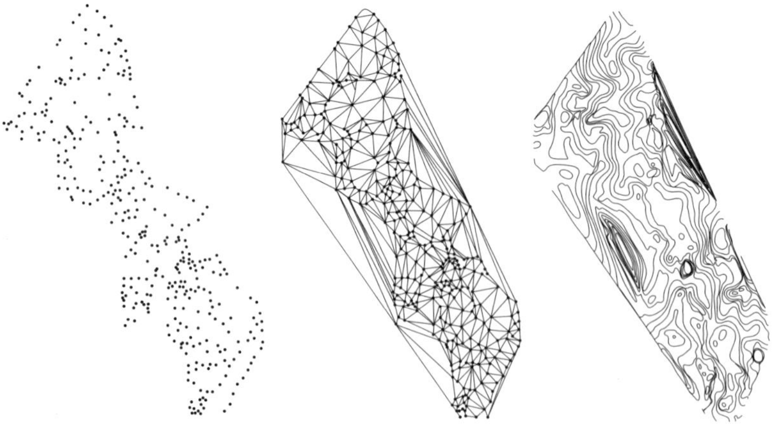

표본지점　　　　TIN　　　　보간된 등치선

〈그림 4-32〉 표본데이터를 이용한 TIN과 지형기복도 구축

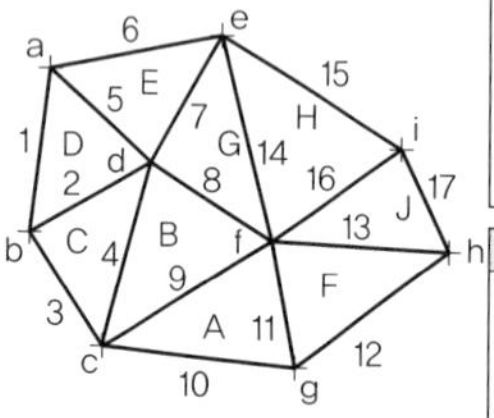

변 ID	길이	from-node	to-node
1	124	b	a
2	108	b	d
3	119	c	b
4	178	c	d
5	120	d	a
…	…	…	…
…	…	…	…

노드 ID	X	Y	표고
a	780,005	33,036	100
b	780,003	33,020	92
c	780,016	33,005	85
d	780,021	33,028	120
e	780,048	33,010	95
…	…	…	…
…	…	…	…

삼각형 ID	면적	변 1	변 2	변 3	이웃하는 삼각형
A	7800	9	10	11	B, F, …
B	8210	9	4	8	A, G C
C	6504	2	4	3	D, …, B
D	6890	1	2	5	…, E, C
E	7650	5	6	7	G, D, …
…	…	…	…	…	…
…	…	…	…	…	…

〈그림 4-33〉 TIN데이터 구조

를 선택할 수 있기 때문에 기복이 심한 지형이나 절단면을 표현하는 데 적합하다.

4.3 공간데이터 자료관리

4.3.1 공간데이터베이스 개요

공간데이터베이스는 문자나 숫자 등으로 표현되는 비공간데이터와 공간객체의 좌푯값 등으로 표현되는 공간데이터의 집합이다. 공간데이터베이스에서는 공간데이터 타입을 저장할 수 있고 공간데이터와 관련된 질의를 처리할 수 있으며, 공간 인덱스의 사용 및 공간질의 처리의 최적화가 가능하다. 이러한 공간데이터베이스의 구조는 사용자 정의 타입 및 함수를 생성할 수 있는 객체 관계형 데이터베이스를 확장하는 구조가 가장 적합한 것으로 알려져 있다(Guting, 1994).

공간데이터베이스에서 주로 다루는 지리, 객체(일반적으로 공간객체)는 객체의 일반적 속성, 객체의 기하학적 속성에 대한 기하(geometry), 객체 간 공간적 관계에 대한 위상을 포함한다. 공간데이터베이스는 비공간데이터와 공간데이터를 논리적 레벨에서 표현하고 조작할 수 있어야 하고, 이러한 데이터를 물리적 레벨에서 효율적으로 저장·처리할 수 있어야 한다. 공간데이터는 일반적으로 비정형성과 대용량성의 두 가지 특징을 갖는다. 비정형성이라는 것은 각 공간객체의 내용 및 구조가 객체 타입에 따라 다르게 표현되며, 같은 타입 간에도 점의 개수 및 서브 객체의 개수 등에 의해 다른 형태와 길이를 갖는다는 것을 말한다. 대용량성은 일부 공간데이터의 경우 DBMS 데이터 저장 공간의 한 페이지를 넘는 크기를 가질 수 있다. 공간데이터베이스는 공간데이터를 효율적으로 저장 및 연산하기 위해서 기존의 비공간데이터가 고려하지 않은 특성을 고려하여 구현되어야 한다.

즉 공간데이터베이스에서는 공간데이터의 논리적 데이터 표현이 가능해야 하고, 공간데이터에

〈표 4-11〉 비공간데이터베이스와 공간데이터베이스 비교

구분	비공간데이터베이스	공간데이터베이스
차원	일차원, 비대칭적 다차원	2차원 혹은 그 이상 대칭적 다차원
크기	수백 메가바이트~수 기가바이트	수기가바이트~테라(페타)바이트(대용량성)
복잡도	비교적 단순	상대적 복잡(위상적 정보를 포함)
특징	– 숫자/문자형 데이터 처리 – 일반데이터 정렬 가능	– 비정형(위상적, 기하학적) 특성 반영 – 공간 인덱스, 연산 및 데이터 모델 – 비공간데이터베이스와의 상호 결합

〈표 4-12〉 공간데이터베이스 주요 기술

개념	주요 내용
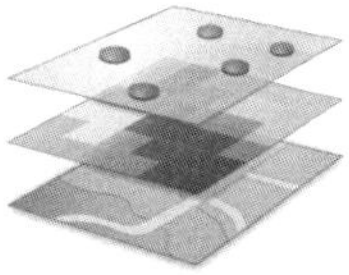	- 공간데이터의 표현에 대하여 정의하는 기술 - 공간데이터는 점, 선, 면 등과 같이 현실 세계에서 익숙하게 접하는 공간데이터 타입 지원 - 공간데이터 타입은 복잡한 공간객체를 표현하는 경우에도 가능한 단순하며 정확해야 함 - 모든 공간데이터 타입은 공간연산자에 의해 적용될 수 있음
	- 공간질의를 효율적으로 처리하기 위하여 공간데이터의 위상적 관계를 포함한 다양한 공간분석을 위한 연산자 - 공간데이터베이스는 유용하게 사용될 수 있는 다양한 공간연산자들을 지원함
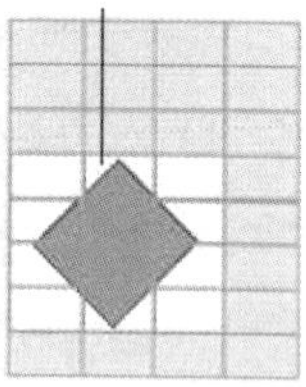	- 공간데이터에 대한 효율적인 접근을 위하여 공간질의 처리 시 실제로 접근할 데이터의 개수를 감소시키는 방법에 대한 기술 - 공간기반 인덱스: 공간을 사각형 셀로 분할하여 공간객체를 인덱싱하는 방법으로 Grid File, Quadtree 등 - 데이터기반 인덱스: 공간객체의 집합들로 분할하여 공간객체를 인덱싱하는 방법으로 R-tree, R*-tree 등

대한 공간 연산을 수행하기 위한 함수들이 제공되어야 하며, 공간데이터를 물리적 레벨에서 효율적으로 저장하고 공간 인덱싱을 통해 효율적으로 접근할 수 있어야 한다. 또한 공간객체의 공간데이터와 함께 연관된 위상데이터와 일반 속성데이터를 효율적으로 저장하고 관리할 수 있어야 한다. 공간데이터베이스의 주요 기술로는 공간데이터 모델링, 공간연산자, 공간 인덱스 등이 있다.

지리정보시스템에서 공간데이터베이스를 백-엔드(Back-end) 시스템으로 사용할 수 있고, 공간데이터베이스를 적절하게 사용함으로써 지리객체에 대한 정보를 효율적으로 분석·처리 가능하고 GIS 시스템의 효율성과 생산성을 증가시킬 수 있다.

4.3.2 공간데이터 모델

전통적인 공간데이터 모델은 공간을 연속적인 속성값으로 표현하는 필드 기반 모델과 점의 집합인 객체(혹은 개체)로서 표현하는 개체 기반 모델이 있다. 공간에 있는 각각의 점이 하나 또는 그 이상의 속성값을 갖고 있는 필드 기반 모델에서는 x, y에서의 연속적인 함수처럼 정의된다. 그러나 필드 기반 모델에서는 개체 기반 모델에서의 객체 개념이 고려되지 않는다. 개체 기반 모델에서 일반적으로 고려되는 주요 객체에는 위치를 나타내는 점, 두 점을 연결한 선, 연결된 선의 조

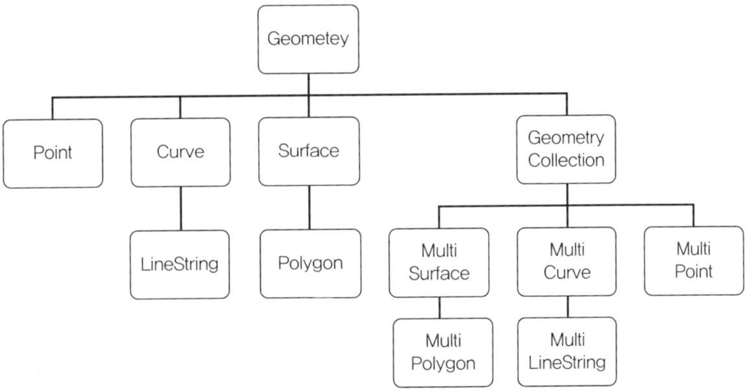

〈그림 4-34〉 OGC의 기하학 기본 클래스 계층도

합(Polyline), 다각형을 나타내는 폴리곤 등이 있다. OGC는 이러한 공간데이터베이스에 대해서 「OpenGIS Simple Features Specification for SQL Revision 1.1(Beddoe *et al* 1999)」을 통해 공간데이터 모델과 공간연산자를 정의하였고, 또한 공간데이터베이스의 스키마를 표준적으로 제시하고 있다. OGC의 공간데이터 모델은 개념적인 모델로, 특정 구현에 대한 모델이 아닌 추상적 정보 모델인 공간 스키마로 정의된다. 이러한 추상 명세(Abstract Specification)의 데이터 모델을 기반으로 OGC는 OpenGIS Simple Features Specification 등의 구현 명세(Implementation Specification)에서 좀 더 구체적인 OpenGIS 기하학모델을 제시하고, 실세계의 복잡한 공간 엔터티(Entity)를 객체(클래스) 계층으로 추상화하였다. 즉 공간데이터는 차원에 따라서 위치를 표현할 수 있는 점, 길이를 갖는 1차원의 선, 면적을 갖는 2차원의 면 등으로 나눌 수 있고 기하 객체를 차원 수에 따라 〈그림 4-34〉와 같이 정의하고 있다.

가장 상위의 기하학 클래스는 추상 클래스로서 모든 공간객체의 부모 클래스이다. 모든 기하학적 객체들은 정의된 좌표 공간에 대한 공간 참조체계와 연관된다. 그리고 기하학으로부터 상속받아 실제로 인스턴스를 생성할 수 있는 클래스는 계층도의 가장 하위의 클래스들인 'Point', 'LineString', 'Polygon', 'MultiPolygon', 'MultiLineString', 'MultiPoint'이다. 2차원 공간상에서 기하객체가 가질 수 있는 차원에 따라 0차원 객체를 나타내는 것은 포인트(Point), 1차원 객체를 나타내는 것은 라인스트링(LineString), 2차원 객체를 나타내는 것은 폴리곤(Polygon)으로 정의하고, 각각 이들의 복수 형태로 이루어진 것은 멀티포인트(MultiPoint), 멀티라인스트링(MultiLineString), 멀티폴리곤(MultiPolygon)으로 정의하고 있다. 공간데이터베이스는 이들 하위 객체들을 표준적인 SQL문을 사용하여 데이터베이스로부터 질의할 수 있고, 또한 기본 데이터

〈표 4-13〉 기하학적 객체 서브 타입

기하학적 객체 타입		명세	WKT 표현
Point	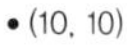	0차원 기하학 하나의 위치에 좌표 공간 표현	POINT(10 10)
LineString	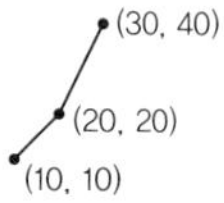	1차원 기하학 점 사이의 선형 보간 곡선	LINESTRING(10 10, 20 20, 30 40)
Polygon	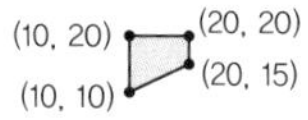	2차원 형상 그것은 그것의 외부 경계 링과 0개 이상의 내부 링에 의해 정의	POLYGON((10 10, 10 20, 20 20, 20 15, 10 10))
MultiPoint	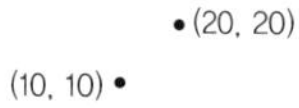	0차원 기하학 점의 모임	MULTIPOINT(10 10, 20 20)
MultiLine String	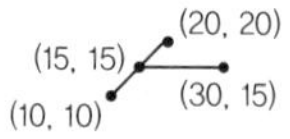	1차원 기하학 라인스트링 모임	MULTILINESTRING((10 10, 20 20),(15 15, 30 15))
Multi Polygon	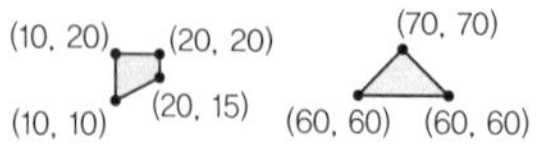	2차원 형상 다각형의 모임	MULTIPOLYGON(((10 10, 10 20, 20 20, 20 15, 10 10)),((60 60, 70 70, 80 60, 60 60)))
Geometry Collection	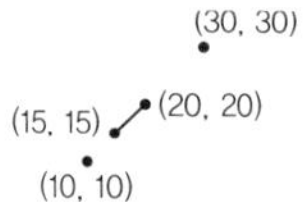	0, 1 또는 2차원 기하학 그것은 하나 이상의 형상 집합	GEOMETRYCOLLECTION (POINT(10 10), POINT(30 30), LINESTRING(15 15, 20 20))

타입처럼 다룰 수 있다.

OGC는 또한 공간데이터베이스의 기본적인 스키마를 제안하였는데, 이 스키마는 SQL3 이전에 발표되었기 때문에 'SQL92'와 'SQL92 with Geometry' 2가지를 각각 고려한 형태로 제안되었다. 여기서 SQL92를 이용하는 스키마는 관계형 데이터베이스를 확장하여 공간데이터베이스를 개발할 경우 표준이 되는 스키마이고, SQL92 with Geometry는 객체 관계형 데이터베이스를 확장하여 공간데이터베이스를 개발할 경우 표준이 되는 스키마이다(그림 4-35). 공간데이터베이스의 표준 스키마에서 피처테이블(Feature Table/View)은 하나 이상의 SQL 데이터 타입과 공간객체가 저장되는 테이블을 의미하며, SRS(SPATIAL_REFERENCE_SYSTEM) 테이블은 피처테이블의 기하학 속성이 가지는 좌표계에 대한 정보를 저장하고 있는 테이블을 의미한다. 그리고 GEOMETRY_COLUMNS 테이블은 피처테이블과 SRS 테이블을 관리하는 테이블로서 기하학에 대한 메타정보를 제공하는 테이블이다.

실제적으로 공간데이터가 저장되는 부분은 GEOMETRY_COLUMNS 테이블로, 공간질의가 발

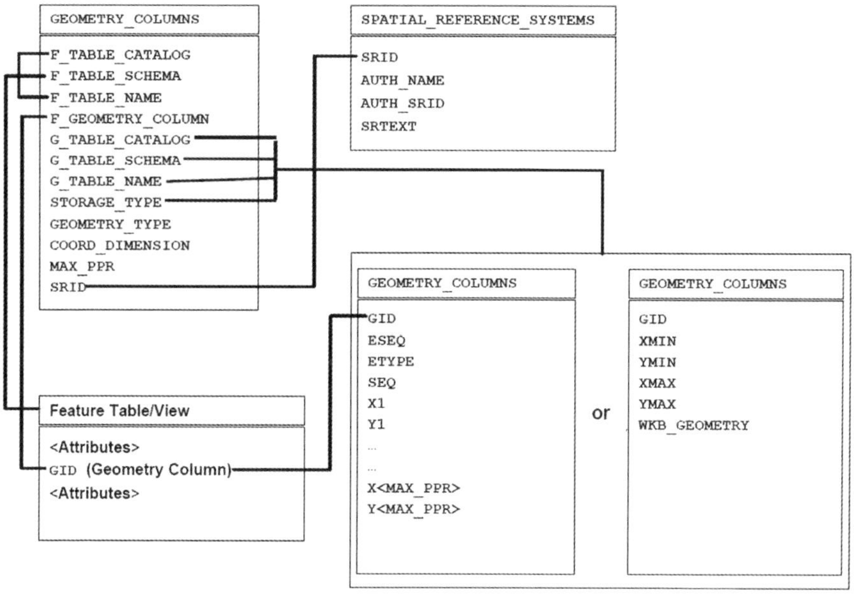

〈그림 4-35〉 공간데이터베이스의 표준 스키마

생할 때 사용되는 공간객체의 MBR(minimum bounding rectangle)에 대한 정보와 WKB(well known binary) 또는 WKT(well known text) 형식의 공간데이터를 저장한다. WKT는 공간객체를 문자와 숫자로 표현하여 SQL 등에서 직접 사용될 수 있는 텍스트 형식이다. 문법이 간결하고 읽기 쉽도록 디자인되어 있다.

WKB는 도형의 유형과 점수, 좌표 정보 등 지오메트리 정보를 바이너리 블록의 형태로 저장할 수 있도록 하는 일종의 데이터 포맷이다. 지오메트리 정보를 가지고 있는 BLOB(binary large object) 값이 표현하는 바이너리 스트림 형태로 지오메트리 데이터를 변환하기 위해 사용한다. 이러한 다양한 객체들은 각각의 좌푯값을 나타내는 포인트로 나뉘어 저장되는데, 이런 경우 8바이트를 갖는 더블(double) 타입의 x와 y값으로 저장된다. 예를 들어, 포인트(1 1)의 WKB 값으로 아래의 21바이트의 바이너리 블록으로 표현할 수 있다. 바이트 오더(01)로 바이트가 메모리에 저장되는 방식을 정의하고 WKB 타입(01000000) 포인트 타입, X(000000000000F03F), Y(000000000000F03F)로 좌푯값을 표현한다.

0101000000000000000000F03F000000000000F03F

〈표 4-14〉 지오메트리 개체별 WKB 표현법

구성	바이트	코드
바이트 오더 (Byte Order)	1	- Little-Endian, Big-Endian - 0 또는 1
WKB 타입	4	- Geometry Type 표시(1~7) - Point: 1 - LineString: 2 - Polygon: 3 - MultiPoint: 4 - MultiLineString: 5 - MultiPolygon: 6 - GeometryCollection: 7
X,Y	8	2개의 16진수 숫자로 표시됨

WKB 형식은 기하에 대한 모든 정보가 하나의 컬럼으로 정의되어 공간객체를 이진형태로 표현한 것으로 GEOMETRY 데이터 전송 및 연산에 효율적으로 디자인되어 있다. 반면에 가변 길이 컬럼을 사용해야 하고, 테이블에 기하정보를 넣기 위해서 인코딩(encoding) 해야 하고, 읽어 들인 기하를 해석하기 위해 디코딩(decoding) 해야 하는 단점을 갖는다.

4.3.3 공간연산자 및 공간함수

공간질의를 처리하기 위해 공간데이터베이스는 다양한 공간연산자 및 공간함수를 지원한다. 일반적으로 두 공간객체 간의 위상관계 확인, 공간객체에 대한 다양한 분석 수행, 그리고 공간데이터의 생성 등을 위한 공간연산자 및 공간함수들이 제공된다. OGC는 이러한 공간데이터 모델의 정의뿐만 아니라 공간데이터를 사용하는 공간연산자에 대해서도 정의하였으며, 이는 DE-9IM(Dynamically Extended 9-Intersected Model)에 기반을 두고 있다. 현재 이러한 공간연산자에는 공간객체 간의 관계를 명시하는 'Disjoint', 'Touches', 'Crosses', 'Within', 'Overlaps', 'Contains', 'Intersect', 'Contains', 'Relates' 등이 있다. 따라서 공간데이터베이스는 이러한 공간연산자들을 표준적인 SQL 함수처럼 지원한다. 즉 OGC의 OpenGIS Simple Features Specification 구현 명세에서는 두 기하학 간의 공간 관계를 확인할 수 있는 위상관계 연산자를 정의하고 있다. 위상관계 연산자에서는 관계 분석을 위하여 다양한 형태나 차원의 객체 쌍들 사이에 존재하는 공간 관계 분석을 결정하는 수학적 접근 방법을 사용하여 모든 객체들의 형태들 사이에 존재하는 'interior', 'boundary', 'exterior'의 교집합의 결과 차원으로 객체들 사이의 관계 분석한다.

예를 들어, 객체 a에 대해 I(a), B(a), E(a)는 각각 객체 a의 interior, boundary, exterior를 표현하는 방법이고, 객체 b에 대해 I(b), B(b), E(b)는 각각 객체 b의 interior, boundary, exterior를 표현하는 방법이다. 그리고 dim 함수는 이러한 파라미터에 대한 차원을 반환하는 함수이다. 객체 a와 b 각각에 대해 interior, boundary, exterior의 교집합들에 대한 dim 함수 결과를 3×3 매트릭스로 표현하면 아래와 같다.

$$\mathrm{DE9IM}(a, b) = \begin{bmatrix} \dim(I(a) \cap I(b)) & \dim(I(a) \cap B(b)) & \dim(I(a) \cap E(b)) \\ \dim(B(a) \cap I(b)) & \dim(B(a) \cap B(b)) & \dim(B(a) \cap E(b)) \\ \dim(E(a) \cap I(b)) & \dim(E(a) \cap B(b)) & \dim(E(a) \cap E(b)) \end{bmatrix}$$

위상관계 연산에서 요구되는 객체 쌍들 간의 공간적 관계 분석은 DE-9IM 매트릭스의 값으로 받을 수 있는 패턴 매트릭스를 비교함으로써 처리될 수 있다. 아래 〈그림 4-36〉은 몇 가지 주요 위상관계 연산자들에 대한 패턴 매트릭스를 나타낸 것이다.

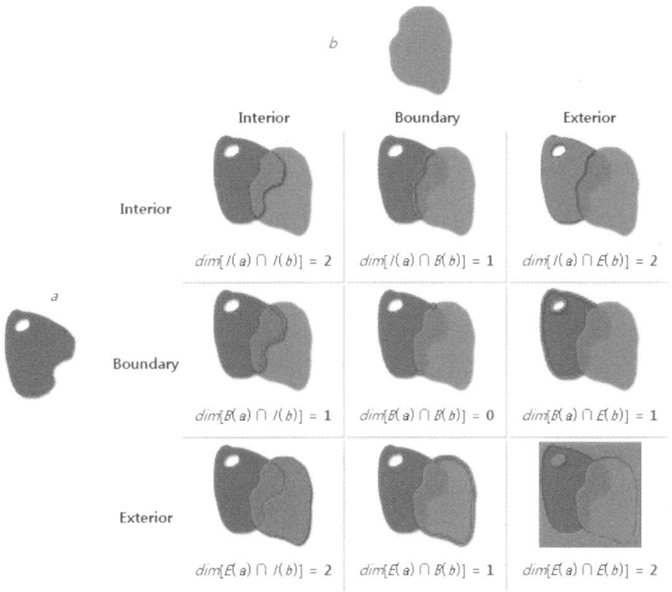

〈그림 4-36〉 두 개 중첩 다각형 기하학 표현(http://en.wikipedia.org/wiki/DE-9IM)

〈표 4-15〉 위상관계 연산자(OGC)

위상관계 연산자		주요 명세
Disjoint	 Point/Polygon	두 공간객체 간의 교집합이 없으면 참값 반환
Touches	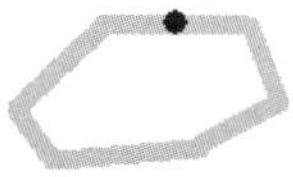 Point/Polygon	두 공간객체의 경계선에서 공통된 점이나 점들이 존재할 때 참값 반환
Crosses	 Linestring/Linestring	교집합 결과가 두 공간객체의 최대 차원보다 적은 차원을 가지고 또 결과가 두 객체의 interior 영역에 존재하면 참값 반환
Within	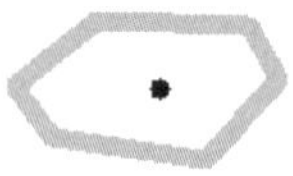 Point/Polygon	한 공간객체가 완전히 다른 공간객체 안에 존재 시 참값 반환
Overlaps	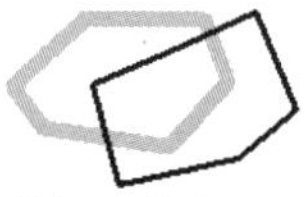 Polygon/Polygon	공간객체 타입이 같고 두 객체의 교집합이 두 객체와는 다른, 그러나 결과가 같은 타입의 객체인 것이 존재하면 참값 반환
Contains	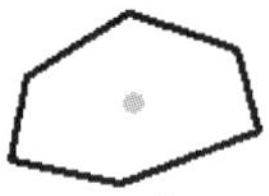 Polygon/Point	두 번째 공간객체가 완전히 첫 번째 공간객체의 영역 안에 포함되면 참값 반환
Intersects	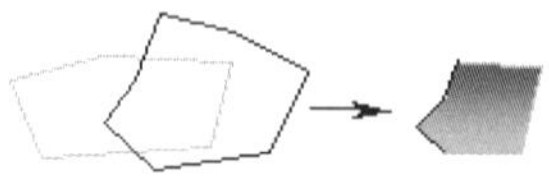 Polygon/Polygon Multipolygon	두 공간객체 사이의 교집합이 존재하면 참값 반환
Equals	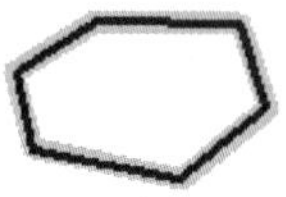 Polygon/Polygon	두 객체의 타입이 같고 서로의 좌표도 같다면 참값 반환

4.3.4 공간 인덱스

1) 공간 인덱스 개념

인덱스는 데이터파일을 빠르게 탐색하는 데 사용되는 부가적인 파일 혹은 테이블을 의미한다(Shekhar 2003). 인덱스는 2개의 필드를 가지는 레코드들로 구성되는데 첫 번째 필드는 인덱스되는 데이터의 키를 의미하며, 두 번째 필드(인덱스 내부 혹은 실제)는 데이터를 가리키는 포인터를 의미한다. 이 레코드들의 자료구조에 따라서 다양한 인덱스 기법이 존재하게 되는데, 대표적인 예로 B-Tree 인덱스는 수치데이터를 키로 가지는 레코드들을 트리 모양과 흡사하게 구성하는 알고리즘이다. 공간 인덱스란 공간데이터를 빠르게 탐색하기 위한 부가적인 파일 혹은 테이블을 의미한다. 공간질의 처리의 경우 일반적으로 복잡하고 비용이 많이 드는 기하학적 도형 연산 작업을 요구한다. 즉 공간 인덱스는 기존 수치데이터보다 다루는 공간데이터의 양이 방대하고, 인덱스 되는 공간데이터 타입이 복잡한 객체들로 이루어진다. 전통적으로 점 객체 연산 작업은 각각의 객체가 어떤 점을 포함하는지를 순차적으로 스캐닝하고 검사함으로써 많은 횟수의 디스크 접근과 기하학적 도형에 대한 조건들을 반복적으로 평가해야 하는 비싼 처리 비용을 요구한다. 또한 인덱스에서 사용되는 공간연산자는 수치 연산자들보다 복잡하고 인덱스에 적용되는 공간적인 알고리즘을 정의하기 어렵다. 따라서 저장된 많은 양의 공간데이터에 대하여 실제 처리해야 할 객체의 집합을 줄이는 효율적인 공간접근 방법들이 필요하며 대표적인 공간 인덱스 기법으로 R-Tree나 그리드 파일(Grid File), 공간 채움 곡선(Space filling curve) 기법 등이 있다.

〈표 4-16〉 공간접근 기법 종류

구분	인덱스	공간접근 방법
공간기반	Fixed Grid	• 검색 공간을 동일 크기 셀로 분할하고, 각 셀에 할당된 객체를 저장하고 있는 디스크 페이지에 대한 공간 인덱스 사용
	Grid File	• 오버플로우가 발생하는 경우에만 셀을 분할하여 서로 다른 크기의 셀을 관리하고, 각 셀에 할당된 객체를 저장하고 있는 디스크 페이지에 대한 공간 인덱스 사용
	사분트리 (Quadtree)	• 검색 공간 영역을 각 영역과 겹치는 사각형의 수가 페이지 용량보다 작아질 때까지 사분 • 사분에 대한 quaternary tree를 공간 인덱스로 사용
데이터기반	R-tree	• 검색 공간을 검색 공간 내에 존재하는 객체들의 MBR로 분할하여 MBR을 공간 인덱스로 사용
	R+-tree	• R-tree 개선하여 객체 간 중복을 감소
	R*-tree	• R-tree 개선하여 객체 간 중복과 빈 공간(dead space) 감소

2) 공간접근 방법

공간접근 방법이란 공간 인덱스를 사용하여 공간질의에서 처리될 객체의 수를 줄이고자 하는 방법을 말하며, 부분 선형 시간 내에 검색을 지원해야 하는 시간 복잡도에 대한 요구 사항과 공간 인덱스의 크기가 인덱스 된 데이터 컬렉션의 크기에 비하여 작아야 하는 공간 복잡도의 요구 사항을 갖는다. 또한 큰 성능 손실 없이 객체가 공간 인덱스에 추가되거나 제거될 수 있어야 하는 동적 갱신의 요구 사항도 갖는다. 이러한 요구 사항을 만족시키기 위한 공간접근 방법은 크게 공간기반과 데이터기반으로 분류된다. 공간기반 방법은 2차원 공간을 사각형 셀로 분할하는 접근 방법이고, 데이터기반 방법은 객체의 집합들로 분할하는 접근 방법이다.

3) 공간기반 공간접근 방법

고정 그리드 방식은 대상지역을 선형 스케일로 구분된 그리드 셀로 나누어 저장하는 방식이다. 키 값의 범위를 선형 눈금자, 페이지(버켓) 번호를 격자 배열이라 부르며, 선형 눈금자는 각 축 위의 눈금에 의해서 나타내고 격자 배열은 2차원 평면으로 표시한다. 이때 가장 작은 공간을 격자 블록이라 하고, 선형 눈금자와 격자 배열을 총칭하여 격자 디렉토리(Grid Directory)라 한다. 이

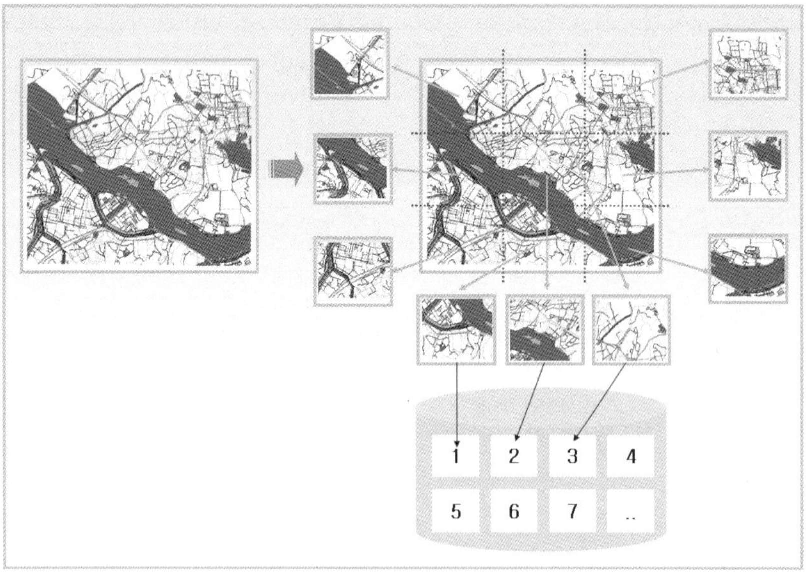

〈그림 4-37〉 2차원 그리드 디렉토리와 데이터 페이지 구조

방식은 평면상의 공간을 선형 스케일을 사용하여 그리드 디렉토리를 구성하고, 이를 각 데이터 블럭에 저장한다. 적은 디스크 I/O와 영역 질의에 효율적이다. 즉 고정 그리드 인덱스는 포인트 쿼리를 기반으로 하는 다차원 인덱스 중의 하나로 질의 처리에 대한 유연성과 성능을 제공한다. 〈그림 4-37〉은 2차원 그리드 디렉토리와 데이터 페이지 구조를 나타낸 것이다.

지도 데이터를 선형 스케일을 사용하여 일정한 공간으로 분할하고 데이터 블럭을 구성한 뒤 그리드 디렉토리를 구성하고 그것의 주소를 1차원 배열의 데이터 페이지로 저장한 것을 볼 수 있다. 이 배열은 그리드 디렉토리의 인덱스 식별로 사용되며 레코드의 블록 또는 버켓을 참조한다. 이러한 인덱스 구조를 관계형 액세스 방법을 적용해서 구현할 경우 그리드 디렉토리는 인덱스 테이블에 대응될 수 있고, 데이터 블럭은 사용자 테이블에 대응하도록 설계할 수 있다. 인덱스 테이블에는 공간데이터가 가지는 MBR(Minimal Bounding Rectangle) 값이 저장되며, 선형 스케일로 계산된 그리드 식별자 값이 저장된다. 또한 공간데이터베이스의 질의 속도를 향상시키기 위해 사분트리와 같이 클러스터링 방법이 사용될 수 있다(Brinkhoff, 1994; Walid, 1991). 공간적 지역성을 이용하여 정형적인 공간 분할을 사용한 대표적인 클러스터링 방식이 사분트리이다(H. Samet, 1990). 즉 사분트리는 공간을 순환적으로 분해하는 특성을 갖는 계층적 자료 구조를 의미한다. 공간 분해 과정은 몇 번을 적용하느냐에 따라 해상도가 달라진다. 미리 일정 레벨까지만 분해하도록 고정하거나 또는 입력 자료의 특성에 따라 변할 수 있도록 하는 경우가 있다.

〈그림 4-38〉은 사분트리 자료 구조를 나타낸다. 트리 표현에서 루트 노드는 전체 배열에 대응되며 한 노드의 자식 노드들은 각각 영역의 한 사분면을 표현한다. 이 사분면은 각각 순서대로 NW, NE, SE, SW로 되어 있다. 공간 분할을 수행하기 위하여 사분트리 기법을 적용하여 임계치가 일정 수준 이상일 때는 4분할하는 것을 원칙으로 한다. 이때 분할된 지역의 경계에 존재하는 객체

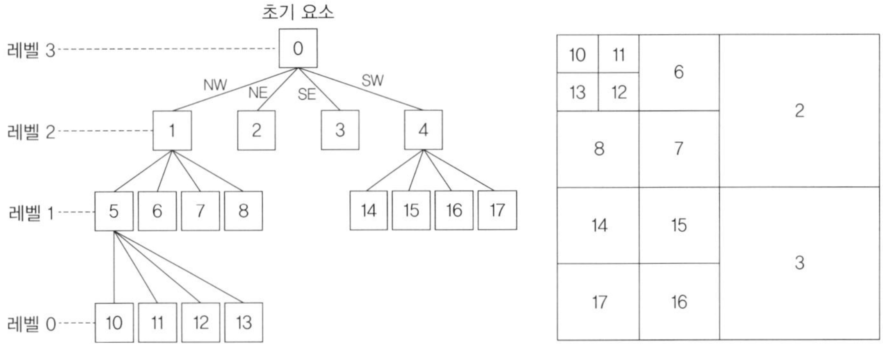

〈그림 4-38〉 사분트리의 계층적인 공간 분할 및 접근 구조

는 중복저장이 될 수 있다. 이 때문에 공간 분할을 결정하는 임계치를 너무 작게 하면 많은 객체의 중복저장이 일어날 뿐만 아니라 질의 처리를 위한 테이블의 개수가 늘어나기 때문에 적정 수준을 결정하는 것이 중요하다. 즉 임계치 설정 기준은 객체의 중복저장의 문제로 인한 데이터의 증가를 고려하되, 전체적인 트리의 높이는 4단계(8＊8)를 유지하도록 한다.

4) 데이터기반 공간접근 방법

R-tree는 보조기억장치를 위해 설계된 계층적, 높이 균형적(height-balanced) 다차원 인덱스 구조로서 일차원인 수치데이터에 적합한 B+-Tree를 다차원 데이터에 적합하도록 확장한 높이 균형 트리이다. 이러한 R-Tree는 기존의 B+-Tree와 다른 다음 두 가지 특성을 갖는다. 첫 번째는 R-Tree를 구성하는 레코드의 키가 다차원 데이터를 표현하는 키라는 것이다. 즉 기존의 B+-Tree의 키는 1차원 수치데이터였던 반면 R-Tree의 키는 2차원 공간데이터의 MBR과 같은 다차원 데이터를 대표할 수 있는 키이다. 이러한 특성은 방대하고 복잡한 자료구조로 표현되는 공간객체 자체를 키로 사용하지 않고 공간객체를 대표하는 MBR을 키로 사용함으로써 보다 단순한 구조와 적은 용량으로 트리를 구성할 수 있게 한다. 두 번째는 트리를 구성하는 노드분할(Node Split)

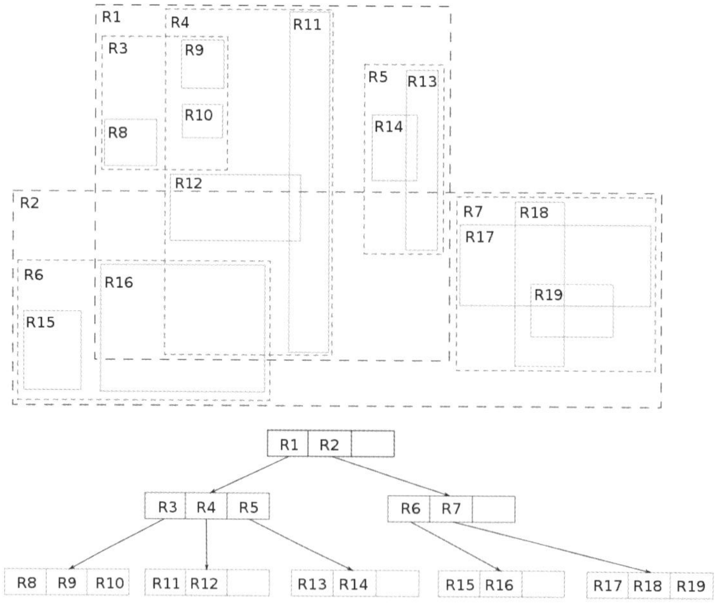

〈그림 4-39〉 2차원 공간데이터에 대한 R-Tree 예

알고리즘이 일반 수치데이터가 아닌 다차원 데이터에 적합한 알고리즘이라는 점이다. 노드분할 알고리즘이란 새로운 객체가 삽입될 때 오버플로우가 발생하는 경우 적용되는 알고리즘이다. R-Tree에서 노드분할 알고리즘은 'Exhaustive', 'Quadratic-cost', 'Linear-cost' 3가지가 있으며, 모두 노드를 분할할 경우 공간객체들 간의 겹침이 최소가 되도록 공간객체들을 분류한다. 아래 그림은 2차원 공간데이터에 대한 R-Tree의 예를 나타내며 구성된 트리와 실제 공간객체 간의 관계를 표현하고 있다.

R-tree는 B-tree와 마찬가지로 트리 구조가 높이 균형적이며 객체에 대한 참조는 단말 노드에만 존재한다. 공간객체를 표현하는 데 MBR을 사용하는 R-tree는 공간객체를 찾기 위하여 적은 수의 노드만 방문하도록 설계되었다. 또한 R-tree에서는 트리 구조의 동적 생성이 지원되기 때문에 갱신을 검색과 혼합 하여 진행할 수 있고 주기적으로 트리 구조를 재정렬할 필요가 없다. R*-tree는 MBR로 사용 넓이와 다른 MBR과의 겹침 영역의 최소화가 서로 상충하는 경우가 있다. R 트리는 MBR의 넓이만을 최소화하고자 시도한 반면 R*-tree는 겹침 영역 또한 줄이고자 시도한다. 즉 R*-tree는 꽉 찬 노드가 분리되어야 하는 경우에 그 노드의 자식 노드들 중 일부를 루트 노드에 다시 삽입하는 강요된 재삽입을 시도하여 노드의 겹침을 최소화하고자 한다. R-tree가 인덱스 구조를 최적화하기 위하여 영역의 면적 기준만을 적용하여 영역 사각형의 면적을 최소화하는 것에 비하여 R*-tree의 삽입 알고리즘은 R-tree의 삽입 알고리즘에서 영역의 면적뿐만 아니라 둘레 길이, 중복 영역의 크기를 모두 고려하여 공간객체를 삽입할 최적의 단말 노드를 선택한다.

4.3.5 공간질의

실세계 모든 객체에 대해 다양한 질의 처리 기법들을 이용하여 사용자에게 원하는 정보를 제공한다. 데이터베이스에 적용되는 전형적인 질의 유형은 〈표 4-17〉과 같다. 이때 공간질의에 자주 사용되는 질의 유형은 최근접 질의이며 사용자의 선택 위치와 가장 가까운 곳에 존재하는 객체를 결과로 반환한다. 예를 들어 이동 중인 차량에서 2.8km 내에 가장 가까이 위치한 주유소를 검색하는 경우 등에 많이 사용된다.

공간데이터베이스는 공간질의 시 검색 조건을 만족시키는 공간객체를 찾기 위해 MBR을 활용하는 다단계 필터(Multistep) 방식을 사용하고 있다(Brinkhoff, 1994). 공간질의를 위한 다단계 필터 방식은 〈그림 4-40〉과 같이 여과 단계와 정제 단계로 구분될 수 있다.

〈표 4-17〉 질의 유형

질의 유형	질의 처리 내용
완전 일치 질의 (Exact match query)	• 레코드의 모든 검색 키에 대한 값이 주어진 경우 • 예: 은행 고객 테이블에서 계좌번호와 검색 키로 되어 있을 때 "계좌번호 112131의 잔액은 얼마인가" 형태의 질의문
부분 일치 질의 (Partial match queries)	• 하나 또는 그 이상의 차수를 위한 값과 이러한 차수 안에 값을 일치시키는 모든 포인트를 찾는 경우
범위 질의 (Range queries)	• 하나 또는 그 이상의 차원을 위한 영역이 주어지고 이러한 범위 안에 포인트의 집합을 위해 질의하고, 그때 범위 안에 부분 또는 전체의 형상 집합 표현
최근접 질의 (Nearest-neighbor queries)	• 주어진 포인트에서 가장 가까운 점을 조회 • 예: 포인트가 도시를 표현한다면, 주어진 조그만 도시에서 근접한 100,000 이상의 인구를 가진 도시를 검색

여과 단계에서는 질의를 만족하는 객체의 MBR을 검사하여 정제 단계를 위한 후배 개체 집합을 형성시켜 주며 연산 비용이 적다. 여기서 MBR이란 개체를 포함하는 가장 작은 직사각형을 말하며 개체를 단순화하여 연산 비용을 줄여 주는 역할을 한다. 정제 단계는 여과 단계에서 검색된 결과 셋의 기하하적인 특징을 이용하여 정확하게 질의를 수행하여 해당 질의에 만족하는 공간객체를 찾는 단계이다. 연산 비용이 크기 때문에 제한된 개체에 대해서만 실행이 된다. 예를 들어 〈그림 4-41〉과 같이 그리드 방식에서 공간 영역 검색을 적용해 보자.

검색 조건을 만족시키는 공간객체를 찾기 위해 먼저 여과 단계가 이루어지게 되는데 레벨별로 정의된 그리드 식별자로 후보 셋을 구성하게 된다. 구성된 후보 셋은 응용계층에서 요구하는 검색 영역에 포함되는지 확인하는 정제 단계를 거쳐 해당되는 공간데이터만을 반환하게 된다. 즉 여과 단계에서 질의가 실행되

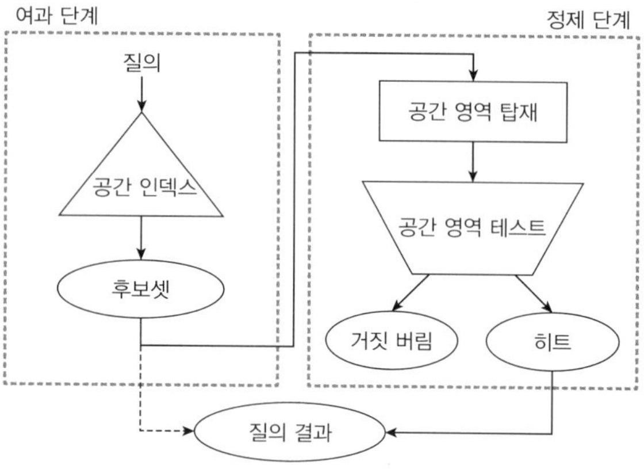

〈그림 4-40〉 공간질의 처리과정

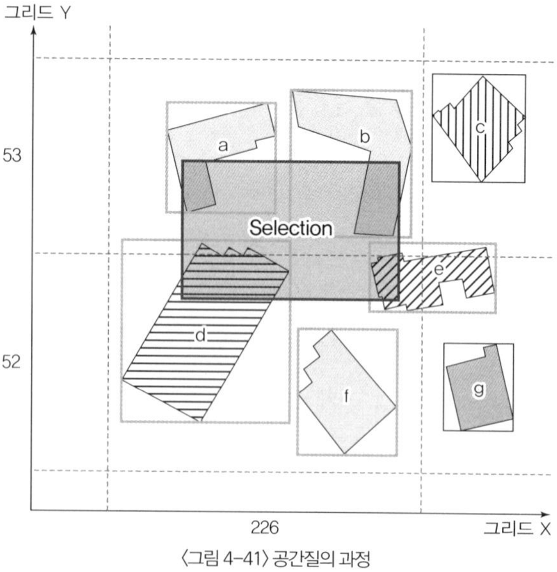

〈그림 4-41〉 공간질의 과정

면 MBR을 계산하여 우선적으로 정제 단계를 위한 후보 셋을 형성하게 된다. 이 과정에서 후보 셋에 원하는 객체만 적절히 포함되어 있다면 질의에 대한 결과를 메모리상으로 보내지만, 그렇지 않으면 다시 정제 단계를 통해 필요 없는 객체를 제거하여 검색 조건에 해당하는 객체만 보내게 된다. 즉 여과 단계에서 그리드 인덱스(226,52)와 (226,53)에 교차된 개체들의 MBR을 계산하여 후보 세트(a, b, d, e, f)를 추출한다. 이 과정에서 후보 세트에 원하는 객체만 적절히 포함되어 있다면 질의에 대한 결과를 메모리상으로 보내지만, 그렇지 않으면 다시 정제 단계를 통해 필요 없는 객체를 제거하여 검색 조건에 해당하는 객체만 보내야 한다. 즉 그다음 정제 단계에서 윈도 질의와 다각형과 교차 여부를 검색하여 f는 거짓 버림(false drop)으로 분류하고 a, b, d, e를 히트(hits)로 최종적으로 선택하게 된다.

4.4 공간정보 분석

4.4.1 공간분석

GIS의 분석 기능을 분류하는 방법은 학자들마다 다양하고 기준도 다르지만 여기서는 Arnoff (1989)의 기준에 따라 분류하였다.

〈표 4-18〉 GIS의 분석 기능 분류

분석 유형	주요 기능
측정, 질의, 분류 기능	• 측정: 위치, 길이, 거리, 면적 등을 계산하는 기능 • 질의: 속성 또는 도형정보의 공간특성에 따른 질문에 답을 찾는 기능 • 분류: 속성값에 따라 재그룹화 하는 기능 • 일반화(재분류): 상위 개념으로 일반화하는 기능
중첩 기능	• 한 레이어에 다른 레이어를 이용하여 두 주제 간의 관계를 분석하고 이를 지도학적으로 표현하는 것
근접 분석 기능	• 탐색: 특정 탐색기능 내의 피처들을 찾는 기능 • 버퍼: 특정 피처 주변을 거리 등에 따라 정의하는 기능 • 보간: 근처의 알고 있는 지점의 값을 이용하여 모르는 지점의 값을 예측하는 기능 • 등고선 생성: 지형에서 경사도분석과 같이 주변 셀값을 이용하여 특정지점의 특성을 결정하는 기능
연결성 분석 기능	• 인접성 측정: 서로 연결된 공간의 특성을 평가하는 기능 • 네트워크 분석: 네트워크를 이루는 연결된 선의 특징을 분석하는 기능으로 도로나 교통로, 전선, 상하수도관 망 등이 네트워크가 될 수 있으며, 최단경로 찾기나 특정거리 내 모든 지점 찾기, 출발 지점으로부터 배분하는 지점 찾기 등의 분석 • 가시권 분석: 지형분석에서 특정지점으로부터 가시권 내 포함되는 지역 찾기 기능

1) 측정, 질의, 분류

(1) 측정

공간객체에 대한 기하학적 측정은 빈도, 거리, 면적 등의 계산이 가능하며, 래스터데이터와 벡터데이터에서 모두 가능하다. 벡터데이터의 가장 기본적인 형태는 점, 선, 면이며 이와 관련된 기하학적 측정은 위치를 측정하거나 길이, 거리, 면적을 산출하는 것이다. GIS 소프트웨어에서 벡터데이터의 위치 값은 항상 함께 저장되며, 점의 경우 하나의 좌푯값으로, 선이나 면의 경우 일련의 좌푯값으로 위치를 저장한다. 면데이터의 경우 때로는 중심점의 좌푯값을 산출해야 하는데 소프트웨어에 내장되어 있거나 중심점의 좌푯값을 산출할 수 있다. 길이는 선데이터의 길이나 면데이터에서 둘레를 측정하는 데 사용된다. GIS 소프트웨어에서 산출될 수도 있고, 때로는 속성값으로

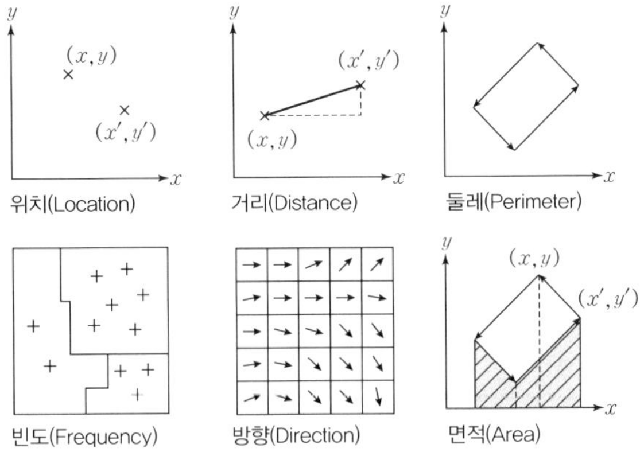

〈그림 4-42〉 측정과 관련된 분석(Dangermond, 1990)

정보를 포함하고 있기도 하다. 면적은 면데이터의 측정과 관련된다. 면적 또한 GIS 소프트웨어에서 산출이 가능하지만 속성값으로 정보를 가지고 있기도 한다. 두 피처 간에 거리를 측정하는 것은 중요한 기능이다. 만약 두 점 p, q가 평면좌표계에 있다면 피타고라스의 정리에 의해 거리를 측정할 수 있고, 점과 선, 선과 면과의 거리도 중심점 등을 이용하여 계산할 수 있다.

래스터데이터에서 측정은 셀사이즈가 규칙적이기 때문에 측정이 훨씬 쉽다. 래스터데이터의 위치는 소위 시작점(대부분 좌하단부 지점)으로부터 셀 크기에 따라 규칙적으로 변하는 값에 따라 측정이 가능하다. 래스터데이터에서 셀의 위치 값은 기준점으로부터 상대적 위치와 셀의 해상도에 의해 측정될 수 있다. 셀의 위치 값은 소프트웨어에 따라 다른데 셀의 중앙값을 부여할 수도 있고 경우에 따라서는 왼쪽 하단 모서리값을 부여할 수도 있다. 래스터데이터에서 면적은 셀의 개수와 셀의 해상도를 곱하여 산출할 수 있다. 두 래스터 셀 간의 거리는 셀의 중앙값으로부터 거리를 측정하여 산출된다.

(2) 질의

질의는 사용자가 어떤 조건을 제시하면 데이터베이스에서 그 조건에 맞는 지역을 찾는 것으로, 질의하는 동안 데이터베이스의 변화나 새로운 데이터가 만들어지는 것은 아니다. 질의는 속성에 기반한 질의와 공간에 기반한 질의로 나눌 수 있다. 속성에 대한 질의는 GIS에서 뿐만 아니라 일반적인 데이터베이스 시스템에서 기본적으로 수행하고 있는 기능이다. GIS에서도 속성정보는 데이터베이스의 테이블과 같은 필드와 레코드로 구분되는 구조를 가지고 있다. 데이터베이스의 정보를 탐색하기 위해서는 질의문을 작성하게 되는데, 질의문에는 연산자가 포함된다. 질의문에 이용되는 연산자는 산술연산자와 논리 연산자로 구분된다. 이들 연산자와 관계형 데이터베이스 질의어인 SQL을 이용하여 속성질의를 할 수 있다.

```
Select〈속성이름〉 FROM 〈테이블명〉 WHERE 〈조건〉
```

속성에 기반한 질의는 예를 들어 서울시 동별 인구 데이터에서 '2010년 기준 동별 인구가 3만 명을 넘는 동은?' 혹은 공공도서관 데이터에서 '주차가 가능한 공공도서관은?'과 같은 속성값에 기

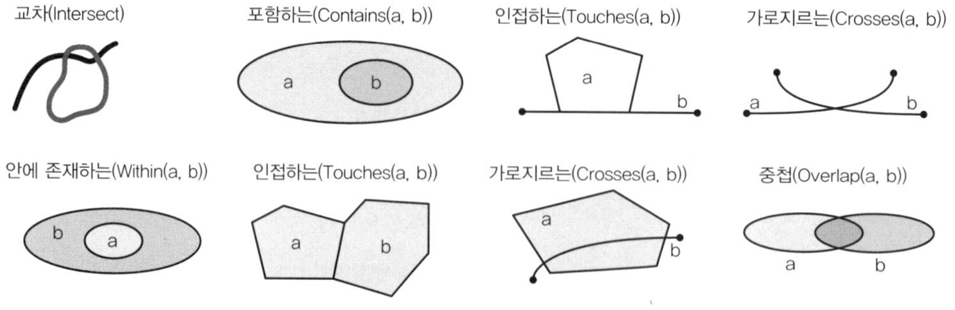

〈그림 4-43〉 공간질의에 이용되는 연산 규칙

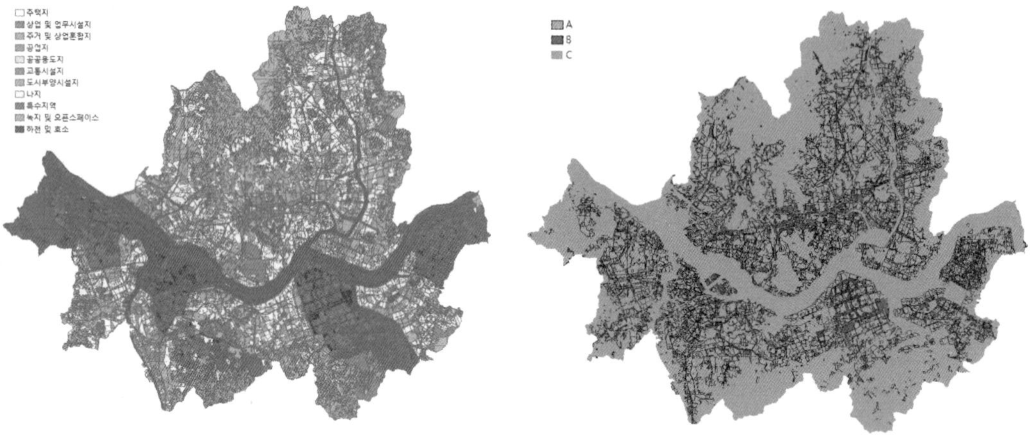

〈그림 4-44〉 서울시 토지이용도 재분류(11개 → 3개), A: 주거지, B: 상업지, C: 녹지 및 기타)

반한 질의이다. 혹은 속성값에 기반한 복합질의도 가능하다. 전국 시·군·구별 연령별 인구데이터를 기반으로 하여 '인구가 5만 명 이하이면서, 노인인구 비율이 25%를 넘는 시·군·구는?'과 같은 질문은 속성에 기반한 복합질의라고 할 수 있다.

공간에 대한 질의는 다른 데이터베이스 시스템과 차별화되는 GIS의 기능으로 공간적 위치 관계에 의한 답을 얻을 수 있다. 속성질의에서와 동일한 연산자의 이용이 가능하지만 공간질의에서는 객체 간의 중첩과 인접성 여부에 따른 질의가 가능하다. 공간질의에서 사용되는 연산 규칙은 〈그림 4-43〉과 같다

(3) 분류

재분류는 속성데이터 범주의 수를 줄임으로써 데이터베이스를 간략화하는 기능이라고 볼 수 있다. 래스터 분석에서 재분류는 각각의 셀에 입력된 원래의 값을 새로운 값으로 치환하는 재부호

화 방식을 통해 이루어지며, 벡터 분석에서는 속성값을 분류 기준에 맞게 입력하여 다시 그룹을 만듦으로써 이루어진다. 재부호화는 래스터 형식의 자료에서 많이 수행되는데, 래스터 자료는 연속된 값의 셀들로 구성되어 있기 때문에 항목을 정하여 자료를 표현하는 방식이 많이 사용된다. 벡터자료의 경우는 재분류는 흔히 두 단계를 거쳐 이루어지는데 첫 번째 단계는 속성값을 검색하여 새로운 속성값을 입력하는 단계이며, 두 번째 단계는 같은 속성값을 갖는 인접하는 폴리곤들을 병합하여 다시 위상구조를 구축하는 디졸브 과정이다.

〈표 4-19〉 토지이용에 따른 재분류

토지이용 용도	토지이용 재분류
주택지	주거지
주거 및 상업혼합지	주거지
상업 및 업무시설지	상업지
공업지	녹지 및 기타
공공용도지	녹지 및 기타
교통시설지	녹지 및 기타
도시부양시설지	녹지 및 기타
특수지역	녹지 및 기타
나지	녹지 및 기타
녹지 및 오픈스페이스	녹지 및 기타
하천 및 호소	녹지 및 기타

2) 중첩

중첩은 한 레이어에 다른 레이어를 이용하여 두 주제 간의 관계를 분석하고 이를 지도학적으로 표현하는 것이라 할 수 있는데, GIS 분석방법으로 적지분석에서 가장 많이 사용되는 기능 중 하나이다. 즉 중첩은 두 개의 입력 레이어를 이용하여 새로운 결괏값을 갖는 레이어를 생성하는 과정으로 기본적으로 동일한 위치의 두 개 입력데이터의 값을 비교하여 산출 레이어의 값을 지정하는 개념이라 할 수 있다. 중첩 기능은 사용되는 자료의 구조에 따라 벡터데이터를 이용한 분석과 래스터데이터를 이용한 분석으로 구분할 수 있다. 벡터데이터에서는 위상을 이용하여 경계를 분할, 결합, 삭제하는 등의 중첩을 수행하며, 래스터데이터의 경우 지도대수기법(map algebra)이라 불리는 공간분석 기법에 의해 분석이 수행된다.

(1) 벡터자료의 중첩

벡터자료의 중첩은 면과 면 간의 대상물들을 위주로 수행되지만 때로는 점과 면(point-in-polygon)이나 선과 면(line-in-polygon) 관계로 이루어질 수도 있다. 면과 면을 이용한 중첩의 경우, 공통지역의 도출, 배제, 결합과 관련된 연산으로 수학 논리연산의 합집합, 교집합, 차집합 등과 같은 개념으로 영역을 도출하는 데 이용된다. 벡터 형식에서 중첩은 두 개 이상의 레이어를 겹쳤을 때 경계선이 새롭게 생성되고 속성이 합쳐지고 분리되는 과정을 수행한다. 벡터데이터에서 가능한 중첩연산기능은 다음과 같은 것이 있다.

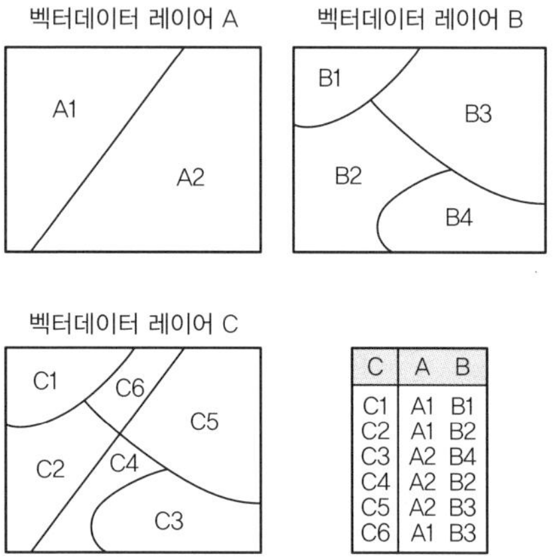

C	A	B
C1	A1	B1
C2	A1	B2
C3	A2	B4
C4	A2	B2
C5	A2	B3
C6	A1	B3

〈그림 4-45〉 폴리곤 중첩 연산의 예
(C에는 A와 B레이어의 모든 속성이 유지됨)

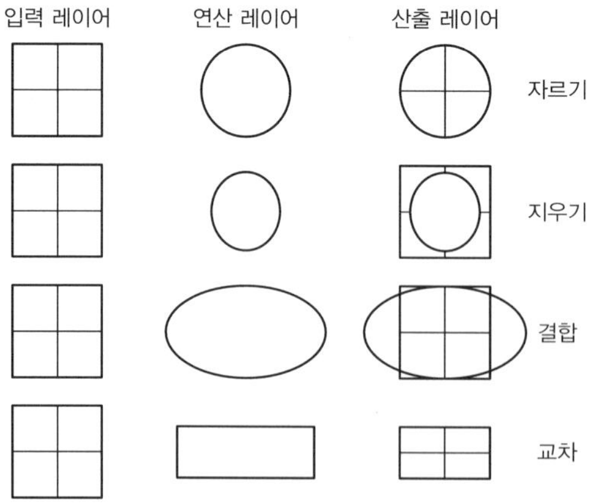

〈그림 4-46〉 폴리곤 중첩 연산 유형

- 교차(intersect): 두 개의 레이어를 교차하여, 서로 교차하는 범위 내의 모든 면을 분할하고, 각각에 해당되는 모든 속성을 포함한다. 공간조인과 같은 기능이라 할 수 있다.
- 자르기(clip): 두 번째 레이어의 외곽경계를 이용하여 첫 번째 레이어를 자른다.
- 결합(union): 두 개의 레이어를 교차했을 때 중첩된 모든 지역을 포함하고, 모든 속성을 유지한다.
- 동일성(identity): 첫 번째 레이어의 모든 형상들은 그대로 유지되지만, 두 번째 레이어의 형상은 첫 번째 레이어의 범위 내에 있는 형상들만 유지된다.
- 조각내기(split): 첫 번째 레이어를 두 번째 레이어를 토대로 작은 구역으로 면적을 분할하여 조각으로 분리한다.
- 지우기(erase): 두 번째 레이어를 이용한 첫 번째 레이어의 일부분을 지운다.

(2) 래스터데이터의 중첩

래스터데이터를 기반으로 하는 중첩분석은 크게 두 가지 연산에 의해 이루어진다. 하나는 논리적 연산이며, 다른 하나는 산술적 연산이다. 흔히 래스터데이터에서 산술적 연산을 통한 중첩과정을 지도대수기법이라 일컫는다. 지도대수기법은 동일한 셀 크기를 가지는 래스터데이터를 이용하여 덧셈, 뺄셈, 곱셈, 나눗셈 등 다양한 수학연산자를 사용해 새로운 셀값을 계산하는 방법이다. 래스터데이터의 지도대수 연산의 경우 새롭게 생성되는 레이어는 입력 레이어와 같은 위치의 셀에서 단지 연산에 의해 산출된 값만 할당된다. 즉 입력 레이어와 산출 레이어에서 각 셀의 위치는

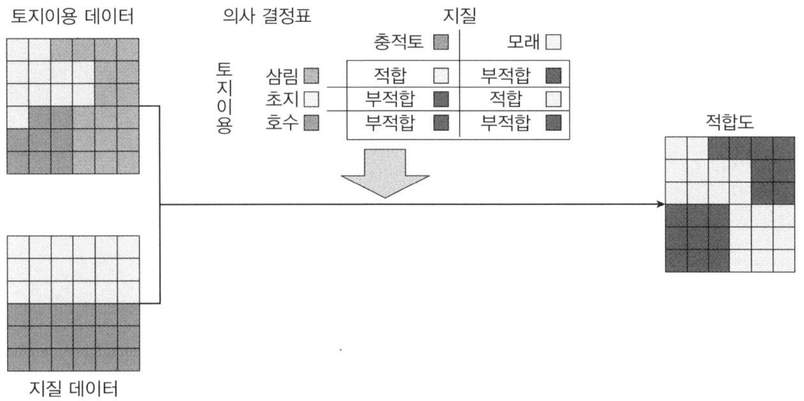

〈그림 4-47〉 래스터데이터의 도면대수 방법의 예

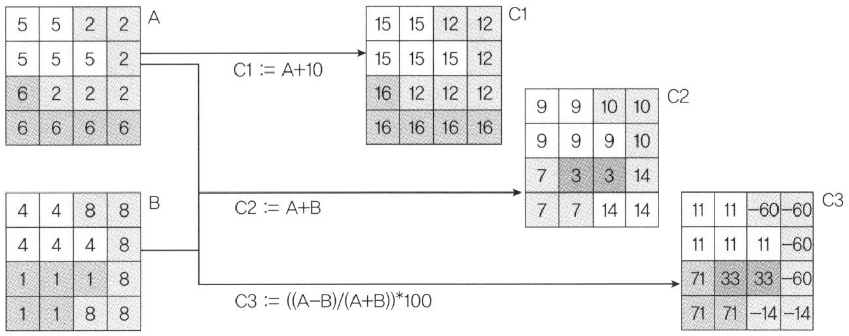

〈그림 4-48〉 래스터데이터의 중첩 연산의 예

동일하며, 산출 레이어의 각 셀에는 연산된 새로운 값이 부여된다.

래스터데이터에서 중첩은 두 개 레이어에 대한 산술적 연산이지만 조건식에 따른 결과레이어의 산출도 가능하다. 예를 들면, 토지이용 레이어와 지질 레이어를 이용하여 적합도를 나타내는 결과 레이어를 산출하고자 할 때 수식은 아래와 같이 기록할 수 있다.

적합도:= ((토지이용="산림"and 지질 ="충적토") or

(토지이용="초지"and 지질 ="모래"), "적합", "부적합")

3) 인접성 분석

인접성 분석은 주변 셀의 특징을 분석하는 것이라 할 수 있다. 즉 적지 분석은 대부분의 경우 특정 위치에 무엇이 있느냐 하는 개념도 있지만 해당 위치의 주변에 어떤 것이 있느냐 하는 개념도 있다. 예를 들면, 특정 병원을 고려할 때 다음과 같은 상황을 고려할 수 있다.

- 병원으로부터 2km 이내 올 수 있는 고객 수
- 병원으로부터 2km 이동거리 이내 지역
- 병원까지 500m 이내 도착할 수 있는 도로
- 10분 이내 도착할 수 있는 다른 병원
- 해당 병원이 집에서 가장 가까운 병원이 되는 주거지역

또한 그 주변에 무엇이 존재하는지에 대해서는 해당 지역의 총인구, 평균 가구당 소득, 주변에 존재하는 위험물질취급업소 등 다양하게 산출할 수 있다.

(1) 근접성 분석

근접성 분석에서는 기하학적 거리를 계산하게 된다. 가장 대표적인 것이 버퍼이며, 다른 대표적인 것은 티센폴리곤의 생성이라 할 수 있다.

- 버퍼(buffer zone generation): 버퍼는 점, 선, 면 모든 객체로부터 일정거리 내의 영역을 표시하는 기능으로, 버퍼링한 결과는 폴리곤으로 표현된다. 버퍼는 래스터데이터와 벡터데이터 모두 적용이 가능하며, 일정 구간을 여러 단계로 지정하여 영역을 생성할 수도 있다.

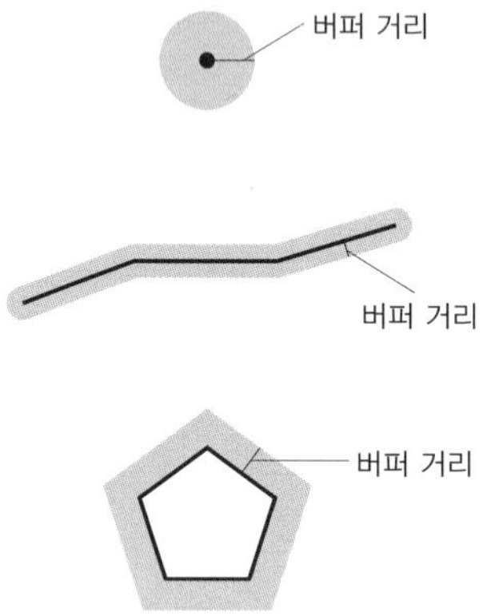

〈그림 4-49〉 버퍼 연산의 개념

- 티센폴리곤 생성(Thiessen polygon generation): 티센폴리곤은 입력데이터로서 일련의 점데이터가 주어졌을 때 각 위치에 어떤 점의 값을 할당해야 하는지를 결정할 때 유용하게 활용될 수 있다. 이 방법은 점데이터의 보간을 통해 각 점이 속하게 되는 폴리곤을 생성하는 과정을 거치게 된다. 이때 주어진 각 점은 티센폴리곤의 중심점이

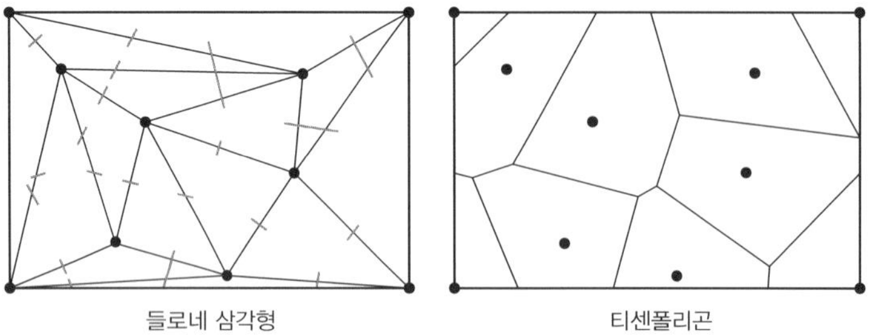

〈그림 4-50〉 들로네 삼각형을 이용한 티센폴리곤 형성

되며, 티센폴리곤이 생성되면 각 위치에서 가장 가까운 점의 값을 할당하는 것이 어렵지 않게 된다.

(2) 확산모형

근접 분석은 목표가 되는 지점과의 거리에 따라 정해지기도 하지만 방향이나 지형과 같은 경우 모든 곳으로 동일하게 확산하지는 않는다. 확산이란 주어진 지점에서 측정한 기능이나 현상이 공간상에서 일정 방향으로 그 영향력을 넓혀 가는 것을 말한다. 확산 기능은 다양한 특정 현상의 영향력을 분석하는 데 사용되며, 복잡한 지표면 상으로 이동 시간이나 그와 관련된 제반 비용 등을 계산하는 데 사용된다. 확산 기능을 이용하면 지표면에서 발생되는 다양한 현상들을 관심 대상인 특정한 지점에서부터 거리 증가에 따른 누적값을 산출할 수 있게 된다. 다양한 현상이란 대기, 물, 토양오염, 산에서 물의 흐름, 전파의 확산 등이 될 수 있다. 확산을 계산할 때 확산을 어렵게 하거나 쉽게 하는 마찰표면이 있을 수 있는데 GIS에서는 출발지점을 정하고 마찰표면을 정하면 주어진 지점으로부터 거리 증가에 따른 누적 값을 나타내는 누적표면값을 산출할 수 있다. 확산모형에서 이동은 최소비용경로를 따르게 된다.

- 출발 지점 셀로부터 동서남북 방향으로의 이동누적값
  = 1/2((출발 지점 셀값)+(도착 지점 셀값))
- 출발 지점 셀로부터 대각선 방향으로의 이동누적값
  = 1/2((출발 지점 셀값)+(도착 지점 셀값))×$\sqrt{2}$

1	1	1	2	8
4	4	5	4	9
4	3	3	2	10
4	5	6	8	8
4	2	1	1	1

(a)

14.50	14.95	15.95	17.45	22.45
12.00	12.45	14.61	16.66	21.44
8.00	8.95	11.95	13.66	19.66
4.00	6.36	8.00	10.00	11.00
0.00	3.00	4.50	5.50	6.50

(b)

〈그림 4-51〉 래스터에서 저항값(a)과 누적표면(b)

(3) 흐름 분석

확산의 또 다른 형태는 어떤 현상이 지역의 다양한 저항값들을 고려하여 어떻게 전파되는가 하는 것인데 가장 흔한 예는 래스터데이터기반에서 하천의 흐름을 분석하는 형태라 할 수 있다. 특

156	144	138	142	116	98
148	134	112	98	92	100
138	106	88	74	76	96
128	116	110	44	62	48
136	122	94	42	32	38
148	106	68	24	22	24

(a)

↘	↘	↘	↓	↓	↙
↘	↘	↘	↓	↓	↙
→	→	↘	↓	↙	↓
↗	↗	→	↘	↓	↙
↘	↘	→	↓	↓	↓
→	→	→	→	↓	←

(b)

0	0	0	0	0	0
0	1	1	2	2	0
0	3	7	5	4	0
0	0	0	20	0	1
0	0	0	1	24	0
0	2	4	7	35	1

(c)

〈그림 4-52〉 래스터에서 흐름 분석(a: 고도, b: 흐름 방향, c: 누적흐름도)

히 물의 흐름 방향, 유역 면적, 최장수로의 추출 등과 같은 수문학적 분석에 활용된다. 예를 들어 〈그림 4-53〉의 (a)와 같은 고도데이터가 있는 경우 물의 흐름은 각 셀에서 이웃하고 있는 주변의 모든 셀의 값을 비교하여 가장 경사가 급한 곳으로 흘러가게 되며, 물의 흐름 방향은 래스터의 각 셀에 저장된다(그림 4-53b). 그리고 각 방향으로의 거리는 동서남북 방향으로는 1씩, 대각선으로는 $\sqrt{2}$씩 증가하는 값을 갖게 된다. 〈그림 4-52〉의 (b)와 같은 흐름 방향을 나타내는 래스터를 이용하여 각 셀은 물이 흘러내릴 때 얼마의 값을 갖게 되는지를 산출할 수 있다. 즉 누적흐름도를 나타내는 〈그림 4-53〉의 (c)에서 가장 많은 값을 나타내는 곳은 하천이 될 것이며, 0의 값을 나타내는 곳은 아마도 물이 고이지 않는 능선이 될 것이다.

(4) 래스터기반 지형분석

래스터데이터에서 인접한 셀들과의 관계를 중심으로 분석하는 대표적 사례가 지형분석 기능이라 할 수 있다. 지형을 표현하는 방식은 등고선, TIN, DEM(Digital Elevation Model) 등과 같이 다양하지만, 지형분석에서 많이 활용되는 경사도, 향, 음영기복도, 가시권분석 등은 각 셀의 높이와 인접한 셀의 높이를 기반으로 하는 래스터 분석방법이다. 예를 들어, 경사도 분석의 경우 인접한 셀까지 변하는 값에 대한 최대 비율을 계산하며, 계산된 값들 중 최곳값을 다시 원래의 셀에 입력하는 구조로 되어 있다. 셀을 이동하면서 새로운 값이 입력되는데 이러한 방식을 무빙 윈도(moving window)라고 한다. 경사면의 향, 음영기복도와 일조분석의 경우에도 무빙 윈도 방식으로 해당 분석 알고리즘이나 연산식에 의해 각 셀에 해당하는 값을 입력하게 된다. 대표적인 지형기반 분석의 종류는 가시권분석, 일조분석, 공간보간, 단면분석, 수계분석, 경사도/향 분석, 등고선 생성, 3차원분석 등이 있다.

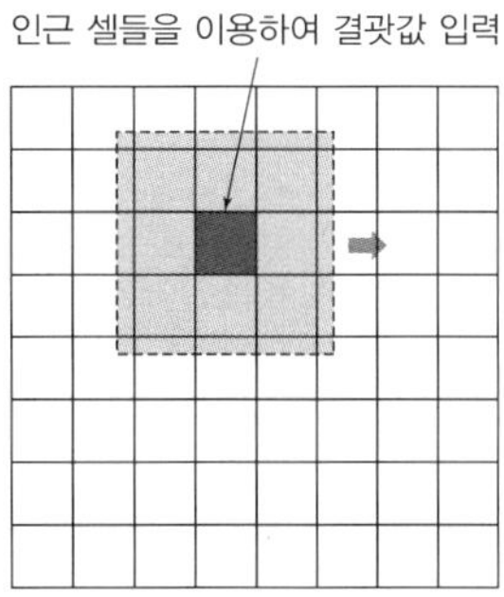

〈그림 4-53〉 무빙 윈도 방식에 의한 셀 값 입력

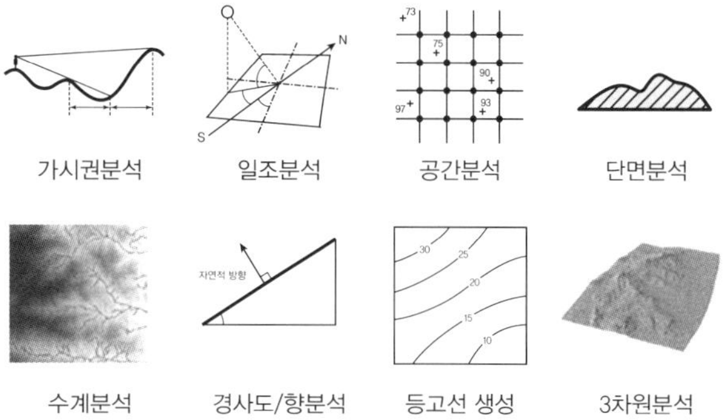

〈그림 4-54〉 지형기반 분석의 종류와 예시

4) 네트워크 분석

연결성은 선형과 관련된 분석으로 대표적인 분석 기법에 네트워크 분석이다. 네트워크 분석은 래스터와 벡터기반 자료에서 모두 가능하지만 흔히 벡터기반 분석이 주를 이룬다. 래스터기반의 네트워크 분석은 비용표면을 이용한 분석의 예를 들 수 있다. 비용표면은 이동에 소요되는 거리, 시간 등이 각 셀에 입력된 래스터 자료이다. 비용표면은 출발점이 되는 셀에서 도착점에 해당되는 셀까지 가장 빠르거나 짧은 경로를 탐색하는 최소비용경로(least-cost-path) 분석과 출발점에서 주어진 자원이 소진되기까지의 영역 파악 등에 이용된다.

GIS에서 벡터기반의 네트워크는 자원의 흐름으로 연결된 선형의 체계를 의미한다. 예를 들면, 고속도로, 철도, 도로와 같은 교통망이나, 하천 및 전기, 전화, 상하수도 등과 같은 관망의 연결성과 경로를 분석하는 것이다. 네트워크 분석을 위해서는 네트워크 데이터 구조가 구축되어야 한다. 네트워크 데이터는 크게 링크(link), 교차점, 회전의 세 가지 구성 요소가 위상적으로 구축된다. 링크는 가로, 수로, 도로와 같이 자원이 이동할 수 있는 경로가 된다. 개개의 링크는 아이디를 가지며, 제한속도와 같은 저항값을 속성으로 가질 수 있다. 교차점은 흔히 노드로 표현되는데 링크들이 서로 만나는 지점으로 자원을 받거나 배분하는 중심점이 될 수도 있고, 출발점이나 도착점이 될 수도 있다. 회전은 교차점을 통해 이동하는 데 요구되는 시간이나 비용을 명시해 주며, 실제 도로와 같이 좌우회전, 유턴 등의 규칙을 정할 수 있다.

네트워크 분석은 크게 세 가지로 유형화할 수 있다. 첫째, 최단 경로나 최소비용 경로를 찾는 경로 탐색 기능, 둘째, 네트워크를 특정 목적지점에 할당하는 네트워크 할당기능, 셋째 네트워크상에서 연결성을 추적하는 추적 기능 등이다. 먼저 경로 탐색 기능은 두 지점 사이의 기하학이나 속성데이터를 이용하여 최소비용 또는 최단거리를 찾아내는 경우이다. 흔히 출발점과 도착점 사이의 최소비용을 지불하는 일련의 연결선을 찾는 과정이라 할 수 있다. 여기서 비용의 개념은 단순히 물리적인 총길이가 될 수도 있고, 제한속도나 통행속도 등을 고려한 비용이 될 수 있다. 때로는 회전에 소요되는 비용을 고려한 최소비용을 찾는 과정이 포함되기도 한다. 네트워크 할당기능은 어떤 정해진 조건에 따라 노드나 링크 등의 네트워크 자원을 특정 목적지점에 할당하는 기능이라 할 수 있다. 대부분 목적지점은 네트워크상의 서비스를 공급하는 중심점을 말한다. 예를 들면, 병원, 학교, 상수도 급수원 등이며, 네트워크를 할당한다는 의미는 각 서비스 공급지점의 범위를 네크워크를 분할하여 할당하는 개념이다. 네트워크 할당기능은 서비스의 중심점이 되는 여러 목적지점에 할당되어야 할 네트워크가 어디까지인지를 찾는 과정이라 할 수 있다. 쉽게 생각하면 가장 가까운 네트워크를 할당하면 되지만 실제로는 서비스 중심점에서 제공하는 서비스의 용량이 상이할 수 있고, 도로 네트워크를 따르는 자원의 소비도 일정하지 않기 때문에 쉬운 문제는 아닐 수 있다. 마지막으로 추적 기능은 우리가 관심 있는 노드와 연결된 네트워크가 어디인지를 찾는 기능이라 할 수 있다. 노드나 링크가 연결되었다는 뜻은 기원 지점으로부터 서로 연결되는 노드와 링크가 존재한다는 뜻이며, 오염물질을 추적하거나 수계망 분석에서 분기점으로 물이 흘러들어오는 곳, 혹은 물이 흘러나가는 곳을 추적하는 등의 분석에 활용된다.

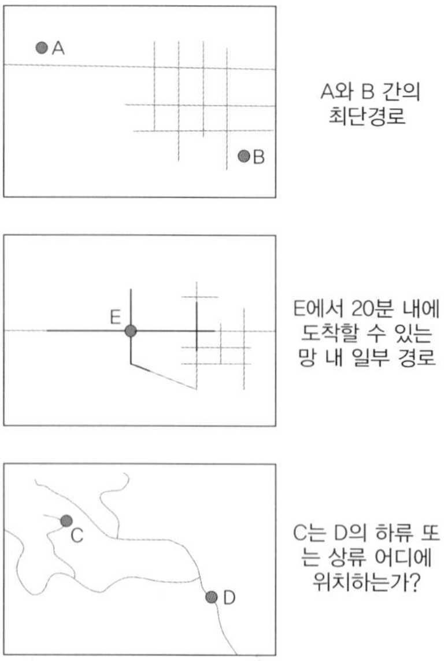

〈그림 4-55〉 네트워크 분석의 개념

4.4.2 데이터 탐색과 공간통계

GIS에 입력된 자료에 대해 입력 자료의 공간적 특성에 기반한 분석뿐 아니라 벡터데이터의 경우 속성값, 래스터데이터의 경우 래스터 파일 자체에 대해 통계에서 활용되는 여러 가지 분석방법이 적용될 수 있다. GIS 소프트웨어와 통계분석 패키지와의 연계는 GIS 내에서 완전통합을 이루는 경우, 긴밀하게 연계되는 경우, 느슨하게 연계되는 경우로 나눌 수 있다(Goodchild, 1992). QGIS의 경우 통계분석 플랫폼인 'R'을 플러그인 형태로 연계하여 활용할 수 있다.

오픈소스 기반 통계분석 패키지 R

R은 통계분석과 시각화를 지원하는 무료 소프트웨어 프로그래밍 언어이자 소프트웨어 환경이라 할 수 있으며, 통계 소프트웨어 개발과 자료분석을 위해 통계학자들과 데이터마이너들 사이에서 널리 활용되고 있다. R은 초기 뉴질랜드 오클랜드대학교의 Ross Ihaka와 Robert Gentlman에 의해 개발되기 시작하였는데 현재는 R코어개발팀에 의해 관리되고 있다. R의 소스코드는 C, 포트는 R로 쓰여져 있으며, GNU(general public license) 라이센스하에 누구나 자유롭게 이용 가능하다. QGIS에서는 QGIS2.0 버전부터 R을 기본 플러그인으로 제공하고 있으며, 데이터의 속성값을 기반으로 R을 연동하여 다양한 통계 분석, 데이터 시각화, 데이터마이닝 등을 실행할 수 있다.

소개 및 다운로드 사이트: http://www.r-project.org

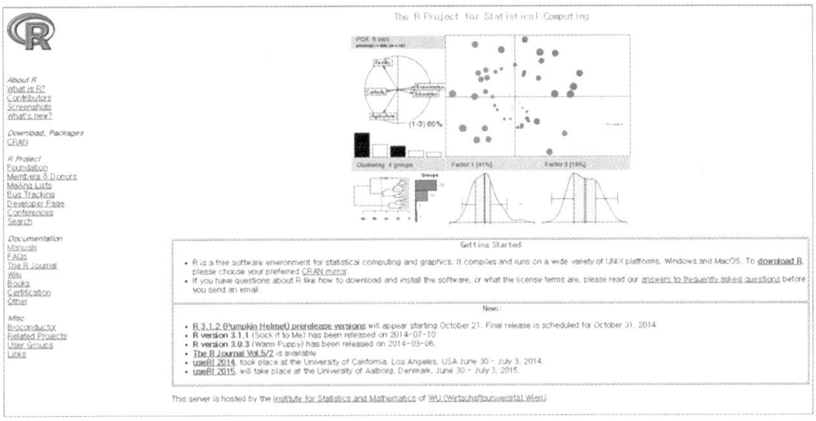

1) 데이터 탐색

자료가 입력된 후 제일 첫 단계는 데이터를 탐색하는 과정이라 할 수 있다. 흔히 탐색적 데이터 분석이라고도 하며 평균, 분산, 최댓값, 최솟값, 4분위값 등과 같은 기본통계 계산 외에 히스토그램, 파이차트, 박스차트, 산점도 등의 그래프를 작성하여 데이터의 특성을 탐색하고, 중요한 변수가 무엇인지, 이상치(outlier)가 있는지 등을 확인한다.

2) 공간적 자기상관성

공간데이터를 분석하는 데에서 많은 관심을 받는 것은 특정한 현상의 공간분포이다. 즉 특정 현

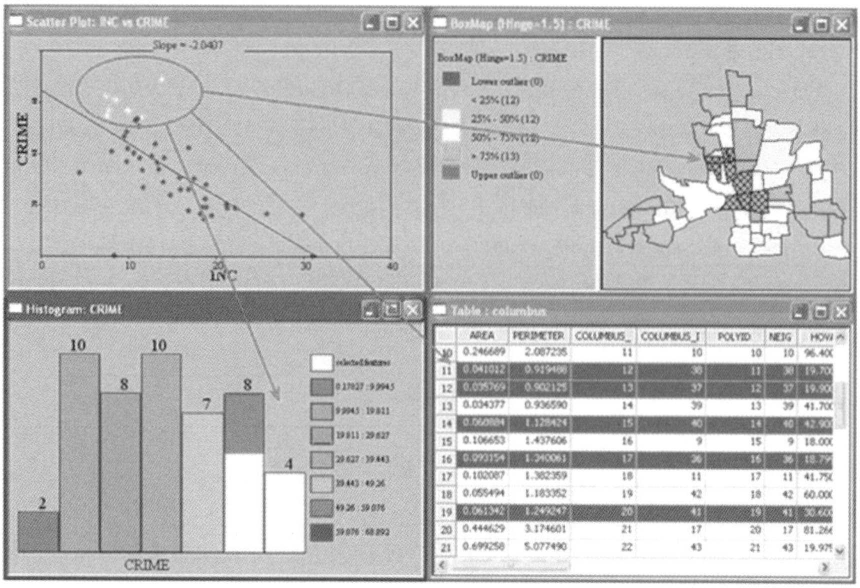

〈그림 4-56〉 GeoDA 소프트웨어에서 제공하는 데이터 탐색 기능(de Smith, Goodchild & Longley, 2009, p.237)

오픈소스 기반 공간통계분석 GIS 프로그램 GeoDA

GeoDA는 공간데이터 분석, 공간정보의 시각화(geo-visualization), 공간적 자기상관성과 공간모델링을 지원하는 무료 소프트웨어 패키지이다. GeoDA는 다변량 탐색적 데이터 분석, 전역적/국지적 자기상관성 분석 등 공간분석에 탁월한 기능을 가지고 있으며, 회귀분석 기능, 공간회귀분석 모델도 지원한다. Luc Anselin에 의해 처음 개발되어 현재는 미국 애리조나주립대학교의 Geo DA Center for Geospatial Analysis and Computation에서 지속적으로 발전시켜 나가고 있다.

소개 및 다운로드 사이트:
https://geodacenter.asu.edu/learning/tutorials

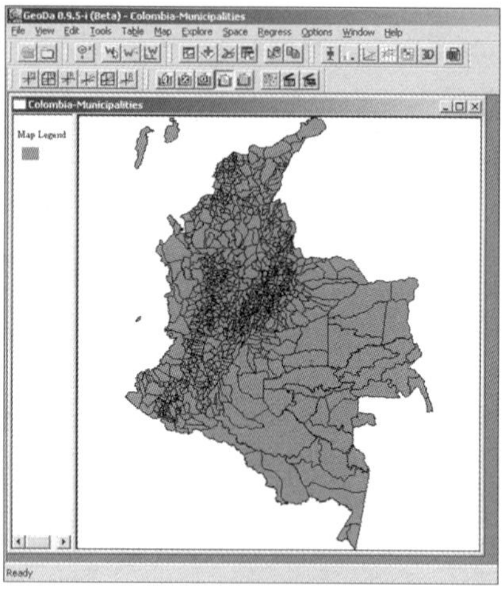

GeoDA 메인화면

상이 공간 상에 분산되었는지 또는 집중되었는지를 파악하는 것이다. 그런데 공간에 나타나는 현상은 Tobler(1970)가 설명한 바와 같이 '모든 것은 그 밖의 다른 모든 것과 관련되어 있지만, 서로 가까이 있는 것들이 멀리 있는 것들보다 더 높은 관련성을 보인다'는 공간적 자기상관성을 내포한다. 즉 공간 상의 한 위치에서 발생하는 사건과 그 주변지역에서 발생하는 사건과는 높은 상관관계를 보인다는 것인데, 공간데이터 분석에서 공간적 자기상관성이 있는 것으로 판단되면 이를 배제하고 분석을 수행해야 통계적으로 활용되는 여러 기법들을 오류 없이 적용하고 해석할 수 있다. 공간적 자기상관성이 존재하는지의 여부를 측정하는 지표로는 Moran's I 지수, Geary's C 지수(1968), LISA(local indicator of spatiald association) 지표(Anselin, 1995) 등이 사용된다. Moran's I 지수의 경우 공간객체들의 속성과 거리를 이용하여 유사한 값들끼지 군집을 이루고 있는 정도를 −1(분산)과 1(군집) 사이의 값으로 표현한 것이며, Geary's C 지수는 c값이 1보다 크면 분산, 1보다 작으면 군집으로 나타내는 것이다.

3) 군집분석

군집분석이란 점데이터의 경우 공간 상에 나타난 점 개체들의 공간패턴을 분석하는 것이라 할 수 있다. 공간패턴은 공간데이터 처리과정의 결과이기 때문에 그 패턴을 파악하는 것은 매우 중요

〈표 4-20〉 점데이터의 군집 여부 분석방법론

분석 방법	탐색 범위	군집 분석 방법 명칭	군집 여부 판단	비고
점의 밀도 분석	국지적	방안분석 (quadrat analysis)	VMR>1: 군집 VMR=1 임의적(무작위) VMR<1: 규칙	단위면적당 점의 밀도 분석
	전역적	커널분석 (kernel density)	산출된 지도 상의 핫스팟을 보고 직관적으로 판단	대상지역 점 개체 분포를 토대로 대상지역 전체의 밀도를 추정
점 간의 거리 계산	국지적	최근린분석	R값의 범위: 0~2.1491 0에 가까움: 군집 1에 가까움: 무작위 2.1491에 가까움: 분산	각 점에서 가장 가까운 점까지의 평균거리를 산출하여 무작위 패턴에서 예상되는 평균거리와 비교
	국지적	G함수	G(d)값 급증: 군집 G(d)값 서서히 증가: 균등	최근린거리의 누적분포를 산출하여 분포 패턴을 파악
		F함수	F(d)값 서서히 증가하다 급격히 증가: 군집 F(d)값 처음에 급증하다가 서서히 증가: 분산	G(d)에 임의의 점을 추가하여 실제 점 개체와의 최근린거리 계산
	전역적	K함수	K(d)값 급증: 군집 K(d)값 서서히 증가: 균등	특정 점 개체와 다른 모든 점 개체들 간의 거리를 기초로 함수 구축
		L함수	L(d)>0: 군집 L(d)<0: 규칙	K함수와 유사

하다. 점들의 공간패턴은 규칙적(regular), 임의적(random), 군집적(clustered) 패턴으로 분류할 수 있다. 점 패턴 분석에 가장 많이 활용되는 기법은 방안분석과 최근린분석이다. 방안분석은 대상지역을 등간격의 격자로 나누고 각 방안에 있는 점의 수를 세어 점의 분포 유형을 파악하는 것이다. 점의 밀도가 지역에 따라 차이가 없을 경우 규칙적인 분포라 할 수 있고, 지역에 따라 점 밀도 차이가 클 경우 군집적 분포라 할 수 있다. 최근린분석은 각 점에서 가장 가까운 이웃 점까지의 평균거리를 산출하여 이를 무작위 패턴에서 예상되는 평균거리와 비교하는 것이다. 만약 군집도가 높다면 주변 점 개체들과의 거리는 매우 짧게 나타나며 군집도가 낮다면 주변 점 개체들과의

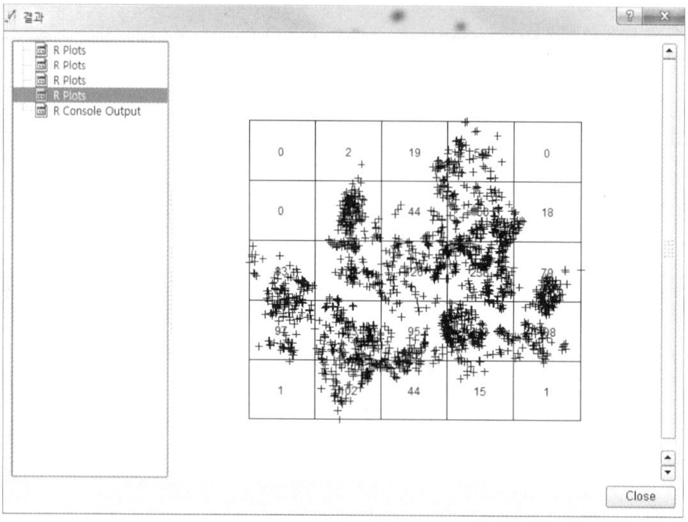

〈그림 4-57〉 이면도로 교통사고 군집분석(방안분석)

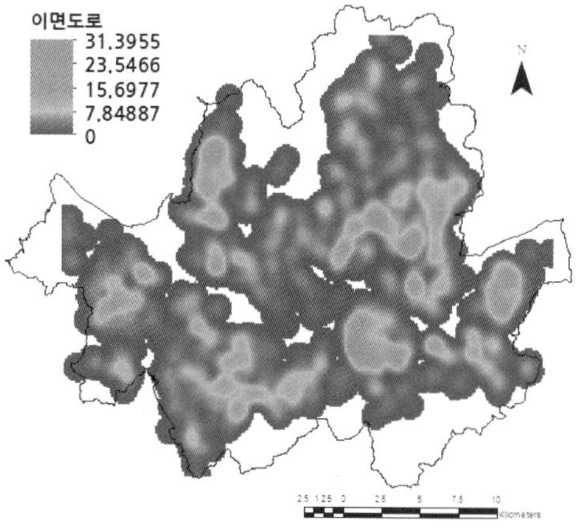

〈그림 4-58〉 이면도로 교통사고 군집분석

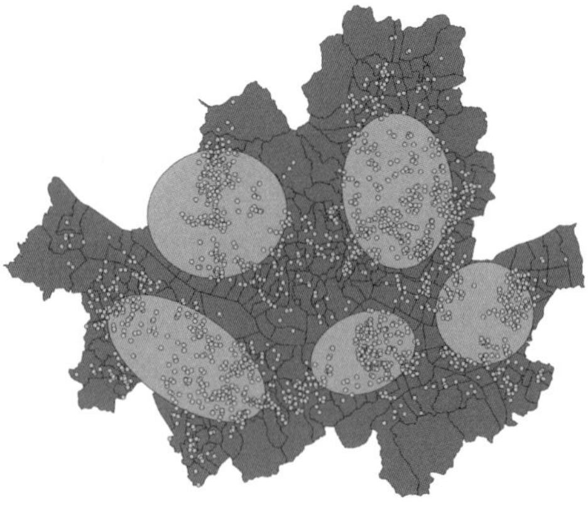

〈그림 4-59〉 이면도로 교통사고 군집분석(K-means clustering)

거리는 멀게 나타난다. 범죄발생, 특정 질병의 발생, 교통사고 등의 점 패턴에서 공간적 군집 현상이 나타났다면 그 원인이 무엇인지 살펴볼 필요가 있을 것이다.

4) 회귀분석

회귀분석이란 한 변수가 다른 변수에 어떠한 영향을 미치고 있는지를 분석하는 통계적 방법으로 한 변수를 기초로 하여 다른 변수를 예측하고자 하는 것이다. 이때 영향을 받는 변수는 종속변수, 영향을 미치는 변수는 독립변수라 한다. 여기서 독립변수는 하나이거나 그 이상일 수 있다. 예를 들면, 주택가격에 영향을 미치는 요인을 선정하고 그 요인에 따라 주택가격이 얼마나 달라지는가를 회귀식을 통해 산출할 수 있다. 주택가격을 추정하는 연구에서 주택의 크기, 방의 개수, 도심과의 거리, 지하철역과의 거리, 학군, 공원과의 거리 등이 주택가격에 영향을 미칠 수 있으며, 이러한 독립변수들의 변화에 따라 주택가격이라는 종속변수가 얼마나 변화하는지를 산출해 볼 수 있다. 그러나 일반적인 회귀식이 적용되기 위해서는 오차의 정규성, 독립성, 등분산성, 공간적 자기상관의 배제, 공선성 배제 등 몇 가지 가정이 전제되어야 하는데 만약 앞서 언급하였던 공간적 자기상관성이 있는 것으로 판명되면 일반적인 회귀식이 아닌 공간회귀모델을 적용하거나 지리가중회귀모델을 적용해야 한다.

5) 공간 빅데이터 분석과 데이터마이닝

새로운 디지털 기기의 등장과 함께 데이터를 저장 및 수집하는 기술이 발달하면서 규모를 가늠할 수 없는 방대한 데이터가 생산되고 또 이를 활용하고 분석하여 가치 있는 의미를 찾아내는 것이 미래의 경쟁력을 좌우하는 새로운 '자원'으로 인식되기 시작했다.

빅데이터는 방대한(Big) 자료(Data)를 의미한다. 대량의 데이터는 관측 데이터의 수가 많다는 의미와 더불어 데이터의 속성변수도 많다는 의미이다. 예를 들면 인터넷에 접속하여 홈페이지를 열어 볼 때마다 서버에 기록되는 웹로그 데이터, 트위터나 페이스북 등을 통해 생성되는 SNS 데이터, 일상생활에서 사용되는 교통카드 데이터, 은행 자동화 기기에서 생성되는 데이터, 다양한 센서에서 축적되는 데이터 등 데이터의 생성은 폭발적으로 증가하고 있다. 소셜 네트워크 서비스의 이용과 스마트폰의 보급으로 데이터는 과거에 비해서 더 방대하게 늘어나고 더 다양한 형태를 가지며 실시간에 가까운 속도로 생성되는 가운데 빅데이터 분석 기술 또한 발달하면서 이러한 빅데이터를 저장하고 분석하는 것이 가능해지고 있다. 공간정보 분야에서도 공간 빅데이터의 분석에 많은 관심과 연구가 진행되고 있으며, 엄청난 규모로 쌓인 데이터에서 의미를 찾아내고자 하는 데이터마이닝도 다시 관심의 대상이 되고 있다.

데이터마이닝이란 대량의 데이터를 분석하여 중요한 정보를 얻어 현실에 응용하는 기법을 의미한다. 마이닝(mining)이란 '광산에서 광물을 채광'한다는 뜻인데 데이터마이닝은 '대량 데이터라는 거대 광산에서 유용한 보물(정보)을 찾는다'라는 비유로 사용된 단어이다. 데이터마이닝의 최종 목적인 대량의 데이터에서 유용한 정보를 찾기 위해서는 일반적으로 〈그림 4-60〉과 같은 과정을 거친다. 데이터 탐색 및 전처리는 데이터를 이해하고, 패턴을 발견하며, 데이터의 오류를 찾아내는 데이터 탐색과정과 필요한 경우 데이터마이닝을 위해 적당한 형태로 변화시키는 작업을 포함한다. 데이터의 오류나 중복데이터 제거, 정규화, 수학적 변환을 수행하고 일부 데이터만

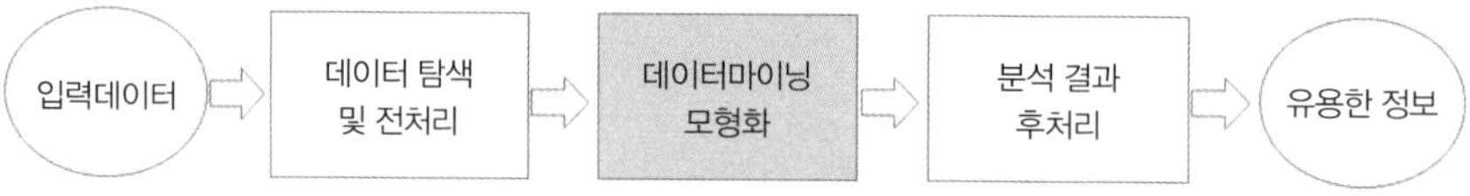

〈그림 4-60〉 데이터마이닝의 과정

〈표 4-21〉 데이터마이닝 유형

지식 유형	설명	관련 기법
군집	동일한 군집에 속하는 관측들은 다른 군집에 속하는 관측보다 더 유사하도록 긴밀하게 관련된 관측의 그룹을 탐색하는 것	• 군집분석
분류	훈련용 데이터세트에 기초하여 데이터 세트가 어디에 속할지 계층 구분을 하는 경우	• 베이지안 분석 • 의사결정나무 모형 • 로지스틱 회귀분석 • 인공지능망 • 지지벡터 기반분석(SVM)
연관	데이터에 강하게 연관된 특징을 설명하는 패턴을 찾거나 흥미로운 패턴을 효율적으로 추출해 내는 것	• 연관분석 • 베이지안 네트워크
편차	기대치를 벗어나 이상치를 보이는 데이터를 찾는 것	• 군집분석이나 다른 데이터마이닝 분석 • 이상치(outlier) 탐색 • 에볼루션분석
경향과 회귀분석	목표변수를 설명변수의 함수모델로 두고 목표변수를 예측하는 경우	• 회귀분석 • 지속적 패턴 탐색
일반화	데이터를 요약하는 것	• 요약 규칙 • 속성 기반 차원 축소

출처: Miller&Han(2009) 재구성

추출하거나 차원을 축소하는 변환을 하기도 한다. 데이터마이닝 모형화 과정은 주어진 문제에 적합한 분석방법이 무엇인지를 결정하고 이에 필요한 다차원분석, 연관분석, 분류분석, 군집분석 등의 모형을 수립하여 기대하는 결과를 예측한다. 이와 함께 모형에 대한 평가도 이루어진다. 분석결과 후처리는 데이터마이닝 결과를 의사결정에 효율적으로 사용하기 위하여 시각화하거나 의미있는 분석 결과만 추출, 요약, 설명하는 작업이다. 데이터마이닝에 활용되는 분석 기법은 지속적으로 발전하고 있으며, 공간정보 분야에서도 데이터마이닝 기법을 적용해야 할 필요성들이 부각되고 있다(표 4-21).

4.4.3 GIS 모델링과 프로젝트 수행

1) GIS 모델링

'모델'이란 실세계와 그의 과정을 간략화시킨 표현이라 할 수 있다. 즉 자료를 요약하고, 실세계에서 현상이 존재하고 작동하는 방향으로 명령문을 작성하는 것이다. 공간상에서 일어나는 현상을 분석하는 데 모델을 사용하는 이유는 모델을 사용함으로써 복잡한 실세계를 단순화시키고 일반화시킬 수 있기 때문이다. GIS 모델링에는 두 가지 주요한 목적이 있는데 하나는 현상의 이해이며, 다른 하나는 예측이라 할 수 있다. 현상의 이해는 복잡한 실세계를 간략화하여 이해하기 쉽도록 하는 것이라 할 수 있고, 예측이란 실세계가 지속적으로 변화하기 때문에 "만약 그렇다면, 어떻게 되는가?"와 같은 시나리오에 답을 찾는 과정이라 할 수 있다.

모델을 형식화하고 필요한 커버리지와 적용되어야 할 분석 기법들을 명시하는 데 유용한 방법은 흐름도를 구축하는 것이다. 흐름도란 관련된 입력 커버리지를 토대로 적절한 분석방법을 적용하여 새로운 커버리지를 만들고, 그다음 단계의 작업을 지속해서 결과물을 산출해 가는 과정을 순차적으로 나타낸 것이라 할 수 있다. 이러한 과정을 통해 분석을 논리화하고 각 단계를 상세화할 수 있다.

최근 GIS 모델링 과정은 개념적인 것뿐 아니라 GIS 소프트웨어 기능을 통해서도 지원되고 있다. 흐름도에서 명시된 다양한 분석 기능을 한꺼번에 실행시킬 수 있는 모델빌더 기능을 제공하고 있다. 모델빌더 기능을 이용하면 각 프로세스에 나타난 흐름도에 따라 분석 기능을 수행하고 결과물을 산출하게 된다.

QGIS에서 모델빌더의 활용

흐름도는 투입데이터(input data), 투입데이터에 적용하기 위한 지오프로세싱 도구, 결과물을 산출하여 저장하게 되는 산출데이터(output data)로 구성하여 다이어그램으로 작성하고 화살표로 연계하여 나타낸다.

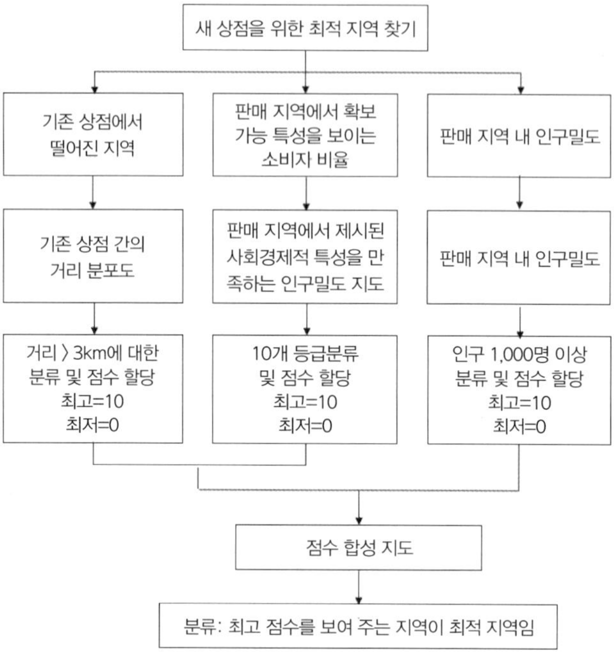

〈그림 4-61〉 상점의 최적 지역을 찾는 GIS 모델링 흐름도(Lp, C and Yeung, K, 2002, p.450)

2) 공간자료 분석 프로젝트 수행 단계

실제 공간자료를 분석하는 과정은 앞서 언급하였던 여러 가지 분석방법론이 복합적으로 포함된다. 그리고 GIS 소프트웨어 내에서 수행하는 것은 그 가운데 일부분인 경우가 많다. 즉 공간분석 과정에는 문제 정의, 계획, 자료 수집, 실험적 분석, 가설 설정, 모델링, 테스팅, 협의, 리뷰, 최종 보고 등 다양한 과정들을 거치게 된다. 즉 공간분석 과정은 문제를 정의하고 결과를 도출하는 일련의 과정이라 할 수 있으며, 분석 과정은 복잡하고 반복적인 일들을 포함하고 있다. 프로젝트 수행을 위해서는 다음과 같은 단계를 거치며, 각 단계는 순차적이라기보다 반복적이고 순환적이라

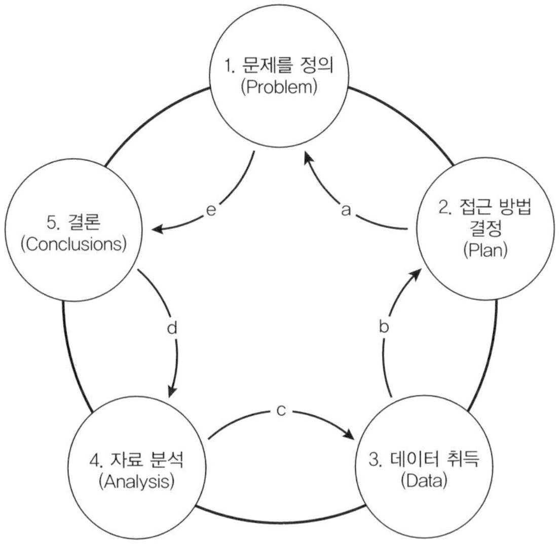

〈그림 4-62〉 PPDAC 모델(Goodchild, M., & Longley, P 외, 2009, 86)

할 수 있다.

첫 번째 단계는 문제를 정의하는 단계이다. 프로젝트 수행에서 문제를 이해하고 정의하는 것은 매우 중요하며 프로젝트의 성공과 실패를 결정짓는 주요 단계가 될 수 있다. 여기서 성공이란 방법론적인 것이 아니라 프로젝트 결과물을 얘기하며, 성공의 판단은 대부분 고객, 감독관에 의해 판단되는 것이기 때문에 당사자를 프로젝트의 초기과정부터 포함하도록 하는 것은 매우 중요하다.

두 번째 단계는 어떻게 문제에 접근할지를 결정하는 단계이다. 프로젝트 수행을 위한 세부 계획을 수립하는 것이라 할 수 있다. 이것은 자원과 일 할당, 시간계획 수립, 소요되는 비용 산출, 소프트웨어 툴 결정, 인력 배분 등에 관한 세부 계획 수립을 의미한다. 대형 프로젝트에서는 단위 산출물 정의하고 해야 할 일들을 단위업무로 세분화하기도 하는데 이 과정 이후에 시간 경과에 따라 프로젝트가 잘 수행되고 있는지를 확인하는 기준이 되기도 한다.

세 번째 단계는 데이터를 취득하는 단계라 할 수 있다. 공간분석에서 주요 데이터를 직접 생산하기 보다는 제3자로부터 공급되는 데이터를 활용하는 경우도 많다. 이를 기반으로 분석을 수행하게 되는데 공급되는 데이터의 질과 출처 등을 확인하는 것은 매우 중요하다. 실제로 모든 데이터가 같은 품질, 비용, 사용 허가, 이용가능성, 완전성, 시기적절성, 포맷을 지원하는 것이 아니기 때문에 이에 대해 유의 깊게 데이터의 취득이 이루어져야 한다.

네 번째 단계는 자료를 분석하는 단계이다. 취득한 데이터에 적합한 분석 방법, 툴, 그리고 모델을 적용하는 것이다. 대부분의 분석 과정은 여러 분석단계를 거치기 때문에 초기에 어떠한 분석방법과 절차를 거치도록 할 것인지는 분석을 시작하기에 앞서 중요한 결정사항이라 할 수 있다. 공간분석을 지원하는 소프트웨어는 다양하며, 특히 최근 들어 특정 분석에 적합한 오픈소스 기반의 GIS 소프트웨어도 증가하고 있는 추세이다. 공간분석의 관점에서 데이터 분석을 통해 우리가 얻고자 하는 것은 공간패턴의 발견이며, 이는 어떠한 과정의 산출물로 만들어진 것이라는 것을 유추할 수 있다.

마지막 단계는 결과를 전달하는 결론 단계이다. 문제에 대해 숫자의 형태로 혹은 그래픽 형태로 결과를 전달하고 계획, 데이터 수집 및 분석단계의 강점과 약점도 동시에 전달될 필요가 있다. 때로는 결론 단계가 다른 프로젝트 수행을 위한 시작 단계가 될 수도 있다.

4.5 웹GIS

4.5.1 웹GIS 개념과 특징

1) 웹GIS 개념

웹GIS는 네트워크상에 연결된 컴퓨터들의 집합인 인터넷을 통해 데이터를 교환하고, 데이터를 원격에서 접속하여 전송하며 분석 및 처리할 수 있는 시스템을 의미한다. 다시 말해 인터넷의 기술을 GIS와 접목하여 공간정보의 입력, 수정, 조작, 분석, 출력 등 GIS 데이터와 서비스 제공이 인터넷 환경에서 가능하도록 구축된 특별한 형태의 GIS 시스템이다. 전자 지도를 이용하여 공간정보에 대한 조회, 검색, 분석, 전자상거래 등 사용자의 다양한 요구를 충족시킬 수 있도록 컴포넌트화한 개념의 정보시스템으로 전통적인 GIS가 인터넷을 이용하여 FTP, 웹 등을 통한 데이터의 전송 및 분석이 가능하다는 장점을 얻은 것이다. 또한 웹GIS는 공간정보와 기능을 공유할 수 있도록 할 뿐 아니라 다른 기술과의 통합까지도 가능하게 한다. 사용자는 웹을 통해 공간정보를 제공받음으로써 서비스 활용 기능을 갖추고 있지 않더라도 활용 목적에 따른 서비스를 제공받을 수 있다.

웹서비스(Web Services)란 인터넷을 통하여 단일 또는 다수의 기존 애플리케이션 시스템을 표준화된 기술로 결합시킴으로써 모든 비즈니스를 가능하게 함을 의미한다. 웹서비스는 언제, 어디서나, 어떤 환경에서나 원하는 정보나 응용 기능 또는 서비스 자체를 제공해 주는 총체적 서비스이다. 이는 기존의 다른 소프트웨어처럼 완벽한 정의를 지정하여 구성하는 것이 아니라 서로 주고받는 데이터 표준에 대한 정의를 규정하기 때문에 매우 유연하며, 서로 이질적인 운영시스템, 이질적인 프로그램 언어 간의 차이를 극복해 주는 연결고리 역할을 수행한다.

결국 웹GIS는 인터넷을 통하여 단일 또는 다수의 기존 애플리케이션 시스템을 표준화된 기술로 결합시켜 모든 비즈니스를 가능하게 하는 웹서비스를 기반으로 한 개념이며, 인터넷을 통하여 공간데이터를 교환하고 전송할 뿐 아니라 검색, 분석, 처리할 수 있는 시스템을 의미한다. 웹 사용자들은 GIS 소프트웨어를 따로 가지고 있지 않더라도 브라우저 등을 통해 GIS 애플리케이션을 사용하고 필요에 따른 서비스와 공간정보를 제공받을 수 있다. OGC에서는 공간정보 콘텐츠와 GIS의 웹서비스에 관한 기술 표준화를 주도하면서 개방형 웹GIS 개발환경을 확산시키는 데 도움을 주고 있다.

2) 웹GIS 특징

웹GIS는 클라이언트/서버가 통합된 대화형 시스템으로 웹의 하이퍼텍스트 및 하이퍼링킹 기능을 이용하여 원하는 정보에 대한 접근이 용이하다. 단순한 이미지 정보뿐만 아니라 기본적 확대, 축소는 물론 공간질의를 통한 분석과 분산된 DBMS에 접근이 가능하므로 분산처리가 가능하다. 정보와 애플리케이션은 모든 컴퓨터에서 접근이 가능하므로 서버에서 자료를 보내고 즉시 처리가 가능한 동적 시스템으로, 특히 인공위성 이미지, 교통의 통행량, 사고정보 등 실시간으로 정보시스템에 접근해 변화하는 정보와 관련된 시스템에 적합하다. 네트워크상의 웹브라우저를 이용하여 사용자 시스템 환경에 관계없이 운영이 가능하므로 호환성 높은 시스템이라 할 수 있다. 반면 데이터에 대한 보안 문제와 데이터 유지 관리 면에서 비용 부담 문제가 발생하고, 상대적으로 다양한 GIS 분석 기능에 제한이 생기고 네트워크를 이용하므로 데이터 처리 시간이 오래 걸리는 한계가 있다. 이러한 웹GIS의 특징을 정리하면 아래와 같다.

(1) 분산환경

대용량을 처리해야 하는 GIS의 기능으로 인해 분산 컴퓨팅 환경(DCE: distributed computing environment)을 취한다. 물리적으로 데이터베이스를 분산시킴에 따라 시스템 관리상의 성능 향상을 기대할 수 있으나 데이터의 일관성을 유지하기는 어렵기 때문에 표준화가 중요한 사안이다. 인터넷으로 연결된 수많은 서버에 분산되어 있는 데이터와 객체들은 사용자 요구에 따라 다양한 기능을 수행해야 하므로 객체 지향적이고 분산 컴퓨팅 환경에 적합해야 하며 상호운용성을 확보할 필요가 있다. 웹GIS는 클라이언트/서버 개념을 적용하는데, 클라이언트는 데이터, 분석 툴이나 모듈을 서버에 요청하고, 서버는 그 작업을 자체 수행하거나 그 결과를 클라이언트에 보내게 된다.

(2) 대화형 시스템

인터넷상에서 GIS 분석 기능을 수행하는 데 클라이언트/서버 개념을 응용하였다. 서버 중심은 클라이언트가 데이터와 분석을 서버에 요구하면 서버는 그 요구를 직접 수행해 결과를 클라이언트에 보내 준다. 클라이언트 중심은 서버에서 필요한 데이터 및 분석도구를 클라이언트에 보내 주면 클라이언트에서 그 기능을 수행하여 사용자들이 자신의 하드웨어에서 자료를 분석할 수 있도록 한다. 웹GIS는 벡터를 따로 처리할 수 있는 클라이언트를 개발하고 이를 웹상에 내재시켜 대화형 시스템을 구현한다.

(3) 동적 유지 관리

웹GIS는 분산 시스템으로서 데이터베이스와 응용프로그램의 관리자가 이를 업데이트하면 새로이 변경된 내용이 인터넷상의 모든 사용자에게 접근 가능하게 된다. 이를 통해 데이터와 소프트웨어를 최신으로 유지할 수 있다.

(4) 통합 정보 제공

월드와이드웹은 웹GIS에 비디오, 오디오, 지도, 텍스트, 방송 등 다양한 형태의 자료를 동일한 웹페이지로 통합할 수 있는 기능을 제공하고 있다.

(5) 독립적 크로스 플랫폼

기종이나 운영체제에 중립적인 시스템으로 클라이언트의 하드웨어, 운영체제나 데이터베이스 관리시스템(DBMS)의 종류에 관계없이 공통의 데이터와 기능을 공유할 수 있는 GIS 도구를 제공한다. 기존의 상용화된 웹GIS 시스템은 웹브라우저에 따라 별도로 개발해야 하는 등 여러 면에서 미흡하였으나, OGC는 GIS의 상호운용성을 확보하기 위해 데이터 형식, 데이터 교환과 접근, GIS 분석 컴포넌트 등에 대한 표준을 수립하였다. 웹GIS는 기종이나 운영체제에 독립적인 시스템으로, 클라이언트의 하드웨어, 운영체제 및 관계형 데이터베이스 시스템의 종류에 관계없이 공통의 데이터와 기능을 공유할 수 있는 크로스 플랫폼을 지원한다.

(6) 상호운용성

상호운용성을 확보하여 GIS 프로그램을 소유하지 않아도 웹상에서 GIS 프로그램을 구동하는 것과 같은 기능을 수행할 수 있다. 상호운용성은 서로 다른 여러 기능 요소들 사이에 상호 통신하고, 프로그램을 실행하고, 데이터를 전송하는 능력으로 정의된다. 월드와이드웹은 하이퍼텍스트를 통해 상호운용이 가능하지만 정적인 이미지를 제공하는 것에 불과하다. 이질적인 환경에서 GIS 사용자 간에 GIS 데이터와 기능, 응용프로그램에 접근하고 공유하는 것은 높은 상호운용성이 요구된다. 이를 위해 데이터 포맷, 데이터 교환, 데이터 접근에 대한 표준 및 GIS 분석 컴포넌트의 표준 사양 등이 고려된다.

4.5.2 웹GIS 관련 주요 기술과 표준 동향

1) 웹GIS 관련 주요 기술

(1) 서비스 기반 프레임워크

웹서비스는 별도의 플랫폼이나 다른 언어로 작성된 프로그램들이 표준 기반으로 상호 통신할 수 있도록 상호운용성을 보장하며, 원격기능 수행을 통해 원격 컴퓨터에 구현된 작업을 자신의 컴퓨터에서 구현하고 사용하는 것이 가능하다. 이러한 작업을 수행하기 위해서 가장 중요한 것이 표준을 통한 상호운용성의 확보이며 이를 위해 SOA(service oriented architecture: 서비스 기반 아키텍처)를 구현할 필요가 있다. SOA는 기존의 애플리케이션 기능들을 비즈니스적 의미 단위로 묶어 표준화된 인터페이스를 갖는 서비스로 구현하고, 이 서비스들을 필요한 업무에 따라 조합하여 애플리케이션을 구성하는 소프트웨어 개발 아키텍처이다(조대협, 2007). 또한 다양한 확장성과 강력한 유연성을 제공하며, 표준에 따라 잘 정의된 재상용성이 보장된 컴포넌트로 구축되기 때문에 확장과 통합·변경이 용이하다. 애플리케이션 통합 및 연계와 고객맞춤형 서비스 재구성을 위한 웹서비스 도입과 사용자 인터페이스 및 프로세스 개선을 통해 보다 편리하고 쉽게 자신의 특성에 맞춘 서비스를 이용하고 정보의 체계적인 분류, 저장, 관리 기능을 구현할 수 있다. SOA는 공간 웹이 하부 IT 독립성을 유지할 수 있게 하며, IT 표준 및 시스템들과의 호환성을 확보하는 데 가장 적합한 프레임워크이다. 이는 공간 웹이 데이터베이스 시스템들과 연동하고, 상이한 컴퓨팅 환경에서 모듈화된 컴포넌트들을 이용하며, 개방형 시스템을 구현하고, 데이터 접근 장벽을 크게 줄일 수 있도록 해 준다. SOA 기반의 GIS는 집중과 통합에 의해 공간정보를 구축·활용하던 기존 GIS의 시공간적 한계를 극복하고, 네트워크로 연결된 분산환경에서 다양한 공간정보를 분산 서비스 형식으로 연계·통합하는 새로운 기술들을 포함하고 있다. 공간정보의 구축과 갱신 주기에 맞춰 OGC WMS및 WFS 등의 분산 서비스에 기반한 통합이 가능하다.

(2) 웹서버 기술

웹서버는 미들웨어 게이트웨이를 통해 분산된 서비스와 소통할 수 있으며, 이를 위해서는 타입 매니저(type manager)와 트레이더(trader)라는 핵심적 서비스가 분산 컴퓨팅 환경을 통해 공통적으로 제공되어야 한다. 미들웨어 게이트웨이는 전송 프로토콜을 이용하여 DCE CORBA 서비스 인터페이스를 제공하며, 인터넷상의 다양한 분산 서비스들과의 통신이 가능하면서도 더욱 보편적인 프로토콜이 필요하게 되었다. 분산 인터넷 애플리케이션 소프트웨어는 클라이언트/서버 소프트웨어 객체들로 만들어진다. ORB(object request broker)는 네트워크상의 컴퓨터들이 공동작업을 할 수 있도록 의사소통 기능을 제공하며, 클라이언트 객체는 ORB를 이용하여 인터넷의 서버 객체와 연결 및 소통할 수 있도록 한다.

(3) 웹 클라이언트 기술

① 자바 애플릿

공간정보와 GIS 기능은 사용자 요구에 따라 서버로부터 클라이언트로 보내지는데, 모든 작동이 클라이언트에서 이루어지기 때문에 초기의 애플릿 및 데이터 전송 이외에는 서버와 클라이언트 사이의 통신부하가 크지 않으며 작동이 끝나면 자동적으로 설치 해제되는 특징이 있다. 자바애플릿(Java Applet)은 자바 바이트코드 형태로 배포되는 애플릿으로 자바 가상 머신이 내장된 웹브라우저나 선 마이크로시스템(Sun Microsystem)에서 배포하는 애플릿뷰어로 실행할 수 있다. 자바 애플릿의 방식의 장점은 HTML에 비해 동적이며, 로컬컴퓨팅 자원을 잘 활용하며, 디스크 공간을 차지하지 않고, 플랫폼이 중립적이고, 전송 속도가 빠르며, 더욱 높은 보안성이 유지되고, 그래픽과 지도를 생성하고 디스플레이 하는 데 더 유연하다. 반면 Java가 가동되는 브라우저에서 실행되어야 하며, Java의 보안 메커니즘으로 인해 GIS 데이터 및 분석 결과를 로컬에 저장할 수 없는 단점이 있다.

② 공용 게이트웨이 인터페이스

CGI(common gateway interface)는 웹서버상에서 사용자 프로그램을 동작시키기 위한 조합이다. 웹브라우저 기반의 CGI 방식은 서버기능의 활용과 신클라이언트(thin client) 구현의 장점이 있는 반면, 웹서버가 호출자를 기억하지 못하므로 사용자의 요청에 대해 CGI 스크립트가 받아들이고 그 결과를 서버로부터 클라이언트에게 보내는 일련의 과정이 제각기 반복되어야 하므로 인터넷 트래픽이 증가하고 조작이 불가능하다는 단점이 있다. 현재는 지도서버의 인터페이스 부분을 컴포넌트가 처리하고 프로세스마다 처리하지 않기 때문에 서버의 부하가 줄어들며 다양한 GIS 분석 기능과 이미지 처리 기능을 사용할 수 있다.

③ 액티브X

액티브X(ActiveX)는 마이크로소프트사가 개발한 재사용 가능한 객체지향적인 소프트웨어 구성 요소 개발에 사용되는 기술이다. 이 방식은 프로그램이나 운영체제, 컴퓨터 언어에 구애받지 않고 액티브X 컨트롤만 있으면 어디에서나 사용이 가능하고 클라이언트 자원은 최대한 활용한다는 장점이 있다. 반면 마이크로소프트사의 인터넷 익스플로러에서만 사용되고 플랫폼에 의존적이기 때문에 특정 하드웨어와 OS에서만 작동된다는 한계가 있으며, 데이터 포맷에 따라 각기 다른 컨트롤이 필요하다.

(4) 컴포넌트 기술

① CORBA

CORBA(common object request broker architecture)는 급격하게 증가하고 있는 하드웨어와 소프트웨어 사이에서 요구되는 상호운용성에 대한 OMG(Object Management Group)의 사양이다. CORBA는 애플리케이션의 위치와 종류에 상관없이 상호 통신을 가능하게 한다. CORBA는 OMG에 의해서 도입되어 ORB의 구체적인 구축 범위 내에서 클라이언트/서버 객체 상호작용을 가능하게 하는 IDL(interface definition language)과 API가 정의되었다. ORB는 이질적인 분산환경에 있는 서로 다른 기존의 응용프로그램들 간에 상호운용성을 제공하고 다중객체시스템 사이를 연결한다. 사용자는 CORBA를 통해 필요한 데이터가 네트워크상의 어디에 존재하는지를 알 수 있으며, 정보가 있는 곳의 하드웨어와 소프트웨어 종류에 관계없이 필요한 자료에 접근할 수 있다.

② OLE/COM

OLE/COM 모델에서 COM은 ORB(object request broker)라 불리며 객체 간의 통신을 지원하고 컴퓨터 내 객체 간 통신을 지원한다. 이를 보완하여 마이크로소프트에서 여러 컴퓨터 객체 간 통신을 지원할 수 있는 DCOM(distributed component object model)을 개발하였다. 이는 분산환경에서 네트워크상의 객체들이 독립적인 컴포넌트로 개발이 가능하도록 하는 중요한 기술이다. DCOM은 COM의 확장으로 구현되었기 때문에 COM 상에서 구현된 어떠한 객체든지 바로 통신상의 문제없이 그 기능을 사용할 수 있다. ORB는 사용하는 언어, 운영체제, 하드웨어, 개발업체와 상관없이 구현할 수 있도록 설계되었다.

2) 웹서비스 표준

웹서비스 표준은 OGC와 월드와이드웹 컨소시엄(W3C)의 주관으로 개발되었는데, W3C와 같은 웹서비스 표준화 기구에서 진행되는 기반 기술의 표준화 작업을 바탕으로 하여 GIS와 관련된 실질적인 기술 표준화는 OGC에서 추진하고 있다. OGC는 1994년에 결성되어 공간정보 콘텐츠

〈표 4-22〉 OGC 주요 표준 서비스 현황

OGC 표준 서비스	버전	요청 타입	설명
WMS (web map service)	1.3	GetCapabilities	WMS 메타정보 반환
		GetMap	지도 이미지 반환
		GetFeatureInfo	Feature 정보 반환
WFS (web feature service)	2.0	GetCapabilities	WFS 메타정보 반환
		DescribeFeatureType	Feature 타입 정보 반환
		GetPropertyValue	Feature 속성값 반환
		GetFeature	Feature 반환
		LockFeature	Feature 잠금
		GetFeatureWithLock	Feature 반환 및 잠금
		Transaction	Feature 추가, 수정, 삭제
WPS (web processing service)	1.0	GetCapabilities	WPS 메타정보 반환
		DescribeProcess	프로세스 상세정보 반환
		Execute	WPS 프로세스 실행

와 서비스 및 GIS 데이터 처리 등에 관한 개방형 표준을 공유하는 국제 표준화 기구로, 지속적으로 웹상의 GIS를 위한 일련의 상호운용성 명세의 개발에 초점을 맞추어 진행하였다. OGC는 웹서비스 기반의 GIS 표준 개발을 추진하여 실제 요구에 의해 개발해 온 다양한 표준들을 ORM을 통해 개념적으로 정리 및 통합하였으며, OGC의 대표적인 표준 서비스는 WMS(web map service), WFS(web feature service), WPS(web processing service), WCS(web coverage service), TMS(text management system) 등이 있다.

OGC OWS(OGC web service)는 서로 다른 웹맵서버가 보유하고 있는 공간정보 간의 상호운용성을 제공하여, 웹을 통한 공간정보의 공유와 활용을 제고시킬 수 있도록 웹맵서버가 제공하여야 하는 인터페이스에 대한 표준이다. WMS는 블럭이나 선 같은 기본 지도(윤곽)를 표시하고 WFS는 맵의 속성을 표시한다.

(1) WMS

WMS(web map service)는 GIS 데이터베이스의 데이터를 사용하는 지도 서버로부터 생성된 표준 프로토콜로 지오레퍼런싱(Geo-referencing) 된 지도 이미지를 서비스하기 위한 것이다. 블록이나 선 같은 기본 지도(윤곽)를 표시하며 다양한 요청 타입을 제공한다. 예를 들면 GetCapabilities는 웹맵클라이언트가 해당 WMS가 제공하는 서비스에 대한 메타데이터를 획득하게 한다. WMS로부터 제공되는 메타데이터는 해당 WMS가 제공할 수 있는 공간정보가 무엇인지, WMS가 제공하는 공간정보를 어떻게 요청하는지에 대한 정보를 포함하고 있으며, 기계가 식별 가능하도록 기술되어 있다. 또한 WMS는 클라이언트의 GetMap 요청에 대해서 즉시 해당 요청을 처리하거나, 처리할 수 없을 경우에는 서비스 예외를 발생시킨다. WMS는 클라이언트가 인터넷으로부터 접근할 수 있는 지도와 GIS 데이터 포맷을 폭넓게 지원한다.

(2) WFS

WMS가 단순히 지도 이미지만을 서비스하는 데 반해 WFS(web feature service)는 공간분석 등과 같은 연산을 위해 필요한 데이터를 서비스한다. WFS는 플랫폼에 독립적인 호출을 이용하여 웹에서 공간데이터에 대한 요소를 요청할 수 있는 인터페이스를 제공한다. 여러 개의 웹 피처 서비스로부터 클라이언트가 GML로 인코딩된 공간데이터를 검색 및 갱신하도록 지원한다. 가장 기본적인 WFS 서버는 반드시 공간 또는 비공간 조건에 기반한 피처의 쿼리 기능을 지원해야 하며, 트랜잭션 WFS(WFS-T)는 피처의 생성과 삭제 그리고 업데이트를 제공한다.

(3) WPS

WPS(web processing service)는 공간데이터에 대한 다양한 처리 서비스를 웹상에서 정의하고 접근할 수 있도록 하기 위한 표준 프로토콜이며, 모든 OGC 표준 웹서비스들과 상호호환성을 갖도록 정의된다.

(4) TMS

TMS는 Tile Map Service의 약자로 정적인 이미지들을 모아둔 저장소를 이용하여 매우 빠르게 지도서비스를 수행하는 서비스이다. 지도 이미지 저장소는 특정 축척별로 지도영역을 타일이미지로 저장한 디렉토리 구조이다. 따라서 지도를 데이터베이스로부터 직접 생성하는 것보다 시간이 훨씬 단축된다. 따라서 TMS를 이용하면 사용자가 복잡한 지도를 생성할 때 획기적으로 지도 생성 시간을 단축시키고 성능 향상을 위한 제반 노력을 제거할 수 있다.

3) 공간정보인프라 아키텍처

공간정보인프라는 정보 공유 커뮤니티를 통해 기술, 정책을 함께 작성하여 교환을 용이하게 하는 제도의 틀을 구성하고 지리 공간데이터와 관련 정보 자원을 설명하기 위함이며, 이러한 프레임

〈그림 4-63〉 TMS 사례(http://www.maptiler.org/google-maps-coordinates-tile-bounds-projection)

워크는 지역적 또는 세계적 수준에서 지리 공간정보의 공유를 가능하게 하기 위하여 구현할 수 있다. 지리 공간데이터와 표준은 공간정보인프라를 지원하고 이것은 다시 GIS를 확장한다.

(1) 아키텍처 기술 참조 모델

아키텍처는 특정 도메인 아키텍처에서 하나 이상의 블록을 기술한다. 잠재적으로 사용 가능한 아키텍처와 솔루션을 제공하기 위해 비즈니스, ICT의 기능을 수반하는 블록과 결합하여 시스템의 전체적인 기능 구성 요소를 나타낸다. 초기단계의 블록은 단순한 사양 혹은 자리표시자를 나타내는 모델 이름, 개요 등으로 구성되며 하나의 블록을 여러 기능을 지원하는 블록으로 세분화할 수 있다. 〈그림 4-64〉는 기술 참조 모델을 나타내는 것으로서 각 블록이 여러 층수에 걸쳐 공간정보인프라 아키텍처를 구성하는 것을 나타낸다.

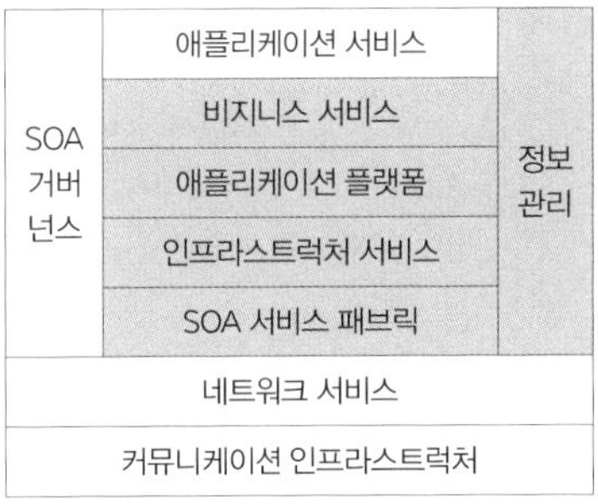

〈그림 4-64〉 기술 참조 모델의 구성

(2) 플랫폼 독립 모델

아키텍처에 구성되는 응용프로그램은 지리정보시스템 및 위치기반 시스템을 포함한다. 공간데이터와 공간정보 시스템의 효율적인 접근을 위해 독립적인 참조 아키텍처로 구성된 지오포털

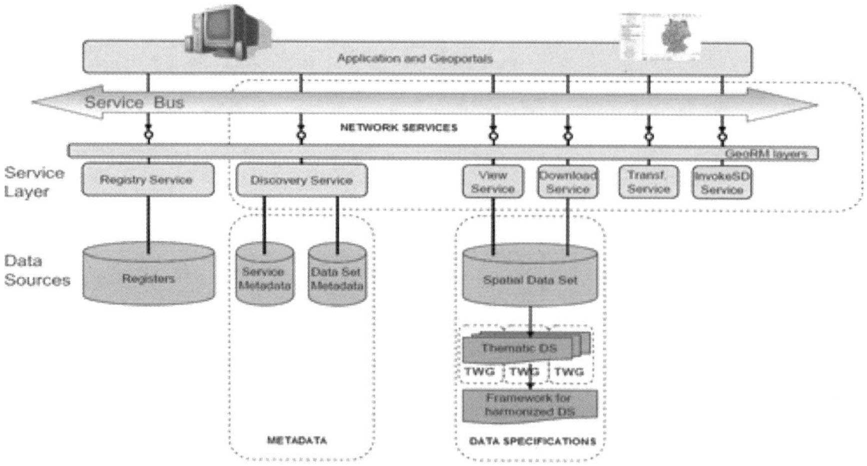

〈그림 4-65〉 INSPIRE의 기술 아키텍처

(Geoportal)을 이용한다. 네트워크 서비스는 인터넷 프로토콜을 기반으로 한 조달 네트워크 서비스를 말한다. 서비스 버스는 프로세스 환경에 맞게 설계할 수 있는 아키텍처 패턴을 정의하는 컴포넌트화된 핵심 미들웨어이며 독립적인 참조 아키텍처로 구성되어 있다. 데이터 소스로는 레지스터, 저장소, 메타데이터, 공간데이터를 설정하며, 데이터 스키마는 주제별 데이터로 분할하여 데이터 사양 형식으로 주제별 워킹그룹에 의해 정의되도록 설정해야 한다. 위와 같은 전송 네트워크에 대한 데이터 사양을 INSPIRE(INfrastructure for SPatial InfoRmation in Europe, 유럽공간정보인프라)에서 규정하여 아래 그림과 같이 공간데이터 인프라에 대한 기준이 되는 아키텍처를 제시하고 있다.

(3) OpenGIS 웹서비스 프레임워크

OpenGIS 웹서비스 프레임워크는 인터페이스와 구축의 주체가 되는 대상 전반의 상호운용성을 제공하기 위해 그림과 같이 구축 주체가 되는 대상의 기능적인 부분에 걸쳐 인코딩의 공통 세트를 제공한다. OpenGIS 웹서비스 프레임워크는 차세대 지리적 분산 처리 및 위치 서비스를 위한 멀티 소스 환경이라 할 수 있다. 기존 시스템과 표준 기반 상용 규격 소프트웨어 모두에서 건설할 미래의 응용프로그램을 활성화하고 표준 웹서비스 기술을 통합하여 지역사회와 자원 사이에 정보의 상호운용성을 가능하게 한다.

OpenGIS의 웹서비스 프레임워크는 구축의 주체가 되는 대상의 기능 부분에 걸쳐 전체적인 상호운용성을 제공하며 인터페이스에 대한 공통 세트를 제공한다.

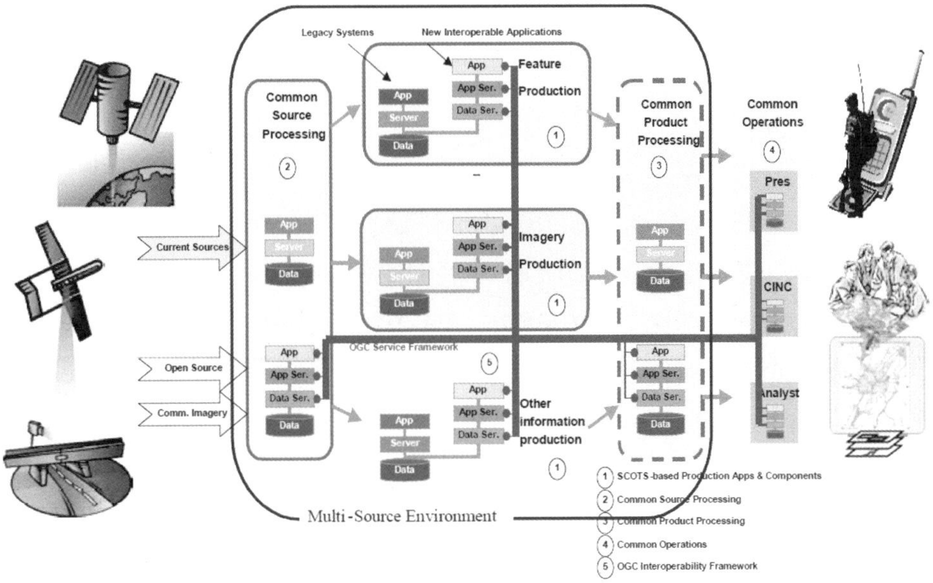

〈그림 4-66〉 OpenGIS 웹 서비스 프레임워크

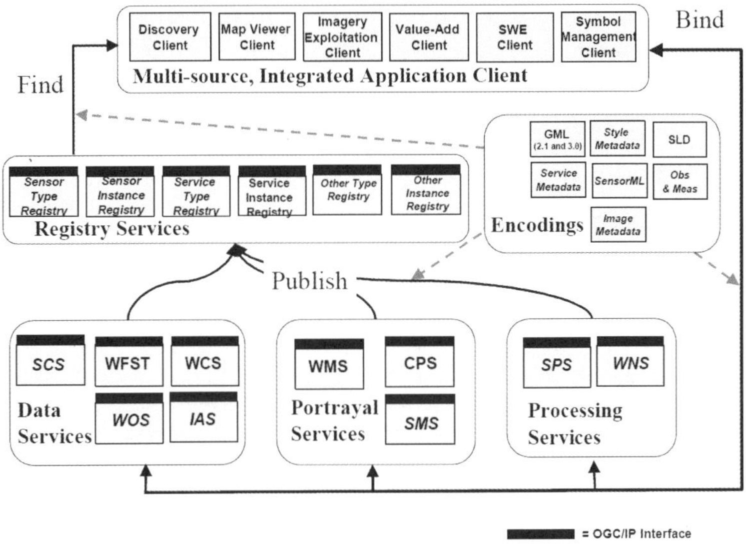

〈그림 4-67〉 OpenGIS 웹 서비스 프레임워크의 구성 요소

4.5.3 지오웹 플랫폼

1) 지오웹 플랫폼 개념

지오웹(GeoWeb 또는 Geo-spatial Web) 플랫폼이란 사용자 콘텐츠 및 위치정보와 결합하여 다양한 솔루션과 콘텐츠를 개발하고 신규 서비스를 창출하려는 개방형 웹 기반 인터페이스의 집합이라 정의할 수 있다. 공급자 위주의 국토정보 제공 모델을 극복하고 최신 동향을 반영하는 사용자 참여 기반의 신개념 서비스를 위한 인터페이스 기술이다(김은형, 2009). 특히 고해상도 영상, 지도 데이터 등의 광범위한 국토정보를 사용자 콘텐츠 및 위치정보 등과 통합하여 최적의 국토정보 콘텐츠로 제작, 변환, 제공하는 기술을 통칭할 수 있다. 공간정보 분야도 기존의 공급자 위주 제공 방식에서 벗어나 사용자의 요구 및 특성에 따라 필요한 정보를 제공하고, 사용자의 참여를 통해 스스로 발전해 가는 디지털 생태계를 구축하기 위한 방향으로 나아가고 있다. 공간정보는 IT 시스템의 타 디지털 콘텐츠와 함께 융합되며, 하나의 사용자 생성 콘텐츠(UCC)로서 웹 2.0 기반의 사용자 참여와 공유 및 개방을 통해 스스로 발전하는 개념의 웹이 형성되고 있다. 지오웹은 분산환경의 다양한 공간정보 및 서비스에 대하여 웹을 통한 자유로운 검색, 접근 및 이용이 가능한 환경으로, 최근에는 SOA 기반 GIS 및 웹 2.0 기반의 다양한 비즈니스 모델이 주를 이루고 있다.

결국 웹의 발전은 웹 2.0으로 구현되고 있으며 웹을 기반으로 하는 분산환경에서 다양한 정보들을 연계 및 통합하기 위한 기술(SOA)을 이끌어 내고 Open API를 가능하게 했다. 이를 통해 사용자는 원하는 정보만을 가져와 새로운 형태의 서비스를 생산해 내게 되었다. 가장 대표적으로 매시업(Mashup)의 경우는 다양한 형태로 제작되지만, 지도를 기반으로 하는 서비스 제작이 가장 활발하다. API와 매시업의 증가 추세에 맞추어 버추얼어스(Virtual Earth), 구글어스(Google Earth), 세컨드라이프(Second Life) 등 웹 기반 3차원 공간정보 시스템도 함께 확대되고 있다. 3차원 공간정보시스템이란 실제 건물, 자연환경, 그리고 거리의 모습을 3차원(3D) 그래픽으로 제작하여 3차원지도를 제공하는 서비스로 기존 2차원 GIS의 한계를 극복하고 현실세계를 사실적으로 표현해 좀 더 가시적인 구현이 가능하도록 한 것이다.

구글의 경우 3차원 위성사진 소프트웨어 회사인 키홀(Keyhole)을 인수하여 구글어스 서비스를 제공하고 있으며, 3차원 모델링 소프트웨어 스케치업(Sketch-up)을 통해 사이버 공간과 현실 공간을 이어 주는 새로운 영역을 구축했다. 린든랩(Linden Lab)사는 2003년 아바타를 통해 현실세계에서 할 수 없는 다양한 경험을 체험할 수 있고 실제 사회처럼 다른 사람과 상호작용하여 물건

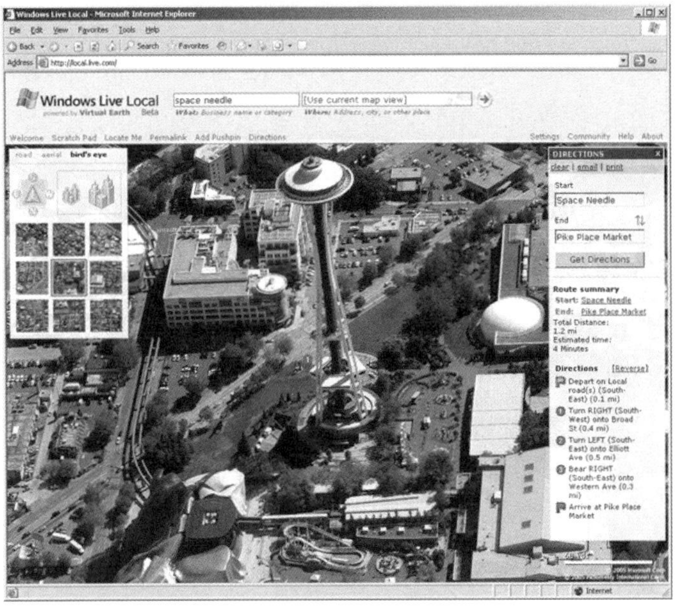

〈그림 4-68〉 버추얼어스(http://msdn.microsoft.com/ko-kr/library/aa480728.aspx)

도 사고팔 수 있는 3차원 가상현실 세계인 세컨드라이프를 공개했다. 사용자 중심의 새로운 웹 패러다임인 'Where 2.0' 구현은 일반시민의 참여를 확대한다. 이러한 경향은 특별히 웹서비스에서 공간을 중심으로 한 지오웹으로의 빠른 변화로 나타나고 있고 이는 공개표준 포맷 및 API 공개로 웹브라우저를 통해 사용자가 쉽고 편하게 위치정보를 활용할 수 있는 새로운 환경을 조성한다.

2) 지오웹 2.0 플랫폼 기술

지오웹서비스는 IT와 GIS 분야의 접점에 존재하며 급격한 환경 변화에 변화하고 적응되고 있다. IT 시스템은 점차 서비스 지향 방식과 분산 처리 방식으로 나아가고 있으며, 사용자 참여와 협업, 공유, 개방이 중요시되고 있다. 지오웹 또한 이러한 흐름을 따라 지오웹 1.0에서 지오웹 2.0으로 진화되고 있다.

지오웹 2.0 역시 가장 두드러진 특징은 SOA 기반의 GIS 시스템 및 웹 2.0 플랫폼 기반의 다양한 공간정보 서비스를 제공한다는 것이다. 지오웹 2.0은 개방형 인터페이스(open API)를 지향해 지도에 데이터를 위치시키고 시각화하는 것에 더해 보다 동적인 상황에서 실시간 정보를 제공할 수 있다. 예를 들어 바람의 방향과 속도를 고려할 때 불이 난 시점, 연기에 노출되는 지역, 보호되어야 할 기간시설, 지역주민의 대피 장소에 대한 위치와 안전한 대피 경로, 최선의 도로 통제 방안 등을 제공할 수 있다. 이러한 서비스를 제공하기 위해서는 효과적이고도 지리공간적인 정확성을 가진 매시업이 필요하며 데이터 시각화, 데이터 통합, 공간 기술적인 처리 절차를 요구한다.

지오웹 2.0은 웹 2.0이라는 새로운 웹 환경에서의 공간 콘텐츠 및 애플리케이션 서비스로 이해될 수 있다. 구글어스, 구글맵 서비스에 구현되어 있는 기술은 공개 표준 포맷 및 API를 통해 사용자가 쉽고 편리하게 위치정보를 활용할 수 있는 웹 2.0 기반 공간정보시스템이다. 기존의 개인용 컴퓨터에서 작동되는 소프트웨어와 서비스 제공자 중심의 공간정보의 생성 및 활용은 웹 지향적이고 사용자 중심인 공간정보 플랫폼으로 대체되고 있다. 다음의 〈표 4-23〉은 지오웹 2.0이 기존의 지오웹 1.0과 비교하여 차별화되는 부분을 나타내고 있다(김리환, 2007).

웹 2.0을 특징짓는 세부적인 기술은 블로그와 태깅(tagging), 트랙백(trackback) 등 모두 소셜 네트워킹 및 참여를 통해 협업 지성의 생성과 공유가 가능한 것들이다. RSS(rich site summary)와 Atom 등의 기술은 서로 다른 웹사이트의 실시간 데이터 연계를 가능하게 하며, SOAP, REST 등에 기반한 개방형 API는 다양한 서비스 매시업을 가능하게 해 준다. AJAX(asynchronous java and xml), Flex, OpenLazlo 등의 RIA 기술은 보다 풍부한 사용자 경험성을 제공한다.

지오웹(또는 Geo-spatial Web) 플랫폼들은 자료를 사용하는 방법에 따라 플랫폼 자체 자료와 외부자료 결합방식 또는 플랫폼 자체 자료와 사용자 참여 자료방식으로 나눌 수 있다. 전자는 구글, 다음, 네이버와 같이 자체의 위성영상과 지리정보를 기반으로 기 구축된 데이터베이스 또는 자료를 연계하는 방식이다. 두 번째는 자체 자료를 기반으로 사용자들이 참여하여 만든 웹사이트 텍스트, 이미지, 동영상, 위치정보 등으로 새로운 공간을 창조함으로써 지리정보 생성과 활성화에 집단지성을 형성하고 공유할 수 있게 한다(O'reilly, 2005).

〈표 4-23〉 GeoWeb 1.0과 GeoWeb 2.0 비교(Maguire, 2006)

	GeoWeb 1.0	GeoWeb 2.0
Map Type	Static 2D map sites	Dynamic 2D maps, globes and earths(ex. GoogleEarth, ArcGIS Explorer)
Communication Protocols	File transfer(FTP)	Direc use web services
GeoPlatform	Clearinghouse nodes	Catalog portals(ex. geodata.gov)
	Individual web sites	Web service mash-ups
Ownership	Proprietary protocols(ex. AXL)	Standard protocols(ex. W3C, SOAP/XML, OGC W*S)
Hosted services	User hosted services	Remotely hosted services

<표 4-24> 매시업 서비스의 장단점

구분	주요 내용
장점	• 인터넷 자원을 활용하여 새로운 서비스를 할 수 있기 때문에 개발 비용과 시간 절약 • 위성영상과 공간정보 데이터베이스 구축에 대한 절감 효과 큼 • 대규모 데이터베이스를 구축하고 있는 기관 자료(예: 지형도, 문화역사, 관광, 도로와 교통, 철도, 기상, 지적, 대형마트, 신용카드, 교육 등) 활용 시 사회 전반 지오웹 영향력 큼
한계	• 지오웹에서 이용되는 자료원 중에 어느 한 쪽 서비스가 중단될 때는 연계된 다른 정보들의 원활한 서비스 어려움 • 플랫폼 자체 자료가 수시로 업데이트된다면 매시업된 연계 자료들도 변경시켜야 하기 때문에 관리 어려움 • 참여형으로 서비스되는 지오웹의 경우는 공간정보의 신뢰성에 대한 검증 문제 발생

(1) GeoRSS

GeoRSS는 지오웹에서는 전문가 집단뿐만 아니라 일반인들도 정보의 매시업을 통해 지리정보를 운영하고 서비스 할 수 있다(Miller, 2006). 또한 이웃한 주변의 자료를 자동으로 수집할 수 있는 RSS 기능을 이용하여 위치정보와 통합한 위치기반 GeoRSS가 가능하기 때문에 매시업을 통해 효율적인 공간정보를 웹상에서 실시간 연계, 활용할 수 있다(이범석·황병연, 2008). GeoRSS는 RSS, RDF, Atom, Microformat 등에 위치정보를 포함하는 형태로 이루어지며, GeoRSS는 모바일 단말, 센서네트워크 등에서 수집되는 각종 정보를 제공하기 위한 형태로 자리 잡았다. 실시간 갱신이 필요한 공간정보에 대해서 GeoRSS를 이용한 통합이 주로 이루어지고 있다.

(2) KML

지오웹 응용 플랫폼 중에서 구글은 매시업, 위치기반 정보 요약, 인터페이스를 제어할 수 있는 언어인 KML(keyhole markup language)을 제공해 왔다. KML은 구글맵과 구글어스에서 지도, 사진, 영상, 웹사이트, 문서 등을 모델링하고 표현할 수 있도록 하는 XML(extensible markup language) 기반 마크업 언어이다. 이러한 기능은 사용자들이 구글에서 위성영상을 기반으로 공간정보 추가 및 삭제, 지도 제어 및 제작, 공간분석 등을 수행할 수 있게 한다. KML은 문법이 단순하여 쉽게 사용할 수 있으며, GIS 응용프로그램에서 만들어진 지도들도 KML로 전환하여 구글에서 사용할 수 있다. 따라서 KML로 제작된 지오웹은 역사, 생태 및 환경, 지리, 부동산, 관광 정보 등 여러 분야에서 이용될 수 있다. GeoRSS나 KML 모두 웹상에서 지리공간데이터 교환을 위한 형식으로 구글어스에서 쓰이는 KML도 일종의 GeoRSS로 볼 수 있다. 하지만 KML은 카메라 각도, 스타일, 중첩과 같은 표현 기능이 제공된다는 점에서 GeoRSS와 차이를 보인다.

(3) AJAX

AJAX(Asynchronous Java And Xml) 기술은 대화식 웹 애플리케이션의 제작을 위한 웹 개발 기법이다. 이전의 동기 방식은 이용자가 아이콘을 누르면 서버에 일일이 결과를 요청하고 이 결과를 받아서 브라우저 화면에 보여 주는 것이었다. 즉 사용자는 아이콘 하나를 누르고 서버에서 결과를 처리해 줄 때까지 기다려야 하며, 자바스크립트와 브라우저는 전달자 역할만 한다. AJAX를 이용하면 브라우저 안의 자바스크립트는 사용자의 명령을 처리하고, 서버와의 통신 작업은 백그라운드 작업으로 처리한다. 자바스크립트로 XML 자료를 관리하기 때문에 다시 페이지를 불러올 필요가 없다. 이러한 비동기 자바스크립트는 서버의 응답을 기다리지 않고 작업이 가능하므로 대기 시간이 줄어들고, 이에 따라 서버의 부담이 줄기 때문에 유용하다.

4.6 모바일 GIS

4.6.1 모바일 GIS 개념

스마트폰은 전화기를 넘어서 멀티디바이스 플랫폼이라는 개념으로 인식되며, 무선 인터넷의 강화로 인한 모바일 환경의 변화는 데스크톱에서 모바일 인터넷 시장으로 전환되고 소프트웨어 시장 역시 함께 다변화되고 있다. 모바일 앱 시장을 통해 모바일 소프트웨어로의 전환과 위치기반 서비스를 통한 스마트폰 공간정보의 활용이 활발하게 진행되고 있다. 스마트폰 애플리케이션 기술은 3-스크린(콘텐츠나 서비스를 끊임없이 이용하기 위한 휴대폰, PC, TV의 통합), 증강현실, QR코드, 와이파이와 블루투스 3.0 기술, 인터넷 테더링 서비스, 와이파이폰, HTML5, 위젯, 클라우딩 컴퓨터뿐만 아니라 SNS의 사용 증가로 PC 애플리케이션과 공유되고 있다.

기존의 휴대폰이 통신 및 멀티미디어 위주의 서비스를 제공하는 반면, 스마트폰은 GPS를 이용한 위치인식 기술과 방향인식 기술, 이동통신사에서 제공하는 무선통신기술이 융·복합되어 공간정보를 플랫폼으로 활용하는 상황인식서비스를 부가해 우리 일상생활은 물론 경제활동에 미치는 영향이 확산되고 있다(박찬호, 2010). 모바일 GIS는 무선 환경과 이동성의 환경하에 스마트폰 단말기 등을 이용하여 언제 어디서나 공간과 관련된 자료를 수집, 저장, 분석, 출력할 수 있는 컴퓨터 응용 시스템을 말한다. 위치기반서비스(LBS: location based service)는 디바이스에 대한 위치 측위와 같은 이동성을 기반으로 한 위치정보와 이에 부가적인 정보를 결합하여 활용되는 반면, 모바일 GIS는 기존의 GIS 기능을 무선 환경에 적용하여 활용하는 기술로서 야외조사, 지도 제작 분야, 시설물 관리 등에 주로 활용되는 차이점이 있다(김병곤, 2011). 결국 모바일 GIS 서비스, 즉 무선에서 위치, GIS 기능, 공간정보가 상호관계성을 가지면서 개인화, 접근성, 이동성, 적시성을 필요로 하는 업무에 적용되는 서비스라 할 수 있다.

모바일 GIS는 데이터 접근 방식에 따라 현장 기반의 GIS와 위치기반서비스로 구분된다. 현장 기반의 GIS는 현장에서 직접 GIS 데이터를 수집하는 업무에 초점을 맞춘 모바일 GIS로서, 주로 해당 분야의 전문가들이 사용하며 현장에서 GIS 데이터 검증이나 도형 및 속성정보를 편집하는 데 목적이 있다. 반면 LBS는 주로 일반 사용자들을 대상으로 인근지역의 음식점 정보나 날씨 정보, 빠른 길 찾기, 실시간 버스운행 정보 등의 위치정보를 서비스하는 것을 목적으로 하고 있다 (Butchart and King, 2010). 모바일 GIS는 GIS 기술, 모바일 하드웨어 기술, GPS, 무선통신기술 등이 통합된 정보기술의 집합체로서 기존의 데스크톱 GIS에서 제공하던 기존 정보시스템에 대한 클라이언트로서의 역할을 휴대정보기기를 통해 수행하는 것이다. GIS 데스크톱에서 제작, 배포, 지원되는 모바일 디바이스 플랫폼의 범위에 공간정보를 동기화하는 GIS 서버를 사용하여 맵 자원으로 게시되는 모바일 SDK 지도를 사용하여 애플리케이션 개발이 가능하다.

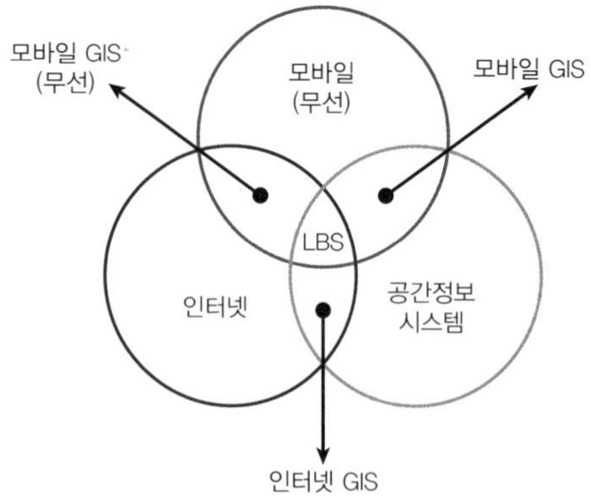

〈그림 4-69〉 기술적 측면 모바일 GIS 분류(한국전산원, 2003)

모바일 GIS는 시·공간적인 제약을 받지 않기 때문에 업무의 수행 시간, 장소의 독립성, 이용의 편의성 등을 제공할 수 있다(전재용·조기성, 2007). 모바일 GIS는 휴대가 간편하고 값싼 단말기를 사용하여 GIS에 접근이 가능하고 실시간으로 현장의 데이터를 입력, 편집, 수정할 수 있는 뛰어난 현장성을 갖고 있어 현재는 현장 업무 중심의 GIS(Field GIS), 지도 제작, 위치기반서비스 분야 등에서 공간자료의 분석, 제공, 수집, 편집, 갱신 작업 등에 적용되고 있다.

반면 모바일 GIS의 데이터 관리 기능과 공간분석 기능 등의 원활한 수행은 무선통신망 환경과

〈표 4-25〉 모바일 GIS 응용 서비스 구분

응용 분야	서비스 내용
현장 업무 중심의 GIS 시스템(Field GIS)	• 휴대용 단말기와 무선 통신망을 이용한 자료 수집과 무선 통신망을 이용한 자료의 편집, 갱신 • 휴대용 단말기를 통해 시설물 정보를 확인하여 현장에서 정보의 신뢰성을 검증 • 업무 내용에 따른 현장 정보 제공과 지역 분석 • 교통, 조세 등의 현장 단속 업무 실시간 전송
지도 제작	• 휴대용 단말기와 GPS 수신기를 사용하는 지도 제작 • 휴대용 단말기를 통해 인구, 관광, 문화 등 지역정보 가시화
위치기반서비스 (LBS)	• 주변 지역 정보 제공 • 특정 지역에 도달하기 위한 경로 찾기, 위치 추적 • 휴대전화 사용 위치에 따른 차별화된 사용요금 부과 • 긴급구난 서비스에서 사고자의 위치 파악

〈표 4-26〉 모바일 GIS 장점

구분	주요 내용
경제성	• 휴대용 단말기의 가격이 데스크톱이나 워크스테이션보다 저렴
현장성	• 모바일 GIS에서 사용하는 단말기는 휴대가 간편함 • 무선 인터넷으로 현장과 GIS 응용프로그램을 실시간 연결
GIS 응용 분야 확대	• LBS의 발전으로 GIS 기능을 교통, 재난 구조, 통신, 행정, 물류, 전자 상거래 업무 등으로 확대 • GPS나 기지국을 이용한 휴대용 단말기의 위치 측정 기술 발달로 새로운 공간자료 수집 방법 대두

〈표 4-27〉 모바일 GIS 기술 제약

구분	기술 제약		
무선 통신망 환경	• 낮은 대역폭	• 높은 지연 시간	• 낮은 연결 안전성
휴대용 단말기 성능	• CPU 성능의 제한 • 작은 표시 화면	• 낮은 메모리 용량 • 제한된 입력 장치	• 사용 전력 제한

휴대용 단말기 성능에 많은 영향을 받고 있다. 현재까지 개발된 인터넷 기술은 대부분 데스크톱 PC나 워크스테이션 등에서 초당 수십 킬로바이트에서 수십 메가바이트의 대역폭을 갖는 유선망을 대상으로 개발되어 무선 통신망은 유선에 비하여 제한적인 환경이다. 데스크톱에 비하여 낮은 대역폭, 높은 지연 시간, 낮은 연결 안정성 등, CPU 성능의 제한, 낮은 메모리 용량, 사용 전력 제한, 작은 표시 화면, 제한된 입력장치 등과 같은 불편한 환경을 갖추고 있어 공간 자료를 처리, 분석, 가시화하는 데에는 한계가 있다.

4.6.2 모바일 GIS 구성

개인의 위치정보를 기반으로 하는 모바일웹 2.0은 지리정보 콘텐츠를 중심으로 새로운 플랫폼으로 진화해 가고 있으며, 모바일 GIS는 민간 및 공공 부분에서 ITS, LBS, 텔레매틱스 기술과 함께 이들을 지원하기 위한 기반 기술로 그 수요와 활용 분야도 점차 다양화되고 있는 핵심 기술이다. 모바일 기반의 공간정보 시스템은 GIS 기술, 모바일, 하드웨어기술, GPS, 유무선 통신기술이 통합된 IT 집합체로서 기존의 데스크톱 GIS가 했던 클라이언트로서의 역할을 휴대 정보기기를 통해 수행할 수 있다. 모바일 GIS는 서버 하드웨어, 모바일 플랫폼, 무선 네트워크와 위치결정을 위한 GPS/DGPS, 모바일 콘텐츠 등으로 구성된다.

다시 말해서 무선 네트워크에 연결된 OS와 디바이스로 구성되며 모바일 디바이스에는 공간분석 및 지도 디스플레이 기능을 수행하기 위한 공간정보 데이터와 GIS 소프트웨어가 탑재된다. 모바일 GIS애플리케이션은 GIS 소프트웨어 기반에서 센서(GPS 등)로부터 현재 위치정보와 공간데이터를 이용하여 사용자의 업무를 지원하게 된다(이근상, 2012).

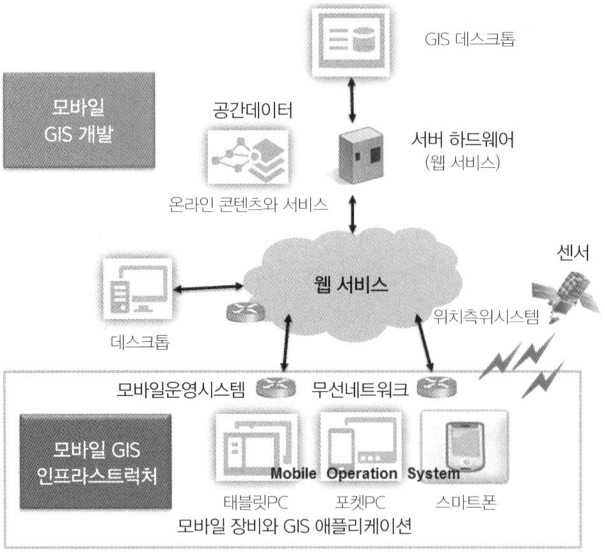

〈그림 4-70〉 모바일 GIS 서비스 구조

1) 서버 하드웨어

서버를 구성하는 하드웨어는 GIS 서비스를 위한 중요한 구성 요소 중 하나이다. 하드웨어는 일반적으로 입력장치, 처리장치, 출력장치의 3가지로 구분할 수 있다. GIS에서 요구하는 장치들 중 핵심이 되는 것이 처리장치이며 일반적으로 GIS는 컴퓨터상에서 운영되는 정보시스템을 의미하기 때문에 반드시 컴퓨터는 있어야 하고, 컴퓨터의 종류도 다양하기 때문에 목적에 맞는 컴퓨터를 가지고 운영되어야 한다.

2) 무선 네트워크

일반적으로 유선에서 서비스되기 위해서는 LAN, 통신회선 등 유선 네트워크가 필요하지만 모바일 서비스를 위해서는 고정된 위치가 아닌 장소에서 이동 중에 무선 통신이 가능해야 한다. 따라서 이동체와 무선으로 접속할 수 있도록 하는 기지국과 고정 통신망과의 접속, 기지국 간의 연결 및 통제를 담당하는 제어국, 그리고 이동통신 기기를 이용하여 상대방과의 통신을 가능하게 하는 이동체로 구성된다. 모바일 기기는 무선으로 인터넷에 접속해야 하기 때문에 서버와 클라이언트 간의 통신량이 최소화되도록 설계되어야 한다. 웹GIS를 이용하여 서버에서 공간정보 데이터베이스를 관리하고 자료의 분석과 처리를 수행한 후, 클라이언트인 모바일 기기에 그 결과를 전송한다.

3) 모바일 플랫폼

모바일 GIS를 구현하기 위해서는 모바일 단말기가 서비스를 위한 필수요소이다. 이 단말기는 휴대용 단말기와 차량에 설치할 수 있는 차량탑재용 단말기 등으로 구분하여 볼 수 있다. 모바일 플랫폼에 노트북 등과 같이 이동이 가능한 전산 기기가 주를 이루었으나 최근에는 스마트폰이나 태블릿 PC 등 보다 향상된 기능을 가진 플랫폼이 이용되고 있다. 최근 스마트폰 열풍에 힘입어 다양한 모바일 GIS 분야의 서비스가 애플리케이션 형태로 제공되고 있다(박종덕, 2011). 컴퓨터 하드웨어의 발달은 고도의 성능을 가진 컴퓨터를 소형화하는 데 문제없게 되었고 이제 스마트폰과 같은 모바일 플랫폼이 등장하기에 이르렀다. 최근 등장하고 있는 스마트폰과 태블릿 PC의 경우 기존의 개인용 컴퓨터와 동등한 계산 능력과 저장 공간을 가지고 있어 손안의 컴퓨터 역할을 하고 있다. 많은 용량과 처리를 필요로 하는 GIS 서비스 역시 이러한 모바일 플랫폼에서 기능을 수행할 수 있게 되었다.

모바일 단말기에서 사용자가 자신의 위치를 중심으로 지도 기반의 주변 위치검색, 공간분석, 정보조회 등의 기능을 사용하여 공간정보 처리 결과를 화면에 표시하고 사용자의 요청에 따라 다양한 정보를 검색·분석할 수 있다. OGC에서 제시한 지도표준 서비스(WFS, WMS, OpenLS)를 준수하고, 다양한 모바일웹GIS 서비스에서 공통적으로 활용할 수 있는 다양한 기능을 Open API로 제공함으로써 다양한 서비스 분야에서 손쉽게 개발하여 사용할 수 있도록 하고 있다. 또한 단말 응용프로그램 개발 시 모바일웹GIS 플랫폼의 WFS, WMS와 연동할 수 있는 컴포넌트를 제공해 별도의 모바일 단말 소프트웨어 없이 개발할 수 있도록 지원한다. 모바일 단말기는 모바일 GIS 기능을 실현하기 위해 GIS 데이터의 탑재가 가능하거나 네트워크를 통해 전송받을 수 있어야 하며, GPS 및 카메라와 같은 센서와도 연동하게 된다. 또한 GIS 데이터와 각종 센서 데이터를 처리하기 위해 모바일용 GIS 소프트웨어 플랫폼과 사용자가 원하는 특정 업무를 수행하기 위해 커스트마이징 된 애플리케이션이 존재하게 된다(정재곤, 2011; 김형준 외, 2012).

4) 위치 측위 센서

모바일 서비스가 활성화되면서 단순히 모바일 단말기를 매체로 한 GIS 서비스 이외에 위치를 고려한 GIS 서비스가 많이 개발되고 있다. 이것은 GIS가 갖는 공간적 특성을 서비스에 활용한 독특한 분야로 정적인 공간정보와 동적인 위치정보가 결합된 새로운 서비스 기술이기도 하다. 모바일 플랫폼은 이동할 수 있다는 특성이 있기 때문에 어디에 위치하고 있는가에 대한 위치정보 서비스는 모바일 기기의 주요 기능 중의 하나이다. 현재 이용되고 있는 대부분의 스마트폰이나 태블릿 PC에는 GPS 칩이 내장되어 있으며, 이를 이용하여 다양한 위치정보 서비스를 제공하고 있다. 모바일 GIS를 위한 또 다른 기술기반을 표현하고자 한다면 단말기의 위치를 측정하는 기술이 포함되어야 한다. 현재 위치관측 기술과 관련한 기술은 기존 망을 활용하는 방법, 독자적인 새로운 망을 이용하는 방법 및 GPS를 이용하는 방법 등 3가지로 진행되고 있다. 이러한 기술 개발 방법에 대해 무선 위치관측을 수행하는 일반적인 방법은 망 기반 방식, 단말기 기반 방식, 그리고 이들을 혼합하여 사용하는 혼합방식으로 분류할 수 있다.

5) 모바일 GIS 콘텐츠

모바일 콘텐츠란 편재성, 즉시성, 개인성, 편리성, 지역성, 차별성 등 6가지 특징을 가진 디지털 콘텐츠를 말한다. 가령 모바일 콘텐츠는 음성 통화를 비롯한 음성서비스, SMS(short messaging service)나 MMS(multimedia messaging service)와 같은 메시지 전송 서비스, 음악, 캐릭터, 게임, 동영상 외에 텔레매틱스, 위치기반 서비스, 모바일 상거래 등 무선 인터넷 기술에 기반을 둔 다양한 서비스 영역까지 포함하는 개념으로 사용되고 있다(서병문, 2007).

모바일 GIS 콘텐츠는 무선통신 네트워크를 통하여 GIS 정보를 휴대용 모바일 기기로 전송 가능한 디지털 콘텐츠를 의미한다. 모바일 GIS 콘텐츠는 토지, 자원, 도시, 환경, 교통, 농업, 해양 및 국방 등 인간의 현실 생활과 밀접한 관계가 있는 각종 자료를 취급함으로써 광범위한 활용 분야를 가지고 있다. 무선단말기에서 서비스되는 모든 GIS 콘텐츠를 의미하기도 하며, 유·무선 연동 콘텐츠를 모바일 GIS 콘텐츠 범주에 포함시키기도 한다. 유럽 및 미주 등지에서는 모바일 콘텐츠라는 용어보다 모바일 애플리케이션이라는 용어를 더 많이 사용해 왔으나 최근에는 모바일 서비스가 음성 위주의 서비스에서 데이터 전송으로 확대되면서 모바일 데이터 애플리케이션이라는 용어를 사용한다(이용관, 2010). 모바일 GIS 콘텐츠는 무선이기 때문에 기술의 발달이나 단말기의

〈표 4-28〉 모바일 콘텐츠 특징

구분	모바일 콘텐츠 특징
편재성(Ubiquity)	• 모바일 기기를 통해 이동성을 구현해 공간성의 제약을 해소함으로써 어디서든지 정보 검색과 통신 가능
즉시성(Immediacy)	• 모바일 기기를 휴대하고 있음으로써 언제어디서나 사용자가 원하는 즉시 정보 검색과 통신 가능
개인성 (Personalization)	• 해당 모바일 기기를 사용한 개인 고객이 사전에 제공한 정보를 바탕으로 사용자 개인의 특성에 맞춘 콘텐츠 제공 • 개인 전용 단말기기의 특성상 증대된 보안성으로 모바일 기기를 통한 인증 서비스 및 모바일 뱅킹과 같은 상거래 가능
편리성(Convenience)	• 모바일 기기의 저장 및 배터리 용량 증가, 화면 크기 개선, 모바일 기기 기능 다양화 등의 하드웨어 측면 기술 진보 • 전송속도 개선, 킬러 앱 개발 등 소프트웨어 측면 정보 검색 편리성 제공
지역성(Localization)	• 기지국이나 GPS 수신기를 통해 사용자의 현재 위치를 파악하여 주변의 유용한 정보를 사용자에게 제공
차별성(Distinction)	• 서비스 가입 고객사용 패턴, 개인성향이나 생활습관 등을 분석하여 개인별 차별화된 마케팅과 서비스 제공

출처: Durlacher Research, 1999; 이강, 2007 수정

진화 같은 기술 측면의 변화에 따라 민감하고 빠르게 변화해 그 변화의 속도와 양상을 따라잡기 어렵다.

4.6.3 모바일 GIS 위치결정 방법

스마트폰은 CDMA2000, WCDMA 등의 이동통신 신호를 이용하여 무선 단말기의 위치를 측정하는 이동통신 신호 이용 측위기술(WN-Based LDT)과 GPS, 글로나스(GLONASS), 갈릴레오(Galileo)와 같은 위성신호를 이용하여 위치를 측정하는 위성신호 이용 측위기술(SV-Based LDT)을 모두 도입하여 정확도와 신뢰도를 향상한 혼합 측위기술(Hybrid LDT)을 사용하여 위치를 결정한다. 또한 기타 지상파 측위 기술과 WLAN(무선랜) 또는 블루투스를 이용한 측위 기술이 있다. 최근 출시된 대부분의 스마트폰은 A-GPS를 탑재하고 있으며 통신사에 따라 WPS 및 기타 측위 기술을 지원하고 있다.

1) GPS

GPS(global positioning system)는 인공위성을 이용한 범세계적 위치결정체계를 말한다. GPS는 단순한 현재 위치정보 제공에서부터 항공기, 선박, 자동차의 자동항법 및 교통관제, 유조선의 충돌방지, 대형토목 공사의 정밀 측량, 지도 제작 등 광범위한 분야에 응용되고 있다. GPS에서 사용되는 WGS-84 좌표계의 원점은 지구 질량 중심이다. GPS는 고정밀 측량(수평, 수직 위치)이 가능하고 장거리측량에 주로 이용되며 관측점 간 시통이 필요하지 않는 특징을 가진다. 또한 날씨와 기상조건(기온, 기압, 습도 등), 야간에 관계없이 측량할 수 있는 전천후 체계이다. 정확한 위치를 알고 있는 위성에서 발사한 전파를 수신하여 관측점까지 소요시간을 관측함으로써 관측정의 위치를 구하는 방식으로, 지구 20,200km 상공의 6개 궤도에 4개씩 모두 24개의 GPS 위성에서 보내오는 반송파 신호의 위상을 측정(절대측위)하거나 반송파 신호의 코드를 추적(상대측위)하여 위성까지의 거리를 측정함으로써 삼각측량방법을 이용한다.

위치결정원리는 코드 관측방식과 반송파 관측방식이 있다. 코드 관측방식은 의사거리를 이용한 위치결정 방법으로 위성과 수신기간 신호 전달시간을 관측하여 거리를 결정한다. 반송파 관측방식은 위성과 수신기간 반송파의 파장 개수(위상차)에 의해 간섭법으로 거리를 결정한다. 수신기에 마지막으로 수신되는 파장의 소수부분의 위상과 정수부분의 위상은 정확히 알 수 없다. 위성과 수신기 간 전체 파장의 개수를 모호정수라고 한다. 위상차를 정확히 계산하기 위한 방법으로 일중차, 이중차, 삼중차의 위상차 차분기법을 이용한다. 일중차는 한 개의 위성과 두 대의 수신기를 이용한 거리측정방식이고, 이중차는 두 개의 위성과 두 대의 수신기를 이용한 각각의 위성에 대한 일중차끼리의 차이 값이다. 마지막으로 삼중차는 한 개의 위성에 대하여 어떤 시각의 위상 측정치와 다음 시각의 위상 측정치와의 차이 값을 의미한다.

GPS 위성은 사용자가 최소 5개의 위성으로부터 신호를 수신할 수 있도록 배치되어 있으며, 각각의 위성은 2개의 L밴드 주파수 L1(1,575.42MHz) 및 L2(1,227.6MHz)를 이용해 신호를 송신하며, L1은 P코드(Precise Code) 및 C/A코드(Coarse/Acquisition)를 반송하고 L2는 P코드를 반송한다. 사용자의 위치를 알기 위해 GPS 위성이 송신하는 정보 중 시간정보를 포함한 코드를 수신기의 시간정보 코드와 일치시켜 그 차이를 계산한다. 코드 차이 값은 위성에서 보낸 신호가 수신기에 도달하는 데 소요된 시간이며, 여기에 광속(300,000km/sec)을 곱하여 거리를 계산한다. 그리고 GPS 수신기의 시간을 보정하고 위성에서 방송되는 궤도정보로 위성의 위치를 확인한다. 마지막으로 전리층 및 대류층의 오차를 보정함으로써 사용자의 위치 데이터를 얻게 된다. GPS 측위방식은 신호 반경이 넓고 고정된 위성을 통해 안정적인 서비스 제공이 가능하여 현재 가장 많이 사용되고 있으며, 15~30m의 위치 정확도로 측위방식 중 가장 높은 정확도를 나타내고 있다. 그러나 특정 단말기에서의 사용과 대도시 밀집지역에서의 전파반사 및 실내에서 사용불가, 음영지역이 다수 존재한다는 한계를 가지고 있다.

2) Cell ID 방법

Cell ID 방식은 가장 기본적인 무선측위 방법으로 이동 통신사의 기지국마다 가지고 있는 Cell ID를 이용하여 이용자가 속한 기지국의 Cell ID를 통해서 위치를 측정하는 방식이다. 이 방법은 시각 동기나 다중 기지국 이용 등의 제약 조건이 없으며, 특정 기지국의 Cell 내에 단말이 위치하여 그 기지국과 연결됨으로써 단말의 위치 정보를 제공할 수 있는 장점을 갖는다. 가장 기본적인 무선측위 방법으로 통신용 전파 송수신 인프라에 접속된 단말의 위치를 해당 AP의 위치로 매칭시키는 방법이다. 이 방법은 시각 동기나 다중 AP 이용 등의 제약 조건이 없으며, 특정 AP의 셀(Cell) 내에 단말이 위치하여 그 AP와 연결됨으로써 단말의 위치정보를 제공할 수 있는 장점을 갖는다. 현재 CDMA 기반 측위 및 RFID를 이용한 측위 등 모두 이 방법으로 서비스하고 있다. 이 기법으로 단말의 위치정보를 제공하는 경우 측위오차는 최대 셀 반경만큼 발생할 수 있으므로 CDMA 기반 측위와 같이 셀 반경이 수백 미터에서 수 킬로미터까지 되는 경우 이 방식으로 제공되는 위치정보 응용 서비스는 제한될 수밖에 없다. 이 방식에서는 리더(reader)의 영역이 중첩되어 이동체의 위치가 모호해지는 것을 방지하기 위하여 셀 커버리지의 중첩을 최소화한다.

3) TOA 방법

TOA(time of arrival) 기술은 단말기의 신호를 수신한 한 개의 서비스 기지국과 2개의 주변 기지국들 사이의 신호 도달 시간의 차이를 이용하여 위치정보를 취득하는 기술이다. 측위를 위하여 참조하는 좌표 (x, y)를 측위 기준점이라 한다. TOA의 경우 이 기준을 원점으로 하고 측정된 거리를 반지름으로 하는 원을 그려 2차원 평면상의 교차점으로 노드의 위치를 찾는다.

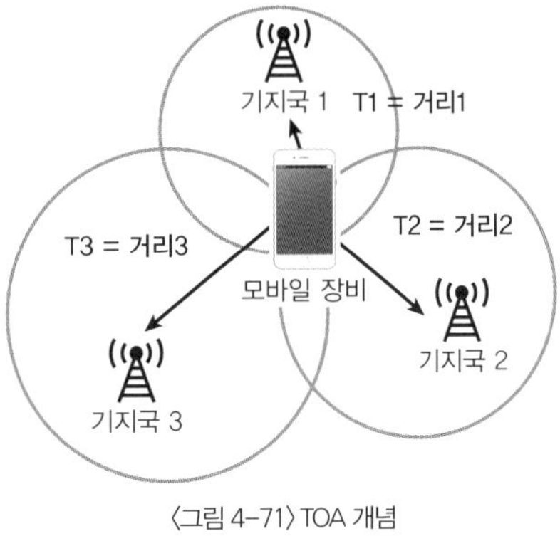

〈그림 4-71〉 TOA 개념

전파 도달시간 외에 RSS에 의해 거리를 추정할 때에도 TOA 기법을 이용하여 교점을 추정한다.

4) A-GPS 측위 기술

A-GPS(Assisted GPS)는 인공위성에서 보내는 위치정보를 단말기 내에 내장된 칩이 읽어서 기지국에 알려 주는 측위 기술이다. GPS 위성을 사용할 경우라도 도심 지역이나 실내에서는 정확도와 사용성이 떨어지기 때문에 이러한 단점을 보완하기 위하여 기존의 네트워크 방식과 결합한 방식이다. 스마트폰은 GPS 위성뿐 아니라 이동통신사에서 운영하는 무선 네트워크 기지국으로부터 측위를 위한 측정치를 수집하여 위치를 측정하거나 수집된 정보를 PDE(position determination entity)에 보내고 PDE에서는 스마트폰에서 보낸 정보와 기지국에서 생성된 정보를 혼합하여 단말기 위치를 측정한다. 이 측위 기술은 스마트폰의 기준 시각, 측정치, 기지국에서 생성된 RTD(round trip delay) 정보를 함께 이용할 수 있기 때문에 가시 위성 수가 제한될 때 측위 서비스의 가용성을 향상시킬 수 있다. 또한 PDE에서 생성되는 보조 정보를 이용하여 측위 소요 시각 및 GPS 위성신호 감도 성능을 향상시킬 수 있다.

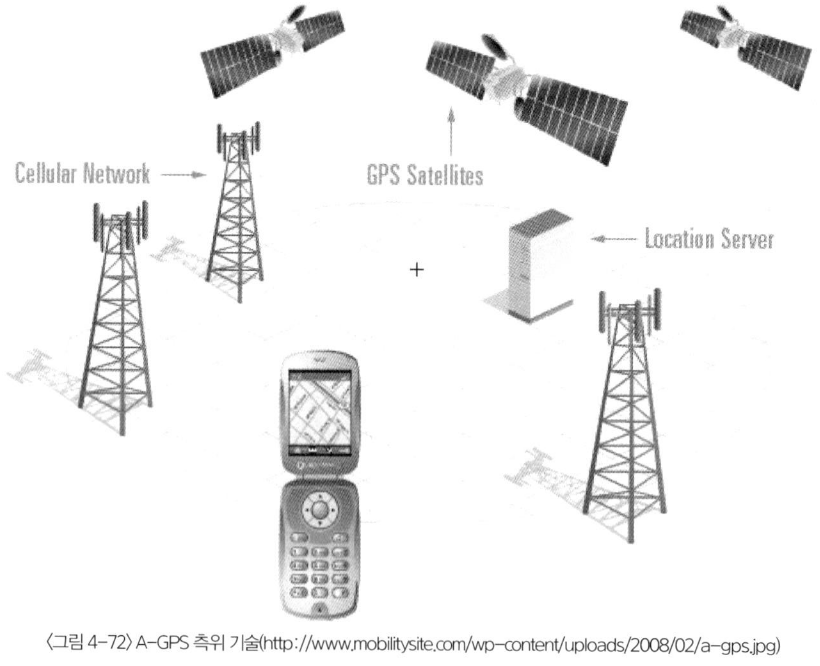

〈그림 4-72〉 A-GPS 측위 기술(http://www.mobilitysite.com/wp-content/uploads/2008/02/a-gps.jpg)

4편 참고문헌

- 강영옥, 2008, 웹 2.0 환경변화가 지리학 연구에 미치는 영향 고찰, 『대한지리학회지』, 43(3), 375-391.
- 강영옥, 2010, 공간정보를 활용한 고부가가치 창출, 『도시의 계획과 관리를 위한 공간정보활용 GIS』, 보성각, 317-338.
- 강영옥·강애띠·권회윤, 2014, 국내 오픈소스 공간정보 소프트웨어 생태계 분석, 『한국공간정보학회지』, 22(6), 67-79.
- 강영옥·권회윤, 2015, 국내 오픈소스 공간정보 소프트웨어 활성화를 위한 요구사항 분석, 『한국공간정보학회지』, 23(6), 99-107.
- 강영옥·김현덕, 2014, 구글 API를 활용한 공공데이터의 지리적시각화, 『한국지도학회지』, 14(1), 1-16.
- 강영옥·박지영·조나혜, 2015, 『공간정보 소프트웨어 실무』, 도서출판 드림북.
- 강영옥·이석민·안재성·남궁철, 2002, 모바일 GIS 적용에 관한 연구, 시정개발연구원.
- 건설교통부, 2006, 국가지리정보유통체계 장기발전방안 연구. 국토교통부.
- 국립재난안전연구원, 2013, 통합안전관리시스템 기본계획수립 및 지역안전 진단 및 시스템개발 설계, 안전행정부.
- 국토교통부, 2013, 2014년도 국가공간정보정책 시행계획.
- 기정훈, 2012, Open API Mashup 활용한 시민 참여형 스마트폰 애플리케이션 개발가능성에 관한 연구, 『한국컴퓨터정보학회』, 17(5), 93-101.
- 김남신, 2011, GIS와 지오웹 플랫폼을 활용한 웹 기반 주제도 표현에 관한 연구, 『한국공간정보학회지』, 14(1), 107-117.
- 김리환, 2007, 웹기반 위성영상지도정보를 이용한 군사시설보호구역 지적관리개선 방안, 경상대학교 석사학위논문.
- 김병곤, 2011, 공공기관 모바일 GIS 콘텐츠 개선 및 활용방안에 관한 연구: 서울시 활용사례를 중심으로, 서울시립대학교 석사학위논문.
- 김성환, 2011, Openlayers를 이용한 공공서비스 구축 사례, FOSS4G 컨퍼런스 발표자료.
- 김용욱·안철범·신동훈·나연묵, 2009, 위치기반 웹서비스 시스템, 『데이터베이스 연구』, 25(1), 39-50.
- 김은형, 2009, Geospatial Web 플랫폼 기술 분석 및 기술개발전략, 『GIS학회지』, 17(2), 171-181.
- 나방현·권창희, 2008, SVG 그래픽을 이용한 GeoWeb서비스 방법, 『한국항행학회』, 12(5), 401-411.
- 남상관·오윤석·김태훈·강진아·김장욱, 2009, 오픈소스 GIS 소프트웨어를 활용한 u-GIS 기반 도시 지상시설물 관리시스템 개발, 『한국지형공간정보학회』, 17(4), 67-74.
- 두일철, 2011, 모바일 기반 콘텐츠 산업의 이용자 중심구조 변화에 관한 연구, 한양대학교 박사학위논문.
- 박노준, 2013, 오픈소스 GIS 아키텍처를 이용한 서비스 개선 사례, 한국오픈소스GIS솔루션데이 발표자료.

- 박종덕 · 구자용, 2011, 모바일 GIS를 이용한 홍수 위험 경보 서비스 구현, 『대한지리학회지』, 46(6), 738-750.
- 사공호상 · 김미정, 2007, 국가GIS 표준체계 확립, 국토연구원 연구보고서.
- 서병문, 2007, 모바일 콘텐츠 비즈니스 진화에 관한 연구, 홍익대학교 석사학위논문.
- 신상희, 2013, 오픈 소스 GIS와 OSGeo, 국토해양부 오픈 소스 GIS 활성화를 위한 간담회자료.
- 신상희, 2013, 오픈소스 GIS개요, 공간정보 거점대학 오픈소스 GIS과정 발표자료.
- 신정엽 · 이상일, 2008, 『GIS의 개념과 원리』, 다락방.
- 오규식 · 정승현, 2011, 『GIS와 도시분석』, 한울아카데미.
- 유병혁, 2014, QGIS를 이용한 보호지역의 원격탐사 활용사례 소개, FOSS4G 컨퍼런스 발표자료.
- 이근상 · 김형준, 2012, 지적정보 서비스 모바일 애플리케이션 개발, 『지리정보학회지』, 14(4), 55-64.
- 이기준 · 김경수, 2008, 이동객체의 움직임에 대한 시간적 명세, 『데이터베이스 연구』,16(1).
- 이민파, 2014, Making Base Maps with Open Data, FOSS4G 컨퍼런스 발표자료.
- 이용관, 2010, 모바일 콘텐츠 산업 변화 양상과 역량 강화 방안 연구, 한국문화관광연구원.
- 이정진, 2011, 『R, SAS, MS-SQL을 활용한 데이터마이닝』, 자유아카데미.
- 이희연 · 심재헌, 2011, 『GIS이론과 실제』, 법문사.
- 장성현, 2004, 모바일 GIS 기술을 이용한 지자체상하수도 업무 효율성 분석, 인하대학교 석사학위논문.
- 장윤섭 · 김재철 · 최원근 · 김경옥, 2009, 개방형 인터페이스 기반 국토정보 서비스 플랫폼 개발 연구, 『한국공간정보시스템학회 논문지』, 11(1), 17-24.
- 장윤섭 · 오재홍 · 김경옥, 2007, 지리공간 웹 기술동향, 『전자통신동향분석』, 22(3), 124-135.
- 전상환 · 도경태, Node.js를 활용한 웹GIS 서버의 설계와 구현, 『한국공간정보학회』, 21(3), 44-53.
- 전재용 · 조기성, 2007, 모바일 GIS를 이용한 Point 및 Line형 데이터 갱신 방법에 관한 연구, 『한국지형공간정보학회』, 15(3), 3-10.
- 전종수 · 오달수, 2010.09, Gov 2.0 시대, 공공정보 공개 및 활용 촉진 방향, 『국토』, 347, 6-13.
- 정보통신부, 2008, 텔레매틱스용 Map Air Update 기술 개발에 관한 연구.
- 조대협, 2007, What is SOA? How to SOA?, 제8회 한국 자바개발자컨퍼런스 발표자료.
- 조아라 · 강영옥, 2010, GeoRSS 기능을 활용한 축제정보 사이트 구축, 『한국공간정보학회』, 18(1), 89-99.
- 주용진, 2011, 다단계 그리드 인덱스 기반 최근접 질의 처리를 위한 이동체 DBMS 모델의 설계와 구현, 『한국지형공간정보학회』, 19(3), 13-21.
- 주용진, 2013, 효율적인 네트워크 데이터 관리를 위한 가변-축척 지도 제작 방안, 『한국지형공간정보학회』, 21(4), 143-150.
- 주용진, 2016, 『공간정보 웹 프로그래밍』, 도서출판 드림북.

• 한국건설기술연구원, 2006, 공동구 재해방지와 안정성 강화를 위한 설계 시공 및 관리기술 개발, 건설교통부.
• 한국건설기술연구원 · 안양대학교 · 경원대학교 · ㈜케이티 · 삼성에스디에스㈜ · ㈜웨이버스 · ㈜한국공간정보통신, 2012, 센싱데이터 기반 도시 공공시설물 관리 공간정보 플랫폼 기술 개발 최종요약보고서, 국토해양부.
• 한국전산원, 2003, GIS를 활용한 공공분야 모바일 서비스 발굴 및 제공을 위한 표준화 방안 수립연구.
• 한국전산원, 2004, GIS 서비스 확산을 위한 Web Services 도입 및 적용 방안 연구.
• 한국정보사회진흥원, 2006, 표준/Open Source 기반의 GIS 구축 지침 개발에 관한 연구.
• 한국지질자원연구원, 2012, 지각진화 추적기술개발 및 지절정보 구축, 『한국공간정보시스템학회논문지』, 11(1), 17–24.
• 한진정보통신(주), 2011, OpenSource를 활용한 Web GIS System 구축사례.
• 홍일영 · 한선희 · 정진규, 2014, 교육과 연구에 있어 FOSS4G의 활용에 대한 검토, 『한국공간정보학회지』, 22(4), 1–11.
• Tan, P., Steinbach, M., and Kumar, V., 용환승 · 나연묵 · 박종수 · 승현우 · 이민수 · 이상준 · 최린 역, 2007, 『데이터마이닝』, 인피니티북스.
• Anselin, L., 1995, Local Indicators of Spatial Association—LISA, *Geographical Analysis*, 27(2), 93–115.
• Anselin, L. Syabri I, Kho Y., 2006, GeoDA: An Introduction to Spatial Data Analysis, *Geographical Analysis*, 38(1), 5–22.
• Aronoff, S., 1991, Geographic Information Systems: A Management Perspective, WDL Publications: Ottawa.
• Brinkhoff, Thomas;Kriegel, Hans–Peter;Schneider, Ralf;Seeger, Bernhard,1994, "Multi –step processing of spatial joins". Proceedings of the 1994 ACM SIGMOD international conference on Management of data, 197–208.
• Butchart, B. and M. King., 2010, Location based services without the Cocoa. Presentation at the Institutional Web Managers Workshop.
• Dangermond, J., 1990, A Classification of Software Components Commonly Used in Geographic Information Systems, *Introductory Readings in Geographic Information Systems*, 30–51.
• David Beddoe, Paul Cotton, Robert Uleman, Sandra Johnson, Dr. John R. and Herring, 1999, OpenGIS Simple Features Specification for SQL Revision 1.1, OpenGIS Consortium.
• de Smith, M., Goodchild, M., & Longley, P, 2009(3th), *Geospatial analysis: A Comprehensive Guide to Principles, Techniques and Software Tools*, SPLINT.

- Goodchild, M. F., 1992, Integrating GIS and spatial data analysis: Problems and Possibilities, *IJGIS*, 6(5), 407–423.
- Goodchild, M. F., 2007, CITIZENS AS SENSORS: THE WORLD OF VOLUNTEERED GEOGRAPHY, Workshop on Volunteered Geographic Information.
- Hans–Ulrich Otto, 2005, THE ACTMAP APPROACH–SPECIFICATIONS OF INCREMENTAL MAP UPDATES FOR ADVANCED INVEHICLE APPLICATIONS.
- Huisman, O. & de By, R, 2009, Principles of Geographic Information Systems, The International Institute for Geo–Information Science and Earth Observation (ITC).
- Kwon, H.Y. & Kang, Y.O, 2016, Risk analysis and visualization for detecting signs of flood disaster in Twitter, *Spatial Information Research,* 24(2), 127–139.
- Longley, P.A., Michael F. Goodchild, David J. Maguire, David W. Rhind, 2005(2nd), *Geographic Information Systems and Science*, Wiley.
- Lp, C and Yeung, K, 2002, *Concepts and Techniques in Geographic Information System*, Prentice Hall.
- Miller, C. C., 2006, A beast in the field: The google maps mashup as GIS/2, *Cartographica*, 41(3), 2–23.
- Miller, H. & Han, J. 2009, Geographic Data mining and Knowledge Discovery in *Geographic Data mining and Knowledge Discovery*(2nd), CRC press, 1–26.
- Slocum, T., McMaster, R., Kessler, F. & Howard, H., 2009(3th), *Thematic Cartography and Geovisualization*, Pearson.
- OGIS, 1999, Open GIS Consortium: Open GIS simple features specification for SQL (Revision 1.1).
- O. Wolfson, S. Chamberlain, A.P. Sistla, B. Xu, J. Zhou, 1999, DOMINO: Databases for Moving Objects tracking, *ACM SIGMOD*, 547–549.
- Ralf Hartmut Guting, 1994, An Introduction to Spatial Database System, *VLDB Journal*, 3(4).
- Steiniger, S. & Bocher, E., 2009, An Overview on Current Free and Open Source Desktop GIS Developments, *IJGIS*, 23(10), 1345–1370.
- Steiniger, S and Hunter, A., 2013, The 2012 free and open source GIS software map – A guide to facilitate research, development, and adoption, Computers, *Environment and Urban Systems*, 39, 136–150.
- Shashi Shekhar, Sanjay Chawla, 2003, *Spatial Databases A Tour*, Prentice Hall.
- S. Saltenis, C.S. Jensen, S.T. Leutenegger, and M.A. Lopez., 2000, Indexing the Positions of Continuously Moving Objects, *ACM SIGMOD*, 331–342.
- T. K. Sellis,1999, CHOROCHRONOS: Research on Spatiotemporal Database Systems, DEXA

Workshop, 452–456.
- Tobler, W., 1970, A computer movie simulating urban growth in the Detroit region, *Economic Geography*, 46(2), 234–240.
- Tsou, M. & Smith, J., 2011, Free and Open Source Software for GIS education, *Department of Geography*, San Diego State University.
- Turner, A. J., 2006, Introduction to Neogeography, O'Reilly Short Cuts.
- Yun, Seokchan., 2007, The User-participated Geospatial Web as Open Platform, The 11th International Serminar on GIS.

- 공공데이터포털 http://www.data.go.kr
- 구글맵 샘플코드 https://developers.google.com/maps/documentation/javascript/examples
- 구글 퓨전테이블 샘플코드 https://developers.google.com/fusiontables/docs/sample_code
- 네이버 지도 API http://developer.naver.com/wiki/pages/MapAPI
- 다음 지도 API http://apis.maps.daum.net
- 미국 정보공개사이트 http://www.data.gov
- 브이월드개발자센터 http://dev.vworld.kr/dev/dv_apiguide_s001.do
- 서울 열린데이터 광장 http://data.seoul.go.kr
- 서울특별시 천만상상 오아시스 http://oasis.seoul.go.kr/oasis/index.jsp
- 영국 정보공개사이트 DATA.GOV.UK http://data.gov.uk
- 오스트레일리아 정보공개사이트 DATA.GOV.AU http://data.gov.au
- 온나라 부동산정보 통합포털 http://www.onnara.go.kr/index.jsp
- 위키피디아 http://en.wikipedia.org/wiki/DE-9IM
- 인도 정보공개사이트 DATA.GOV.IN http://data.gov.in
- 함께 서울지도 http://gis.seoul.go.kr/GisWebDataStore/Gis_Edu/html/S0103/SGIS-HTML.jsp?sgis=0103&pgis=0202
- ISO/TC211 홈페이지 http://www.isotc211.org
- OGC 홈페이지 http://opengeospatial.org
- QGIS사용자 매뉴얼 http://docs.qgis.org/2.2/en/docs/gentle_gis_introduction/introducing_gis.html

SPATIAL INFORMATION SCIENCE

원격탐사

5편

5.1 데이터 취득

5.1.1 원격탐사의 정의 및 장단점

현재 사용되고 있는 정보의 대부분이 현지조사에 의해서 확보되고 있어 정보화 사회라고 칭하기에 광역 공간정보는 상당히 낙후되어 있는 것이 사실이다. 현지조사를 통해 수집된 데이터는 여러 가지 한계점을 내포하고 있다. 예를 들어 같은 지점에서 조사를 하더라도 태양광선의 방향이나 조사자의 주관에 따라 1시간 전과 1시간 후의 결과가 다르게 나타날 수 있으며, 같은 시간, 같은 장소라 하더라도 계절과 조망시점에 따라 경관에 대한 인식이 달라 결과가 다르게 나타나기도 한다. 인터뷰에 의한 경관평가도 조사의 전 과정에서 많은 시간과 인력이 소요되어 상당한 부담을 주고, 설문작성의 오류, 조사요원의 사전교육 부족 등 상당한 문제점이 상존하고 있다(엄정섭, 2004) 이러한 전통적인 기법에 의존하는 현지조사 데이터의 정확성을 높이고 광역적인 데이터를 확보하기 위해서는 많은 인력과 시간, 경비 등이 요구된다.

원격탐사는 인공위성(satellite), 항공기(aircraft), 비행선(airship), 드론(drone, 무인비행기) 등의 플랫폼에 탑재된 관측기기(sensor)를 사용하여 여러 가지 파장에서 반사 또는 복사되는 전자기파 에너지 등의 매개체를 통하여 대상물을 관측한 후 이를 분석하여 필요한 정보를 추출하여 내는 기술의 의미로서 한정되어 사용된다. 즉 관찰되는 대상에 관측자가 직접 접촉하지 않고 관찰 대상에 대한 데이터를 보다 신속하고 넓은 범위에 대해 취득할 수 있으며, 이러한 데이터를 활용, 분석하여 토지, 환경, 도시 및 자원에 대해 필요한 정보를 추출해 낼 수 있게 된다. 자연현상이나 지표대상물의 개략적인 분포와 변화를 추적하는 전형적인 원격탐사와 더불어 최근 무인항공기 등 관련 장비의 성능 발달로 해상력이 향상되고 있어, 원격탐사가 현지조사에 버금가는 정확한 측량과 해석 및 예측이 가능한 단계에 접어드는 추세이다.

1) 원격탐사의 장점

한반도 전체 등 넓은 지역의 전반적인 현황을 빠르게 파악할 수 있으며, 넓은 지역의 데이터를 취득할 경우 같은 면적의 현지조사에 비하여 자료 취득 비용이 저렴하다는 장점이 있다. 그러나 협소한 지역에 대해서는 비경제적이다. 영상 확보, 장비 동원 등에 많은 비용이 들기 때문이다.

지리적으로 접근이 곤란한 지역의 자료 수집이 가능하여 대도시의 심장부, 군사적·정치적으로 접근이 불가능한 곳, 극한지역, 사막지역, 고산지 등 어느 곳이나 측정 가능하다. 또한 지도가 제작되지 않은 지역에 대한 정보를 취득할 수도 있다(영변 핵 시설물, 북한이나 비무장지대, 이라크의 전쟁 상황 등)

현지조사에 비하여 개인오차가 적고 상대적인 위치가 정확하며 조사 대상지역 전체에 걸쳐 오차의 파급이 거의 비슷하다. 분석절차에 사용된 각종 기법을 명시하기 때문에 데이터의 객관성 또한 높일 수 있다. 조사 대상지역의 공간적 분포를 정확하게 표현할 수 있다(면적, 길이, 높이, 체적, 경사 등). 촬영순간의 지표형상이 있는 그대로 기록되며 다파장 영상에서 다양한 공간정보를 취득할 수 있다.

데이터를 영구적인 기록으로 보전할 수 있기 때문에 현재의 정보뿐만 아니라 과거의 정보를 추출해 볼 수 있고 미래를 예측하는 것도 가능하다. 동일지역을 반복 관측할 수 있기 때문에 토지이용 및 자연생태계의 시계열적 변화를 용이하게 파악할 수 있다. 위성자료의 주기성을 이용하여 국토환경을 꾸준히 모니터링하고, 홍수나 산사태 등 갑작스런 재해가 닥쳤을 때 최신의 위성자료를 구해서 신속하게 분석하여 적시에 대처할 수 있는 정보를 추출할 수 있다.

동일한 영상을 가지고 사용 목적에 따라 다양한 정보를 추출할 수 있다. 영상을 분석하는 사람의 학문적 배경, 관심사 등에 따라 영상에 나타난 지상의 실체가 다르게 해석되어 다양한 정보로 산출된다. 산이나 바다, 과거와 현재 등 원하는 지역과 시기를 선택하여 분석방법에 따라 토지이용현황도, 도로망도, 임상도 등 다양한 주제도를 생성할 수 있다. 토목공학 전공자는 영상에서 토지조사, 지반조사 등 토목공사에 관한 정보를 추출할 수 있으며, 고고학자는 영상에서 역사 유적의 매장지를 파악할 수 있다.

2) 원격탐사의 단점

원격탐사는 촬영 조건이나 플랫폼, 센서, 영상처리 기술에 따라 추출되는 정보가 많은 영향을 받으며, 고가의 장비와 이를 해석하기 위해서는 장기간의 훈련이 필요하다. 행정경계, 인구분포, 소득분포 등 많은 인문현상은 근본적으로 원격탐사로 추출할 수 없는 공간정보이므로 현지조사에서 확인하여야 한다.

5.1.2 원격탐사 절차

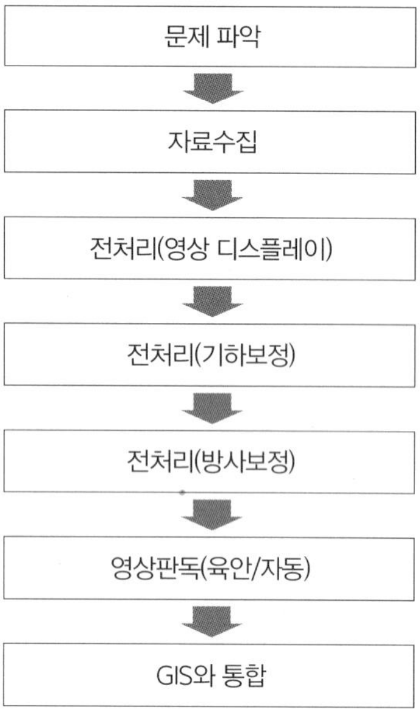

〈그림 5-1〉 전형적인 원격탐사 절차

원격탐사 프로젝트를 준비하는 첫 단계는 원격탐사로 해결할 수 있는 문제에 대한 탐색과정이다(그림 5-1). 공간정보학, 지리학, 토목공학, 도시계획학, 생물학, 조경학 등 땅을 다루는 학문 분야에서 원격탐사가 도입되지 않았거나 도입되었다 해도 이론적인 측면에서와 실무적인 관점에서 문제를 찾아내는 단계가 원격탐사의 첫 출발이다. 원격탐사에 의해서 이미 확보된 정보가 존재하더라도 하루가 다르게 변하는 원격탐사 관련 기술의 발달은 전통적인 이론에 의거하여 확보된 정보의 타당성을 재검증하는 것이 일반화되고 있다. 기술의 발달이 지리학, 생물학, 조경학, 임학 등 땅을 다루는 학문 전체의 전통적인 이론으로 이룩된 지식체계 자체를 흔들고 있기 때문이다.

모든 학문은 데이터에 의거하여 다양한 정보를 산출하여 지식으로서 인정하고 있는데 데이터 자체에 대해 판이하게 다른 새로운 환경이 일반화되면서 대두되는 다양한 문제를 발굴하는 것이 원격탐사 전문가의 임무이다(엄정섭, 2004). 원격탐사 과정에서 자료라 함은 원격영상과 더불어 영상을 판독하기 위해 다양한 문헌, 인적·물질적 바탕을 말한다. 자료 취득 과정에서 가장 중요한 것은 원격영상을 취득하는 것이다. 영상을 선정하는 과정은 해상도, 필요한 공간정보, 영상처리에 요구되는 시간, 투입 가능한 판독 인력의 수, 자료 수집 비용 등 다양한 변수를 고려하게 된다. 영상의 전처리과정이란 영상판독을 위한 영상의 제작 전에 필요한 모든 작업을 통칭한다. 다양한 종류(위성의 고도 및 궤도의 변화, 지구의 운동, 파노라마 효과 등)의 왜곡을 보정하고 원격영상을 일반 지형도에서 사용된 지도투영법과 일치하는 것이 기하보정이다. 원격영상이 기하보정되었더라도 영상 취득 과정에 개입되는 대기조건, 지형특성이 영상정보를 왜곡하기 때문에 필요한 공간객체에 대한 정보를 확보하는 데 많은 한계가 있다. 히스토그램을 조작하여 응용 목적에 따라 화소를 변형하여 영상에 뚜렷한 대조가 이루어지도록 한다. 사용 목적에 따라 원격영상의 필터링, 영상 합성, 주성분 분석 등의 작업도 이루어진다. 전처리과정이 완료되면 육안판독과 자동판독의 과정을 거쳐 결과를 지도로 제작하여 GIS에서 공간분석의 도구로 활용된다.

5.1.3 원격탐사위성 현황

현재 과학기술은 신화와 관측의 영역에 머물렀던 우주를 탐색은 물론 활용의 영역으로 끌어왔다. 우주기술의 발전으로 민간뿐만 아니라 군수용 위성이 보다 정밀한 서비스를 제공하여 인공위성은 지식기반의 유비쿼터스 사회에 필수적인 도구가 되었다. 약 1,000여 개의 인공위성이 지구의 표피 한 겹을 형성하고 있으며 이들로부터 오는 정보는 자동차 내비게이션, 핸드폰, 위성 TV, 지도 제작, 재난 예방, 일기예보, 원격교육 및 의료, 통신, 자원 경영, 에너지 및 수자원 탐사에 이르기까지 우리 생활 속에 없어서는 안 될 필수요소로 자리하고 있다. 핸드폰과 컴퓨터의 시간, 차량의 내비게이션은 GPS에 의존하고 있으며 모든 현대화된 무기는 GPS의 정확한 시간 및 위치정보 서비스에 의존하고 군인들에게 전달되는 많은 정보는 통신위성을 통해 전달된다. 지구온난화를 막기 위해 전 지구적 탄소 배출과 온도 변화를 감시하는 데에도 인공위성의 활용은 필수적이다. 빠른 속도로 증가하는 이동통신량, 해상, 지상, 항공에서의 운송 증가, 자원 고갈, 세계 곳곳에서 일어나는 지역분쟁과 갈등에 따른 안보 문제도 미래사회에서 직면할 문제로 예측되는데 이러한 미래사회의 문제를 해결하기 위해 인공위성은 중요한 열쇠이다(최남미, 2012).

인공위성은 기능에 따라 통신위성, 지구관측위성, 기상위성, 과학위성, 항법위성, 군사위성 등으로 크게 분류되는데 통신위성을 제외하고는 공간정보를 취득하기 위해 활용되는 위성이다(표 5-1). 통신위성은 통신용 전자파 신호의 중계를 목적으로 장거리 통신의 중계국 역할을 하는 위성으로 넓은 의미에서는 공간정보를 취득하기 위한 위성으로 볼 수 있다. 지구관측위성은 원격탐사 영상을 취득하기 위한 대표적인 위성으로 NASA의 랜드샛(Landsat) 위성과 우리나라의 아리랑

〈표 5-1〉 원격탐사 및 공간정보 관련 위성 운용 현황

	원격탐사 위성	공간정보	운용 궤도
지구관측위성	○		저궤도, 극궤도
기상위성	※		정지궤도, 극궤도, 저궤도
과학위성	※		중궤도, 저궤도, 극궤도
군사위성	※		극궤도
항법위성		☆	중궤도
통신위성		☆	정지궤도, 타원궤도

○: 해당 위성으로 육지, 해상의 지구를 관측하는 원격탐사 영상 취득 가능
※: 해당 위성으로 원격탐사 영상을 취득할 수 있으나 기상 감시, 군사 정찰 등 특정한 목적의 영상을 취득
☆: 해당 위성으로 원격탐사 영상을 취득할 수 없으나 위치정보 등 공간정보를 취득
출처: 박한길·최남미, 2012

(KOMPSAT) 위성이 여기에 해당된다. 기상위성은 기상관측만을 주목적으로 설계하여 발사된 위성으로 정지궤도 기상위성과 극궤도 기상위성으로 구분된다. 우리나라는 천리안위성 발사로 전세계에서 7번째로 기상위성을 보유한 국가로 부상하였다. 과학위성은 주로 중·저궤도 위성으로 과학기술 탐구를 목적으로 천체관측이나 지표탐사에 이용된다. 항법위성은 전파를 발사해 선박이나 비행기가 그들의 위치를 확실히 알 수 있도록 위치 및 시각 정보를 제공하는 위성으로 미국 국방성에서 개발된 GPS가 대표적인 위성이다. 군사위성은 감청, 조기경보 등 군사목적으로 정보를 수집하거나 관측하는 위성이다.

위성은 운용 궤도에 따라 정지궤도위성, 저궤도위성, 중궤도위성, 타원궤도위성, 극궤도위성으로 구분된다. 정지궤도위성은 지구의 자전 주기와 같은 공전 주기를 가지고 지구 주위를 도는 위성으로 약 36,000km의 고도에서 운용된다. 주로 통신위성, 기상위성 등의 목적으로 사용되며 우리나라의 천리안위성이 정지궤도위성이다. 정지궤도(GEO: geostationary earth orbit)는 지구의 위도 0°, 고도 약 35,786km에 있는 원형궤도이다. 정지궤도를 도는 인공위성은 지구의 자전주기와 동일한 방향, 동일한 속도로 움직이기 때문에 지구에서 보면 정지한 것처럼 보인다. 정지궤도위성은 자전하는 지구와 상대적으로 항상 일정한 위치에 있어서 지구동기궤도(GSO: geo synchronous orbit)라고 부르기도 한다. 정지궤도위성은 적도의 한 지점에서 머물면서 지구의 넓은 영역을 비출 수 있어서 통신위성, 방송위성, 기상위성, 항행위성의 궤도로 많이 이용되고 있다. 그러나 위성이 항상 적도 평면에 머물러 있기 때문에 고위도 지역의 이미지가 왜곡되고, 정지궤도에 놓일 수 있는 위성의 수가 제한적이라는 단점이 있다.

저궤도위성은 500~1,500km 정도의 궤도에서 운용되며, 주로 원격탐사위성, 기상위성 등으로 사용된다. 저궤도(LEO: low earth oribit)는 지구의 지상 약 500~1,500km 사이의 인공위성궤도를 말한다. 저궤도를 도는 인공위성은 지구의 자전 속도보다 훨씬 빠르게 지구를 돈다. 따라서 90~100분 정도면 지구 한 바퀴를 돌 수 있다. 저궤도 위성은 다른 위성들보다 지구와 가까운 곳에 있기 때문에 주로 지구자원탐사용, 해양 및 기상 관측용, 군사 목적의 첩보수집용으로 사용된다. 과학위성도 대부분 저궤도에 자리 잡고 있는데, 610km에는 허블우주망원경(HST: hubble space telescope)이 있고, 350~400km 상공에는 국제우주정거장(ISS: international space station)이 위치해 있다. 우리나라의 위성인 아리랑위성 시리즈도 저궤도를 돌면서 지구를 관측하고 있다.

중궤도(MEO: midium earth orbit)는 저궤도보다 더 높은 궤도로 지상 1,500~20,000km 정도의 인공위성궤도를 말한다. 중궤도는 저궤도와 정지궤도의 중간궤도로서 주로 통신서비스를 제공한다. 중궤도위성은 저궤도위성에 비해 단말기를 작게 만들기 어렵지만, 위성의 수가 적기 때문에 이동통신에서 시스템 비용을 낮추는 데 용이하다. 대표적인 중궤도 위성이 GPS 위성군이다.

타원궤도위성은 인공위성의 궤도에서 지표로부터 가까운 고도(약 1,000km)와 지표로부터 먼 점의 고도(약 35,786km)의 차이가 많이 나는 고타원궤도로 궤도상 지표로부터 먼 점 근처에 위성이 머무는 시간이 많아 통신위성에 활용되는 방식이다.

극궤도위성은 저궤도위성의 특별한 형태로, 북극과 남극을 잇는 궤도를 돌며, 계속해서 얻어지는 띠 이미지를 바탕으로 지구 전체의 이미지를 확보할 수 있다. 이러한 특징을 이용해 기상위성, 관측위성, 군사위성 등으로 사용된다. 대표적인 극궤도위성으로는 기상위성인 타이로스(TIROS: television and tnfra-ted observation satellite)위성, 군용 정찰위성인 사모스(SAMOS)위성, 항행위성인 트랜싯(Transit)위성, 지상관측위성인 랜드샛(Landsat) 등이 있다. 이 중에서 타이로스의 고도는 850km이며, NASA에서 개발한 최초의 기상위성이다. 랜드샛의 고도는 905km이며, NASA에서 최초로 발사한 지구자원탐사위성이다.

우리나라는 1992년 8월 발사된 우리별 1호를 시작으로 세계 22번째 위성 보유국이 되었으며, 1993년 9월에 우리별 2호를 820km 상공에, 그리고 1995년 8월에 무궁화위성을 발사하여 본격적인 위성 개발 대열에 들어섰다. 천리안위성은 대한민국 최초의 해양 관측, 기상 관측, 통신 서비스 임무를 수행하는 정지궤도 복합위성이다. 천리안위성 발사에 성공(2010년 6월)하면서, 대한민국은 세계 최초의 정지궤도 해양관측위성 보유국이자, 미국·중국·일본·유럽연합(EU)·인도·러시아에 이어 세계 7번째로 기상관측위성 보유국이 되었다.

우리나라의 아리랑 1호는 최초의 다목적실용위성(KOMPSAT: Korea multi-rurpose satellite)으로 한국항공우주연구원에서 개발한 것으로 1999년 12월 21일에 발사되었다. 국산 위성인 아리랑 1호 위성은 지상에서 6.6m×6.6m 영역을 한 점으로 관측하고 아리랑 1호의 임무 종료 후 발사된 아리랑 2호는 1m급 해상도를 가지고 있다. 아리랑 3호는 2012년에 발사된 관측위성으로 다목적실용위성 3호(KOMPSAT-3)라고도 하며 아리랑 1호와 아리랑 2호보다 뛰어난 70cm 공간해상도를 가진다. 아리랑 5호는 2013년 8월 22일 발사된 관측위성으로 다목적실용위성 5호(KOMPSAT-5)라고도 부른다. 아리랑 1·2호와는 달리 SAR(synthetic aperture radar: 레이더 영상)이 부착되어 있어 날씨에 상관없이 전천후로 지구관측이 가능하다. 아리랑 5호 위성 보유로 우리나라는 세계에서 5번째로 SAR을 제공하게 되었다(그림 5-2).

원격탐사 분야 연구에서 초석이 된 1972년 랜드샛-1호의 발사 이후, 랜드샛 2, 3, 4, 5가 차례로 발사되었으며, 랜드샛-6은 1993년 발사 직후 궤도 진입에 실패하였다. 랜드샛 시리즈는 40여 년 동안 TM(thematic mapper), MSS(multispectral scanner)를 탑재하여 오랜 시간 동안 지구

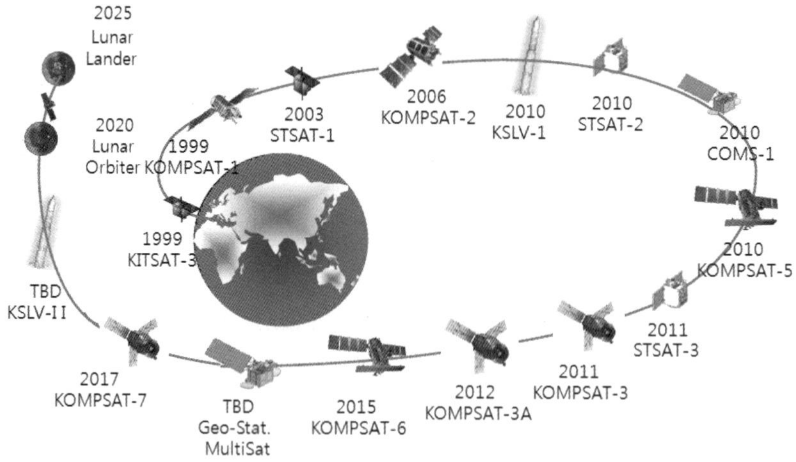

〈그림 5-2〉 우리나라의 위성 개발 로드맵(출처: 대한민국정부, 2013)

환경의 변화된 모습을 관찰하는 데 크게 기여하고 있다. 2003년부터 랜드샛-7 ETM(enhanced thematic mapper) +센서에서 SLC(scan line corrector)가 정상적으로 작동하지 않아 영상을 취득하는 데 한계가 있었다. 하지만 2013년 2월 11일, 랜드샛-8(LDCM: landsat data continuity mission)이 성공적으로 발사되어 영상을 쉽게 다운받을 수 있다. LDCM 위성은 OLI(operational land imager)와 TIS(thermal infrared sensor)가 탑재되었다. 하루에 지구를 14바퀴 도는 이 위성의 수명은 최소 5년으로 설계되었지만 향후 10년은 우주에 머물 수 있도록 연료가 주입되어 있다.

5.1.4 원격 센서의 선정 기준

원격탐사를 응용한 다양한 실험과 연구가 올바른 결과를 낳기 위해서는 원격 센서의 장단점이 제대로 파악되고 활용되어야 한다. 원격탐사의 데이터 취득에서 기본이 되는 것은 이와 같은 센서를 일정한 기준으로 선택해서 연구목적에 맞는 정보를 추출해 내는 것이다. 원격 센서 결정인자는 여러 가지가 있으나 아래의 네 가지 결정인자가 기본적인 것이며 경제적인 측면이나 기하학적인 요인 등 다양한 측면이 추가로 고려될 수 있을 것이다. 이들 네 가지 선택기준은 항상 상호보완성을 가지고 있어 신중하게 해석하여야 한다. 한 예로 공간해상도를 개선하면 보다 대축척 지도를 제작할 수 있으나 이에 수반되어 영상처리과정에서 훨씬 많은 시간과 경비가 소요되므로 항상 트레이드오프(trade-off)가 존재한다(표 5-2).

〈표 5-2〉 센서 결정요인에 의거한 주요 영상의 제원

	랜드샛-5 TM 영상	이코노스 고해상도 영상
공간해상도(m)	30×30	1×1
분광해상도 (㎛)	밴드 7 1: 0.45~0.52 blue 2: 0.52~0.60 green 3: 0.63~0.69 red 4: 0.76~0.90 Near IR 5: 1.55~1.75 Middle IR 6: 10.4~12.5 Thermal IR 7: 2.08~2.35 Middle IR	밴드 4 1: 0.45~0.53 blue 2: 0.52~0.61 green 3: 0.64~0.72 red 4: 0.77~0.88 Near IR
주기해상도(일)	16	2
방사해상도(bit)	8	11

1) 공간해상도

원격탐사 영상은 지상에 있는 일정한 크기의 사각형 영역을 관측하는데, 이를 공간해상도라고 한다. 이것은 하나의 영상화소가 포함하고 있는 실제 목표물의 크기, 즉 어느 한순간에 센서에 의해 관측되는 지표면 상 공간의 크기를 의미한다. 이러한 영상의 공간해상도는 영상자료를 통해 얻을 수 있는 자료의 정밀도라는 측면에서 매우 중요한 의미를 갖는다. 공간해상도는 센서에 의해 분해 가능한 가장 작은 목표물의 측정 단위 또는 개개 픽셀이 표현 가능한 지상 면적이다. 그 수치가 낮을수록 공간해상도는 양호하다. 예를 들면, 공간해상도가 79m인 영상은 공간해상도가 10m인 것보다 좋지 않다고 할 수 있다. 주요 원격탐사위성들의 공간해상도가 〈표 5-3〉에 제시되어 있다. 랜드샛-8의 컬러 영상은 수평과 수직으로 각각 30m의 영역을 한 점으로 관측하지만, 이코노스(IKONOS) 위성영상은 지상 1m×1m 영역을 한 점으로 관측한다. 〈그림 5-3〉에는 공간해상도의 차이에 따라 확연하게 구분되는 정보의 수준을 보여 주는 영상이 제시되고 있다. 1km 해상도의 MODIS(moderate resolution Imaging spectro-radiometer) 영상은 남한 전체의 광역 알베도 분포에 대한 정보를 제공하였다(김기열 · 엄정섭, 2012). 30m 해상도를 지닌 TM 영상에서는 녹화율이 좋은 산지들이 북부에 분포하는 외곽지의 녹지 구조가 화면에 선명하게 나타남으로써 일반인도 쉽게 경관구조를 이해할 수 있었다. 1m 해상도의 이코노스 영상에서는 도로망뿐만 아니라 하천의 유량과 하변습지의 분포를 파악할 수 있다(엄정섭, 2006).

최근 위성영상의 공간해상도가 정밀해짐으로 인해 데이터의 품질이 급격하게 향상되었다. 지금까지 광학분야에서 주로 사용되었던 5~30m의 중 · 저해상도 위성영상에서 50cm 미만의 고해

〈표 5-3〉 주요 원격탐사 위성들의 공간해상도 및 제작 가능한 지도 축척

위성	공간해상도(m)	지도 축척
GeoEye-1 GeoEye-2	0.41 (0.31, 2016년 발사예정)	1/600~1/1,200
IKONOS	1 & 4	1/1,200~1/2,400
Quick Bird	0.82 & 3.2	1/1,200~1/2,400
KOMPSAT-3	0.7	1/1,200~1/2,400
IRS	5.8 & 22	1/2,400~1/12,000
SPOT4	10 & 20	1/12,000~1/24,000
LANDSAT 5-8	30	1/24,000~1/50,000

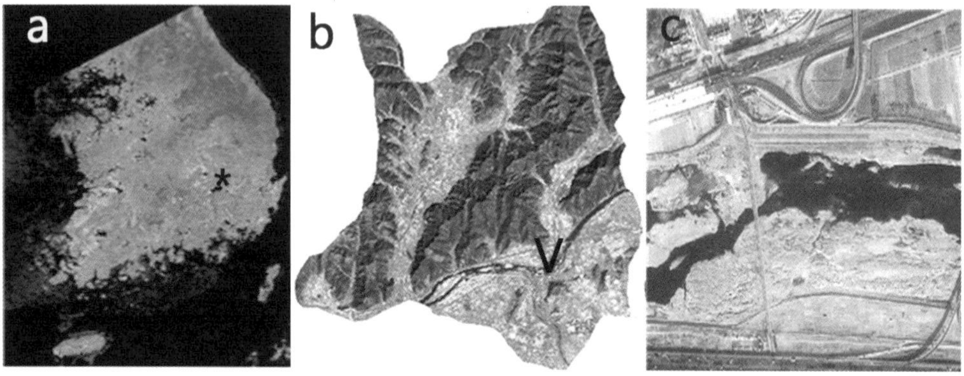

〈그림 5-3〉 공간해상도의 차이에 따라 확연하게 구분되는 정보의 수준을 보여 주는 영상
a: 남한지역의 MODIS 알베도 영상(공간해상도: 1×1km), b: 대구광역시 북구 TM 영상(공간해상도: 30×30m, 동일한 지점이 그림 a에 *로 표기되어 있음), c: 대구광역시 북구에서 신천과 금호강의 합류지점 영상 이코노스(공간해상도: 1×1m, 동일한 지점이 그림 b에 v로 표기되어 있음)

상도 위성영상이 등장함으로써 그동안 영상에 나타나지 않았던 많은 물체와 형상이 뚜렷하게 드러나게 되었다. 위성영상의 공간해상도 향상에 따라 물체의 식별 범위도 넓어졌다. 그간 위성영상 응용분야가 해양, 대기, 산림, 수자원 등 중규모 이상의 환경 위주였다. 그러나 고해상도 위성영상은 도시계획, 시설관리, 농작물 분석 등 상세한 정보가 필요한 분야로 활용 가능성이 확장되었다. 건물, 교통시설물 등 1m 이하의 고해상도에서 식별할 수 있는 도심시설물을 관측하는 일이 가능해졌다.

2) 분광해상도

(1) 개념적 기초

우리가 눈으로 식별하는 색상은 다양한 파장이 우리에게 받아들여지는 컬러에 대한 느낌이다. 430~480㎛ 사이의 파장 중에서 가장 느낌이 강력한 것은 청색이다. 노란색은 570~600㎛ 범위에 걸쳐 있으며 610㎛ 이상의 파장은 적색으로 분류된다. 이와 같이 각각의 물질이 갖는 반사특성의 정밀도를 나타내는 것으로 분광해상도(spectral resolution)라는 개념이 사용된다. 분광해상도는 한마디로 지상의 동일 부분을 얼마나 많은 관측 밴드를 이용해 (기록 가능한 전자기 스펙트럼의 파장범위) 얼마나 상세한 파장범위 내에서 촬영할 수 있느냐를 의미한다. 랜드샛-5 위성의 TM 센서는 가시광선과 적외선 영역에 걸쳐 모두 7개의 관측 밴드를 가지고 있어 4개의 관측 밴드를 가진 이코노스 고해상도 영상보다 좋은 분광해상도를 가지고 있다. 또한 파장범위의 관점에서 랜드샛 TM 센서의 밴드 1은 가시광선 파장영역 중 0.45~0.52㎛까지의 에너지를 기록 할 수 있다. 전자기 스펙트럼 내에서 wide interval을 열등한(coarse) 분광해상도라고 하고 narrow interval을 우등한(fine) 분광해상도라 한다. SPOT 단일파장 센서는 0.51~0.73㎛까지의 넓은 전자기 복사에너지 영역을 기록하기 열등한 분광해상도를 가진 것이며, 랜드샛-5 TM의 밴드 3은 0.63~0.69㎛까지의 좁은 파장범위를 기록하기 때문에 우등한 분광해상도를 가진 것이다. 또한 위성영상데이터에서 표현되는 전자파 영역은 자외선에서 마이크로파에 이르기까지 다양하다. 이러한 특성 때문에 다중채널데이터(multi-channel data), 다중밴드데이터(multi-band data), 다중분광데이터(multi-spectral data) 등으로 불린다. 원격영상은 보통 가시광선 영역과 적외선 영역 그리고 마이크로파 영역에서 얻어진 것들이다. 그 외에도 특수한 목적에 따라 여러 파장대의 자료를 취득하는 것도 가능하다.

이와 같은 물질의 분광 특성 분석은 육안으로 거의 비슷하게 보이는 물체들을 구분하는 데 더욱 유용하게 사용된다. 분광해상도에 대한 이해를 돕기 위해 일반 카메라로 촬영된 가시광선 영상과 열적외선 영상의 경우를 생각해 보자(그림 5-4). 일반 카메라는 건물 지붕의 색상이 흑색이나 백색 계통의 차이는 나타내더라도 표면온도에 대한 정보를 제공하지는 못한다. 이는 사람의 눈이 가시광선 영역의 빛에 대해서만 제한적으로 반응하기 때문에 나타나는 현상이다. 그러나 두 지붕의 표면을 열적외선 카메라로 촬영하면 열적외선 영상은 표면온도에 대해 강한 반사특성을 가지고 있기 때문에 태양에너지를 흡수하는 흑색지붕은 높은 표면온도를 보여 주고 반대의 현상을 보여주는 백색지붕은 낮은 표면온도를 보여 준다. 이처럼 각 물질의 고유한 분광 특성은 그 물질의 특

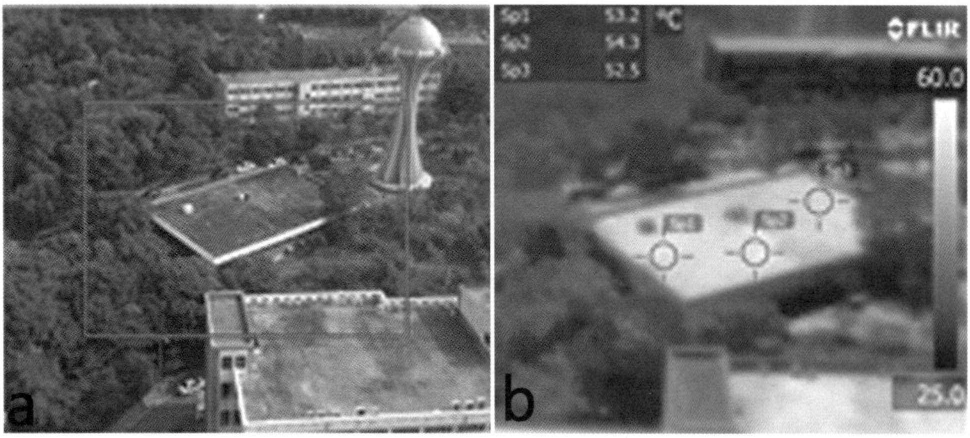

〈그림 5-4〉 분광해상도의 차이를 보여 주는 영상(류택형·엄정섭, 2013)

〈표 5-4〉 랜드샛 영상의 분광해상도

랜드샛-5	랜드샛-7	랜드샛-8
Band 1 Visible (0.45~0.52μm) 30m Band 2 Visible (0.52~0.60μm) 30m Band 3 Visible (0.63~0.69μm) 30m Band 4 Near~Infrared (0.76~0.90μm) 30m Band 5 Near~Infrared (1.5~1.75μm) 30m Band 6 Thermal (10.40~12.50μm) 120m Band 7 Mid~Infrared (2.08~2.35μm) 30m	Band 1 Visible (0.45~0.52μm) 30m Band 2 Visible (0.52~0.60μm) 30m Band 3 Visible (0.63~0.69μm) 30m Band 4 Near~Infrared (0.7~0.90μm) 30m Band 5 Near~Infrared (1.5~1.75μm) 30m Band 6 Thermal (10.40~12.50μm) 60m Low Gain / High Gain Band 7 Mid~Infrared (2.08~2.35μm) 30m Band 8 Panchromatic(PAN) (0.52~0.90μm) 15 m	Nine spectral bands, including a pan band: Band 1 Visible (0.43~0.45μm) 30m Band 2 Visible (0.450~0.51μm) 30m Band 3 Visible (0.53~0.59μm) 30m Band 4 Red (0.64~0.67μm) 30m Band 5 Near~Infrared (0.85~0.8μm) 30m Band 6 SWIR (Short Wavelength Infrared) (1.57~1.65μm) 30m Band 7 SWIR 2 (2.1~2.29μm) 30m Band 8 Panchromatic (0.50~0.68μm) 15 m Band 9 Cirus (1.36~1.38μm) 30m Thermal Infrared Sensor (TIRS) Band 10 TIRS 1 (10.6~1.19μm) 10m Band 1 TIRS 2 (1.5~12.51μm) 10m

성을 명확히 나타내기 때문에 각 파장대의 영상자료를 분석함으로써 직접 현장에 가서 확인하지 않고도 대상 물체의 특성을 추출하게 해 준다.

랜드샛-5 위성의 TM 센서에는 총 7개의 밴드가 있으며, 밴드 1~5, 밴드 7은 30m×30m의 해상도를 가지고 있다(표 5-4). 밴드 1~3은 가시광역을 나타내며, 밴드 4~5는 근적외선 영역을 나타낸다. 밴드 6은 120m×120m 해상도의 열적외선 영역의 영상을 제공한다. 랜드샛-7 위성의 ETM+ 센서(Enhanced Thematic Maper plus)에는 TM 센서의 7개 밴드를 비롯하여 15m ×15m 해상도의 전정색 밴드가 추가되었고, 밴드 6의 열적외선 밴드의 경우 120m×120m 해상도를 가진 랜드샛-5에 비해 60m×60m 해상도로 개선되었다. 랜드샛-8은 ETM+와 EO-1 ALI(advanced land imager) 센서를 발전시킨 공간해상도 30m의 다중분광영상과 15m인 전정색 영상(panchromatism, 밴드 8)을 취득하는 OLI와 100m 공간해상도를 지닌 TIS(밴드 10~11)를 탑재하고 있다. 또한 클로로필 흡수 파장대인 443nm 중심의 해안/에어로졸 관련 밴드가 추가된 것이 특징이다.

(2) 다중분광영상 및 초다분광 영상

다중분광영상(multi-spectral imagery)은 파란색, 초록색, 빨간색, 적외선 등으로 구분하여 지상을 찍은 영상을 말하며 랜드샛, SPOT, 이코노스 등의 위성에 달려 있는 관측기에서 만들어진다. 다중분광영상은 이러한 각 파장대역의 특징을 조합하여 분석하기 때문에 단일 밴드를 갖는 판크로매틱 영상보다 분석력이 우수하다. 원격탐사를 통해 파장대별로 측정된 복사값을 분광신호라 부른다. 분광신호는 물체의 절대적이고 고유한 특성을 나타내는 용어로 사용된다. 개개 위성 센서들은 전자기 복사에너지의 일부분을 탐지하고 기록하도록 설계되어 위성에 탑재된 센서에 의거하여 고유의 응용분야가 정해진다. 계절, 주변환경 등에 따라 물체마다 분광반응이 다르게 변화하는데 분광반응패턴은 이러한 변화성을 반영한 개념이다. 분광반응패턴은 공간적, 시간적으로 달라지기 때문에 원격탐사자료를 이용할 때 그 지역과 시기의 특성을 이해하는 것은 아주 중요하다. 예를 들어, 똑같은 식생이라 하더라도 병충해를 입은 식생과 건강한 식생의 분광반응패턴은 다르기 때문에 두 가지를 구분해 낼 수 있으며, 또한 같은 종류의 식생도 지역에 따라 분광 반사도의 측정값이 다를 수 있다.

고분광센서는 기존의 수동분광센서인 랜드샛과 SPOT 등의 센서가 6개 내외의 밴드를 가지는 것과는 달리 유사한 분광범위를 100개 이상의 밴드로 나누어서 좀 더 상세한 분광정보를 확보하여, 기존의 센서로는 구분이 어려웠던 지표면의 구성 물질을 구분할 수 있게 하는 것이 큰 특징이라 할 수 있다. 초다분광 영상은 지상물체에 대한 보다 세밀한 관측을 위하여 예를 들면, 초록색을 황록색에서부터 시작해서 청록색까지 10여 개의 색으로 나누듯이, 관측되는 색의 영역 전체를 100개 이상의 색으로 분해하여 관측하여 만들어진 영상이다. 고분광센서는 많은 밴드를 가지는 것과 더불어 밴드의 분광 범위가 얼마나 좁으며 얼마나 연속적으로 이어지느냐에 따라 정해지는 것이다. 고분광영상의 화소가 가지는 분광자료를 표시하면 하나의 연속적인 스펙트럼이 형성되는데 이는 분광복사계로 측정한 자료와 유사하게 나타난다. 대개의 고분광센서는 분광영역에서 10~20nm 간격으로 밴드를 가지게 된다. 고분광센서는 동일한 광량을 더 많은 밴드로 나누어야 하는 구조적인 문제로 공간해상도를 높이는 데 한계가 있다.

분광해상도의 관점에서 가시광선, 적외선을 광학원격탐사 영역이라 하고 파장 1mm~1m 범위를 마이크로웨이브 영역이라고 한다. 이 영역의 이름은 미세한 파장을 이용하는 것을 암시하나 가장 긴 마이크로웨이브는 실제로 가시광 파장보다 약 2,500,000배 더 길다. 이 영역에서 원격영상을 취득하고 해석하는 과정은 광학원격탐사와는 다른 원리에 의해 수행된다. 마이크로웨이브 영역에는 능동형(혹은 활성)과 수동형의 두 가지 원격탐사 방식이 존재한다. 능동형 혹은 활성이라는 용어는 센서가 영상을 취득하기 위해 다른 물체(예를 들어, 태양)의 에너지를 이용하는 것이 아니라, 센서 자신이 에너지를 발사하여 필요한 정보를 취득하는 것이다. 따라서 기상에 관계없이 필요한 지상 정보를 취득할 수 있다. 군대에서 항공기 등 적의 동태를 기상과 관계없이 상시 감시하기 위해 활용되는 레이더(RADAR: radio detection and ranging)가 마이크로웨이브를 이용하고 있다. 레이더 데이터와 가시광선/적외선 데이터의 특성을 조합했을 경우 좀 더 완벽한 지표면의 영상을 얻을 수 있다.

3) 주기해상도

센서 시스템의 주기해상도(temporal resolution)는 주어진 센서가 특정 지역의 영상을 얼마나 자주 취득하는가를 말한다. 센서가 원격탐사 데이터를 확보할 수 있는 주기를 의미하는 것으로 인공위성은 지구를 일정궤도로 순환하기 때문에 위성이 동일 지역을 다시 촬영하기까지는 일정 주기가 정해져 있다. 자동차는 차도로 달리고 차도는 1차선, 2차선, 3차선과 같이 차선을 따라 운행해야 하는 것처럼 위성도 하늘에서 궤도를 따라 돌게 되어 있다. 보다 잦은 갱신주기를 갖는 영상데이터일수록 활용성이 큰 영상데이터라 할 수 있다. 영상데이터에서 이러한 정보의 갱신에 해당하는 요소가 촬영주기이다. 예를 들면, 공간해상도 30m인 랜드샛-8은 지구 상의 같은 지역을 촬

〈표 5-5〉 주요 원격탐사 위성들의 주기해상도

위성 센서	주기해상도(일)
Landsat-8	16
GeoEye-1	10
IKONOS	1~3
Quick Bird	1~4
IRS	3(with steering) 25
SPOT	26

영하기 위해 다시 돌아오는 데 16일이 걸리며, 공간해상도 20m인 SPOT은 26일이 걸린다. 결국 랜드샛 위성은 지표 상의 동일한 지점을 오전 시간에 연중 약 20번 이상 지나가는 것이다. 공간해상도와 주기해상도는 반비례하는 경향이 있다는 것이 일반적인 이론이다. 데이터의 취득 주기가 짧으면 저장 공간 등 복잡한 취득 과정이 개입되므로 세부적인 공간해상도를 확보하는 데 한계가 있기 때문이다. 그러나 최근에는 광학기술이나 저장공간에 관련된 기술이 급속도로 발전하여 전통적인 이론이 무의미할 정도로 고해상도 영상의 주기해상도가 짧다(표 5-5).

위성영상에 의한 경관변화 추세평가는 현지조사에 비해 세부적인 자료를 얻을 수 없다는 단점이 있으나 넓은 지역에 대한 자료의 수집이 가능하고 동일지역에 대한 과거의 현황을 평가할 수 있다. 1985년 10월과 2014년 9월에 촬영된 대구광역시 달서구 일대의 랜드샛 TM과 OLI 영상이 〈그림 5-5〉에 제시되어 있다. 대구 성서지방 산업단지가 위치하고 있는 달서구는 면적 62.27km^2, 인구 55만 2,170명(1999)으로 대구의 7개 구 가운데 가장 늦게 설치된 구이다. 본래 이 지역은 북쪽의 와룡산(해발 295m)을 중심으로 남쪽으로 부채꼴 모양으로 펼쳐진 선상지 지형(곡저평야) 및 낙동강의 범람에 의해 만들어진 배후습지였다(표 5-6). 와룡산은 산세가 용이 엎드려 있는 모양이라 해서 붙여진 이름으로 말발굽 모양의 능선을 이루고 있다. 그리하여 형태상 푹 파여 있는 방천리 일대의 계곡이 1985년 영상(그림 5-5A-a)에는 성서지역에서 유일한 녹지공간으로 '도심의 허파' 구실을 하고 있던 자연상태로 나타나고 있다. 2014년 영상에는 방천리 일대의 계곡이 대구시의 위생 매립장으로 활용된 슬픈 역사의 흔적이 나타나고 있다(그림 5-5B-a). 낙동강의 범람에 의해 만들어진 배후습지에는 성서지방 산업단지가 자리 잡고 있다(그림 5-5B-b). 대구 성서지방 산업단지의 조성 기간을 보면, 1·2차 단지는 1984~1992년, 3차 단지는 1994~2000년이어서 〈그림 5-5A-b〉가 공단 조성 이전의 현지 여건을 그대로 보여 주고 있다. 현재 아파트 단지로 조성된 북쪽(그림 5-5B-c)은 1985년도에 선상지 지형이 자연상태로 보전되고 있는 모습이 관찰 된다(그림 5-5A-c).

위와 같이 지상의 외형은 장기간에 걸쳐 다르게 나타나기 때문에 서로 다른 시기의 영상을 이용하면 영상해석 과정이 향상되기도 한다. 급변하는 기상현상이나, 동식물 등의 생물체를 조사하고자 할 때에는 적절한 시간 간격으로 영상자료를 판독하여 원하는 정보를 얻게 될 것이다. 농작물은 지형이나 기후에 따라 특유한 경작주기를 가지고 있다. 다시기 영상 분석은 시간에 따른 변수

〈표 5-6〉 위성영상에 나타난 대구시 달서구의 변화 추세

	1985년	2014년
a	와룡산의 산림녹지	위생 매립지 건설 후
b	낙동강의 배후습지	성서지방 산업단지(공업지역)
c	선상지의 자연상태	아파트 단지(주거지역)

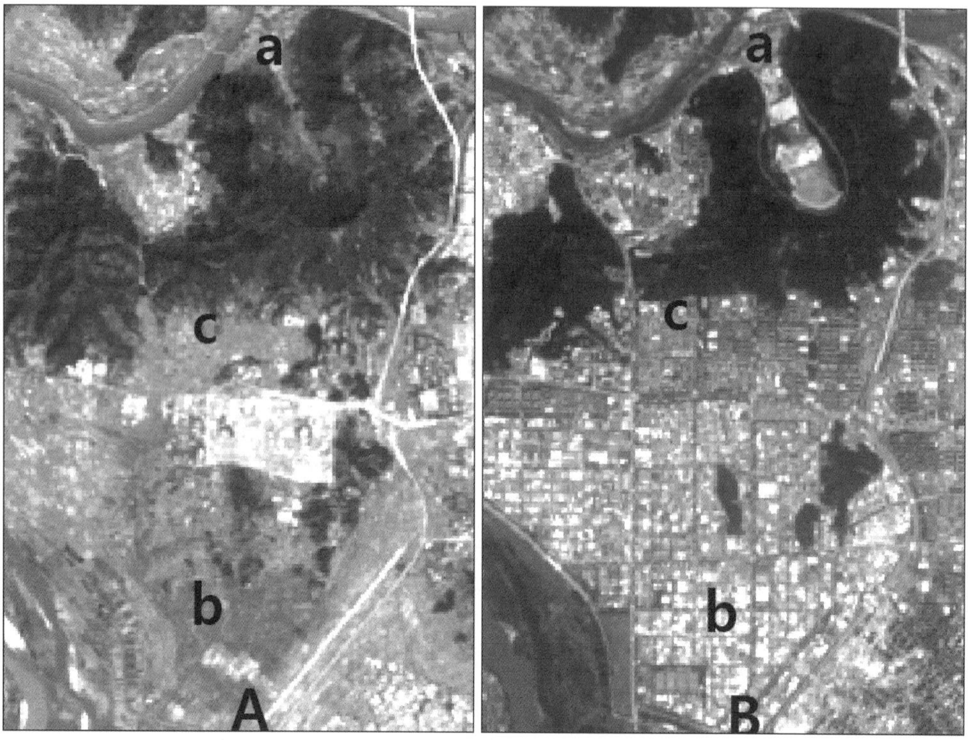

〈그림 5-5〉 위성영상에 나타난 대구시 달서구의 변화 추세(A: 1985년 10월, 랜드샛-5 밴드 3, B: 2014년 9월, 랜드샛-8 밴드 4)

들의 변화에 관한 정보를 제공하여 준다. 이러한 변화에 대한 정보를 파악하면 작물의 발육에 영향을 주는 원인을 추적할 수도 있다. 작물의 성장기간 중 서로 다른 분광 및 공간적인 변화는 단일영상(특정일의 한 개 영상)에서는 구분이 불가능할지도 모르지만, 여러 날짜의 영상을 통해 식별이 가능하다.

4) 복사해상도

원격탐사 자료는 지표면으로부터 반사되는 전자파를 센서로 감지해서 기록한 것이다. 영상자

료는 센서의 특성에 따라 다양한 그레이 스케일 레벨로 분리된다. 센서가 지표로부터 반사되거나 복사되는 전자파를 기록할 때 신호강도의 차이를 구별하기 위한 감지기의 감도를 복사해상도라고 한다. 이는 센서에 수집되는 빛의 강도를 정밀하게 저장하는 능력을 의미한다. 보통의 센서들은 6~8bit의 그레이 스케일을 갖는데 건물 등의 그림자 안쪽을 판독하기 위해서는 10bit 이상의 그레이 스케일이 필요한 것으로 알려져 있다. 랜드샛-7은 8bit, IRS는 6bit, 이코노스는 11bit의 복사해상도를 가지고 있다.

특정 스펙트럼의 파장범위가 좁을수록 전자파의 미세한 변화를 감지할 수 있어 복사해상도가 증가한다. 특정 스펙트럼의 파장에서 센서로 대상물에서 반사 또는 복사되는 전자파의 물리량을 세분하여 기록할 수 있는 능력이 증가되기 때문이다. 이는 미세한 파장의 간격을 결정하는 센서의 성능이라고 말할 수 있다. 일단 지표면에 반사된 태양 광선이 원격 센서로 들어오면, 이 광선은 센서 내부의 전기 소자에 감지되어 그 에너지 세기, 즉 빛의 밝기가 그대로 기록되어 영상으로 구성된다. 다시 말해서 하나의 전기 소자에 의해 감지된 빛의 밝기가 저장될 수 있는 범위가 복사해상도이다. 이는 개개 밴드 내의 데이터 값이 가지는 범위를 말한다. 예를 들면, 8bit 데이터에서 데이터 값의 범위는 0~255이며 7bit 데이터에서는 0~128이다.

랜드샛-8 위성의 공간해상도는 30m로 ALI와 ETM+와 동일하지만, 12bit의 복사해상도는 전 세대 센서인 ETM+의 8bit보다 개선되어 더 정밀한 복사에너지 값을 기록할 수 있다. 〈그림 5-6a〉가 보여 주는 바와 같이 8bit 영상자료의 경우 특정한 파장에 대해 화소는 검은색을 0, 흰색을 256으로 정의하고, 그 사이의 숫자로 그 화소의 밝기 정도를 나타낸다. 랜드샛-8 OLI 센서는 12bit의 복사해상도를 가지지만 8bit였던 이전의 랜드샛 영상과 비교 차원에서 1레벨 데이터에서는 16bit로 변환되어 배포되므로 최댓값은 65,536(256×256)이다. 〈그림 5-6b〉에서 영상의 최댓값이 24,969로 나타나는 것은 이 영상이 16bit로 변환된 복사해상도를 가지고 있다는 것을 의미한다. 아날로그 영상을 스캐닝하여 사용할 경우 영상의 그레이 레벨을 사용자가 지정할 수 있으나 이러한 과정에서 복사해상도가 결정되는 것은 아니다. 마찬가지로 랜드샛-8 OLI 센서로 촬영된 영

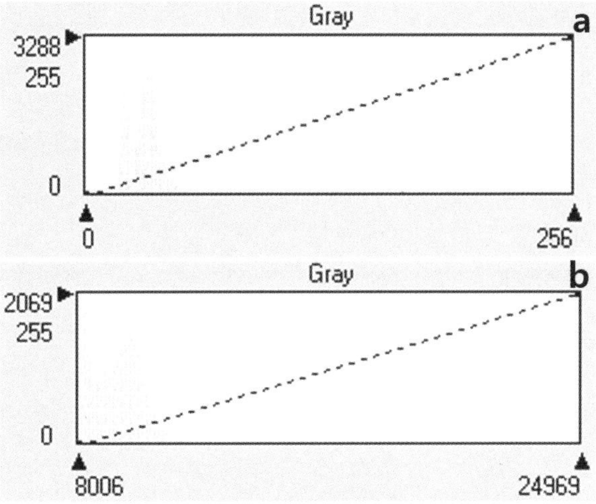

〈그림 5-6〉 대구시 달서구 위성영상(그림 5-5) 히스토그램
(a: 1985년 10월, 랜드샛-5 밴드 3, b: 2014년 9월, 랜드샛-8 밴드 4)

상의 복사해상도는 12bit, 즉 센서의 능력에 따라 결정되며 나중에 소프트웨어를 이용하여 변환된 16bit 영상은 복사해상도가 개선된 영상이 아니다. 영상데이터의 복사해상도는 영상이 갖는 분광해상도에 따라 영향을 받는다. 8bit의 복사해상도는 단일파장을 사용할 경우 최대 256(0~255) 가지의 정보 제공이 가능하다. 반면 세 개의 파장을 사용하여 컬러영상을 사용할 경우 256×256×256=16,777,216에 해당하는 엄청난 정보의 분류가 가능하다.

복사해상도가 구분 가능한 신호 정도를 나타내는 수로 정의되므로 공간객체의 구분에서 중요한 요소가 된다. 각 파장대별로 감지된 정보의 정도 혹은 양을 표현할 때 6bit(64레벨), 8bit(256레벨), 10bit(1024레벨)가 주로 이용된다. 결국 복사해상도가 높을수록 지상물체의 특성을 판별할 수 있는 정도가 높아지는 것이다. 컴퓨터 모니터에서 표현되는 컬러의 세분범위를 32bit라고 지정하는 것이나 256컬러(즉 8bit)로 지정하는 것이 복사해상도와 유사한 개념을 적용시키는 과정이라고 할 수 있다. 4bit의 경우에는 모니터의 색조를 16가지로 세분하여 디스플레이할 수 있으나 8bit의 경우는 256에 해당되는 다양한 단계의 디스플레이가 가능하다.

원격탐사에서 지표면의 물체로부터 출력신호(응답량)와 이외의 요인에 의해서 생기는 출력신호와의 비를 신호대잡음비(S/N ratio)라고 한다. 신호대잡음비가 높을수록 복사해상도가 좋은 영상이다. 전화기, 카메라, 라디오, 텔레비전 등 각종 전자기기에서도 동일한 용어를 사용하고 있으며 이는 정보기기의 가장 중요한 성능 지표 중의 하나이다. 대기 조건은 센서에 입사하는 태양 광선의 세기를 약화시킴으로써 결과적으로 신호대잡음비에 영향을 주게 된다. 일반적으로 노이즈에는 측정 센서의 전자적 노이즈에 의한 것과 전자파와 대기와의 상호작용에 노이즈가 있는데, 결국 이들이 혼합된 노이즈가 센서가 지표로부터 반사되거나 복사되는 전자파를 세밀하게 기록하는 능력인 복사해상도에 영향을 주게 된다. 항공사진이나 항공 비디오의 경우 센서와 지상물체와의 거리가 위성 센서에 비해 훨씬 더 가깝고, 근접 촬영이 가능하기 때문에 대기에 의한 영향을 덜 받는다고 할 수 있다. ETM+와 ALI 센서의 다음 세대인 랜드샛-8의 OLI(operational land Image)는 감지기가 선형으로 배열된 푸시브룸 방식(pushbroom 또는 along-track) 센서로, 긴 인터그레이션 시간으로 높은 SNR(~130:1)의 자료를 취득할 수 있다.

5.2 영상의 전처리

원격탐사 영상은 자료의 수집 과정에서 여러 가지 요인에 의해 자료의 훼손, 왜곡 등이 발생하게 된다. 이러한 왜곡은 판독과정에서 여러 가지 오차 요인으로 작용하기 때문에 사전에 반드시 보정을 통한 자료의 수정 작업이 필요하며, 이러한 보정 과정을 영상자료의 전처리과정이라고 한다. 일반적으로 전처리의 대상이 되는 내용에는 여러 가지 것들이 있으나 자료의 기하학적 휘어짐, 대기효과, 센서의 기능 저하 등이 가장 중요한 요소로 나타난다. 영상보정의 대상이 되는 왜곡에는 내부적 왜곡과 외부적 왜곡이 있다. 내부적 왜곡은 센서 자체에서 발생하는 것을 의미하고 규칙적이기 때문에 예측이 가능하므로 인공위성 발사 전후의 측정값에 의하여 보정을 한다. 외부적 왜곡에 대한 보정은 기하학적 및 복사학적 오차의 모든 원인을 분석한 후, 이를 사용하여 왜곡된 영상을 원래의 상태로 변환시키는 역변환 체계를 구하여 왜곡을 보정하는 방법이다. 영상의 전처리보다 선행되어야 할 작업이 영상을 모니터에서 인간의 시각으로 인지할 수 있어야 하는 바, 영상 디스플레이에 대한 이론을 먼저 살펴보고자 한다.

5.2.1 밴드의 색조합

랜드샛-5 TM 센서는 밴드 1·2·3에 대해 각각 청색, 녹색, 적색의 관측 파장대 영역을 가지고 있기 때문에 3가지 밴드 영상에 각각의 관측 파장대와 일치하도록 색상을 부여한 뒤 컬러 합성을 수행한다면 마치 인간의 눈에 보이는 것과 거의 유사한 색상 배합을 갖는 컬러 영상을 만들어 낼 수 있을 것이다. 이를 트루컬러(true color) 디스플레이라고 한다. 트루컬러 디스플레이는 의사컬러(pseudo-color) 디스플레이로 하는 것보다 훨씬 더 사실적이고 흥미를 주는 영상을 보여 줄 수 있지만, 사용자가 지상객체를 식별하기 위해 객체에 주안점을 둔 색을 부여하지 못하는 한계가 있다. 실제 지상물체의 자연색상과 다르게 보이도록 영상의 개별 채널을 결합한 영상을 밴드의 색조합(FCC: false color composites)이라고 한다. 이와 같은 컬러 합성 방법은 다중분광영상의 개별 밴드에 어떤 색상을 부여하느냐에 따라 여러 가지 종류의 색상 조합을 만들어 낼 수 있기 때문에 사용자의 작업 목적에 가장 적절한 색상 조합을 찾아내는 것이 영상자료의 정확한 육안 분석을 위해서 매우 중요하다. 적외선 영상을 적색으로 디스플레이하여 식생에 대한 정보가 두드러지도록 하는 것이 대표적인 밴드의 색조합 디스플레이 방식이다. 랜드샛-8호 위성데이터는 바다의 영

〈표 5-7〉 랜드샛 영상의 디스플레이 밴드 결합방식

	랜드샛-5·7	랜드샛-8
color infrared	4,3,2	5,4,3
natural color	3,2,1	4,3,2
false color	5,4,3	6,5,4
false color	7,5,3	7,6,4
false color	7,4,2	7,5,3

향을 받는 해안보다 정밀한 조사와 대기 중 에어로졸 농도 추정을 위하여 연안/에어로졸 밴드 1이 추가되었다. 이에 따라 기존 랜드샛-5·7호와 밴드의 색조합에서 밴드 구성이 다르다(표 5-7).

5.2.2 기하보정

영상에서 기하학적 휘어짐은 영상 내 공간객체의 상대적인 위치 변동을 의미하며, 이렇게 휘어진 영상을 평면 위에 존재하는 수치지도와 중첩시키기 위해서는 영상에 나타나는 객체의 위치를 수치지도와 같은 크기와 투영 값을 갖도록 변환해 주는 과정이 반드시 필요하다. 이러한 기하학적 왜곡의 오차를 보정하는 방법에는 크게 시스템 보정과 지상기준점(GCP: ground control point) 보정의 두 가지가 많이 사용되고 있다. 시스템 보정은 영상이 공급되기 전에 왜곡을 일으키는 변수에 대한 모델링 과정을 통해 수정된다. 원격 센서의 자세 불안과 영상 특성의 변조에 의해 발생되는 기하학적 왜곡은 가변적이기 때문에 예측이 불가능하다. 이 왜곡은 지상기준점을 이용하여 보정한다. 기하보정 과정에서는 위성영상과 실제 지상에서 서로 동일한 지점이라고 확인될 수 있는 지점을 선정하여 지형지물의 상호 위치관계를 파악하게 되는데, 이를 지상기준점이라 한다. 기하보정 과정을 거쳐야만 우리가 지도를 통해 흔히 보는 형태의 안정된 영상을 얻어 낼 수 있다. 기하보정은 모든 원격탐사 영상 분석의 기초가 되는 매우 중요한 전처리과정이다.

지상기준점 보정에는 두 가지 방법이 있다. 영상 대 영상 보정방법과 영상 대 지도 보정방법이다. 두 방법은 모두 기준이 되는 영상이나 지도와 보정을 하는 영상에서 지상기준점을 설정한 후, 이 지상기준점에 해당하는 기준좌표와 보정 영상좌표와의 관계를 수학적으로 계산하여 보정하는 영상의 좌표결정 방법이다. 그러나 영상 대 영상 보정방법은 기하학적 왜곡들이 영상에 그대로 옮겨진다는 점에서 많이 쓰이지 않고 영상을 지도에 맞추어 보정하는 방법을 많이 쓴다.

1) 기하보정 절차

영상의 좌표는 흔히 왼쪽 위를 기준으로 행(가로), 열(세로)에 의거 표시하거나 픽셀이나 라인으로 나타낸다(시스템 좌표). 지도에는 다양한 좌표계가 있는데 경위도나 TM 등이 이러한 좌표계의 한 예이다. 기하학적 교정은 영상의 취득 과정에 내재하는 기하학적 왜곡을 바로잡아 영상의 시스템 좌표를 지상좌표계(TM 등)와 일치시키는 과정이다. 지상기준점을 이용해서 보정할 경우 절차를 살펴보면 보정방법의 결정, 지형도상의 지상기준점 선정, 영상으로부터 지상기준점의 좌표 추출, 영상좌표와 지도좌표의 대조, 변환식의 선정, 보정식의 타당성 검증, 재배열의 순서로 보정을 한다.

① 보정방법의 결정: 영상에 포함되어 있는 왜곡의 특성이나 보정에 이용 가능한 자료를 고려하여 보정방법을 결정한다.

② 지상기준점 선정 및 좌표 추출: 지도와 영상에서 모두 잘 보이는 기준점을 요구되는 최소한의 수만큼 결정하고 지도 좌표와 영상 좌표를 취득한다.

③ 영상좌표와 지도좌표의 대조: 상수를 변환식에 대입하고 모든 화소 좌표를 입력하여 해당되는 (X, Y) 지도 좌표를 구한다.

④ 보정식의 결정: 영상의 시스템 좌표와 지도좌표의 변환식 등의 구조를 정하고, 기준점 좌표를 활용하여 보정식의 파라미터를 구한다.

⑤ 보정식의 타당성 검증: 기하학적 왜곡이 충분히 보정되었는지 여부를 검토하여 보정식의 타당성을 검토한다. 왜곡이 보정되지 않을 경우에는 새로운 보정식을 산출하거나 보정에 이용된 자료를 다시 점검하여야 한다.

⑥ 재배열: 기하보정 후 원래 영상의 배열에 대응하도록 채택된 보정식에 의거하여 영상의 화소값을 부여한다. 재배열에서 계산된 대응 위치의 화소 값은 주위의 화소 값을 고려하여 내삽보간으로 구한다.

지상기준점 보정의 가장 큰 단점 중 하나는 지상기준점 부근에서는 상당히 높은 정밀도로 기하학적 보정이 가능하지만, 지상기준점으로부터 거리가 멀어질수록 그 정밀도가 점점 떨어진다는 점이다. 따라서 좁은 지역에 대해 집중적으로 지상기준점을 확보하여 기하보정을 하는 것이 이상적이다. 그러나 좁은 지역에서는 적절한 지상기준점을 찾는 것이 어려워 대부분의 경우 원래 연구지역보다 넓은 지역을 먼저 추출하여 기하보정 과정에서만 사용한다. 그러나 범위가 넓은 지역에 대해서는 그만큼 더 많은 지상기준점이 필요하게 되어 기하보정을 수행하기가 쉽지 않고, 좁은 범위의 지역에 비해 그 결과의 정확도도 떨어지게 되므로 적절한 규모의 지역을 추출하는 것이 실제 원격탐사 프로젝트 전반에서 가장 중요하다. 따라서 일단 기하보정된 넓은 지역의 영상으로부터 원하는 지역이 포함되는 작은 부분 영상을 추출하는 것이 관행으로 정착되어 있다.

2) 지상기준점 선정

지상기준점은 영상과 지도에서 분명하게 식별이 가능하여 영상좌표와 지도좌표를 쉽고 정확하게 얻을 수 있어야 한다. 지상기준점은 영상의 표정 및 정사보정 결과에 직접적인 영향을 미치므로 신중하게 선택하여야 한다. 한 화소 이내의 정확도로 위치정보를 취득할 수 있도록 영상을 확대하여 작업을 수행해야 한다. 일단 선정된 기준점은 작업자가 그 위치를 식별할 수 있도록 반드시 지점마다 좌표를 별도의 기록으로 보관하여 한다. 이 자료에는 지상기준점 번호, 절대 좌표(TM 좌표 : X, Y, Z), 사용된 영상의 메타데이터가 명시되어야 한다.

지상기준점은 일반적으로 영상에서 쉽게 찾을 수 있고 지도 및 영상에서 정확한 좌표를 알 수 있는 점으로 X, Y좌표 쌍으로 구성되어 있다. 지상기준점의 선정에서 가장 중요한 점은 무엇보다도 그 점이 기준점으로써의 자격을 갖는가 하는 것이다. 지상기준점은 촬영시기(계절)의 변화와 상관없이 영상의 위치를 명확하게 파악할 수 있고 주변과의 대조가 큰 지점을 선정해야 한다. 증·개축중 인 지점, 만조와 간조에 영향을 받는 해안선이나 섬 등은 제외시켜야 한다. 도로 교차점, 교량, 제방의 끝, 인공구조물, 탑, 공항의 활주로, 건물의 모퉁이, 수륙 경계선상의 굴곡점, 댐, 저수지, 호수 등의 방파제, 따로 떨어져 있는 건물 등이 자주 지상기준점으로 사용되는 공간객체의 실례이다. 일단 지상기준점은 충분한 수량을 선정하되, 오차의 정도를 확인하여 과대오차를 발생시키는 지상기준점은 제거하게 된다. 영상의 해상도에 따라 지상기준점의 대상이 될 수 있는 공간객체가 아래와 같이 다르게 나타난다. 공간해상도 30m는 중·저해상도로 도로의 교차점, 하천의 굴곡지점, 댐의 좌우 코너 등을 공간객체로 하며, 공간해상도 1m는 고해상도로 소도로의 교차점, 각종 건물의 코너, 묘소 중앙 등을 공간객체로 한다.

또한 선정되는 지상기준점의 배치 상태도 중요하기 때문에 영상의 전반에 걸쳐 지상기준점들이 골고루 분포되어 영상을 보정할 수 있도록 영상의 가장자리에도 이들을 분포시키는 것이 일반적인 규칙이다. 만약 지상기준점이 전 지역에 걸쳐 골고루 분포하지 않는다면 지상기준점이 없거나 적은 지역에서는 오히려 변환 전보다 왜곡이 더 크게 나타날 가능성도 배제할 수 없다. 지상기준점은 영상 전체에 균등하게 분포하는 것과 더불어 다양한 공간객체별로 선정하여야 한다. 평지나 산지 등 다양한 고도와 지형지물에 대해 선정함으로써 최적의 기하보정을 수행할 수 있다.

특히 영상을 모자이크할 경우 중복되는 부분의 지상기준점은 영상 상호 간 인접한 지점의 위치 정확도에 중요한 영향을 미치므로 그 분포 및 기준점의 상태에 대하여 주의를 기울여야 한다. 지상기준점을 구할 때 지형도를 이용하는 방법이 가장 간편하고 일반적인 방법이다. 가급적 대축척 지도를 이용하는 것이 보정 정밀도를 높일 수 있는 방법이나 소축척 영상이나 지도를 참조할 수밖에 없는 경우에는 도시나 지질학적 특징을 이용하는 것이 좋다. 마찬가지로 영상을 취득한 센서의 해상력을 감안하는 것도 잊어서는 안 될 요소이다. 정밀도가 높은 지형도가 제작되지 않은 지역에서는 지도에서 지상기준점을 추출할 수 없어 별도로 현지 측량이 필요하게 된다. 이전에는 삼각점과 수준점을 기준으로 지상측량을 할 수밖에 없었으나 지금은 GPS로 지상좌표를 손쉽게 취득하여 지상기준점의 신뢰성을 높일 수 있게 되었다.

3) 좌표 변환식의 정확도 검증

지상기준점에 해당하는 영상좌표와 지도좌표가 얻어진 후에는 좌표 변환식의 계수를 구할 수 있고 좌표 변환식을 산출할 수 있다. 좌표 변환식의 정확도는 제곱근오차(RMSE: root mean square error)를 이용하여 점검한다(그림 5-7). 말하자면 각 지상기준점이 가졌던 원래의 좌푯값과 변환 후에 갖게 되는 좌푯값과의 차이를 확인하는 절차이다. 제곱근오차는 지도에서의 지상기준점과 좌표 변환된 영상의 지상기준점은 정확히 일치될 수 없는 바, 이 차이를 잔차라 부르며(그림 5-7d), 이때 거리차를 제곱근오차라 한다. 이와 같은 오차는 다수의 기준점을 하나의 변환식에 의해 변경하기 때문에 불가피하게 나타나는 것이다. 직사각형을 직사각형으로 변경할 경우는 제

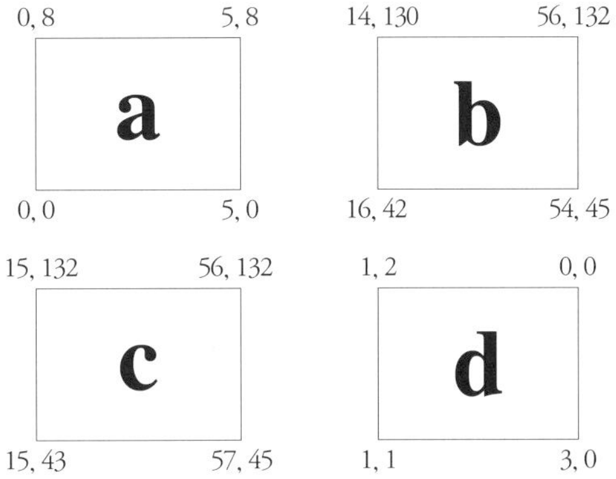

〈그림 5-7〉 a: 좌표 변환 대상 영상, b: 지상기준점 영상 c: 기하보정된 영상좌표, d: 기하보정 과정에서 발생된 오차

곱근오차가 0이 된다(엄정섭, 2010). 좌표 변환식과 제곱오차는 다음과 같이 구한다.

좌표 변환식 x′(56)=5x+ 8y+c, 제곱근오차=1+2+1+1+3/4

$$RMSE=\sqrt{\frac{\sum(x_i-t)}{n}}$$

x_i는 변환하기 위해 지적한 지점, t는 실제 변환된 지점, n은 오차 평가 지점의 수이다.

잔차 또는 오차(residuals)라는 것은 한 축으로 원본(source)과 변환된 좌표 사이의 거리이다. 각각의 지상기준점에 대하여 잔차가 나타난다. X 잔차라는 것은 원본의 X축과 변환된 X축 사이의 거리이고 Y잔차라는 것은 원본의 Y축과 재변환된 Y축 사이의 거리이다. 각각의 점에 대한 제곱근오차는 지상기준점을 평가하는 데 도움을 준다. 제곱근오차는 원본 좌표시스템에서 거리로 표현되며, 거리 방정식으로 계산된다. 만약 데이터파일 좌표가 원본 좌표라면, 제곱근오차는 픽셀 너비에 의거한 거리이다. 예를 들어, 2pixel 제곱근오차라는 것은 픽셀 오차가 재변환된 픽셀로부터 2 만큼 떨어져 있다는 것이다.

제곱근오차는 선택된 각 지점에서 변이를 자승하여 합친 값을 선택된 지점들의 개수로 나눈 후 평방근 값을 취한 것이다. 기하보정 과정에서는 각 지상기준점들의 오차를 점검하여 전체평균 제곱근오차를 크게 하는 데 기여하는 지상기준점을 제거해 나가면서 변환식을 수정하게 된다. 제곱근오차의 허용범위는 이미지가 커버하는 면적, 영상의 종류, 지상기준점의 정확도, 프로젝트의 목적 등 다양한 변수에 의해 결정된다. 지도 제작 시 대상지역의 크기, 지도의 이용 목적 등에 따라서 축척을 다르게 결정하고 이에 따라 소축척, 중축척 및 대축척으로 나누어 정확도를 표기하는 것과 마찬가지의 원칙이 적용된다. 예를 들면, 위치정확도가 10m인 GPS로부터 입수한 지상기준점은 반드시 약 10m의 정확도를 가져야 한다. 제곱근오차는 픽셀로 제시되기 때문에 영상의 공간해상도에 의거하여 오차를 해석하여야 한다. 랜드샛 TM 데이터를 기하보정하여 30m 이내의 정확도를 가지게 보정하고 싶다면 제곱근오차는 1개의 화소 값의 범위를 넘지 않아야 한다(엄정섭, 2004).

4) 영상 재배열

영상 재배열 과정은 기하보정된 새로운 영상에 있는 각각의 화소에 새로운 영상의 DN(digital number) 혹은 명도를 결정하는 과정을 말한다. 좌표 변환식에 의하여 산출되는 영상좌표가 원래의 영상좌표와 반드시 대응되지 않고 변환된 화소의 영상과 변환 전 영상의 화소가 일대일 대응되지 않기 때문에 정확하게 어느 화소 값을 읽어서 옮겨야 하는 문제가 생기게 된다. 즉 재배열이란 원래 영상과 좌표 변환된 영상을 겹쳤을 때 변환된 새로운 영상에 새로운 픽셀값을 부여하는 과정을 말한다. 근본적으로 이 과정은 영상의 구성 요소인 픽셀이 정사각형 격자로 구성되기 때문에 필요한 절차이다. 지도좌표의 영상좌표가 정확히 영상의 화소 중심을 가리키지 않으므로 출력 격자의 화소 값 결정을 위해 내삽법이 사용된다. 기하보정 과정에서 원래 영상의 정사각형 격자는 휘어져서 원래의 형상을 유지할 수 없기 때문에 변환된 영상의 격자인 픽셀에 화소 값을 다시 부여하는 것이다. 이를 화소의 재배열이라 하고 최근접내삽법, 선형내삽법, 3차내삽법 등을 이용한다. 〈그림 5-8〉은 재배열되는 단계를 도식화한 것이다.

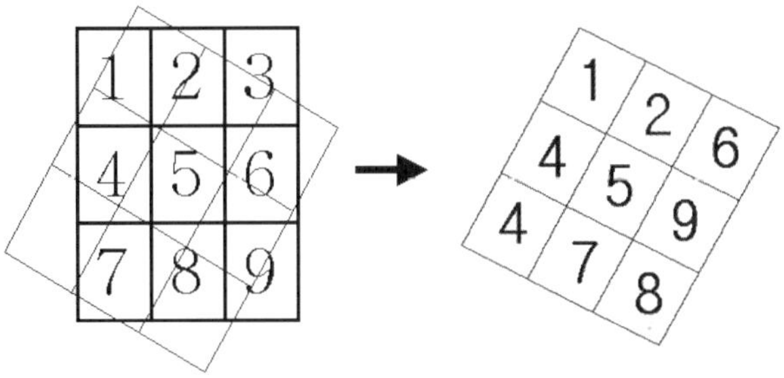

〈그림 5-8〉 재배열 과정에서 화소 값의 변화 과정 · 정사각형 영상은 기하보정 전의 영상, 마름모 영상은 기하보정 후의 영상이다.

최근접내삽법은 원래 영상과 좌표 변환된 영상을 겹쳤을 때 가장 가까운 픽셀의 값을 좌표 변환된 영상의 픽셀값으로 정하는 방법으로 속도가 가장 빠르고 원영상의 픽셀값이 그대로 유지되므로 재배열된 영상을 분류 과정에 사용할 수 있다. 그러나 좌표 변환된 영상을 보면 내삽한 결과가 한 화소 정도 어긋나 있어 내삽 후의 영상이 부드럽게 보이지 않고 거칠어 보인다.

선형내삽법은 변환된 영상화소 주변 4개의 화소 값에 대해 거리에 반비례하게 각각의 값에 가중치를 달리하여 평균한 값으로 전체적으로 부드러운 영상을 얻을 수 있는 반면에, 주변의 화소 값과 산술평균된 값을 취하기 때문에 대조가 약화된다. 원래 영상의 화소 값을 잃어버리기 때문에 분류 작업에 사용하기 곤란하다. 이러한 단점을 보완하기 위해 먼저 분류해 놓고 후에 재배열하게 된다. 결과적으로 출력 이미지가 매끄러워지고 최근접내삽법에서 일어날 수 있었던 화소 간 부조화(stair-stepped effect)가 줄어든다.

3차내삽법은 주변 16개의 화소 값에 가중치를 주어 평균한 값으로 보정된 영상이 선형내삽법보다 더 부드러워 수치 표고 자료의 보정에 많이 사용된다. 장점으로는 최근접내삽법처럼 영상이 거칠어 보이지 않고, 선형내삽법처럼 경계가 무뎌 보이지도 않는다. 즉 이 두 가지 방법의 단점을 해결한 방법이다. 가장 선명한 출력영상을 취득하고 원래의 밝기 값 변화에 따른 영상분류오차의 가능성이 적지만 계산 소요시간이 증가한다. 3차내삽법은 부드러운 영상을 만들어 내므로 재배열 결과가 육안판독에 사용될 경우 적당하다. 그러나 원래 영상의 화소 값을 변화시키므로 재배열한 결과가 영상분류에 사용될 경우에는 권장할만한 방법이 아니다.

보통 대상 영상의 밝기 특성 분석이나 영상 분류를 하는 경우에는 원래의 DN값에 적은 영향을 미치는 최근접내삽법을, 시각적 분석을 위한 자료 또는 고도 자료나 온도 자료 등과 같이 국부적인 영역에서 화소 값의 연속성이 중요한 경우는 3차내삽법을 사용한다.

5.2.3 복사강조

1) 이론적 배경

인공위성에서 취득된 영상은 사용자에게 배포되기 전에 영상의 품질을 보증하기 위해 반드시 복사 검정과 보정 작업을 수행해야 한다. 지표면에서 반사된 태양복사에너지는 대기를 거쳐 위성 센서에 감지되며, 센서에 기록된 복사에너지 값과 화소 값 사이에는 일반적으로 선형 관계가 성립되는데, 절대복사보정을 통해 이 관계를 밝힐 수 있다. 원격영상자료는 태양의 입사각, 계절, 대기에 의한 투과·반사·흡수, 인공위성의 위치 등에 따라 그 밝기 값이 변화하기 때문에 동일 지역을 서로 다른 조건에서 촬영할 경우 영상의 분석 결과에 차이가 생기게 된다. 따라서 영상자료로부터 지표면 특성 정보를 추출하기 위해서는 대기 성분에 의한 태양광의 산란과 흡수로 인한 왜곡을 보정하는 것이 필요하다.

원격탐사 자료의 분광측정치와 야외에서 측정한 분광 반응 값을 비교하고 대기의 영향을 고려하여 보정하는 것이 원칙이다. 대기산란이 있었으면 밝기 값을 더해 주고, 대기흡수가 있었으면 밝기 값을 감해 주어야 한다. 대기효과를 정확히 보정하기 위해서는 산란과 흡수에 관한 모델링이 필요하다. 위성영상은 센서에서 감지하는 지표물의 반사 신호를 바탕으로 기록되므로 센서와 광원의 위치와 목표물 상태에 따른 기하학적인 영향을 받게 된다. 즉 목표가 되는 물체에 도달하는 에너지의 양은 빛의 입사각이나 빛을 받는 지면의 상태에 따라 각각 달라진다. 영상 내에서는 빛을 바로 받는 면과 그 반대편이 강도의 차이를 보이며 이러한 영향은 산림지형과 같이 경사도에 따른 지형적 특성에 따라서도 반사특성이 다르게 나타난다. 산지의 경우 산의 그림자 부분이나 급경사면 등에서는 주위에 비해 태양의 입사광이 적어 영상에서 상대적으로 어둡게 나타나기 때문에 물과 거의 비슷한 특성을 나타낸다. 그러므로 동일한 토지 또는 산림의 피복 상태라 할지라도 이런 지형적인 영향에 따라서 화소 값 범위의 폭은 넓어지게 되므로 영상에서 정확한 정보를 얻고자 할 때 한계가 될 수 있다. 복사보정은 이러한 태양의 위치에 따른 지형의 영향을 최소화하기 위한 과정도 포함하고 있다.

대부분의 복사보정 과정에서, 대기의 산란과 흡수에 대한 정밀한 보정은 필요하지 않을 뿐만 아니라 하고 싶어도 가시거리, 상대습도와 같은 부수적인 정보를 쉽게 얻을 수 없다. 전자파가 지표에 도달할 시 기하학적 특성이나 지형의 굴곡 등에 의한 왜곡의 보정방법에는 가시성 및 수치고도 모델(digital elevation model) 등의 정보를 이용해 정밀한 보정을 하는 방법이 이론적으로 검토되고 있으나 보정 결과의 신뢰도에 한계가 있고 보정 과정이 복잡하여 실무에서는 거의 활용되지 않고 있다. 현지조사 정보를 이용하지 않고 화소의 밝기 값을 산란 등 외부 효과로 추정되는 양만큼 일률적으로 낮추는 근사적인 보정이 일반적으로 사용되는 방법이다. 광학적 왜곡을 보정하는 방법에는 실제 공간객체를 고려하지 않고 영상 자체에 의거하여 대조를 증가시키는 단순한 방식이 일반적으로 많이 사용되고 있다(엄정섭, 2004).

복사학적 왜곡은 영상의 픽셀값에 다양한 영향을 미치고 있다. 첫째는 주어진 단일 밴드에서 밝기 값의 상대적 분포가 지상의 실제 밝기 값의 분포와 다를 수 있다. 둘째로 한 픽셀에 대한 여러 밴드의 밝기 값이 지상의 그 지점에 대한 분광 반사특성과 비교했을 때 다를 수 있다. 결국 복사보정은 영상의 복사 특성 강조를 통해 영상의 시각적 표현을 향상시킴으로써 영상 해석이나 분석을 용이하게 하는 것이다. 즉 영상에서 공간객체들 간의 시각적 차이를 더욱 뚜렷이 함으로써 영상 해석력을 높이는 것이다.

2) 영상대조 강조

영상에 포함된 밝기 값의 범위가 영상의 대조 정도를 알려 준다. 대조 강조는 인간의 시각으로 볼 수 있는 색상의 사용을 최적화하여 영상에 포함된 공간객체가 더욱 확연히 두드러지도록 만드는 과정이다. 영상대조 강조는 일반적으로 분광특성을 강조하는 것으로 판독을 위해 대조가 명확해지도록 영상화소의 회색 단계를 변화시킨다. 이러한 디지털 원격탐사 영상의 대조를 높이기 위해서는 출력 매체에서 활용 가능한 전체적인 반사 값의 범위를 이용하도록 하는 것이 바람직하다. 이러한 기능은 TV에 옵션으로도 있고 모니터에서 밝기 조절 메뉴에 포함되어 있다. 이는 영상의 각 픽셀에 상수 값을 더하거나 빼거나 곱하거나 나누는 점 처리 연산으로 볼 수 있다. 전통적으로 사진현상 과정에서 사용된 기술을 컴퓨터에서 활용하는 것이다. 아날로그 기반의 사진 기술에서도 이와 같은 대조 강조를 활용하였으나 반복재생의 어려움, 조작하는 방식이 제한되어 있는 등 많은 한계를 가지고 있었다. 디지털 방식을 사용할 경우 반복하여 동일한 작업을 수행하여 정확도가 높고 처리과정이 다양하다는 면에서 효과적이다.

영상대조처리(contrast enhancement 또는 contrast stretch)는 영상의 반사 값을 출력장치의 전체 영역을 이용하여 출력될 수 있도록 확장하여 준다. 영상처리 전과 후의 TM 영상(서울 한강 주변)이 〈그림 5-9〉이다. 적색 파장대를 그레이 스케일로 디스플레이한 영상이다. OLI 센서는 12bit의 복사해상도를 가지지만 16bit로 변환되어 배포되고 있다. 〈그림 5-9〉의 영상은 16bit의 명도 0~65,535 사이의 화소 값을 가질 수 있다. 밴드 4 적색 파장의 경우 영상의 화소 값이 7,437 ~10,000 사이의 밝기 값을 나타내고 있다. 컴퓨터는 16bit 영상자료에 대해서 검은색을 0, 흰색을 65,535로 정의하고, 그 사이의 숫자로 그 화소의 밝기 정도를 나타내기 때문에 실제로 인공위성이 감지한 영상자료는 화면상에서 매우 어둡게 디스플레이 되고 있다. 처리 이전의 영상은 출력 범위에서 일부분만을 사용하고 있어 다양한 지상물체가 전자파 스펙트럼 전체에 걸쳐 낮은 대조를 보이고 있다. 이 영상은 특별히 밝은 부분이 없이 전체적으로 어두운색을 띠게 되며 그다지 대조가

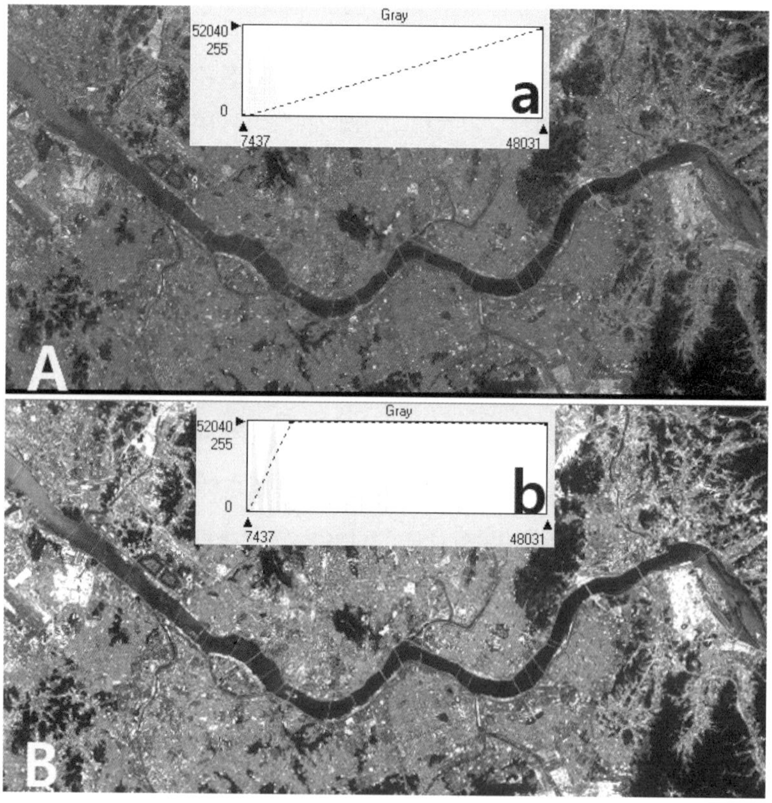

〈그림 5-9〉 영상대조처리 전후의 영상(서울시 랜드샛-8, 밴드 4)
A: 영상대조처리 전 영상 및 히스토그램, B: 영상대조처리 후 영상 및 히스토그램

되지 않는다. 이러한 영상은 육안으로 판독하기 어렵다. 영상대조 이전의 반사 값이 최솟값 7,437에서 최댓값 10,000 사이에 분포하고 있다는 것은, 0~7,437, 7,437~65,535 사이의 값은 사용되지 않고 있다는 것이다(그림 5-9A-a). 영상자료에서 각각의 화소가 갖는 밝기 값의 분포 영역이 좁다는 것은 그만큼 여러 물체들 사이의 분별이 어렵다는 것을 의미하며, 이는 영상자료의 육안판독 과정에서 공간객체를 인지하는 데 어려움을 가져온다. 하지만 컴퓨터가 화면에 나타내는 밝기 역시 반드시 이 영역에 국한되는 것은 아니다. 이 영상자료의 대조를 조절하여 영상이 가지는 밝기 특성과 영상에 포함된 정보의 시각적 분리도를 향상시키기 위해서 영상자료가 갖는 화소들의 밝기 영역을 7,437~48,031로 확장한 영상이 〈그림 5-9B〉에 제시되어 있다. 영상대조처리를 통해 이 영상의 반사 값 출력 범위를 확장한 영상은 대조가 극명하게 나타난다.

3) 식생지수 및 밴드 비 연산

(1) 개념정리

동일한 사물이라도 지형 조건, 그림자, 계절에 따른 태양의 각도와 조도의 변화 등에 의해 채널 간에 분광특성의 차이를 보이는 경우가 있다. 이것은 분류하는 데 장애요건이 되는 바, 비 연산(ratio transformation)을 사용하여 왜곡을 줄이고 한 밴드에서는 얻지 못하는 토양과 식생을 구분하는 독특한 정보를 얻을 수 있다. 비 영상(ratio images)이란 한 분광밴드의 화소 값 간에 가감승제 등을 이용하여 영상 간의 변이를 측정하고자 하는 경우에 이용하는 것이다. 식생지수는 밴드 비 연산의 원리를 활용하고 있는 대표적인 예이다. 이와 같은 반사특성 원리를 이용하여 가시광선 파장대와 근적외선 파장대를 수학적으로 조합하면, 두개의 파장영역에서 보였던 식물의 특성과 관련된 정보를 집약할 수 있게 된다. 식생지수의 산출은 밴드 비(band ratio), 밴드 차(band difference) 등 여러 가지 방법이 사용되고 있지만, 정규화한 식생지수 값을 갖게 되는 NDVI(normalized difference vegetation index)가 가장 널리 쓰이고 있다.

식량작물에 대한 정확하고 신속한 정보는 예전부터 세계적인 관심사로 중요하게 여겨졌다. 현지조사 방법을 사용하여 이러한 정보를 수집하는 데는 많은 비용과 시간이 요구되며 불가능한 경우도 있다. 원격탐사 분광 측정 자료의 분석은 식생의 양과 상태를 측정하기 위한 하나의 대안이 될 수 있다. 식생지수는 위성영상으로부터 식생의 분포와 상태 등을 표현하기 위하여 고안된 처리기법으로, 지구표면에서 식물과 식물이 아닌 물체들의 분광 반사특성을 이용하여 식물에 관한 정보를 하나의 밴드로 표현하고자 하는 방법이다.

(2) NDVI 산출 및 해석

식생지수의 원리는 가시광선과 근적외선 영역에서 녹색 식물의 반사율 차이가 크게 나는 것을 이용하여 특정 분광대의 영상에 일정 수식을 적용하여 식생의 상태를 나타내는 새로운 영상을 얻는 것이다. 근적외선 파장영역에서 식물의 반사특성은 식물의 종류, 엽량, 수관밀도 등에 따라 크게 좌우되기 때문에 식물의 이러한 특성도 식생지수에 잘 나타날 수 있게 되는 것이다. 따라서 일반적으로 적색과 근적외선이 관측되는 센서의 영상자료를 이용하여 식생지수를 얻을 수 있다. 식생지수는 식물과 식물이 아닌 공간객체의 분광 반사특성을 강조하여 식물이 있는 지역을 쉽게 보이도록 하는 데 가장 널리 사용되어 왔다.

가시광선 파장대와 근적외선 파장대를 수학적으로 조합하면, 두개의 파장영역에서 보였던 식물의 특성과 관련된 정보를 집약할 수 있게 되는 것이다. 식생지수는 엽면적 지수(LAI: leaf area index)를 양적으로 나타낼 수 있는 척도로 사용될 수 있도록 개발되었으며, 관측된 분광대 영상 간의 비율, 밴드 간의 화소 값 차이, 선형 조합 등 여러 가지 방법으로 구현된다. 여러 개의 밴드를 조합하여 만든 것이 식생지수이며 이 중에 가장 대표되는 NDVI는 근적외선과 가시광선 영역에서 얻어지는 상대적 반사 값의 차이를 그 합으로 나눔으로써, 식생과 관련된 정보를 산출하는 기법이다. NDVI의 계산은 다음의 식으로 계산될 수 있다.

NDVI =(근적외선 영역−적색 영역)/(근적외선 영역+적색 영역)

NDVI는 −1에서 1사이의 값을 갖게 되는데, 일반적으로 구름, 눈, 토양 등과 같이 식물이 아닌 토지피복형은 −1에서 0에 가까운 값을 갖게 되며, 식물은 0부터 1 사이의 값을 갖게 된다. 식생이 많고 활력도가 높을수록 지수의 값이 높아진다. 〈그림 5−10〉에서 보면 산지가 위치한 지역은 밝은색으로 나타나 식생이 풍부한 지역을 선명하게 제시하고 있으며 통상 위성영상에서 밝게 나타나는 도시지역은 식생이 존재하지 않기 때문에 어둡게 나타난다. 일반적으로 나지, 도로, 개발지역 등의 피복은 가시광선에서도 높은 반사도를 보이기 때문에 NDVI의 값은 0보다 작거나 가까운 값을 갖게 된다. 식물이 있는 지역이라도 식물의 양이 많거나 건강한 식물의 경우 노화한 식물이나 병충해 등에 피해를 입은 식물보다 높은 NDVI를 보여 주게 된다. 산림에서 식생이 완전히 제거된 지역뿐 아니라 대규모의 벌채나 산불 등의 훼손으로 입목지로서의 기능이 상실되어 교목이 없지만 녹지대에 해당하는 지역은 상당량의 초본류가 존재할 수 있기 때문에 NDVI 값은 0보다는 큰 값을 가질 수 있다. NDVI는 식물이 가진 상대적인 엽량과 밀접한 관계를 가지고 있어 식생의

〈그림 5-10〉 랜드샛-8(2014년 5월) 영상으로부터 제작된 한강 주변의 NDVI 지도

건강 등 여러 가지 상태를 파악하기 위한 응용 분야에서 널리 활용되고 있다. NDVI는 상대적인 엽량 외에도 식물의 종류, 수관층의 밀도, 지피상태 등의 요인에 따라 크게 영향을 받는다.

4) 논의점

많은 복사보정 기법이 이론적 타당성을 가지고 있지만 복사보정 과정에서 영상의 원래 정보를 왜곡할 가능성이 있기 때문에 실무에서 활용하는 데 많은 한계를 가지고 있다. 특히 영상의 고해상도가 일반화됨에 따라 영상에 나타난 그림자 보정이 복사보정 과정에서 중요한 이슈로 대두되고 있다. 기존의 TM, SPOT 등의 저해상도 위성영상의 그림자는 심각한 문제를 초래하지 않기 때문에 일반적으로 그림자를 제거하기 위한 전처리나 특별한 분류기법을 적용하지 않았다는 데에서 차이가 있다. 때로는 그림자 영역이 인공 구조물과 그 주변 배경과의 대조를 강조하여 영상에서의 특징물 추출에 도움이 되는 요소로 작용하기도 하였다. 그러나 대형 건물이 밀집된 현대도시의 고해상도 영상에는 그림자 영역이 차지하는 비율도 급격히 증가하여 정보의 손실을 초래하게 된다. 따라서 고해상도 영상을 이용한 특징물 추출 시에는 부분적인 그림자 효과의 감소 또는 제거를 위한 영역처리가 요구되고 있으며, 이와 같이 영역 위주의 처리로 복사보정의 개념이 재정립되어야 할 것으로 사료된다.

5.3 영상의 해석 및 지도화

5.3.1 자동판독과 육안판독

영상을 해석하는 방법은 크게 두 가지 방법으로 나눌 수 있는데 아날로그 방식과 디지털 방식이 있다. 아날로그 방식은 사람의 육안으로 영상을 평가하고 판독하는 것이고 디지털 방식은 각각의 파장별로 저장된 값이 의미하는 바를 실제 지상물체에서 찾아내는 것을 말하는데 수작업에는 너무나 많은 시간과 노력이 들기 때문에 영상처리 소프트웨어를 이용한다.

육안판독과 컴퓨터에 의한 판독 모두 영상에서 필요한 정보를 검출한다는 점에서 동일한 목표를 가진다. 육안판독은 영상의 공간적인 패턴을 질적으로 평가하기 위해 인간의 감각을 이용하는 것이다. 육안판독의 키에는 가장 기본적인 요소인 색조/컬러, 크기, 형태, 질감, 패턴, 높이, 음영, 위치 및 연관 등이 포함된다. 판독자는 자신이 가지고 있는 선행 지식(지리학, 토목공학, 생물학 등)에 의거하여 필요한 정보를 추출해 낸다. 육안판독은 사람의 눈이 가진 복사분별 능력에 의존하기 때문에 다양한 분광특성과 높은 복사해상도의 영상에서 필요한 정보를 추출하는 데 한계가 있다. 영상이 256 단계로 기록된 것이라면, 사람의 눈으로는 20 정도의 단계밖에 구분할 수 없다는 한계가 있다. 육안판독은 개인차가 있어 동일한 판독을 반복하여 수행할 수 없으나 컴퓨터가 수행한 판독은 비록 그것이 틀린 것일지라도 항상 반복할 수 있다.

자동판독은 영상 내의 대상물의 확인을 위해 육안분석 대신에 정량적인 기법을 사용하는 것으로, 다중분광영상 내의 각 화소를 공간객체로 분류하기 위한 통계적인 결정법칙을 적용하는 과정이다. 영상분류의 목적은 각 화소를 분류항목 중 하나로 범주화시키는 것이며 범주화된 영상자료는 주제도로 활용된다. 위성영상을 자동으로 분류하는 대표적인 방법은 크게 두 가지가 있는데 감독분류와 무감독분류를 이용한 방법이다. 감독분류는 영상을 분류하기 전에 컴퓨터에게 분류할 각 클래스의 정보를 미리 알려 주어 분류를 수행하게 하는 방법이다. 즉 분류작업을 하기 전에 미리 각 클래스에 대한 훈련지역을 선택하고, 이에 대한 평균, 표준편차, 공분산행렬, 상관행렬과 같은 다변량 통계 파라미터를 추출한 다음 이를 이용하여 분류하는 방법이다. 무감독분류는 해석하고자 하는 지역에 대한 사전 정보가 없어 훈련지역을 고르기가 힘들 경우 오직 위성영상의 분광특성에 따라 수치적인 방법으로 군집화한 후, 군집화된 분광클래스들을 재결합하여 지표피복 클래스(information class)로 지정하는 방법을 말한다.

감독분류와 무감독분류는 여러 가지 측면에서 비교할 수 있다. 첫째, 트레이닝 데이터는 두 방법을 가장 명확히 구분할 수 있는 기준이 된다. 감독분류에서는 트레이닝 데이터를 선정하여 이미 알고 있는 클래스의 반사 특성을 입력하는 과정이 필요하다. 트레이닝 데이터를 얼마나 잘 선정하느냐에 따라 분류의 결과가 좌우되는데 이 과정에서 시간이 많이 소요된다. 반면 무감독분류는 트레이닝 데이터를 선정하는 과정을 거치지 않고, 클러스터 분석 알고리즘에 의해 먼저 컴퓨터 계산을 수행한다. 그 이후에 분류된 클러스터를 해당 클래스로 지정하는 과정을 밟는다. 둘째, 클래스 결정문제에서 감독분류는 사전지식이 분류에 결정적인 영향을 미치나 인간의 주관적 판단이 영상에 객관적으로 나타난 분광특성을 오히려 왜곡하여 판독할 수 있는 우려가 있다. 무감독분류의 경우는 영상에 나타난 분광특성을 중시하고 현지 상황을 고려하지 않고 분류를 수행하나 분광특성만으로 현실세계의 복잡한 현상을 분류하는 데 상당한 한계가 있다.

5.3.2 무감독분류

무감독분류는 대상지역에 대해서 현지조사 정보가 부족하거나 파장별 반사특성이 유사하여 감독분류를 수행하기 어려운 상황에서 적용되는 분류기법으로, 영상 자체의 통계치를 이용해서 비슷한 반사 값을 가지는 화소들끼리 군집화하는 방법이다. 상대적으로 주관이 개입되지 않은 객관적인 분류결과를 산출한다는 장점이 있고 판독자가 전혀 예상하지 못한 결과를 발견할 가능성이 있다는 장점도 있다. 그러나 통상 사용되는 분류항목으로 분류되지 않을 가능성을 내재하고 있다. 무감독분류 방법을 이용하는 경우 사용자의 판단이나 경험은 전혀 요구되지 않고, 단지 작업 후 분광 집단을 정보 집단으로 전환하는 과정에서만 사용자가 개입하게 된다.

일단 판독자가 분류해야 할 객체의 수만 지정해 주면, 컴퓨터가 영상의 분광특성을 고려하여 지정된 수의 객체를 분류한다. 지정된 공간객체의 수에 의거하여 화소를 서로 다른 분광계급으로 군집화하는 무감독분류 후 얻은 결과 항목들을 분광항목이라 한다(spectral classes). 이러한 분광항목은 오로지 영상의 자연발생적인 집단화에 근거하기 때문에 처음부터 분광항목의 명칭을 알 수는 없다. 판독자가 이러한 군집에 공간객체의 특성을 반영하여 명칭을 부여한다. 분광항목들의 명칭을 결정하기 위해서는 무감독분류의 결과자료와 영상에 대한 실제 지표자료를 비교해야 한다. 판독자는 자신의 지식을 활용하여 각각의 분광클래스가 무엇을 나타내는지를 결정하게 된다. 이때 이미 제작된 토지피복도나 항공사진을 활용하여 실제 분광클래스가 어떤 토지모자이크를 나

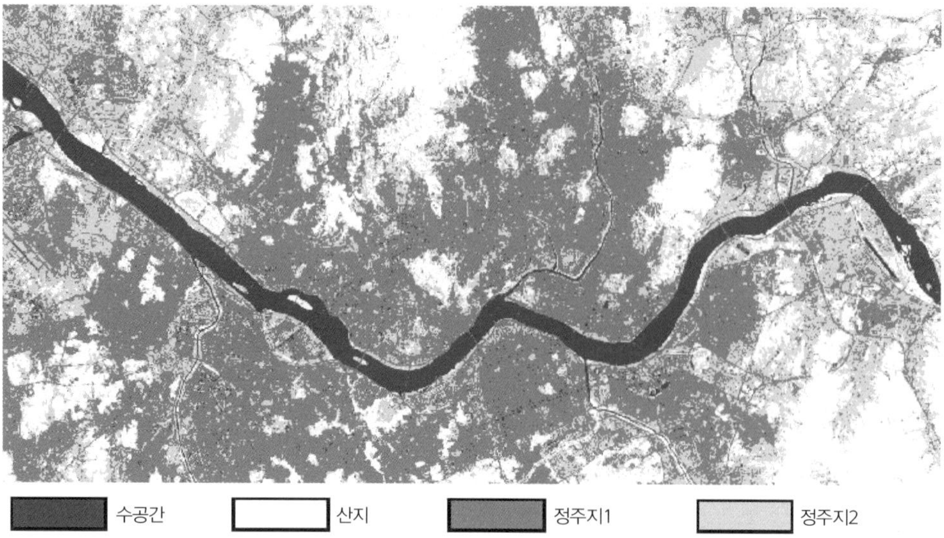

〈그림 5-11〉 랜드샛-8(2014년 5월) 영상으로부터 제작된 한강 주변의 무감독 분류지도

타내는지 확인하고 분광클래스에 공간객체의 명칭을 부여하게 된다.

〈그림 5-11〉은 분류해야 할 객체를 4개로 부여한 한강 주변의 무감독분류 영상이다. 수공간, 산지, 정주지는 확연하게 구분된다. 그러나 정주지는 아파트, 단독주택, 공업지역, 상업지역, 도로 등 다양한 토지모자이크가 복잡하게 얽혀 있어 분광클래스가 실세계에서 여러 가지 지표피복 특성에 걸쳐 분포하고 있다. 이러한 경우 확실하게 확인할 수 있는 분광클래스에 대해 먼저 명칭을 부여한다. 불확실한 부분에 대해서는 공간 마스킹을 사용하여 마스크 영상을 만든 후 다시 감독분류를 수행하여 분광클래스를 생성하고 적절한 공간객체로 명칭을 부여한다. 이러한 방법을 계속하여 할당되지 않은 분광클래스가 없을 때까지 반복하게 된다. 하지만 결국에는 확인 불가능인 분광클래스가 나오게 되는데 이 경우는 이미 제작된 주제도인 GIS 데이터베이스를 이용하여 할당하게 된다. 무감독분류의 결과물은 영상에서 분광적으로 개별 공간객체가 어떻게 분포되는지를 단순히 파악하는 데 의의가 있다. 실무자들은 관심대상의 피복항목과 분광항목을 연관시키기 위해 참조자료로 무감독분류를 활용하는 것이 일반적인 응용이다. 이러한 결과가 감독분류 기법의 트레이닝 세트를 규정하는 단계에서 유용한 정보가 되기 때문이다. 실무에서 무감독분류는 전체적 상황을 판단하기 위한 초기과정에서만 사용하는 것이 관행이며 대개 육안판독 과정에서 트레이닝데이터를 확보하여 감독분류를 수행하는 것이 일반적이다.

5.3.3 감독분류

감독분류는 사용자가 원하는 지표의 정보를 현지답사를 통하여 미리 확정하고 이를 이용하여 전체의 영상에서 분류하는 것으로 사용자가 지정하지 않은 부분은 미지정으로 나타나도록 하는 방법이다. 영상 내의 같은 성질을 가지는 픽셀 값들을 군집화하여 처리하는 감독분류는 영상에서 분류하고자 하는 정보 집단의 위치나 분광 특성을 사용자가 정확히 알고 있을 때 사용하는 방법이다. 감독분류는 기존의 분류체계, 예를 들어 USGS(United States geological survey)의 'Land Use/Land Cover'에 근거하여 분류를 수행할 수 있다는 장점이 있다. 감독분류 과정에서 사용되는 각 지표 형태 클래스에 대한 표본 지역을 훈련지역이라 한다. 훈련지역이 분류 정확도에 영향을 미치므로 타당한 훈련작업이 이루어져야 한다. 이 방법은 무감독분류보다는 공간객체를 정확하게 인식할 수 있는 장점이 있으나 현지답사를 통한 샘플을 구하는 데 시간과 노력이 많이 드는 단점이 있다.

감독분류의 장점은 정확히 알고 있는 지점의 정보를 이용하여 그와 유사한 지역을 찾는 것이기 때문에 분석 결과를 어느 정도 신뢰할 수 있는 장점이 있으며 다양한 알고리즘을 적용할 수 있는 것도 장점이다. 사용자가 샘플로 지정한 공간객체가 원하는 클래스로 분류되었는지를 확인하여 분류결과의 정확성을 검증할 수 있다.

감독분류의 단점 및 한계는 훈련지역을 선정하는 데 많은 시간과 노력을 필요로 한다는 점이다. 사용자가 지정한 샘플에 근거하여 클래스를 나누기 때문에 훈련지역이 영상이 지니고 있는 정보를 반영하지 못할 경우 기대하지 않은 결과가 나온다. 즉 산림을 대표하는 트레이닝데이터가 그림자의 통계치와 유사한 특성을 가지고 있다면 그림자가 산림의 분류에 혼선을 초래하게 되는 사례가 발생한다.

분류단계에서는 지표의 공간객체에 명칭을 어떻게 부여할 것인지 이들 정보를 몇 개의 구분자로 분류할 것인지를 결정하여야 한다. 영상을 이용하여 지표의 정보를 추출하는 방법은 여러 학자들에 의해 다양하게 제시되고 있으며 각각의 방법은 서로 장단점이 있기 때문에 목적에 적합한 방법을 선정하여 분류하여야 한다. 일반적인 피복의 분류를 원하는 경우는 도시, 하천, 도로, 나대지, 숲 등으로 분류가 가능하겠지만 산에 있는 수종을 분석하는 경우는 수종에 따라 분류가 되어야 할 것이다. 즉 참나무, 소나무, 도토리나무, 전나무 등과 같이 상세한 분류가 되어야 된다. 지표의 정보는 아주 다양하며 이를 분류하는 것은 사용자가 원하는 정보를 뽑아내는 것이기 때문에 목적에 맞추어 분류를 어떻게 할 것인지를 결정해야 한다. 분류단계에서 분류에 대한 기준이 제대로 설정되지 못하면 향후에 아무리 좋은 기법을 적용하여 분석해도 그 결과는 보장받을 수 없다. 이런 이유 때문에 정확한 분류기준을 설정하기 위한 많은 노력이 필요하다. 분류기준을 정할 때는 대분류에서 소분류로 이루어지는 것이 일반적이다.

5.3.4 육안판독

영상의 육안판독은 특정 응용분야에 전문적인 지식을 가진 사용자가 영상 분석을 통해 정성적/정량적 정보를 추출하는 것을 의미한다. 디지털 환경에서 육안판독은 일단 자동 분류된 영상을 항공사진을 육안판독하는 방식에 의거 보완하는 것이 전통적으로 실무에서 정착된 방식이다. 하지만 다중 분광영상에서 육안판독은 밴드의 색조합을 전제로 하기 때문에 상당히 난해한 것이 사실이다. 원격영상을 판독하기 위해서는 센서의 선정 기준에 의거하여 영상의 특성을 제대로 파악하고 판독 대상지역과 추출하고자 하는 정보와 관련된 분야에 상당한 지식을 가지고 있어야 판독 키를 제대로 적용할 수 있다.

육안판독 과정은 물체를 인식하는 데 필요한 판독요소에 따라 대상물을 해석하고 평가하며 거리, 면적 등을 계산한다. 판독과정에는 크기, 모양, 생김새 외에도 질감, 패턴, 주변과의 관계까지 영상이 보여 주는 내용을 판독하기 위해 수많은 요소가 고려되어야 한다. 디지털영상해석은 기본적인 통계 패턴인식 기술을 사용하여 사진판독 키 중 몇 가지 기본적인 요소인 영상 내 대상물의 색조/컬러에 의존하고 있다. 인간이 16~20 정도의 분광 패턴을 분별하는 한계를 가지고 있지만, 컴퓨터는 공간적인 패턴을 인식하는 데 한계점을 가지고 있다. 근본적으로 독립적인 사고능력을 가지지 못한 기계는 크기, 형태, 질감, 패턴, 높이, 음영을 다루는 데 어려움이 있으며 사이트나 연계와 같이 더욱 복잡한 요소는 말할 것도 없다. 디지털 방식은 원격영상을 육안으로 해석하는 데 한계가 있다는 근본적인 문제에서 출발하여 인간의 오감으로 평가할 때 발생하는 많은 오류를 보정하기 위해 도입되었다. 따라서 육안판독이나 자동판독은 그 특성상 서로 보완적이며, 실제 응용목적에 따라 가장 적합한 기법이 무엇인지를 고려하여 이들 기법들을 병행하여 사용하여야 한다.

1) 형상

형상은 영상이 표현하는 모양을 의미하는 것으로 모든 물체는 특정한 형상을 가지고 있기 때문에 그 형상으로 대상을 판단한다. 운동장을 포함한 원형의 건물이 있다면 경기장으로 판단하지 아파트로 판단하지는 않는다. 아파트는 아파트의 형상이 있고 학교는 학교의 형상이 있다. 이러한 물체의 고유한 형상에 근거하여 대상을 평가하게 된다. 영상에 있는 형상으로 대상을 판단할 때 주의해야 하는 것은 원격탐사영상은 물체의 연직방향에서 아래를 보고 찍은 것이라는 데 있다. 일상생활에서 우리의 감각은 수평방향에서 대상을 보아 왔기 때문에 수직방향에서 볼 때의 형상을 쉽게 유추하지 못하는 경우가 있다. 형상으로 대상을 판단할 때 나타나는 대부분의 오류는 이러한 감각의 차이에서 오는 것이다. 또한 사물과 지형 간의 관계를 나타내는 모양은 영상판독에 많은 도움이 된다. 직선과 사각형 모양은 도심지의 경우 도로, 건물을 나타낼 수 있다. 농경지는 농작물을 비교적 규칙적인 형태로 심어서 재배하므로 육안으로 판독하여 경계를 찾아낼 수 있다. 논의 경우 물길이 나 있는 모양으로 판별이 가능하다. 반면 자연상태의 임상의 경계, 지질학적 암상, 수계 등은 불규칙한 형태를 나타낸다. 또한 인위적인 인간의 개발로 이루어진 대상물, 예를 들어 골프장, 비행장 등의 경우도 특정 형태를 보일 수 있다.

2) 크기

영상에 나타나는 물체의 형상과 크기는 중요한 요소로서 판독을 위해서는 영상의 공간해상도, 분광해상도, 촬영시기, 축척 등을 알아야 한다. 고해상도 영상의 경우 공간해상도가 1m이므로 그 이상의 물체는 판독이 가능하다. 영상에 둥근 지형지물이 있다면 이를 평가하는 가장 기본이 되는 것이 크기이다. 크기가 아주 작으면 일반적으로 전봇대를 연상할 수 있고 어느 정도의 크기를 가지면 공장의 굴뚝을 연상할 수 있으며 아주 큰 경우는 인공적으로 조성한 원형 극장이나 원형 공연장을 연상할 수 있다. 이렇듯 크기는 대상을 결정짓는 중요한 요소로 작용한다. 영상에서 대상물의 크기는 축척과 관련되어 있다. 대상물의 해석을 위해 절대적인 크기뿐만 아니라 주변 대상물과의 상대적인 크기를 고려하는 것 또한 중요하다. 개략적인 축척과 영상의 공간해상도로부터 영상의 특정 물체가 실제로는 얼마만한 크기에 해당되는지 판독 시 고려해야 한다. 비슷한 크기의 건물이 밀집되어 나타난다면 이는 아파트 등의 밀집 주거지역에 해당될 수 있다.

3) 색조

색조는 영상에서 대상물의 상대적인 밝기 혹은 농도 비율을 의미한다. 이러한 색조의 변화는 대상물의 모양, 질감, 패턴 요소를 구별하게 하는 중요한 요소에 해당된다. 색조의 변화에 영향을 미치는 변수는 태양, 센서, 피사체, 전처리 방식 등 상당히 다양하다.

- 태양: 피사체에 대한 태양의 고도각, 태양광선의 반사율 및 위치, 기체(가스) 때문에 분산되는 광선
- 센서: 렌즈, 센서의 감광성, 위성 속도, 진동 등
- 피사체: 목적물의 위치, 계절 등
- 전처리 절차: 필터의 성질, 기하보정 방식 등

흑백영상에서 대상물은 백색부터 흑색까지의 농도 비율로 나타난다. 잔디밭, 도로 등은 표면이 고르므로 밝은색을 나타내며 물은 어두운색이나 때에 따라 반사되어 흰색으로 보이기도 한다. 도로의 색상이 검은색을 띠면 아스팔트 포장이 된 것이고 회색을 띠면 콘크리트 포장이 된 것이다. 사물을 판단할 때 색상은 매우 중요한 요소이기 때문에 흑백 영상보다는 컬러 영상이 판독에 유리하다. 동일 파장대에서 서로 다른 토지피복은 특유의 색조를 나타내는데, 수계는 근적외선 밴드에서 아주 어두운 값을 나타내어 다른 물체와 구분되며, 나대지는 밝은색조를 나타낸다. 또한 동일한 토지피복이라도 상태에 따라 색조가 다르게 나타나는데, 수체의 경우 부유 물질에 따라 색조가 다르게 나타난다.

4) 질감

피사체의 질을 나타내는 느낌을 질감이라 하며 살결이 부드럽다거나 거칠다고 하는 것과 같다. 이는 대상체를 구성하는 입자의 크기와 색조 변화 등에 의해 결정되는 것이 일반적이다. 영상의 특정 영역에서 색조 변화의 배열 및 빈도를 통한 대상물이 부드럽게 보이는지, 거칠게 보이는지를 나타내는 것이다. 거친 결은 색조가 특정 영역에서 갑자기 변화하여 얼룩덜룩한 색조를 보이는 것이며, 부드러운 결은 색조의 변화가 적어 부드럽게 나타나는 것이다. 부드러운 결은 주로 규칙적인 표면을 가지는 대상물, 예를 들어 초지, 아스팔트 등에서 나타난다. 반면 거친 표면과 불규칙적인 구조를 가진 대상물, 예를 들어 침엽수림 등은 거친 결을 나타낸다. 질감은 소축척에서는 잘 나타나지만 대축척에서는 감추어진다.

매끄러운 초록색의 공간이 있다면 잔디밭이나 풀밭일 것이고 조금 거친 녹색의 공간이 있다면 관목이 군락을 이룬 공간일 것이며 거친 녹색의 공간은 교목이 군락을 이룬 공간일 것이다. 수면은 평탄하고 고르며, 잔디밭은 섬세하고, 옥수수밭은 중간 정도로 거칠며, 목장은 거칠다. 밭의 구

조에서도 평행선 경작은 선 구조로, 갈아엎은 밭에 정사각형으로 파종하면 바둑판무늬, 키 큰 작물을 간작으로 하면 줄무늬, 토양 수분의 함유량에 따라 반점무늬가 나타난다. 식생 패턴의 예를 들면 자연 식생은 거칠고 불규칙적이며, 과수원이나 계획조림은 규칙적이다. 이렇듯 영상에 나타나는 질감은 대상체의 집단을 구성하는 입자의 크기에 따라 표현된다.

5) 배열 상태

배열 상태 또는 패턴(pattern)은 대상물들이 공간적으로 규칙적인 배열로 이루어진 모양을 의미한다. 유사한 색조와 결의 규칙적인 반복은 주변과 구별되는 양상을 나타낸다. 배열 모양은 지리, 지질, 토양, 삼림 등의 조사수단으로 쓰인다. 예를 들어, 아파트 등의 주거밀집 건물군, 농경지의 규칙적인 배열, 과수원의 규칙적인 나무 배열 등이 해당된다. 이것은 대상물의 공간배치에 따라 자연적·인문적인 성질을 판독할 수 있다. 배열 상태가 형상과 유사한 개념으로 혼동될 수 있으나 이는 보다 전개되는 양상에 주안점을 두고 판독하는 객체에 해당하는 것이다. 배열을 쉽게 이해하기 위해서는 미술에서 사용되는 무늬를 연상하면 된다. 단독무늬, 2방 연속무늬, 4방 연속무늬, 8방 연속무늬와 같이 공간을 점유할 때 분포되어 있는 양상을 패턴이라 한다. 이러한 패턴은 여러 곳에 적용할 수 있으며 대상체의 성질을 이해하고 패턴을 적용하면 쉽게 대상을 판독할 수 있다. 예를 들면 해상의 양식장에서 부표가 일정 간격으로 펼쳐지는 패턴은 미역 양식을 하는 곳이고 불규칙한 분포를 갖는다면 굴 양식장일 것이다.

6) 그림자

그림자는 고해상도 영상이나 항공사진을 판독하는 데 가장 중요한 요소 중의 하나이다. TM 등 중해상도 영상에서도 음영이 영향을 미치기는 하지만 대상물체가 축소되어 표현되는 특성 때문에 상대적으로 판독에 미치는 영향이 작다. 음영은 그림자가 영상을 흐리게 하여 판독에 장애를 초래하는 경우도 많다. 음영의 측정으로 탑, 안테나, 고층건물, 굴뚝, 나무 등의 상대적인 높이와 구조에 대한 정보를 알 수 있다. 어느 정도의 음영은 판독에 도움을 주지만 심한 음영은 음영 부분이 많은 면적을 차지하여 판독할 수 없게 되기 때문에 영상을 취득할 때에 이를 사전에 확인하여야 한다. 음영은 태양의 각도에 따라 다르게 나타나므로 음영을 조절하기 위해서는 촬영시간을 고려해야 한다.

7) 위치·지방색

위치는 대개 상대적인 위치를 의미하는데 동일한 성격의 형상이 있더라도 그것이 어디에 위치하느냐에 따라 대상이 달라질 수 있다. 지표의 대상물은 그것이 자리하는 특정한 위치가 있다. 그 위치에 따라 공간객체에 대한 판독이 달라진다. 예를 들면, 천변에는 미나리가 잘 자라고 밭에는 부추가 잘 자라는 특성을 이해하면 쉬울 것이다. 이들 두 종류의 식물은 영상에서 비슷하게 나타나지만 그것이 위치하는 곳이 어디냐에 따라 대상물이 결정된다. 인문적인 대상은 더욱 그러하다. 도로변에 주유소가 위치하고 주택가의 안쪽에는 도·소매업소가 존재하는 것이 일반적이다. 조사지역의 생활양식이나 고유의 특징(경주나 가야의 고분군 등)을 알면 판독에 많은 도움이 된다. 예로 사찰지역이나 공업지역, 고분지역, 삼각주, 건축양식 등을 알면 판독에 좋은 열쇠가 되며 그 외 지형지식, 측량지식, 식물생태 등에 관한 지식도 큰 도움이 된다. 이런 점에서 원격영상 판독과정에서 최고의 전문가는 판독 대상지역에 거주하는 주민이라고 할 수 있다. 원격탐사 전문가가 영상으로 얻을 수 있는 일반적인 지식보다 장시간에 걸쳐 생성·발전되어 온 지역의 특성을 알고 있는 사람은 원격탐사에 대한 지식이 없어도 영상을 쉽게 판독하게 된다. 그래서 판독과정에서 현지조사를 통해 지역주민에게 영상을 보여 주고 필요한 정보를 입수하는 것이 많은 프로젝트에서 일반화된 관행이다.

8) 상호관계

상호관계는 위의 위치와 일맥상통하는 것으로 주변의 개체와의 관계에 따라 대상체를 결정할 수 있다. 대부분의 공간객체는 분리 독립되지 않고 결합되어 나타나 판독에 중요한 변수로 작용한다. 또한 항상 같이 분포하는 대상이 있는데 이러한 것을 이용하면 손쉽게 대상을 판독할 수 있다. 예를 들면, 학교는 건물과 운동장이 항상 같이 나타난다. 운동장이 있으면서 건물이 있으면 십중팔구 학교이다. 농가의 구조, 건축물의 종류나 용도 등은 배치에 따라 판독될 때가 많고 또한 특색 있는 지형적 위치에 따라 식생의 판정이나 수종의 분포를 알 수 있다. 이렇듯 두 개 이상의 대상이 상호작용을 하는 경우 이를 이용하면 손쉽게 대상을 판독할 수 있다.

9) 영상취득 시기

영상이 촬영된 시기에 따라 판독될 수 있는 정보가 다르다. 봄에 촬영한 영상은 개화기의 수종 판단이 가능하고 식물의 상태, 작황, 하천의 상태 등에서 사계절을 파악할 수 있다. 겨울에 촬영한 영상은 침엽수와 활엽수를 구분하는 데 유리하다. 여름에 촬영한 영상은 태풍이나 홍수가 지나가고 난 직후 피해지역의 면적을 산출할 수 있다. 가을에 촬영한 영상은 추수기에 농작물의 작황을 평가할 수 있다.

5.3.5 원격탐사와 GIS의 통합: 식생지수와 지형특성의 상관성 평가

원격탐사와 GIS의 가장 큰 차이점은 원격탐사가 원시데이터를 취득하는 도구이고 GIS는 원격탐사를 통하여 취득된 데이터를 이용하여 고차원의 공간정보를 산출하는 데 주안점을 두고 있다. 원격탐사로 얻어진 자료는 GIS의 데이터베이스 구축에 필수적인 자료이며, GIS와 지도 데이터베이스의 유지·관리, 갱신 및 보정 등을 위해 이용되고 기존의 다양한 GIS 데이터베이스가 원격영상의 해석과정에서 활용되어 두 분야는 상호 밀접하게 연계되어 있다. 원격탐사와 GIS 기법 사이의 경계는 점점 모호해지고 있으며 원격탐사와 컴퓨터 그래픽, 수치지도 제작 등의 영역이 혼재하여 발전되고 있다. GIS는 원격탐사자료로부터 취득된 정보를 공간자료 또는 속성자료의 형태로 전환하여 지형, 수계, 임상, 행정구획, 도로망, 토지이용계획 등의 각종 주제도와 통합하여 관리할 수 있어 생태계와 관련된 대량의 복합적인 정보를 종합적으로 분석, 처리할 수 있는 기법을 제공한다. DEM을 이용하면 사면의 방향, 고도, 경사, 일사량, 식생분포 등을 알 수 있고 수문분석 등을 할 수 있다. DEM에서 분석된 지형요소들을 원격탐사 영상의 판독결과와 비교분석함으로써 식생의 공간적인 분포에 대한 체계적인 해석이 가능하다. 더 나아가 이러한 연구 자료가 축적되면 식생분포에 대한 예측 모델을 제시할 수 있다. 이처럼 원격탐사와 GIS와 혼합된 영역은 매일매일 우리가 어떻게 지구자원을 관측하고, 관리하는 부분에 혁명을 불러일으키고 있다.

1) 기초이론

산림을 구성하는 식생군락은 고도, 경사, 사면방향, 수공간 등 주변 지형에 따라 뚜렷한 차이를 보인다. 과거부터 식생지수를 이용하여 자연환경 요인에 따른 식생분포의 상관성을 규명하기 위해 전역적 차원에서 독립변수와 종속변수의 관계를 추정하는 OLS(ordinary least squares)회귀모델을 활용하고 있다(Austin, 2007). 하지만 식생분포에 영향을 미치는 지형, 기후 등의 자연환경 요인들은 지표면에 연속적으로 분포하지만 식생분포에 미치는 영향력은 연구 대상지역의 모든 곳에서 동일하게 나타나지 않는다. 또한 식생군락은 서로 연속적 상관관계를 유지하며 성장하여 극상의 상태에 이르므로, 공간적으로 인접한 지역에 유사한 분포를 보이며 군집을 이루는 공간적 자기상관성을 내포할 가능성이 크다. 따라서 식생분포와 주변 자연환경과의 상관성을 규명하는 것은 공간적 이질성을 규명하는 분석이지만 기후, 지형 등 주변 자연환경에 대한 산림 분포 특성에 관한 기존의 연구는 회귀분석의 기본 가정을 준수하지 못하고 있다(Griffith and Layne, 1999).

이러한 문제점을 극복하기 위해 상이한 위치에 존재하는 식생군락에 대해 서로 다른 회귀모형을 적용하여 공간적 이질성을 고려하고, 공간단위에 따라 독립변수의 효과가 서로 다르다는 것을 전제로 공간적 변이를 설명할 수 있는 지리가중회귀분석(GWR: geographically weighted regression)을 사용하고 있다(Gao *et al*., 2012; Propastin *et al*., 2008; Yuan and Roy, 2007). 따라서 위치의 함수로써 회귀계수를 추정하여 모든 공간단위에서 위치에 따라 독립변수의 효과가 달라지는 변동성을 설명하고자 NDVI로 대변되는 산림분포와 산림분포에 영향을 미치는 지형·태양광도에 대하여 지리가중회귀분석을 이용하여 상관성을 규명하였다. 산림식생의 공간적 분포 양상을 분석하고, 식생분포의 공간적 자기상관성을 고려하여 식생분포와 이에 영향을 주는 다양한 인자들과의 상관성을 보다 국지적인 차원에서 파악하였다.

2) 연구지역 및 데이터 취득

산림분포와 지형·태양광도의 상관관계를 정확하게 파악하기 위해서는 산림의 인위적인 변화를 초래할 수 있는 인간 활동의 개입이 최소화된 지역을 선정하여야 한다. 또한 산림분포에 대한 지형·태양광도의 인과관계를 명확히하기 위해 연구지역 내에서 고도, 경사 등 지형요인의 차이가 확연히 드러나야 한다. 따라서 본 연구에서는 비접근 지역인 휴전선과 인접하여 원시 식생구조를 잘 보존하고 있으며, 해발고도가 높은 산악지대이므로 대상지 내에서 지형요인의 편차가 확연히 나타나는 한반도 중부지방의 금강산을 연구대상지역으로 선정하였다(그림 5-12). 금강산은 비접근 지역이므로 식생분포 특성 파악을 위한 데이터 취득과 배수구역 규모에서 각 변수에 대해 취득된 데이터의 신뢰성을 장담하기 어렵다는 한계를 내포한다. 그러나 공간정보와 속성정보를

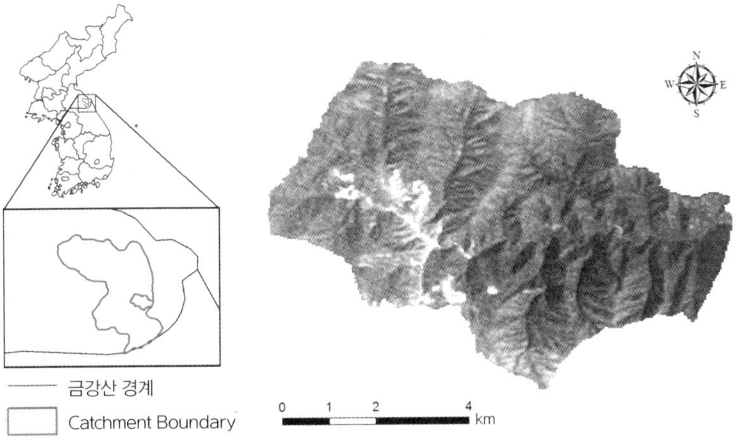

〈그림 5-12〉 랜드샛 ETM+ 영상(2010년 6월 취득)으로 제시된 연구지역의 위치

〈그림 5-13〉 연구지역의 NDVI 지도

결합시킨 지리가중회귀분석을 이용한 공간분석은 공간적 변이와 유형을 쉽게 포착할 수 있으며, 공간객체의 시·공간적 분석을 통하여 고도, 경사 등 지형특성이나 계절별 태양광도 변화를 정량적으로 평가할 수 있어 지리적으로 접근이 곤란한 지역의 자료 수집이 가능하다.

연구지역의 NDVI 값(그림 5-13)과 지형정보는 위성영상과 수치지도를 통해 추출하였다. 국토지리정보원에서 2012년에 제작하여 공급하는 북한의 1:25000 DXF(drawing exchange format) 파일의 수치지도에서 래스터 형태의 표고자료를 만들기 위한 등고선을 추출하여 TIN(triangulated irregular network)으로 변환시킨 후 표고점으로부터 수치고도모델을 구축하였다. 생성된 DEM 자료를 이용하여 해당 지역의 고도, 경사에 관한 래스터 형태의 지도를 제작하였다. 일사량과 일조시간은 ArcGIS의 태양복사분석 기능을 통해 하지, 춘추분, 동지로 구분하여 취득한 후 NDVI를 추출한 위성영상의 취득시기와 가장 근접한 하지의 일사량과 일조시간에 대한 레이어를 제작하였다(그림 5-14). 지형변수가 산림분포에 미치는 영향을 객관적으로 추정하기 위해서 개별 변수 레이어를 구축한 후 종속변수 레이어와 독립변수 레이어들을 단일 레이어로 통합하였다. 각 변수별로 도출된 가중치에 의거하여 다중회귀분석을 실시하여 변수 간의 다중 공선성을 진단하고 모형의 부합도를 평가한 후 지리가중회귀분석을 실시하였다. 영상처리를 통한 NDVI의 추출에는 ERDAS Imagine 9.2

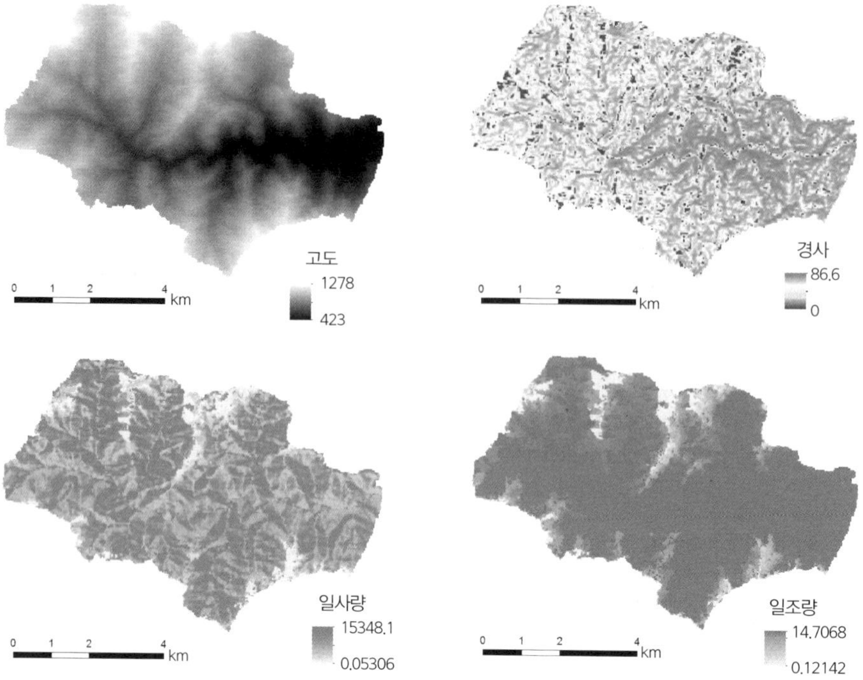

〈그림 5-14〉 고도·경사·일사량·일조량 분포도

소프트웨어가 사용되었으며, 연구과정에서 데이터의 가공을 위해 AutoCAD MAP 2000i, ArcGIS 10.1 등의 소프트웨어를 사용하였다.

3) 지형특성에 따른 NDVI 분포

NDVI의 공간적 자기상관성을 분석한 결과 공간적으로 군집을 이루는 것으로 나타났다. 따라서 모형의 신뢰도를 높이고 NDVI와 지형·태양광도의 상관성을 보다 국지적인 공간단위에서 추정하기 위해 지리가중회귀분석을 실시하였다. 지리가중회귀분석을 통해 산출된 표준화된 잔차의 공간적 자기상관성을 나타내는 Moran's I 값은 0.108, z-score는 18.556으로 나타났다. 이것은 전역적 차원(Moran's I=0.229, z-score=39.170)에서 산출된 Moran's I와 z-score에 비해 모두 낮아진 것으로 나타나 지리가중회귀분석이 OLS에서 발생하는 잔차의 공간적 자기상관성을 일정 부분 해소하여 모형의 개선이 이루어졌음을 의미한다(그림 5-15). 두 모형에서 산출된 값의 차이를 통해 모형의 적합성을 평가할 수 있는 지표인 AICc (Akaike's information criterion)는 지리가중회귀분석의 AICc 값이 OLS에 비해 4 이상 낮아지면 모형이 개선된 것으로 간주한다(Brunsdon

〈표 5-8〉 지리가중회귀분석의 결과

	Min	Median	Max
constant	-0.526	5.569	10.613
일사량	-0.468	0.509	0.551
일조시간	-0.398	0.458	0.518
고도	-0.829	1.013	1.198
경사	-0.486	0.399	0.313
Local R^2	0.0029	0.37	0.744
R^2adj	0.227		
AICc	20785.66		
spatial autocorrelation	Moran's I=0.108* z score=18.556*		

* $p<0.01$

et al., 2002). 두 모형의 AICc 값이 OLS에서 21472.7로 나타났으나 지리가중회귀분석에서 20785.66으로 나타나 지리가중회귀분석의 모형 적합성이 OLS에 비해 크게 향상된 것으로 나타났다(표 5-8).

지리가중회귀분석을 통해 추론된 모형의 설명력을 나타내는 수정된 결정계수(R^2adj)는 0.227로 그리 높지 않은 값이지만 OLS에서 도출된 모형의 설명력에 비해 대폭 향상된 결과를 나타내었으며, 지리가중회귀분석을 통한 지역결정계수(Local R^2)는 큰 편차를 보였지만 0.0029에서 0.744의 범위를 보여 특정지역에서는 지형·태양광도가 NDVI로 대변되는 금강산 배수구역의 식생분포를 잘 설명하고 있는 것으로 나타났다. 연구지역의 북쪽과 남쪽의 산등성이에 해당하는 부분이 0.394에서 0.744의 비교적 높은 설명력을 보였으며, 능선에서 골짜기로 이어지는 지역들이 가장 낮은 설명력을 나타내었다(그림 5-15).

종속변수에 미치는 개별변수의 영향력을 보다 명확히 확인하기 위해서 각 변수의 회귀계수를 분석하였다. 회귀계수의 추정치에서 일사량은 -0.468에서 0.551의 분포를 나타내었으며, 일조시간은 -0.398에서 0.518의 범위를 나타내었다. 고도에 대한 회귀계수는 -0.829에서 1.198의 분포를 나타내었으나 배수구역 대부분의 지역에서 양(+)의 값을 나타내어 고도가 높아질수록 NDVI 값도 증가하는 것으로 나타났다. 높은 고도인 배수구역의 서쪽 경계부로 갈수록 NDVI 값이 확연히 높아지는 것으로 나타났으나 고도가 낮은 동쪽 골짜기 일부 지역은 회귀계수가 음(-)의 값을 나타내었다.

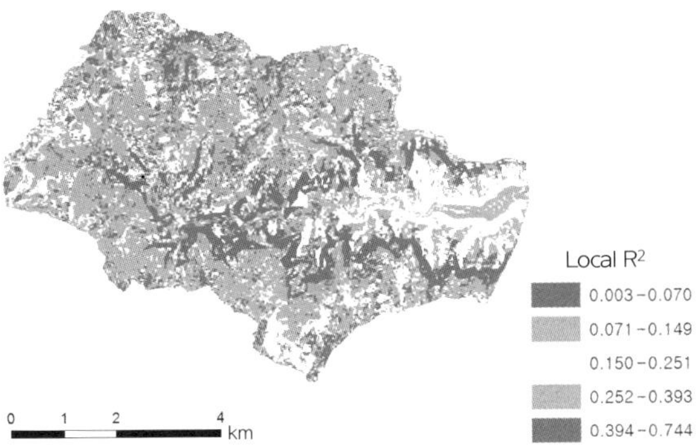

〈그림 5-15〉 GWR에서 Local R^2 분포지도

일사량과 일조시간은 고도가 낮은 배수구역의 동쪽에서는 일사량, 일조시간이 증가할수록 NDVI 값 또한 높아지는 것으로 나타났으며, 고도가 높아질수록 점차 음(-)으로 변하는 것으로 나타나 고도가 낮은 배수구역의 동쪽 부분이 일사량, 일조시간에 따른 NDVI가 정(+)의 상관관계에 있음을 나타내었다(그림 5-16). OLS 분석 결과는 NDVI에 미치는 지형·태양

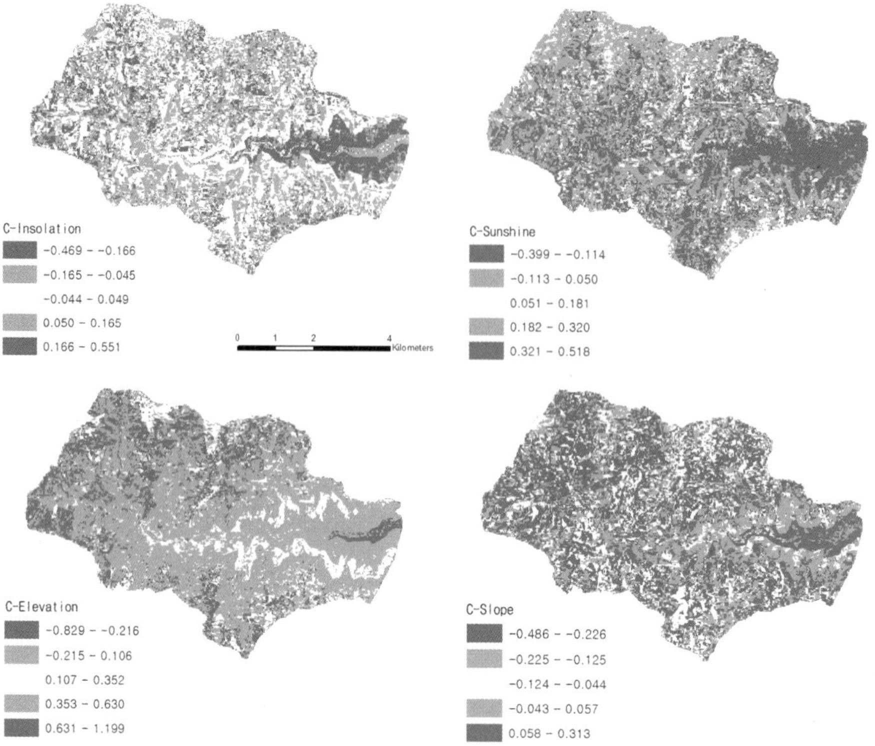

〈그림 5-16〉 지리가중회귀분석에서 변수별 회귀계수 분포지도

광도의 영향력을 연구지역에서 단일하게 추정하였으나, 지리가중회귀분석 결과 각 인자가 NDVI에 미치는 영향력을 국지적으로 보다 세밀하게 추정하여 지역별로 각 인자의 영향력 차이가 파악될 수 있었다.

분수계에 따라 구분된 금강산 배수구역에서 도출된 지역결정계수가 배수구역의 위계에서 소유역(27~260km²)의 규모를 가지는 연구지역 내에서도 확연한 차이를 보이므로 배수구역의 위계 중 가장 좁은 범위를 의미하는 집수구역(0.13~1.3km²) 수준에서의 식생분포 추정이 지형·태양광도와 식생분포의 상관관계를 보다 명확히 규명할 수 있는 방법일 것으로 판단된다. 또한 식생에 따라 분포 환경의 차이가 존재하므로 단순히 식생분포를 정량적으로 나타내는 NDVI보다 수종과 영급, 경급 등으로 세분화하여 분류할 때 식생분포와 지형·태양광도의 상관관계를 보다 상세히 추정할 수 있을 것으로 사료된다.

4) 결과 고찰 및 논의점

분석 결과 NDVI로 대변되는 식생의 분포는 지표면에 공간적으로 군집된 패턴으로 분포하는 것으로 나타났으며, OLS를 통한 NDVI와 지형특성의 상관성에 대한 전역적 추정은 낮은 설명력을 보였다. 분석 결과의 잔차 또한 공간적 자기상관성을 가지는 것으로 나타나 회귀분석의 기본 가정을 위배하는 것으로 나타났다. 공간적 자기상관성의 문제를 해소하고 국지적 차원의 추정이 가능한 지리가중회귀분석 결과 모형의 설명력은 대폭 향상된 것으로 나타났으며, 특정지역에 대해서는 70% 이상의 설명력을 보였다. 이러한 국지적 분석은 모형의 적합성이 OLS에 비해 크게 향상되었으며, 잔차의 공간적 자기상관성 또한 전역적 추정에 비해 개선된 것으로 나타났다.

식생의 분포는 다양한 기준에 따라 상이하게 공간 상에 표현된다. 하지만 국지적으로 추정된 각 인자의 회귀계수 추정치에서 NDVI는 배수구역 전반에 걸쳐 고도와 높은 정(+)의 상관성을 가지며, 일사량과 일조시간은 배수구역 내에서도 NDVI에 미치는 영향력이 상이한 것으로 나타났다. 따라서 국지적 차원에서 추정된 NDVI와 지형특성의 상관성은 기존의 회귀분석에 비해 각 변수의 영향력을 보다 명확히 나타내므로 향후 다양한 기준에 의해 세분화된 식생분포와 자연환경요인과의 상관관계 추정과 식생분포 파악을 위한 대상지역 선정에서 보다 세밀한 분석을 위한 참고자료로 활용될 수 있을 것이다.

5편 참고문헌

- 김기열 · 엄정섭, 2012, MODIS 영상을 이용한 행정구역별 알베도 분포 비교평가, 『환경영향평가』, 21(2), 265-277.
- 김주현 · 서행자 · 김어진 · 이주희, 2013, 달 및 행성탐사선의 과학임무용 분광탑재체 개발동향, 『항공우주산업기술동향』, 11(1), 161-168.
- 김준우 · 엄정섭, 2013, GWR을 활용한 NDVI와 지형 · 태양광도의 상관성 평가, 『한국지형공간정보학회지』, 21(4), 73-81.
- 김형근, 2014.09.23., "대학에 부는 무인항공기 붐: 수요 증가 기대되지만 규제 안 풀려", The Science Times.
- 나지홍, 2014.06.04., "사막 · 정글서도 인터넷… 구글 '와이파이 위성' 180개 쏜다", 조선일보.
- 대한민국정부(관계부처합동), 2013, 우주개발 중장기 계획: 55.
- 류택형 · 엄정섭, 2013, 원격 열화상을 이용한 지붕색상별 겨울철 표면온도 변화추세 비교 평가, 『한국지형공간정보학회지』, 21(1), 27-37.
- 박한길 · 최남미 2012. 국가위성정보활용기반 강화를 위한 제언: 국가안보와 공공 수요를 중심으로, 과학기술 및 연구개발사업 동향브리프.
- 성낙환, 2014.02., "드론의 상용화, 매스 마켓 가능할까", LG Business Insight, 1290, 23-28.
- 엄정섭 1999. 원격동영상을 이용한 하천수질 평가기법 개발, 환경부 낙동강수질검사소: 97.
- 엄정섭, 2004, 『디지탈 시대의 원격탐사』, 경북대학교 출판부.
- 엄정섭, 2006, 녹피율 훼손추세 평가를 통한 총량규제 근거자료 확보방안, 『한국GIS학회지』, 14(3), 299-319.
- 엄정섭, 2010, 『GIS로 명당 찾기』, 한울아카데미.
- 최남미, 2012, 세계 우주개발 미래 전망과 주요국의 정책 방향, 『과학기술정책』, 22(4), 69-85.
- 황진영, 2006, "국제우주정거장(ISS)" Retrieved 2015.1.6. from http://www.kari.re.kr/sub030401/articles/view/tableid/sense_normal/type/eNortjK3UiouTcpKTS5RsgZcMCHtBI4::/keyword/eNoBGFww5_9zOjE2Olwi7Jqw7KO8IOygleqxsOyepVwiO5bODQo::/id/91.
- Austin, M., 2007, Species distribution models and ecological theory: A critical assessment and some possible new approaches, *Ecological modelling*, 200, 1-19.
- Brunsdon, C., Fotheringham, A. and Charlton, M., 2002, Geographically weighted summary statistics-a framework for localised exploratory data analysis, *Computers, Environment and Urban System*, 26(6), 501-524.
- Clarke, R. and Bennett Moses, L., 2014, The regulation of civilian drones' impacts on public safety,

Computer Law & Security Review, 30(3), 263–285.

- Clarke, R., 2014, Understanding the drone epidemic, *Computer Law & Security Review*, 30(3), 230–246.
- DJI, 2014, "DJI products." from http://www.dji.com/product/phantom-2-vision-plus/spec.
- DroneMetrex, 2014, "TopoDrones." from http://new.dronemetrex.com.
- Gao, J., Li, S., Zhao, Z. and Cai, Y., 2012, Investigating spatial variation in the relationships between NDVI and environmental factors at multi-scales: a case study of Guizhou Karst Plateau, China, *International Journal of Remote Sensing*, 33(7), 2112–2129.
- Griffith, D.A. and Layne, L.J., 1999, "A Casebook for Spatial Statistical Data Analysis: A Compilation of Analyses of Different Thematic Data Set," Oxford University Press.
- Hodson, H., 2013, Precision herbicide drones launch strikes on weeds, *New Scientist*, 219(2924), 19.
- Marks, P., 2014, Elephants and rhinos benefit from drone surveillance, *New Scientist*, 221(2956), 24.
- NARC, 2014, "Field Servers, National Agricultural Research Center of Japan." from http://model.job.affrc.go.jp/FieldServer/FieldServerEn/default.htm.
- Propastin, P., Kappas, M. and Erasmi, S., 2008, Application of Geographically Weighted Regression to Investigate the Impact of Scale on Prediction Uncertainty by Modelling Relationship between Vegetation and Climate, *International Journal of Spatial Data Infrastructures Research*, 3, 73–94.

SPATIAL INFORMATION SCIENCE

공간정보 활용

6편

6.1 공간정보 구축 부문

GNSS(global navigation satellite system)는 위성을 이용한 전파항법시스템으로, 수십 개의 위성을 이용하여 전 세계의 모든 지역에서 언제든지 위치와 시각 서비스 제공이 가능할 뿐만 아니라 수신기 가격이 저렴하고 오차가 작기 때문에 응용범위가 매우 넓다. 현대에 들어서 GNSS는 군사 분야의 각종 항법시스템에 적용되었을 뿐 아니라, 항공, 육상, 해양 등의 민간 분야에도 널리 적용되어 쓰이고 있다. 특히 국가 주요 기반기술로서 적용되어 국가적으로는 물론 일반인들의 생활에도 없어서는 안 될 필수적인 시스템이 되었다.

원래 항법이나 환경토목 분야에서의 측량 등의 전문적인 목적을 위하여 사용되던 GNSS는 LBS(location based service: 위치기반서비스)나 ITS에 연관되어 실생활 속에서 보다 많이 활용되고 있다. 통신의 시각동기, 긴급구조, 미아 추적, 노인복지, 레저 등으로 응용분야가 확대됨에 따라 21세기 핵심 산업의 하나로 성장이 예상되며 그에 따라 많은 관련 산업의 발전이 기대된다.

6.1.1 육상분야의 응용

현재 육상분야에서는 기준점측량에 GNSS가 많이 활용되고 있다. 지상기준점측량은 스태틱(static) 측량, 신속 스태틱(rapid static) 측량, 키너매틱(kinematic) 측량, 실시간 키너매틱(RTK: real time kinematic) 측량, VRS(virtual reference station) 측량방법이 활용되고 있다. 이러한 방

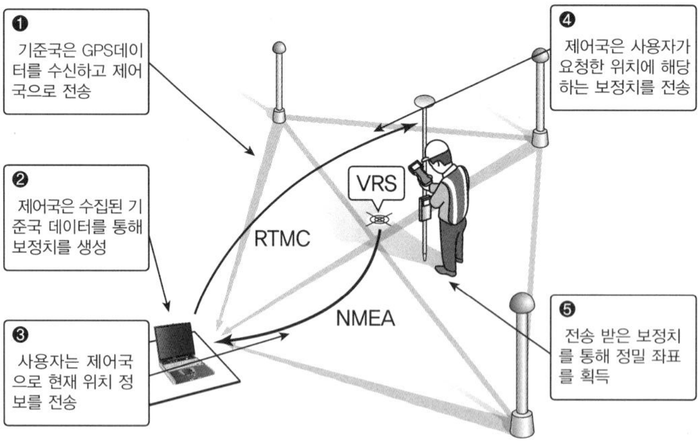

〈그림 6-1〉 네트워크 RTK 측량(서울특별시 네트워크 RTK 시스템)

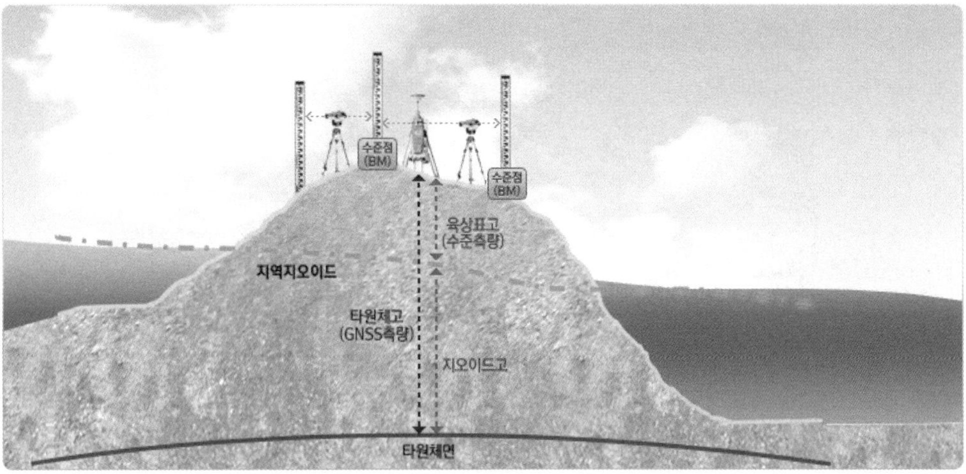

〈그림 6-2〉 GNSS를 이용한 간접수준측량(국토지리정보원 지오이드 모델 서비스)

법을 통하여 기존의 기준점 측량방법과 비교하여 정확하고 효율적인 성과를 산출하는 데 이용하고 있다.

정밀지오이드가 구축된 국가에서는 GNSS를 이용하여 표고를 결정할 수 있다. 우리나라는 인천의 수준원점을 기준으로 수준측량을 실시하여 표고를 결정하고 있다. 그러나 수준측량은 거리가 멀어질수록, 고도가 높아질수록 오차가 커지며, 작업 시간이 오래 걸리는 단점이 있다. 반면 GNSS 측량의 경우는 측량방법이 훨씬 간편하기 때문에 정밀한 높이를 효율적으로 결정할 수 있다. GNSS의 측량을 이용하여 산출된 타원체고와 지오이드고의 차이가 표고가 되므로 정밀한 지오이드를 가용하면, 별도의 수준측량 없이 GNSS 측량을 통해 관측한 타원체로부터 표고를 빠르고 편리하게 계산할 수 있다.

지적측량의 경우 GNSS를 이용하여 지적삼각점 등의 기준점 기초측량을 하고 있으며, 현재는 RTK-GPS, 네트워크 RTK 및 GPS & 토털스테이션을 이용한 경계 및 일 필지 측량의 정확도 확보 연구가 활발하게 이루어지고 있다. GNSS 시계열 분석을 통하여 지각변동의 관측이나 규모가 큰 구조물 및 시설물의 안전을 위한 모니터링에도 GNSS가 활용되고 있다. 실생활에서는 자동차 내비게이션과 휴대폰에 GNSS 칩이 장착되어 여러 가지 서비스를 제공하고 있다. 차량관제시스템(AVLS: automatic vehicle location system)에서는 차량의 위치를 GPS로 감지하여 무선통신을 통해 주기적으로 송신하며 이를 관제센터에서 관리하며, 택배·물류, 소방·경찰, 긴급차량 서비스 등에 활용할 수 있다.

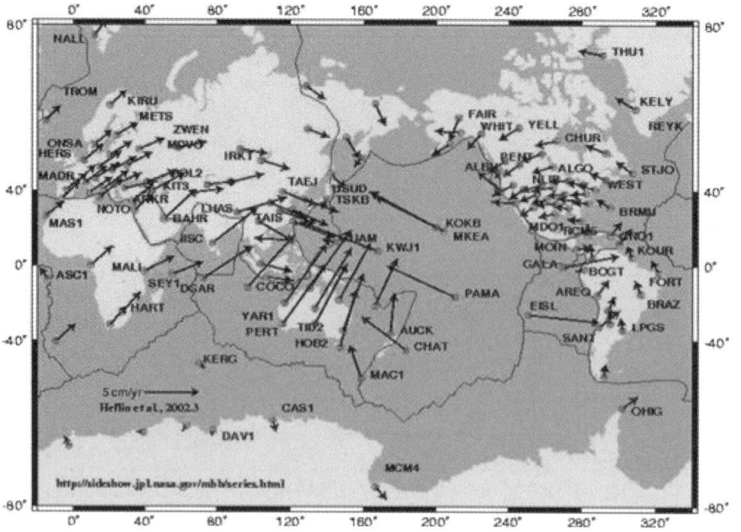

〈그림 6-3〉 GNSS를 이용한 지각변동모니터링(서울시립대학교 GNGL 연구실)

6.1.2 해양분야의 응용

해양의 경우 해양탐사와 해양구조물 준설에 GNSS가 사용될 수 있다. 해상에 떠 있는 배인 경우에는 그 위치가 항상 유동적이므로 기존의 측량방법으로는 위치결정이 어렵지만 GNSS를 사용하면 목적에 맞게 효율적으로 활용할 수 있다. 또한 수심측량의 경우 정확한 수평위치가 필요하므로 GNSS를 이용하여 수평위치를 결정한다. GNSS를 이용하여 선박의 항적과 계측포인트를 실시간으로 처리가 가능하며, 현장에서의 데이터 확인이 가능해지는 장점이 있다. 해상구조물의 준설과 관련하여 항만 등의 설치 시 위치결정에 활용되며, 작업 시 최소한의 인원배치로 안전도를 향상시킬 수 있다(한승희, 2010).

해외에서는 해저지각 변동 모니터링에 GNSS를 활용하고 있다. 현재 일본, 미국, 대만에서 활발하게 연구 중이며, 해저지각변동 모니터링을 위한 GPS/Acoustic(GPS-A) 통합 측위시스템은 해상

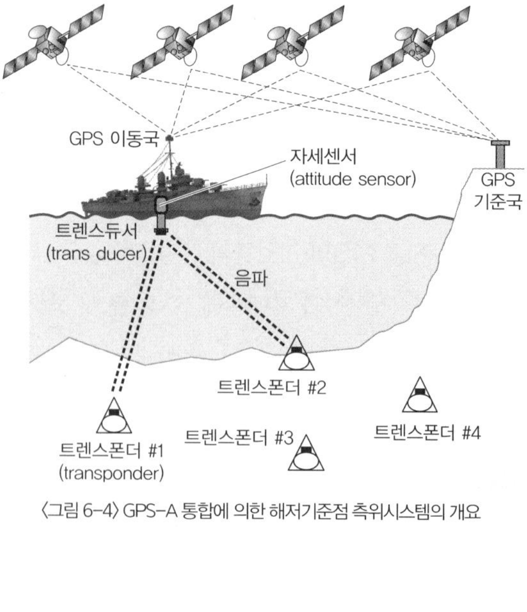

〈그림 6-4〉 GPS-A 통합에 의한 해저기준점 측위시스템의 개요

〈그림 6-5〉 영해기준점 GNSS 측량
(영해기준점 전국 단일망조정 및 좌표 불일치 분석 연구)

측위 부분과 해저측위 부분으로 구성된다. 해상측위 부분은 GNSS 수신기와 자세센서로 이루어져 있으며, 해저측위 부분은 선박의 음향변환기와 해저에 설치되는 기준점에 해당하는 음향 트랜스폰더(acoustic transponder)로 구성되어 있다. 해상측위 부분은 GPS 반송파에 의한 고정밀 상대 이동측위 기법에 의해 선박 하단에 설치된 음향변환기의 3차원 위치를 센티미터 수준으로 결정하는 역할을 담당한다. 선박 하단에 설치된 변환기의 위치를 결정하기 위해 자세센서에 의한 3차원 자세각(Yaw, Pitch, Roll)과 동체좌표계에 대한 GPS 안테나와의 오프셋 측정이 필요하며, 해저측위 부분은 선박의 변환기와 해저기준점인 트랜스폰더 사이의 거리를 음파에 의해 관측하여 삼변측량의 원리를 통해 해저기준점의 좌표를 추정한다. GPS-A 통합 측위에 의한 해저기준점 위치결정 정확도는 수 센티미터 수준으로 해저지각 변동 모니터링에 적용 가능한 것으로 알려져 있다(Spiess *et al*., 1998; Obana *et al*., 2000; Gagnon *et al*., 2005; 국립해양조사원, 2012).

그 외의 해양분야에서는 수로기준점의 측량, 우리나라 영해의 기준이 되는 영해기점의 정확한 위치확보 및 관리를 위하여 GNSS가 활용되고 있으며, 전자해도를 이용한 자동항해와 선박관제 시스템에도 GNSS가 활용되고 있다. 또한 조위관측소의 GNSS를 이용하여 해수면 변동 관측에 지각변위 자료를 제공할 수 있다.

6.1.3 항공분야의 응용

항공분야의 경우 항공기 항법에 많은 부분 활용되고 있으며, GNSS와 INS(inertial navigation system: 관성항법장치)를 이용한 항법이 사용되고 있다. GNSS의 경우 단기간의 항법오차는 크지만 시간이 지나도 오차가 누적되지 않는 장점을 가지고 있으며, INS는 자체적으로 자이로와 가속도계로 측정되는 항체의 가속도와 각속도를 이용하여 속도 및 자세에 대한 정보를 계산하지만 시간이 지날수록 오차가 누적되는 단점이 있다. GNSS/INS는 두 가지의 장점을 취합한 시스템으로 항공관제시스템에도 GNSS 데이터가 활용되고 있다.

항공사진측량과 항공 LiDAR(light detection and ranging) 측량에서는 촬영과 동시에 카메라와

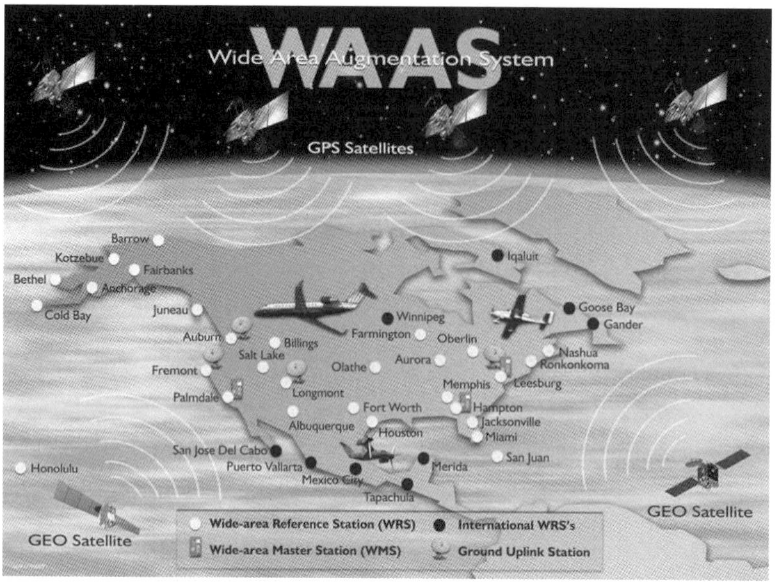

〈그림 6-6〉 광역보정시스템(WAAS: wide area augmentation system) (FAA, 2014)

LiDAR 센서의 노출 위치를 GNSS 신호를 이용하여 결정하며, 일정한 중복도 유지와 지상기준점의 감소를 통하여 측량 비용 절감의 효과를 얻을 수 있다.

6.1.4 기상분야의 응용

대류권은 지상으로부터 고도 약 20km의 대기이며, 공기가 활발한 대류를 일으켜 기상현상이 발생한다. 대류권은 비분산매질(Non-dispersive medium)로 건조가스와 수증기로 구성되어 전자파의 지연을 유발한다. GNSS 신호도 지연된다. 대류권 천정방향 총지연량(ZPD: zenih path delay)은 건조지연과 습윤지연으로 구분되는데 건조지연은 모형화가 가능하며, 습윤지연의 경우 수증기 분포에 영향을 받기 때문에 모형화가 불가능하다. 이것을 이용하여 GNSS 기상학에서는 위성신호 전파지연으로 습윤지연을 계산하여 대기 중 수증기량인 가강수량을 추정할 수 있다. 가강수량(PWV: precipitable wator vapor)은 지표면에서 대기권 정상까지 원기둥 안의 모든 수증기를 응축시킨 결과로 나타난 액체 상태의 높이를 말하는 것으로, 주어진 지역 위의 수증기량을 말한다. 이를 측정하기 위하여 관측소의 기압과 온도의 측정이 필요하다.

전리층은 지상고도 약 65~2,000km 사이에 분포하는 이온화된 영역을 의미한다. 태양으로부터 방출되는 전자기에너지에 의해 생성되며 태양흑점 폭발이 발생하였을 때 통신장애나 측위오차를 유발할 수 있는 것으로 알려져 있다. GNSS 데이터를 이용하여 전리층 총자유전자(TEC: total electron content)를 추정할 있으며, 태양흑점 폭발 등의 예보가 가능하다.

6.1.5 기타분야의 응용

GNSS 데이터는 농업분야에 활용될 수 있다. 해외에서는 이미 상용화되어 대규모 농장에 씨 뿌리기, 비료 주기, 수확하기 등의 자동화 방안에 GNSS를 이용하고 있다. 토목공사에서는 토공량 산출이나 해수욕장 및 도로정밀 측위에 응용할 수 있다. 레저·스포츠 분야에서는 등산, 낚시, 극지탐험, 골프 등에 여러 가지 서비스를 제공할 수 있다.

군사분야에서는 전략, 전술 수행을 위한 저공 비행침투 시 위치정보와 군사요충지 위치정보 확보를 위한 타깃 수집, 원격 공격무기의 유도와 조종에 사용될 수 있다. 지구물리 분야에서는 지각판구조론이나 화산운동 감시 및 연구, 빙하 후 지각 상승, 지국 내부 동역학, 국제표준좌표계 확립, 지구 자전운동 관측 등에 사용될 수 있다. 우주분야에서는 우주선의 이착륙 제어와 위성의 궤도결정, 위성의 자세제어 등에 사용될 수 있다.

〈표 6-1〉 GNSS 활용 분야

활용 분야	상세 활용 분야
측지측량	정밀 3차원 측지망 구성, 기준점측량, 중력측량, INS에 의한 항공촬영, 위성영상 취득, 각종 공사측량
지구물리학	지각변동 관측, 지질구조 해석, 자전속도 및 극운동량 검출
정보통신	이동통신기지국 시각동기, 컴퓨터 데이터의 실시간 연계 처리, 이동통신망 가입자 위치추척, 긴급구조 서비스, 우편물 및 택배 관리
육상교통	ITS, 차량추적 및 배차계획 등 물류관리, 철도운행관리 및 선로 유지 보수
항공우주	비행항로 관리, 전천후 정밀착륙, 위성자세 및 궤도 결정
해양	수로항로안내, 정밀접안, 컨테이너 위치추적, 어장 및 수역관리
환경토목	환경관련 시설물관리, 사회기간시설의 설치 및 관리 및 유지 보수, GIS(측량/측지)
과학분야	지진예방 등을 위한 지각변위 관찰, 자원탐사 위치확인
군사분야	미사일 유도항법, 군사훈련, 포대위치 및 목표물 위치파악
문화/복지	문화재 관리, 묘지관리, 미아 및 노약자 위치추적
농업분야	정밀경작(파종, 이앙, 추수, 농약 및 비료살포), 무인경작
레저·스포츠	등산, 캠핑, 낚시, 개인용 보트/요트 여행, 골프, 운동경로기록
GIS 맵핑	지도 제작, 주제도 제작, 수자원관리, 삼림자원관리, INS를 이용한 맵핑시스템

주: 한승희, 2012; 서울특별시 네트워크 RTK 시스템 홈페이지(http://gnss.seoul.go.kr/intro/intro3.php)

6.2 지적 부문

지적은 토지의 소유권 관리를 위한 위치정보와 속성정보의 관리가 필요하다. 이를 위하여 지적도면과 지적공부로 나뉘어 관리 및 운영되며 지번체계에 따라 위치정보와 속성정보가 서로 연계된다. 지적의 발전 단계에서 다목적 지적을 위한 현대 정보화 기술을 적용하여 토지정보시스템으로 확장된다. 이는 다른 공간정보와 기하적인 위치참고체계에 따라서 다양한 토지 및 일반 행정서비스의 근간이 된다. 공간정보 응용을 위한 지적공간정보 구축, 입체지적, 지하시설물관리, 해양 및 어장관리, 비디오맵핑, 지적데이터 모델링에 응용된다.

6.2.1 지적공간정보 구축과 통합 자료관리 체계

지적연계정보는 지적정보에 부가하여 서비스되는 정보로서 지적정보의 최소 인식단위인 필지에 대한 지번을 이용하여 연결되는 정보이다. 현지조사에 의한 지적연계정보 수집은 직접 육안으로 파악하는 정보로 그 자료의 신뢰도가 높다는 장점이 있지만, 현장에서 모바일기기에 정보를 입력하는 과정에 많은 시간이 소요되는 단점이 있다. 작업 효율성을 높이기 위하여 현장에서는 각 지번별 대표적인 관심점(POI: point of interest)을 모바일기기에 입력하여 전송하거나 동영상을 촬영하여 자료를 수집한다. 공통정보에서 사진 항목은 광범위한 건물을 한 장의 사진에 포함되도록 촬영하기 어려운 점과 디지털 캠코더를 이용한 동영상 취득으로 데이터가 중복 취득되는 점 등을 고려할 때 효율성을 위해 생략 가능하다. 동영상 촬영을 이용하면 건물 내 관심점 정보를 빠른 시간에 취득할 수 있고 각 관심점 간의 공간적인 관계를 파악하는 데 용이하다는 장점이 있다. 현장에서 모바일기기를 통해 취득된 정보는 무선통신(3G, 와이파이) 환경을 통해 사무실에 있는 서버에 저장되며 추가적인 관심점 정보를 취득하기 위한 방법으로서 동영상 촬영 시에는 최대한 많은 정보가 포함될 수 있도록 세밀하게 촬영하며 후속 편집 시 쉽게 구분할 수 있도록 필지별 1개의 파일로 저장한다.

현장측량에서 누적된 자료는 향후 다른 용도로 사용 가능할 정도의 품질을 유지하기 위하여 현장에서 관측한 자료의 활용이 용이하고 측량 결정성과가 확실하게 표현되며, 자료에 대한 누락이 발생되지 않도록 자료등록 체계를 개선한다. 지적통합 자료관리체계는 여러 측량 결과를 한눈으로 확인 가능하도록 도면 위주의 시스템으로 구축되어야 자료에 대한 신뢰성이 높고 향후 상품화

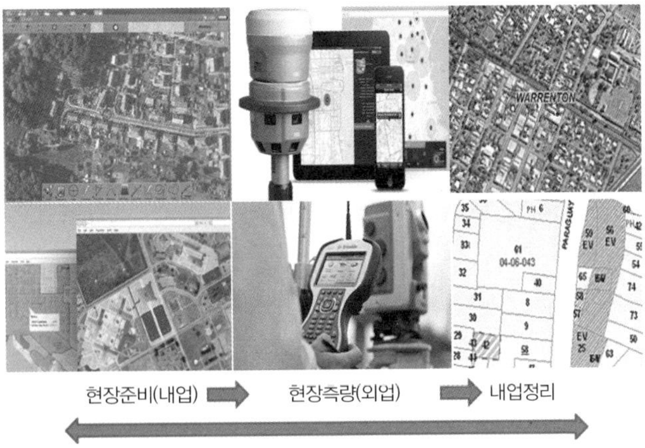

〈그림 6-7〉 현장측량 프로세스

가능한 수준이 된다. 따라서 측량성과를 확실하게 표현할 수 있고 신속하고 정확하게 측량자료를 조회, 저장, 활용할 수 있으며, 측량연혁 및 성과자료 정보를 동일 시스템에서 관리하여 효과적인 정보조회 환경을 제공해야 한다.

6.2.2 입체지적

지적에 대한 3차원 공간정보 활용은 이미 상당한 수준이다. 3차원 지적정보는 지상측량, 항공측량 및 원격탐사 등 다양한 기법으로 취득되고 있다. 최근에는 세계측지계로의 좌표계전환 등의 법률 정비와 항공 LiDAR 측량, 디지털항측카메라 및 GPS와 관성항법장치(INS: inertial navigation system) 결합, 네트워크기반 RTK, 지상 LiDAR 스캐닝 기법의 도입 등 측량장비 및 기술의 진전을 통해 신속하게 고품질의 3차원 공간정보를 취득할 수 있게 되었다.

3차원 지적은 토지이용이 다양화·입체화됨에 따라 토지의 경계, 지목 등 지표면에 관한 물리적 현황은 물론 지하공간과 지상공간에 설치된 시설물 및 건축물 등을 도해 혹은 수치의 형태로 등록 및 공시하거나 또는 시설물의 관리를 지원하는 제도로, 일명 '입체지적'이라고도 한다. 또한 3차원 지적제도는 토지의 소재, 지번, 경계, 면적, 좌표 등의 속성으로 이루어진 평면적인 2차원 지적에 소유권이 미치는 공중·지하의 입체적 요소들을 등록하여 관리하는 지적제도를 말한다.

공간정보 취득기술의 발달에 따라 2차원이 아닌 3차원 입체공간의 정보 취득이 활발하게 진행되고 있다. 입체적 공간으로 지하상가, 지하철 등 지하공간정보가 필요하다. 지하공간에 대한 정

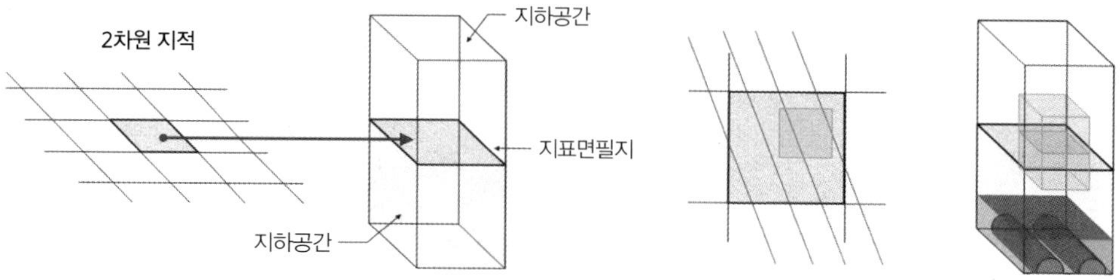

〈그림 6-8〉 3차원 지적의 개념과 표현

보 취득은 토털스테이션이나 지상라이다(LiDAR)를 이용하여 정보를 취득한다. 적용 대상물에 따라 방법을 달리하는데 토털스테이션을 이용한 지하공간 취득방식은 작업과정이 지상 라이다에 비하여 덜 복잡하나 대상물에 대한 세밀한 입체감을 표현하기가 어렵다. 또한 주요 굴곡점을 이용하여 모델링 시 낮은 수준의 3차원 모델 제작은 가능하나 현장 취득이 용이하지 않을 뿐만 아니라 임의적으로 모델링하거나 현장사진을 이용하여 모델을 생성하게 되므로 그에 따른 오차가 발생하여 정확도가 떨어진다는 단점이 있다. 지상 라이다를 이용할 경우 자료가 방대하여 처리 시간이 길고 작업 속도 또한 토털스테이션에 비하여 오래 걸린다. 하지만 1인 측량이 가능하고 대상물에 대한 곡선부분 및 돌출부분의 경우에는 입체적으로 사실적 표현이 가능하여 세밀도(LOD: level of detail)를 요하는 문화재 측량이나 건축물 안전 진단의 경우에는 토털스테이션에 비하여 지상 라이다를 이용한 데이터 수집이 훨씬 더 활용성이 높다.

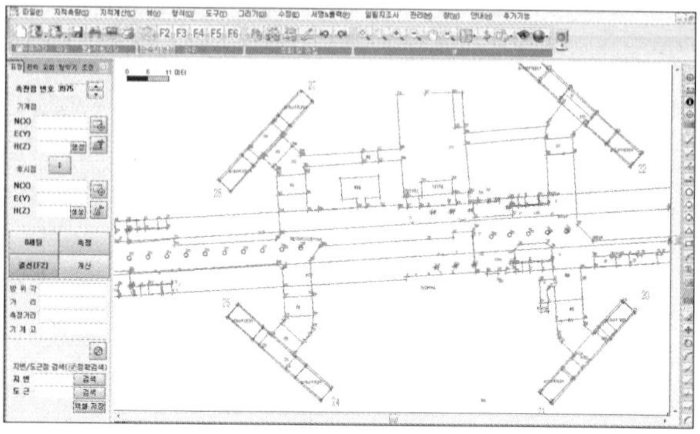

〈그림 6-9〉 3차원 지적(평면)도

6.2.3 영상기반 지적정보

지적측량은 대부분 지상측량에 의하여 이루어지나 위성영상, 항공사진영상 등이 지적조사와 자료의 가용성을 높인다. 지적도면과 영상정보를 중첩하여 다양한 서비스를 제공하기 위하여 보다 신속하고 저렴한 방안 중에 하나가 무인기를 활용하는 것이다. 고정밀의 지적측량 신기술로 측량대상지역 영상촬영에 고정익 무인항공기를 주로 이용한다. 이 경우 지상기준점을 영상촬영성과와 정확도에서 하나의 사례로 X에 대하여 평균 5cm, Y축에 대하여 평균 2cm, 제곱근오차의 경우 X에 대하여 5cm, Y축에 대하여 3cm의 값을 구할 수 있었다. 영상을 이용한 시스템 관측의 정확도는 0.5~1.0pixel 정도의 결과를 얻었고 이는 항공사진측량 내규의 1:500 축척의 지도를 제작할 수 있을 정도의 매우 정밀한 좌표 추출이 가능하다.

〈그림 6-10〉 고정익 드론

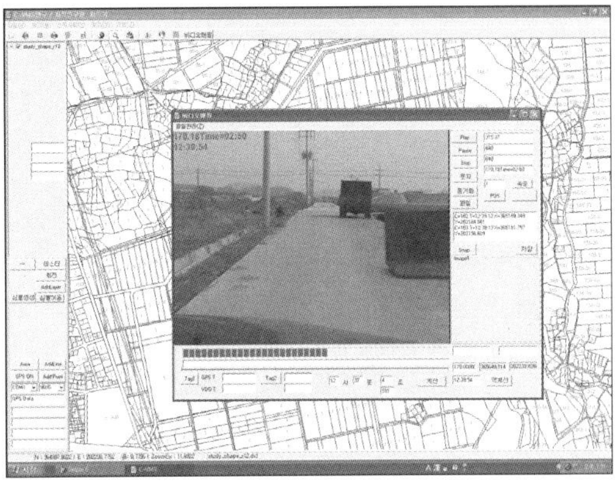

〈그림 6-11〉 지적도면과 영상연계

〈그림 6-12〉 영상지적도

지적필지정보를 응용하여 해당 필지 지역에 대한 위성영상과 항공영상의 활용성은 대단히 높을 뿐만 아니라 인간의 시야각과 유사한 비디오 영상은 현실감이 뛰어난 장점이 있다. 해당 필지 지역에 대한 비디오영상의 촬영과 함께 음성신호를 비디오에 저장하여 동기화시키는 방법으로 GPS에 의한 측정일자와 시간, 위치, 속도, 방향의 정보를 바탕으로 일정한 간격으로 비디오 영상으로부터 촬영위치 및 이미지정보를 추출한다. 측정한 위치와 시간을 비디오영상으로부터 이미지를 추출한다. 추출한 이미지와 지적도면을 동기화하여 단순한 지적필지 정보에 대하여 현장의 모습을 볼 수 있다. 따라서 현장에 직접 방문하지 않고 현재의 토지사용 형태를 파악할 수 있다. 지적정보에 비디오 프레임 번호, 촬영시간이 표시되며 GPS 자료에 의하여 측정시간과 경위도 및 평면좌표의 정확한 위치정보의 파악이 가능하다.

위성영상 및 항공사진을 휴대가 용이한 저용량의 영상, 지적도 중첩파일 포맷 GeoPDF를 이용하여 영상응용지적도를 제작하여 현장에 모바일 단말기로 휴대하여 활용하고 프린팅하여 재배포할 수 있다. GeoPDF 포맷은 기존 방법과 차별된 기능으로 경위도좌표, 평면지각좌표(UTM) 표현, 좌표입력으로 포인트 검색을 할 수 있다. 또한 화면상에서 각, 길이, 면적을 측정하며 GPS를 연결하여 궤적과 위치를 표시한다. 측정위치에 대하여 북마크와 하이퍼

링크 생성, 출력, 주석, 심볼, 그리기(Drawing) 지형도 등(Rich media)을 추가하고 공유한다. 파일 크기가 원시영상의 20% 미만이므로 이메일, 웹 기반 네트워크, DVD, CD-ROM으로 배포한다.

6.2.4 지적공간정보와 고속도로

고속국도 부지 내에 있는 토지가 축척과 지목이 서로 다르거나, 필지의 세분화가 지적관리의 효율성을 저해한다. 고속국도에 있는 토지의 등록 전환, 분할, 합병, 지목변경을 통한 필지의 단일화로 정확한 지적도 기반의 공간정보를 제공하여 공간정보산업을 보다 활성화할 수 있다. 고속국도 사업지역에 대한 지적기준점 측량과 정위치 이정거리측정은 Network-RTK 방법을 사용한다. 지적측량이 완료되면 등록 전환 측량 후 공부정리를 한다. 이 경우 지목변경, 소유권에 대한 명칭변경과 공부정리, 필지합병 대상 토지 공부정리, 정위치 이정 분할측량 후 공부정리를 한다. 토털측량시스템을 이용하여 정위치 터널구간 현황을 측량하고 성과품을 작성한다.

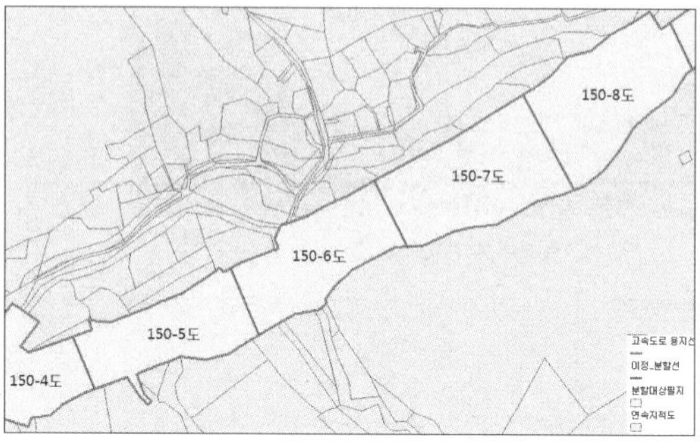

〈그림 6-13〉 지적 필지와 공간정보 성과

6.2.5 지적정보 데이터 모델

지적정보 데이터 모델은 현실 세계로부터 일반화된 공간정보에 대해 논리적으로 일관성 있는 정의를 제공하는 모델로서, 해당 공간정보에 대한 명확한 정의를 제공한다. 만약 사용자가 지적정보의 어의적 의미, 정보의 구성 및 내용에서 공통된 이해를 가지지 않는다면 지적정보의 활용 효율성은 떨어지고 지적정보에 대한 상호운용은 불가능해질 것이다.

〈그림 6-14〉는 현실세계로부터 지적정보 구현에 이르는 과정을 개념화한 것이다. 지적 및 공간정보는 현실세계의 수많은 개체와 현상을 일반화하고, 이를 지적공간정보 응용 목적에 맞게 설계하고, 구조화를 거쳐 지적공간정보 데이터를 구현하게 된다. 법률에서 제시하는 기본공간정보는

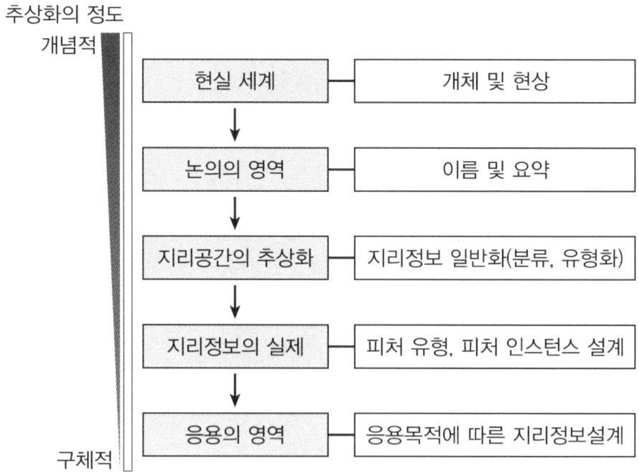

〈그림 6-14〉 지적정보 구현

단일 정보 구조가 아닌 주제별로 구성 한다. 기본공간정보를 구현하기 위해 공통된 관점으로 이해하고 인식할 수 있는 기반이 필요하다. 이를 위해서는 기본공간정보 데이터 모델은 개념적 설계 및 논리적 설계 단계인 지적정보 설계단계까지 구체화하는 것이 필요하다.

6.2.6 해양지적

해양지역의 소유권에 대한 효과적인 관리를 위해 여러 선진국들은 앞 다투어 해양지적을 비롯한 여러 가지 해양공간계획을 도입하고 있다. 오스트레일리아(Binns, 2003)는 처음 해양지적 개념을 도입하고 지역정부별로 웹 기반의 해양지적서비스를 제공하고 있다. 영국은 2010년 1월에 국가해양법을 제정하고 관련 조직(MMO: marine management organization)을 설립하여 해양공간 활용에 대한 종합적인 토대를 마련하였다. 영국 외에 선진화된 해양공간계획을 적용국가는 서로 인접한 해양을 공동으로 관리하는 바덴 해 3국 협력지역을 결성한 독일, 네덜란드, 덴마크 등이 있다. 이 국가들 간의 공통점으로는 전체적인 해양지적 도입은 비록 아니지만, 위치를 기반으로 효율적인 해양관리를 위한 체계화를 시도하고 있다.

해양지적관리는 3차원적 공간을 통하여 복잡한 여러 가지 해양의 권리가 중첩되고 토지, 해안, 해양의 범위가 나뉘어 관리된다는 점에서 토지와는 다르다. 해양공간계획(marine spatial planning)은 일반적으로 토지이용계획을 해양에 적용한 공간계획으로, 육지에 비해 체계가 미흡했던 과거와 달리 현재는 권리보호, 경계설정, 경제, 사회, 문화적 편익 등을 고려한 운영체계가 연안국을 중심으로 정립되고 있다.

지적은 토지에 대한 소유권을 등록 및 관리하는 시스템으로 해양과 토지의 경계구분은 명확하여야 한다. 지적경계는 지적공부상에 등록된 필지와 필지를 구분하는 선으로 지적도면상에 표시된 도상경계를 의미하며 해안선의 경우에는 해수면이 최고조에 달했을 때 육지와 바다의 구분이

〈그림 6-15〉 측량성과 중첩 -자연해안선 구역(A)

되는 선으로써 자연적 현상으로 나타나는 형상적 또는 사실적인 지상 구분선을 의미한다. 해안선 측량은 조수간만의 차이가 발생하기 때문에 사실상 지상측량만으로 결정할 수 없는 기술적인 어려움이 따른다. 따라서 표고모델에 의한 경계의 결정을 위하여 3차원측량이 수반되어야 한다.

6.3 GIS 부문

1980년대 캐나다에서 산림자원관리를 위해 GIS가 사용되고, 우리나라에서는 1995년 국가지리정보체계 구축사업(NGIS)이 시작되면서 GIS 활용 분야는 공공부분의 시설물관리, 자원관리, 교통 및 물류관리 등 관련부서의 업무지원을 위한 시스템이 주를 이루었다. 그러나 최근 GIS는 상권분석, 고객마케팅 등의 민간영역, 그리고 다양한 사용자의 참여에 의한 참여형 GIS, 그리고 공공부분에서도 시민들에게 보다 나은 서비스 제공을 위한 정책지도 작성, 빅데이터 분석에 기반한 서비스, 그리고 의사결정을 지원할 수 있는 시스템으로의 확대 등 활용사례가 다양화되고 있다.

6.3.1 공공부문 활용사례

우리나라에서 GIS는 1995년 국가 지리정보체계 구축사업으로 전국적으로는 1:5,000 수치지형도, 대도시에는 1:1,000 수치지형도가 구축되면서 이를 기반으로 하는 다양한 업무시스템들이 구축되었다. 도로관리시스템, 상하수도 관리시스템, 지하시설물 관리시스템 등 시설물 관리를 위한 GIS를 시작으로 중앙부처의 부서별로 공간정보와 관련된 시설물이나 데이터 관리를 위해 다양한 시스템들이 구축 및 활용되고 있다. 이 가운데 몇몇 사업을 살펴보면 통계청은 통계청에서 직접 조사하는 인구센서스 및 타 기관의 통계를 집산하여 현재 약 116개 기관에서 작성하는 506종의 국가승인통계를 제공하고 있는데, 특히 인구 및 주택센서스와 사업체 기초조사 자료에 대해서는 집계구 단위의 소지역 통계를 구축·활용하고 있다. 문화재청은 문화재 위치 및 속성정보를 구축하고, 문화재 보존관리에 GIS를 활용하고 있으며, 기상청은 기상예보, 환경부는 국토환경관리, 산림청은 산림자원관리 업무에 GIS를 활용하고 있다.

중앙정부 차원에서 추진되는 다양한 GIS 사업들이 대부분의 부처에서 정보를 GIS 기반으로 관리하는 것에 초점을 두는 반면 의사결정지원에 초점을 둔 시스템도 있다. 가장 대표적인 것이 국토공간계획 지원체계(KOPSS)라 할 수 있는데 이 시스템은 국토공간계획지원을 위해 각종 데이터를 구축하고 이를 기반으로 공간분석 기법을 활용하여 국토정책 및 공간계획 수립을 지원하고 있다. 국토공간계획 지원체계는 도시기반시설계획지원모형(시설이), 경관계획지원모형(경관이), 도시정비계획지원모형(재생이), 지역계획지원모형(지역이), 토지이용계획지원모형(터잡이)의 5가지 분석 모형을 제공하고 있으며, 각 모형에서 제공하는 의사결정 지원기능은 〈표 6-2〉와 같다. 지방자치단체는 중앙의 각 부처별로 추진하는 관련 시스템을 보유하고 있는데 서울시의 경우 각 부서별 업무시스템의 데이터 공유와 의사결정지원을 위해 공간데이터웨어하우스(spatial data warehouse)를 구축·활용하고 있다. 서울시 공간데이터웨어하우스는 각 부서의 공간정보시스템에 공통적으로 필요한 공간데이터의 자료 공유 및 유통을 위한 공간정보의 통합 및 연계 시스템이라 할 수 있으며, 사용자의 의사결정에 도움을 주기 위해 분석 가능한 공간정보를 제공하는 의사결정 지원시스템이라 할 수 있다.

공공부분에서 GIS 활용이 시설물 관리 및 토지관리, 부서의 의사결정 지원에 초점을 두었던 반면 최근 들어서는 보다 나은 시민서비스를 위해 GIS를 분석하는 사례도 증가하고 있다. 예를 들

〈표 6-2〉 국토공간계획 지원체계(KOPSS)의 5가지 분석모형

모형	세부 모형	개발 내용
지역계획	국토 현황 다차원 분석모형 지역개발사업 계획 지원모형	국토현황에 대한 각종 통계정보를 시·공간 차원에서 분석
토지이용 계획	토지수요 예측모형 토지개발 가능지 분석모형 토지이용계획지원모형	토지의 효율적인 활용을 위해 장래 발생하게 될 토지의 용도별 수요 예측 개발부지 선정계획의 신뢰성을 확보할 수 있는 토지개발 가능지 탐색 토지용도별 적합성 분석, 최적 지역에 용도 배치를 위한 지원 모형
도시재정비 계획	도시 내부 공간관리 지원모형 도시 재정비 촉진지구 선정 지원모형	도심 내 재활용 및 재정비 가능 지구 탐색 도시재정비촉진지구 선정을 위한 잠재력평가 및 도심재생 정책 지원
도시기반시설 계획	기반시설 입지 계획 지원모형 기반시설 공급 적정성 평가 모형	주민복지 향상과 형평성 제고를 위한 이용자 중심의 시설입지계획지원 도시기반시설의 입지와 서비스 체계 분석, 공공서비스 공급 적정성 평가
경관계획	경관계획지원모형	도시개발에 따른 경관훼손 및 건조환경 변화에 대한 3차원 시뮬레이션

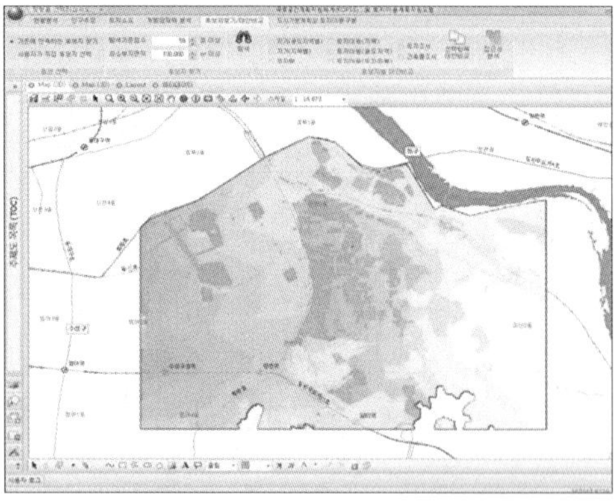

토지이용계획지원모형을 이용한 토지개발잠재력 분석 사례

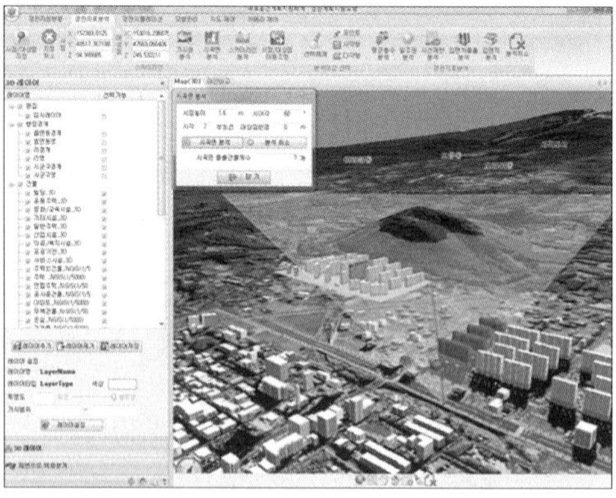

경관계획지원모형을 이용한 공동주택단지 시곡면 분석사례

〈그림 6-16〉 국토공간계획 지원체계(KOPSS) 분석 모형 사례

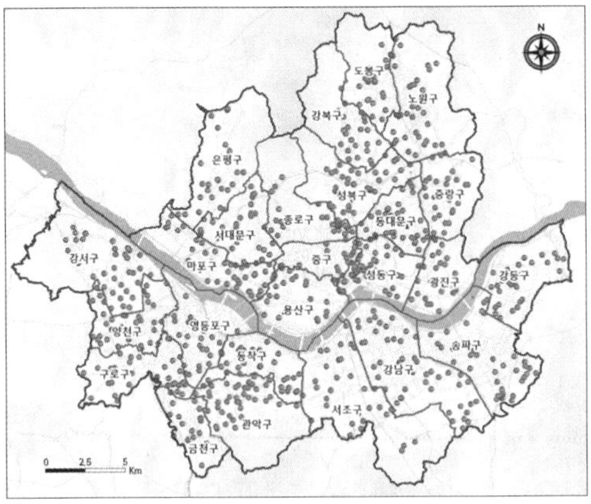

국공립어린이집 위치도

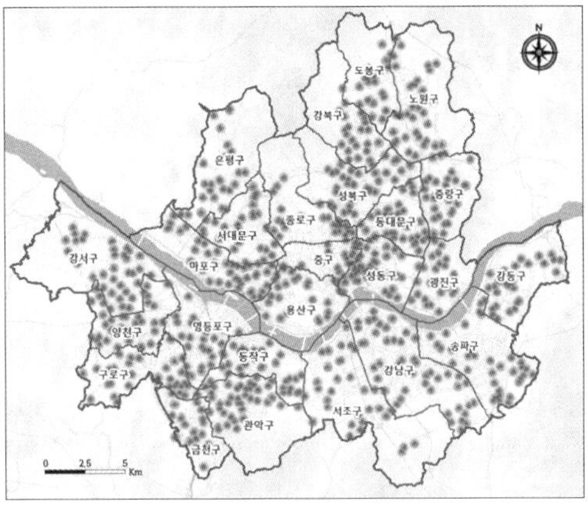

국공립어린이집 도보접근권역도

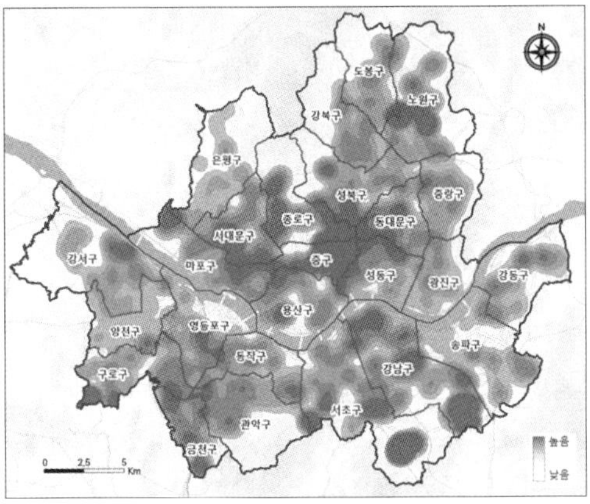

국공립어린이집 향유도

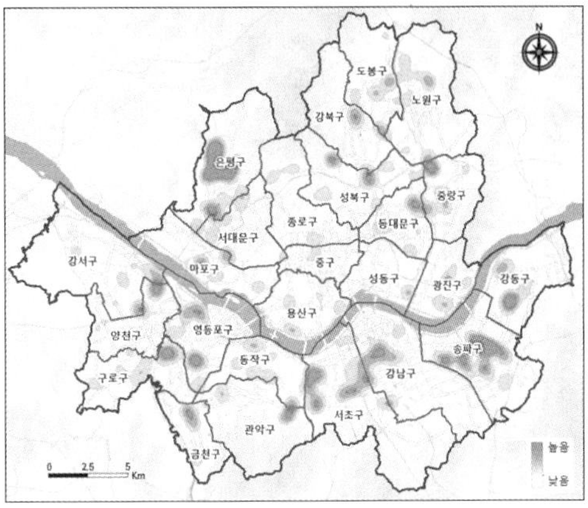

국공립어린이집 수요예측도

〈그림 6-17〉 서울시 정책지도 예시: 서울시 국공립어린이집 분포와 영유아 인구 분포를 분석하여 국공립어린이집 수요가 높은 곳을 분석한 지도(http://gis.seoul.go.kr)

어 서울시에서는 정책지도서비스를 실시하고 있는데 이는 서울시가 보유하고 있는 다양한 정보를 공간을 기반으로 분석하고 이를 통해 보다 나은 서비스를 제공하고자 하는 것이다. 서울시 국공립어린이집, 노인복지시설, 공원, 도서관, 공공체육시설 등에 대해 상대적으로 서비스가 낮고 수요가 높은 곳을 분석하여 향후 관련 시설을 건립할 때 수요가 높은 지역부터 시설이 건립될 수 있도록 정책을 지원하는 서비스이며, GIS를 기반으로 하는 합리적 의사결정 지원 서비스라 할 수 있다. 또 다른 대표적 예는 서울시의 심야버스 정책사례이다. 심야버스는 자정부터 오전 5시까지 도심과 주거지역을 연결하는 버스인데 당초 2개 시범노선에 대한 호응이 높아 현재 9개 노선으로 확대되었다. 서울시는 서울시가 보유한 교통데이터, 심야시간 택시콜 데이터, 기존 버스 노선망

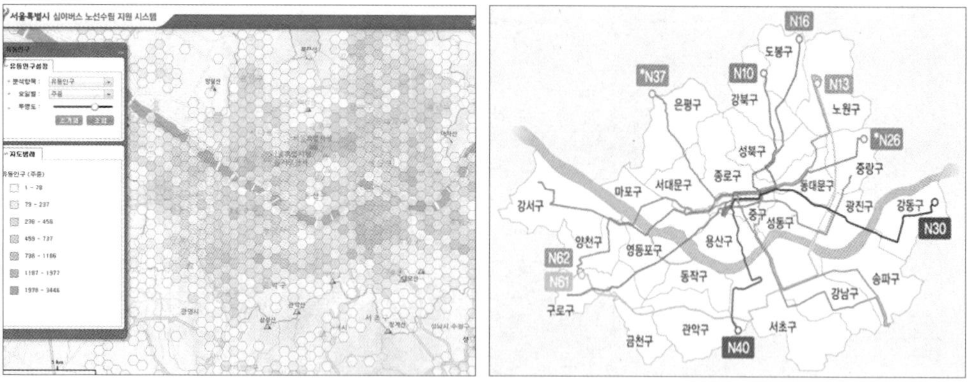

〈그림 6-18〉 서울시 심야버스 정책사례: 육각형 셀 단위로 기존 노선 및 시간·요일별 유동인구와 교통수요 패턴을 분석하여 심야버스 노선 선정

데이터, 통신회사 휴대전화 통화량 30억 건의 패턴을 GIS로 통합 분석하여 버스 노선 선정 및 운행시간 등을 조정하고 심야버스를 운행하고 있다. 이는 빅데이터와 GIS를 연계하여 정책서비스를 제공한 사례라 할 수 있으며, 시민에게 보다 나은 서비스를 제공하기 위한 공공부문 GIS 활용은 지속적으로 증가할 것으로 예상된다.

국토포털은 국토지리정보원의 인문지리정보 제공을 위한 시맨틱 웹으로서 인문지리정보의 지식기반 구축에 머물지 않고 지리적 위치를 기반으로 한 온톨로지를 중심으로 인문지리정보를 통합하여 구축하였다. 이는 기존 공간정보 및 인문지리정보에 IT를 접목하여 공간정보기반 서비스 체계를 마련한 것으로, 교육 등의 대국민 서비스에 활용 가능하다. 온톨로지 구조를 통해 검색된 각종 인문지리정보를 지오웹 기반의 3차원 GIS 서비스 체계를 구축하여 제공하고 스마트폰을 이용해 사용자 위치 중심의 다양한 인문지리정보를 현장에서 서비스받을 수 있다. 유관기관 및 민간에서 다양한 목적에 맞추어 서비스를 개발하고자 할 경우 표준화된 개방형 서비스를 통하여 효과적으로 연계·활용할 수 있다.

국토교통부의 온나라(www.onnara.go.kr)는 'Online'과 '나라'를 결합시켜 만든 이름으로 지도로 찾는 국토 및 부동산정보를 한곳에서 해결할 수 있는 '원스톱(One-Stop)' 서비스를 제공하는 웹사이트이다. 국민들이 전 국토를 사이버상에서 현실감 있고 친숙하게 접근할 수 있도록 서비스하고 있다.

서울시는 공공과 민간의 협력을 통한 복지를 활성화시키는 희망온돌 커뮤니티 맵을 운영하고 있다. SNS의 발달, 양방향 소통의 유행 등은 사용자를 기존 공간정보 전문업체에서도 생산하기 어려운 정보를 생산할 수 있는 프로슈머(Prosumer: 생산과 소비를 동시에 하는 사람)로 진화하게

〈그림 6-19〉 국토포털 : 시맨틱 웹을 이용한 인문지리정보 제공 사례(http://www.land.go.kr/portal/UserInfo/serviceInfo.do)

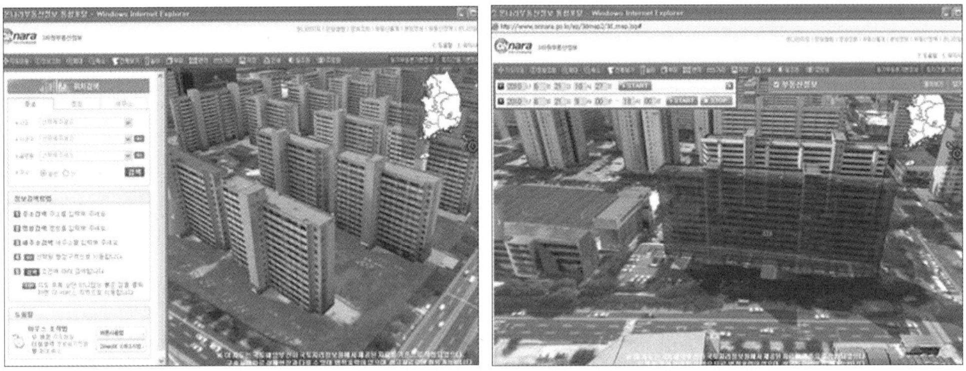

〈그림 6-20〉 온나라: 부동산정보 위치검색 및 일조분석 사례

했다. 또한 공동체에서 필요한 정보를 다수의 구성원이 SNS 등을 이용하여 지도에 정보를 입력하는 방식인 커뮤니티 맵핑이 있다. 기부 단체, 기부 품목, 도움이 필요한 이웃의 공간정보를 확인할 수 있고 여기에 필요한 정보는 개별적으로 입력하는 방식으로 운영되고 있다.

서울시에서 실시하는 천만상상 오아시스(http://oasis.seoul.go.kr/oasis/index.jsp)는 웹 2.0 기술을 활용한 대표적인 참여정부 웹사이트이다. 또한 국토해양부에서도 광주광역시 양림동을 테스트베드로 마을 만들기 웹사이트를 구축하여 주민 주도형 마을 만들기와 커뮤니케이션 미디어를 개발한 사례가 있다. 기술적으로 웹과 UI를 포함하는 다양한 주민 참여도구 소프트웨어를 하나의 시스템으로 통합하여 여러 주거지 상황과 주민들의 유형에 대응하여 유연하고 손쉽게 사용할 수 있는 체계로 전환한 시스템이라고 할 수 있다.

〈표 6-3〉 온나라: 부동산정보 웹서비스 사례

서비스	주요 내용 및 현황
위치검색 (주소, 명칭, 새주소)	• 주소, 명칭, 새주소로 위치 검색 가능 • 지도서비스에서 조회된 필지의 3차원지도로 바로 이동(3차원서비스 지역만 해당) • 관심 필지의 현황을 속성정보와 입체적 현황을 동시에 확인 가능 • 현장 방문에 대한 사용자 불편함 해소 가능
부동산정보 제공	• 지도의 새로운 UI 패턴으로 3차원서비스 변경 • 사용자 편의성 강조: 일목요연하게 볼 수 있는 부동산정보 결과 제공 • 지도서비스의 UI 패턴 통일로 사용자에게 보다 친숙한 서비스 제공
일조권 분석	• 년·월·일 입력 후 선택된 건물에 대한 특정 시간 및 시간대역에 대한 일조권 시뮬레이션 • 현실감 있는 일조권 서비스를 통해 현실에 보다 근접한 서비스로 발전 도모
조망권 분석	• 조망권 분석을 수행할 건물에서 시작 위치와 방향을 지정할 지점을 지도 상에서 선택하여 조망권 시뮬레이션 • 조망권 분석을 통한 현장 방문 없이 관심 지역의 주변 환경을 파악할 수 있고, 원스톱 서비스로의 발전 도모

6.3.2 민간부문 활용사례

민간부분에서 GIS는 상권분석, 지역에 따른 차별화된 고객서비스 등을 목표로 하는 금융 및 유통업분야에서 활발히 활용되고 있다. 예를 들면, 금융분야에서는 은행의 고객데이터를 기반으로 매출 예측을 통한 점포 신설, 마케팅 전략 설정, 성과 측정 목표 배정 등의 업무에 활용하며, 신용카드 업계에서는 카드 사용데이터를 기반으로 회원 특성, 소비 패턴, 선호서비스, 사용 장소 등의 특성을 분석하고 카드 사용한도 부여, 고객유형별 마케팅, 지역별 마케팅 전략 수립 등에 활용하고 있다. 유통업계나 통신업계에서도 고객데이터를 기반으로 우수 고객 관리, 이탈고객 방지, 향후 타깃 마케팅 대상지역분석 등에 GIS를 활용하고 있다(강영옥, 2010).

GIS 기반 상권분석을 컨설팅하는 서비스도 민간의 새로운 비즈니스 모델로 떠오르고 있다. SK텔레콤 지오비전(http://www.geovision.co.kr)은 SK텔레콤, 현대카드, 미래에셋, 부동산114, KIS정보통신 등에서 제공하는 데이터베이스를 토대로, 구체적인 지역의 상권을 다양한 방법으로 분석해 준다. SK텔레콤의 기지국 통화량 통계분석 데이터와 현대카드, POS(point of sales)사, VAN(value added network)사의 매출 통계자료를 토대로 유동인구, 업종 매출 정보를 산출하여 상권의 수익성, 경쟁력, 잠재 고객 등 상업적 입지결정에 도움을 주고 있다. GIS United(http://gisutd.com)에서도 기업과 공공기관을 대상으로 GIS에 기반한 공간분석 및 비즈니스 컨설팅 서비스를 제공하고 있다.

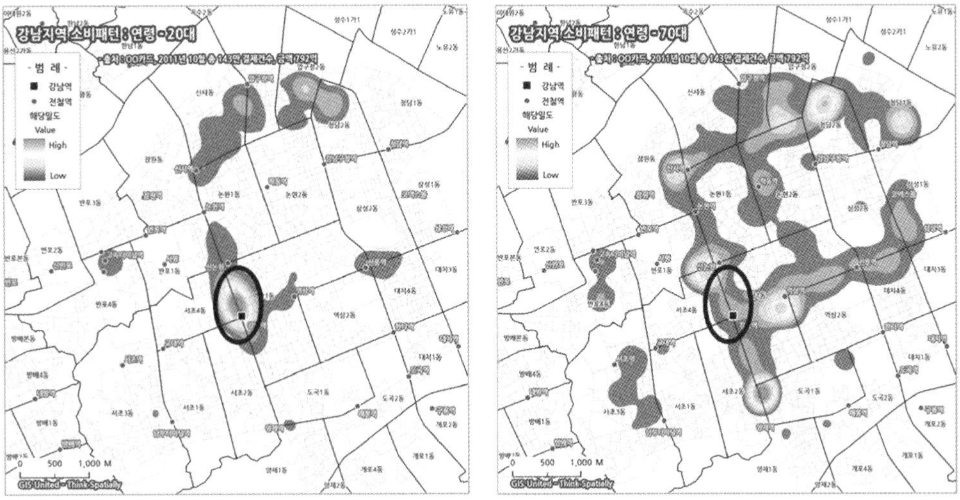

〈그림 6-21〉 신용카드 데이터를 이용한 강남역 부근 20대와 70대 소비지역 차이(송규봉, 2014)

구매 고객(최근 2년 매출 분포)　　잠재 고객(인근 동별 세대수 분포)　　타깃 고객(잠재 고객 밀집도)

〈그림 6-22〉 신용카드 데이터를 이용한 강남역 부근 20대와 70대 소비지역 차이(송규봉, 2014)

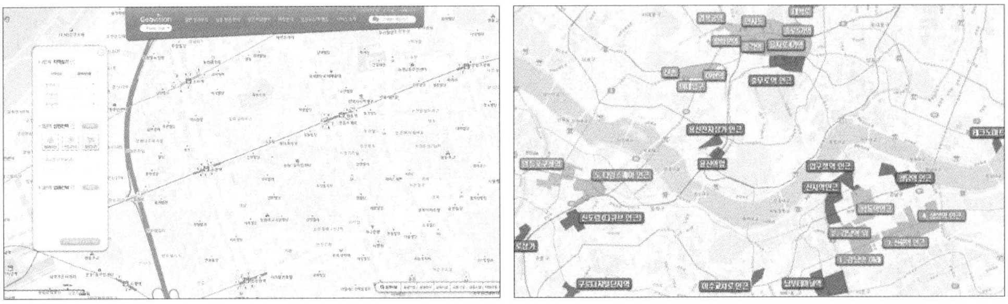

상권분석 화면　　신규점포 출점에 유리한 상권 추출결과

〈그림 6-23〉 SK텔레콤 지오비전 서비스(http://www.geovision.co.kr)

〈표 6-4〉 지오비전의 상권분석 서비스 예시

상권분석 주제	상권분석 내용	
상권분석 개요	선택 상권 주요 정보, 선택 업종 주요 정보	
수익성분석	매출분석	월평균 추정 매출, 요일 별 추정 매출, 시간 별 추정 매출, 성·연령 별 추정 매출
	매출 심화분석	추정 매출 동향, 1회 방문 시 평균 추정 결제 금액, 1회 평균 결제 금액대별 주요 고객
	업종분석	선택 업종 매장 수 증감 추이, 선택 업종 매장 업력, 선택 업종 매장 분포 현황, 선택 업종 매출 TOP3 지역, 선택 업종 매장 수 TOP3 지역
	추정 수익	선택 업종 추정 수익 지표, 추정 수익 시뮬레이션
경쟁력분석	유사업종분석	유사업종 현황, 유사업종 월평균 추정 매출, 유사업종 요일 별 추정 매출, 유사업종 시간 별 추정 매출, 유사업종 성·연령 별 추정 매출, 유사업종 추정 매출 동향
	트랜드 업종분석	매출 증가율 상위 TOP3 업종, 매장 수 증가율 상위 TOP3 업종, 시간대 별 매출 상위 TOP3 업종, 주중/주말 매출 상위 TOP3 업종
잠재 고객분석	상수인구 현황분석, 상수인구 고객 심층분석, 유동인구 현황분석, 유동인구 고객 심층분석	
지역분석	부동산정보분석	상가·점포 임대료 시세 및 매물 현황, 아파트·오피스텔 시세 및 매물 현황
	인구집중 유발 시설분석	인구집중 유발 시설 분포 현황, 주요 기업 분포 현황

http://www.geovision.co.kr

민간부문에 대표적인 사례로 웹 표준기술이 적용되어 모바일웹브라우저에서 사용 가능한 '김기사' 내비게이션 애플리케이션이 있다. 웹브라우저에서 모바일웹의 URL만 입력하면 해당 웹브라우저에서 웹뷰로 길안내 서비스가 가능하므로 주소나 위치정보를 '카카오톡', '라인' 등의 모바일 메신저로 친구에게 전송하면 수신자는 별도의 애플리케이션을 다운로드 받거나 회원가입을 하지 않고도 이용 중인 애플리케이션 내에서 '김기사'의 길 안내 서비스를 이용할 수 있다. 기술이 발달하면서 내비게이션은 DMB 방송 수신, 동영상 재생, MP3 재생, 게임 등 다양한 기능을 탑재한 멀티미디어 종합 기기로 거듭났다. 특히 DMB 기술을 도입하면서 실시간 교통정보 수집도 가능해졌다. DMB 방송망을 이용해 교통정보를 내려받는 기술표준인 TPEG(transport protocol expert group) 전용 단말기를 이용하면, 실시간으로 교통정보를 탐색해 최단거리 코스로 주행할 수 있다. 또한 경로 비교, 관심 지역정보, 사고 정보, 생활 정보 등이 실시간으로 반영되며 감시카메라 업데이트도 가능하게 되었다.

국내 보안업체인 삼성에스원은 구글맵 기반에 UVIS(ubiquitous, vehicle information system)를 개발하여 실시간 공간정보 업데이트가 가능한 클라우드와 실시간 교통정보를 이용하여 주요 버스회사와 물류회사를 포함한 다양한 국내 회사들의 약 7,000여 대의 차량에 적용하였다. 운송 관련 회사들은 수십 대의 차량 운행으로 차량들을 한 대 혹은 특정 그룹별로 묶어 체계적으로 관

〈그림 6-24〉 김기사 내비게이션 서비스(http://news.inews24.com/php/news_view.php?g_serial=872789&g_menu=020310)

〈그림 6-25〉 UVIS 차량정보 시스템(http://www.sphinfo.com/portfolio-item/s1)

리하는 것이 중요하며 배달 과정에서의 운전 경로, 연료 사용량 모니터링, 안전 운전, 온도 감지를 효과적으로 관리하여 비용절감의 효과를 거두고 있다. 실시간으로 위치를 파악하는 것뿐만 아니라 운행 상태, 공회전, 과속, 충격 등 차량에서 발생하는 이상 상태를 즉시 확인할 수 있고 구글맵 스트리트뷰를 통해 관제센터에서 해당 차량이 위치한 도로의 상황을 실시간으로 받아볼 수 있다.

6.4 원격탐사 부문

원격탐사는 영상해석뿐만 아니라 관측센서를 개발하는 광학분야와 센서를 탑재하는 플랫폼을 제작하는 기계분야까지 기술과 학문이 광범위하게 연관되어 있다. 데이터 취득, 영상처리와 같은 분야들 또한 서로 밀접하게 연계되어 기술적인 측면의 발전 추세가 원격탐사의 활용에 영향을 미친다. 우주개발의 미래상을 제시하는 우주 비전은 미국의 우주탐사 계획을 이끌었던 폰 브라운 박사가 제시한 것이 대표적인 견해로 자리 잡고 있다. 그는 우주왕복선→우주정거장→달→화성으로의 단계적 우주탐사를 통해 새로운 발견과 미지의 세계를 개척하는 비전을 제시하였다. 냉전시대에 미국과 소련을 시작으로 세계 각국이 달과 행성탐사에 참여하면서, 달과 행성탐사 경쟁은 다시 열기를 띠기 시작했다. 현재 미국과 러시아뿐만 아니라 유럽, 중국, 일본, 인도 등의 세계 각국은 달을 비롯하여 태양계의 행성에 탐사선을 보내고 탐사 로봇 차량을 통해 다른 행성을 탐사하려는 시도를 경쟁적으로 진행하고 있다. 우리나라도 2020년까지 달에 궤도위성을 보내고 2025년에는 착륙선을 보내는 계획을 수립한 바 있다.

위성탐사의 발전과 더불어 최근 센서 및 플랫폼 관련 분야(드론, ubiquitous sensor network, 메모리, 통신 속도)의 급속한 발달은 원격탐사의 활용 분야가 확장되는 데 획기적인 전환점을 만들고 무인항공기(무인기) 진화가 예상보다 훨씬 빠르게 진행되고 있다. 무인항공기나 헬기를 이용한 원격탐사는 과거에는 선진국의 전유물처럼 여겨졌지만 이제는 드론 기술의 선진화 여부가 원격탐사기술에 대한 국가 위상을 결정하는 요인이 될 정도로 보편화된 기술로 받아들여질 전망이다. 원격탐사위성을 우주에 발사한 국가는 50여 개국에 이르며 민간기관도 50여 개에 이른다. 미소 양국의 우주개발 패권을 차지하기 위한 경쟁이 제1의 원격탐사시대 활동의 동력이었다면, 다양한 국가와 민간기관이 원격탐사 기술을 활용하여 국민 삶의 질을 향상시키고 국가 안보를 유지하며 경제적 이윤을 얻고자 하는 다양한 실질적 요구가 제2의 원격탐사시대를 이끌고 있다. 제1의 원격탐사 시대에는 위성에서 지구의 사진을 취득하는 것 자체에 의의를 두었다면, 제2의 원격탐사시대에는 원격탐사 영상을 활용하여 경제적 이윤을 창출하는 것으로 변모하였다(최남미, 2012).

6.4.1 우주탐사

태양계에 속하는 수성, 금성, 지구, 화성, 목성, 토성, 천왕성, 해왕성 등이 행성이며, 태양계 밖에도 행성이 있다. '행성탐사'는 바로 이러한 우주공간의 행성들을 탐사하는 것이다. 우주탐사는 달과 행성탐사를 포괄하는 개념으로 우주인이 직접 행성으로 가서 탐사하는 유인탐사와 탐사장비를 보내어 원격으로 행성을 탐사하는 무인탐사로 구분된다. 1950~1960년 냉전시절 미국과 소련의 군비경쟁으로 시작된 제1의 우주시대에 인류는 최초로 인공물을 우주에 올렸고, 지구 외의 천체인 달을 탐험하였으며, 지구궤도를 벗어나 드넓은 태양계로 우주왕복선을 보내려는 노력이 계속되고 있다. 우주를 정복하기 위한 인간의 끊임없는 욕구는 우주개발의 한계를 극복하는 우주정거장을 구상하게 된다. 국제우주정거장(ISS: international space station)은 행성탐사의 최전선으로 건설된 우주기지이자, 지구궤도에 건설된 대형 구조물로서 사람이 생활하면서 우주실험, 우주관측 등 우주개발에 필요한 임무를 수행하는 곳이다. 인공위성과 같이 상공 약 354km의 우주에서 지구 한 바퀴를 도는 데 1시간 40분 정도 밖에 걸리지 않는 빠른 속도로 하루 15번가량 지구를 공전하고 있다. 축구장 두 개 정도의 크기와 맞먹는 거대한 크기(약 108m)로 지구와 가까이 있어 날씨가 좋으면 간단한 망원경으로도 하늘을 지나는 하얗고 작은 점의 불빛 같은 모습으로 관측된다. 국제우주정거장에서 거주하는 우주인들을 원정대(expedition)라 부르며 선장(commander)과 비행기술자(flight engineer)로 그 역할을 나누고 있다. 원정대는 16개 회원국에서 선발되며 한 번 탑승하면 6개월 동안 국제우주정거장에서 임무를 수행한다. 국제우주정거장 안은 1기압 상태에 18~21℃의 온도를 유지하는 쾌적한 환경이며, 시간은 국제표준시(GMT)를 사용하고 있다.

우주탐사선에는 먼 거리에서도 각종 자료를 얻을 수 있는 원격탐사 장비가 실려 있다. 이 장비들은 달 또는 다른 행성의 표면, 자기장, 대기, 중력 등을 조사한다. 우주탐사의 초기에는 카메라가 수동으로 찍는 영상만을 자료로 얻었으나, 이후에 레이더를 이용한 원격탐사가 시도되었으며 최근에는 로봇을 행성에 착륙시켜 행성 표면에 대한 직접적인 자료를 얻는 것이 표준화된 방식으로 자리 잡아 지구와 수천만 킬로미터나 떨어진 행성의 정보들을 지구에 앉아서 확인할 수 있는 수준에 이른 것이다.

행성의 환경, 자원 등을 탐사하는 장비로 우주탐사의 핵심 기술로 로버(rover)가 있다. 로버의 사전적 의미는 방랑(유랑)자로, 머나먼 우주의 행성을 탐험하고 돌아다니기 때문에 붙여진 이름이다. 통신환경에 따라 다르지만, 국제우주정거장으로부터 지상까지는 거의 실시간으로 통신이 가능하며, 달 표면에서는 약 3초 정도, 화성에서는 4~21분의 시간 차이가 발생한다. 따라서 지상에서 원격으로 제어하는 것 이외에 로버가 자동으로 운행되기 위해서는 기본적으로 로버가 스스로 움직이게 하는 자율주행 프로그램이 필수적이다(김주현 외, 2013).

로버는 자율 주행을 위해 스스로 지도를 제작하고, 스스로의 위치를 확인할 수 있다. 로버에 탑재된 스테레오 카메라로 지형을 탐지하여 만든 스테레오 영상으로 3차원지도를 만들고, 이 지도를 통해 자신이 위치한 기준점에서 갈 수 있는 지역과 갈 수 없는 지역을 판단할 수 있다. 로버는 탑재된 과학 장비를 이용하여 행성의 토양이나 암석을 관찰하고 성분을 분석해 지구로 보내 주기도 하고 로버에 장착된 태양전지판에서 전력을 생산하여 사진을 찍거나, 과학 연구 장비를 작동하거나, 자료를 전송하는 등에 사용한다. 탐사선이 달 또는 다른 행성에 직접 가는 것은 의미가 크다. 더 가까운 곳에서 찍은 영상을 받아볼 수 있으며, 행성의 표면과 대기의 성분을 분석해 볼 수도 있기 때문이다. 태양계의 행성은 태양으로부터의 거리가 서로 다르고, 제각기 다양한 중력과 성분과 대기환경을 갖고 있는데, 이들 물리화학적 조건을 연구하는 것은 우주의 다양한 현상뿐 아니라 우리가 살고 있는 행성인 지구를 깊이 이해하는 데 도움을 준다.

우주탐사를 목적으로 발전해 온 위성 및 발사체 관련 기술은 미사일, 감시위성 및 통신시스템, 로봇 등 우주·국방 분야에서 혁명적인 역할을 하게 되어 각국의 우주탐사 기술 수준이 국제 경쟁력의 상징으로 자리 잡고 있다. 우주개발 기술은 각종 신기술을 가능하게 하는 첨단산업이다. 우주탐사를 통해 발전한 기술은 방송 통신, 위성측위시스템, 일기예보, 지구 자원 관측 등을 가능하게 하였으며, 간접적으로는 의료장비와 각종 연료전지의 개발에 영향을 미쳤다. 더 나아가 태양계의 다른 행성 개발을 통해 지구에 부족한 귀중한 자원을 얻게 될 가능성도 있다(최남미, 2012).

21세기에는 로봇이 태양계의 모든 행성에서 묵묵히 일하면서, 우주에 대한 각종 정보와 지하자원을 지구로 보내오고, 심지어는 스스로 행성에 로봇 공장을 만들어서 우주 개척에 나설지도 모른다. 기후변화 등 자연재해로 우리가 살고 있는 지구가 위험에 처하자 우주에 있는 행성으로 이사를 갈 수 있는 안전지대를 추적하는 영화 〈인터스텔라〉가 현실화될 수 있을지도 모른다. 하지만 아직 우리가 직면한 현실은 대한민국 최초의 우주발사체인 나로호(羅老號, Naro, KSLV-I; Korea space launch vehicle-I)가 겪은 두 번의 발사 실패이다. 우주탐사에는 막대한 예산과 또 생각지도 않은 위험이 많이 도사리고 있어 치밀한 계획과 전략으로 단계적인 접근이 필요하다. 현재 우리나라의 원격탐사는 발사체 개발에만 치중하고 우주탐사의 결과물이 국민에게 공간정보로 전달되어 삶의 현장에서 우주개발의 필요성을 공감하게 하는 노력이 부족하다. 따라서 공간정보학도는 우주개발 성과를 공간정보로 연계하려고 하는 역사적 사명의식이 필요하며 공간정보학이 우주탐사 관련 학문의 주축을 잇는다는 인식을 고양할 필요가 있다.

6.4.2 드론

무인기를 말하는 드론(drone)은 조종사 없이 무선전파로 유도하거나 지상에서 원격으로 조정하는 무인항공기(UAV: unmanned aerial vehicle)를 의미한다. 군사용으로 처음 개발되어 지금까지 정찰, 감시, 폭격 등의 임무를 수행해 온 무인항공기는 최근 민간 시장에서 지도 제작 등 다양한 원격탐사 용도로 활용이 급속히 확대되고 있다. 드론은 사용자가 활용 및 관리하기 쉬운 상태로 발달하여 다양한 형태의 맞춤형 드론을 사용자가 직접 제작할 수 있는 장점이 있다. 즉 드론은 DIY(Do It Yourself) 제작이 가능하다. 사용자가 직접 접은 종이비행기에 모터, 배터리, 프로펠러, 통신 칩 등이 탑재된 구동 모듈을 부착하면 누구나 쉽게 소형 드론을 제작할 수 있고, 블루투스 연결을 통해 스마트폰으로 드론을 원격조종할 수도 있다. 드론 비행 방식으로 최근 각광받는 다수 프로펠러를 지닌 멀티콥터(multicopter)는 수직 이착륙과 정지 비행(hovering)이 가능하면서도, 구조가 간단하여 유지·보수가 쉬운 장점이 있다. 로터(날개)의 각도를 조종하여 움직이는 헬리콥터와 달리 멀티콥터는 각각의 프로펠러 회전수를 이용해 방향을 전환하기 때문에 구조가 단순하고 수리도 쉽다. 엔진 대신 전기모터를 사용하는 개인 소형 드론의 경우 이러한 장점이 더욱 부각되는 편이다. 또 자이로센서와 가속도계를 통해 바람이 부는 곳에서도 스스로 수평을 유지하기 때문에 조종도 쉽다(김형근 2014).

통상 드론은 스마트폰으로 조종하고 드론에 부착된 카메라를 통해 영상을 촬영하는 작업이 동시에 이루어진다. 초기에 진입 장벽이 다소 높은 전문화된 활동이었던 데에서 벗어나 드론의 대중화가 진행 중이다. 스포츠나 여행을 즐기는 사람이 자신의 모습을 공중에서 촬영하기 위한 목적으로 개발 중인 드론의 경우 사람이 드론을 조종하지 않아도, 구글맵을 통해 이동 경로를 미리 입력하면 드론이 자동으로 따라다니면서 촬영을 한다. 드론과 차량용 지도 제작시스템(MMS: mobile mapping system)이 연계되는 시스템인 플라잉 컴패니언(flying companion)은 차량의 지붕 위에 드론을 탑재하고 있다. 이 시스템은 드론이 차량 주변을 돌면서 도로 상황과 토지이용 등 차량이 이동하는 지역의 원격탐사 영상을 실시간으로 제공한다. 탑승자는 차량 내에서 태블릿을 이용해 드론을 수동으로 조종할 수 있다. 단어 뜻대로 '하늘을 나는 동료'로서 원격탐사 영상을 확보하는 역할을 수행하는 것이다. 다수의 드론이 협력하여 영상을 촬영하고 고도별, 수직조망, 사각조망 등 다양한 조망으로 촬영된 영상이 블록으로 조합되고 스테레오 영상으로 제작될 경우 기존의 위성영상이나 항공사진 시스템에 국한된 응용보다 훨씬 정교하고 복잡한 작업을 처리할 수 있게 되어 원격탐사의 영역은 상상을 초월하게 될 것이다.

드론영상의 공간해상도는 보통 5~10cm 수준으로서, 해상도 1m인 최신 위성사진보다 100~400배 높다. 상대적으로 좁은 지역에서 데이터 취득 시 유인 항공사진촬영보다 경제적이다. 10cm 미만의 드론영상의 등장으로 지금까지 광학분야에서 주로 사용되었던 50cm 미만의 고해상도 위성영상보다 공간해상도와 물체의 식별 범위가 향상되었다. 그간 해양, 대기, 산림, 수자원 등 중규모 이상의 환경 위주였던 원격탐사의 응용분야가 드론을 통해 도시계획, 시설관리, 농작물 분석 등 상세한 정보가 필요한 소규모 환경까지 확장되었다. 건물, 교통시설물 등 10cm 이하의 고해상도에서 식별할 수 있는 도심시설물을 관측하는 일이 가능해진 것이다.

드론은 자유롭고 신속하게 이동하면서 탑재된 카메라나 센서를 통해 원격 감시를 할 수 있다. 실시간으로 영상을 취득하는 드론의 원격감지시스템으로 작물생육상황을 해석하여 농약, 비료 투입량을 정밀하게 산정하거나 목축에서 동물의 이동상황을 감시하는 데 활용되고 있다(Marks, 2014; Hodson, 2013). 조난자 수색, 산불 감시, 교통 위반 단속, 우범지역 및 국경지역 감시 같은 공공 목적으로 활용도가 높다. 소치 동계올림픽 대회에서 안보 문제가 부각되자 러시아 정부는 10대 이상의 드론을 띄워 보안을 강화하였다. 주변 환경이 위험하고 순찰 범위가 넓으며 도로도 갖춰지지 않은 지역일수록 드론의 감시 능력은 빛난다. 세계적 석유 업체 BP의 경우 알래스카 주 노스슬로프의 송유관 파손 여부를 점검하는 데 드론을 사용하고 있다. 알래스카의 강풍과 추위에도 자이로가 탑재되어 안정된 영상을 제공하면서 송유관의 이상 유무를 실시간으로 감시하고 있는 것이다. 한편 과학 탐지 등 연구목적으로도 드론의 센싱 능력이 활용되고 있다.

기상관측 무인기 에어로손데(Aerosonde)는 온도, 기압, 습도, 바람, 화학·생물학적 관측이 가능한 드론으로서 허리케인 중심 부근과 같이 수집이 어려운 곳의 데이터를 수집하는 데 사용되고 있다(성낙환, 2014). 현재 현장조사에 의해 취득되는 데이터의 많은 부분이 특정지점에 대해 집중적인 촬영이 가능한 무인기의 영상으로 대체 또는 보완될 것으로 전망된다. 더 나아가 과거에 유인항공기 영상이나 고해상도 위성영상이 활용되었던 상당 부분의 원격탐사 영역이 드론의 영역

〈표 6-5〉 축척별 지도의 종류와 활용되는 원격탐사 영상

종류	특징	실제 지도의 예	활용되는 원격탐사 영상
대축척도	1/5,000보다 큰 것 (축척의 대소는 비교의 문제임)	5,000 기본도, 설계도 등	유인항공사진
중축척도	1/10,000~1/100,000	25,000, 50,000, 10,000 지형도	유인항공사진, 위성영상
소축척도	1/100,000 미만	200,000 지세도, 500,000 지방도, 100,000 집성도	위성영상

으로 대체될 전망이다.

대축척의 지도는 그간 유인항공기에서 취득된 항공사진을 활용하는 방식이 관행으로 정착되었으나(표 6-5), 상당 부분 무인항공기의 영상에서 필요한 정보가 취득될 수 있을 것으로 판단된다. 이미 토포드론(Topo drone) 등 지도 제작용 무인항공기가 개발되어 실무에 활용되고 있다(DroneMetrex, 2014). 구글은 태양광 무인비행기(드론) 업체와 열기구 풍선업체를 인수하여 기존의 인공위성보다 낮은 고도를 도는 고성능 소형 인공위성을 지구촌 곳곳에 띄우는 계획을 추진하고 있다(나지홍, 2014). 말하자면 10cm 이하 수준의 고해상도 원격탐사 서비스를 제공하는 '위성함대(Satellite Fleet)' 프로젝트를 추진하고 있는 것이다. 구글의 위성함대 프로젝트가 본격화하면, 드론을 활용하여 취득할 수 있는 고해상도 영상이 스마트폰에서 서비스되는 시대가 조만간에 열릴 것으로 판단된다.

또한 조만간에 저렴한 셀카 드론이 대중화되어 '1인 1드론' 시대가 열릴 것으로 판단된다(Clarke, 2014; Clarke and Bennett Moses, 2014). 누구나 쉽게 스마트폰에 애플리케이션을 설치하여 개인용 드론 조종으로 공중에서 경치나 셀카를 촬영하게 되어 원격탐사의 영역이 크게 확대될 것으로 보인다. 한 예로 축구를 즐기는 사람이라면 본인의 경기 장면을 원격탐사 영상으로 촬영하여 경기 중 본인의 위치 이동을 파악하여 경기 도우미로서 원격탐사 영상을 활용할 수 있을

〈그림 6-26〉 경북대학교 정문 주변 잔디밭에서 모임을 가지고 있는 학생들의 모습(2014.10. DJI PHANTOM 드론으로 촬영)

〈그림 6-27〉 경북대학교 복지관 주변 도로와 주차장(2014.10. DJI PHANTOM 드론으로 촬영)

것이다. 드론과 더불어 원격탐사가 대중화되면 취미생활의 변화뿐 아니라 농업, 교통, 물류, 유통, 서비스 등 관련 산업에 미치는 파급력도 상상 이상일 것이다.

6.4.3 유비쿼터스 센서네트워크

원격탐사 과정에서 현지를 방문하여 원격탐사 영상의 분류결과를 조사자가 직접 육안으로 비교하는 것은 중요한 절차이다. 이와 같은 접근은 그동안 현지 방문조사에 시간이 많이 소요되고 수작업으로 인한 실수가 많이 발생하여 그 결과의 유용성에 대해 많은 의문이 제기된 것이 사실이다. 이런 문제 때문에 과거에는 원격탐사 영상 분류결과에 대해서 기피하는 경향이 있었으며 원격탐사 영상과 비교하여 조사현장의 실태를 실시간으로 파악하는 현지조사를 수행하는 데는 상당한 한계가 있었다. 하지만 이제는 원격탐사 영상의 분류 과정에서 조사대상지역의 상황을 실시간으로 검색하는 것이 가능해졌다.

모바일맵핑기술(MMT: mobile mapping technology)의 개념은 기반이 되는 기술의 변화에 따라 변화해 왔다. 모바일맵핑시스템(MMS: mobile mapping system) 초기에는 이동체(차량, 사람 등)에 장착된 센서(주로 항공사진카메라)를 통하여 수집한 데이터와 별도로 측량한 지상기준점을 이용하여 지형지물의 위치와 형상을 측정하는 개념으로 사용되었다. 그러나 오늘날에는 GPS와 관성항법장치(INS: inertial navigation system)의 사용이 보편화되어 별도의 지상기준점 없이 지상에서, 특히 도로상에서 이동체에 장착된 센서를 이용하여 수집한 자료만으로 3차원 위치측정을 수행할 수 있는 기술의 개념으로, 실시간으로 다양하고 복잡한 지형지물정보를 취득하기에 가장 적합한 방법으로 사용되고 있다(그림 6-28). 모바일맵핑시스템은 위치정보와 영상을 확보하기 위한 다양한 종류의 센서들을 결합하여 구성됨으로써 각 센서의 성능과 센서 간 연계 활용 능력에 따라서 전체 시스템의 성능이 결정된다. 모바일맵핑시스템을 구성하는 센서를 구분해 보면, 이동체의 위치와 자세를 결정하기 위한 센서인 GPS, 관성항법장치, 관성측정장치(IMU), 주행

〈그림 6-28〉 모바일맵핑시스템을 장착한 장비

거리계, 디지털방위계 등의 장치들과 맵핑을 위하여 지형지물의 형상과 관련된 정보를 수집하기 위한 센서인 CCD(charge-coupled device) 카메라, 라이다(LiDAR: light detection and ranging), 영상레이더(SAR: synthetic aperture radar) 등으로 구분할 수 있다. 네이버의 거리뷰나 다음의 로드뷰 서비스들이 이러한 기술을 활용한 사례이다. 모바일맵핑시스템은 원격탐사 영상 분류결과를 확인하는 과정에서 기존의 현지조사 방식과 대비하여 비용 및 시간 면에서 효율성을 높이고 향후 활용성을 높이기 위한 첨단정보 시스템이다.

유비쿼터스 센서네트워크(USN: ubiquitous sensor network)란 '필요한 모든 사물 또는 장소에 전자태그(RFID: radio-frequency identification)를 부착하고 이를 통하여 사물의 인식정보는 물론 주변의 환경정보까지 탐지하여 이를 실시간으로 네트워크에 연결하여 정보를 관리하는 것'을 의미한다. 이러한 유비쿼터스 센서네트워크의 요소기술로는 크게 사물과 환경인지에 사용되는 센서노드 기술과 데이터 전달을 위한 네트워킹 기술, 전달받은 데이터를 정보로 가공하여 서비스하기 위한 응용기술 등으로 구분된다. 이 가운데 유비쿼터스 센서네트워크의 기반이 되는 센서노드 기술은 무선주파수(RF) 태그·모듈, 센서, 센서노드 운영체제로 구성되며, 네트워킹 기술은 센서노드 간의 중계뿐만 아니라 광대역통합망(BCN: broadband convergence network) 등의 기간통신망과 연결을 위한 기술이며, 응용기술은 분야에 따라 다양하지만 ONS(Object Naming Services) 등을 포함한 미들웨어 기술이 있다. ONS는 사물의 정보파일이 어디에 있는지 연결시키는 기능으로, 현재 인터넷상의 도메인네임서버(DNS)에 해당하는 기술이다. 일반적으로 유비쿼터스 센서네트워크는 자신의 주변정보를 감지하고 전달하는 센서노드와 여러 센서로부터 정보를 전달받아 전송하는 중계노드와 인터넷이나 기간망과의 접속을 위한 최종노드인 싱크(Sink)로 〈그림 6-29〉와 같이 구성된다. 유비쿼터스 센서네트워크는 원격탐사 영상의 분류결과를 확인하

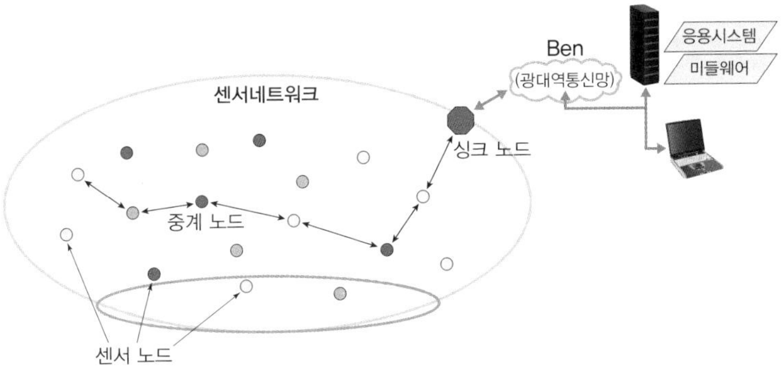

〈그림 6-29〉 유비쿼터스 센서네트워크 개념도

는 데 유용하게 접목될 수 있는 개념이며, 특히 실시간으로 무선 네트워크와 원격탐사 영상 간에 연계체계를 구현할 수 있다는 측면에서 원격탐사의 활용 영역이 다양한 분야로 확장되는 데 크게 기여할 것으로 판단된다.

〈그림 6-30〉 제주도 한라산 성판악 휴게소에 설치된 유비쿼터스 센서네트워크

일본의 도쿄대학교에서는 위성영상에 나타난 현상을 검증하는 과정에서 농지 및 토양정보의 시·공간적 변화를 파악하는 데 유비쿼터스 센서네트워크 기술을 적용하여 현지 이미지를 포함한 다양한 농지의 토양정보를 실시간으로 관측하고 있다(NARC, 2014). 센서노드는 웹서버, 다중 센서네트워크 카메라, 무선 근거리 통신망(LAN) 모듈 등 다양한 전자기기를 탑재하고 조사 현장에 반영구적으로 설치되어 있다. 도쿄의 실험실에서는 양배추의 생산지로 유명한 혼슈 군마 현 북부 고원 지역의 경사 농경지(해발 1,170m)의 화상, 일사량, 기온, 습도, 풍향, 풍속, 강수량, 토양수분량 등 작물재배 환경을 모니터링하고 있다. 식물 생육상태, 비료, 농약 살포 실태 등을 실시간으로 모니터링하여 원격탐사 영상과 연계하여 분석을 수행하고 있다.

기상청은 2008년과 2009년 제주도 남부에 58개 지점의 유비쿼터스 센서네트워크 기상 관측장비를 설치하고 관측된 자료의 수집을 위한 무선메시 네트워크를 구축하였다(그림 6-30). 온도, 습도, 기압, 강우, 강우감지, 풍향, 풍속 등 7종류의 관측센서만으로 구성되었는데 장기적으로는 총 175개의 센서가 자가전원(태양열)을 가지고 독립된 통신개체로서의 역할을 수행하도록 하고 관측된 자료를 무선메시 네트워크를 통해 수집하는 것을 목표로 하고 있다. 2009년도에는 기존 무선메시 네트워크(2008년 구축분)와 신규 무선메시 네트워크가 연결되면서 한라산을 중심으로 한 링 형태의 무선메시 네트워크가 만들어지면서 초음파 풍향·풍속 센서와 더불어 타 분야의 관측센서(토양수분, 일사 등)를 연계하였다. 유비쿼터스 센서네트워크 통합관측장비는 원격탐사 영상과 현지조사를 연계하기 위한 대표적인 솔루션으로 다양한 원격관측센서를 통합적으로 수용할 수 있는 실용 모델이다. 기상청에서 추진한 유비쿼터스 센서네트워크 사업은 각종 기상측정 센서에서 수집한 정보를 무선으로 수집할 수 있도록 네트워크를 구축하였으므로 이러한 기반기술을 토대로 원격탐사 영상 분류결과를 확인하는 데 필요한 데이터를 측정하는 기술(식생, 토지이용, 서식 조건 등)을 융합하는 것은 기술적으로 큰 어려움이 없을 것으로 판단된다. 유비쿼터스 센서

네트워크가 국내 전역으로 확대되고 향후 전 지구적인 기후변화 및 자연환경 변화에 공동으로 대응하기 위한 범정부적인 기관 망으로 공동 활용될 경우 원격탐사 영상에 나타난 현상을 현지조사를 통해 확인하는 지상실측정보(ground truth)는 획기적인 전환점을 마련해 줄 것으로 판단된다.

원격탐사의 발달은 GPS, 컴퓨터, 센서기술, 플랫폼기술, 네트워크의 급속한 발달과 함께, 인문·사회·자연과학과 공학 등의 학문적인 분야뿐만 아니라 우리 삶의 깊숙한 곳까지 영향을 미칠 것이다. 하지만 누구도 정확하게 원격탐사의 미래가 어떠할지는 예측할 수 없을 것이다. 지금까지 지도 제작은 인공위성영상보다는 지형지물 식별 능력이 우수한 항공사진을 주로 활용해 왔다. 1990년대 이후 SPOT 위성사진의 해석도화에 의한 지도 제작 실험이 이루어졌다. 최근 들어 공간해상도 40cm급 고해상도 위성영상이 상용화됨에 따라 고해상도 위성영상을 이용한 수치지도 제작이 본격화되고 있다.

10년 전만 해도 드론을 통해 촬영된 영상을 통해 주차장에 공간이 있는지 파악할 수 있을 정도로 원격탐사가 도약할 줄 아무도 예상 못했다. 인터넷으로 서비스되는 원격영상이 우리 주변의 공간객체가 어디에 있는지, 자연환경의 훼손 실태가 어떤지 알려 주고 있으며, 우리가 대처하여야 할 방향까지 알려 주고 있다. 무인기를 활용하여 인터넷에서 교통 상황을 실시간으로 서비스하던 것도 불과 몇 년 전만 해도 상상하기도 어려운 것이었는데, 특정 지역만 집중 감시하는 저고도 위성이 곧 나올 전망이다. 유인항공기에 의존하여 왔던 많은 응용분야가 무인항공기나 무인헬기의 영역으로 대체되어 원격탐사의 영역이 일상생활의 다양한 영역으로 확장되는 시대가 도래하게 될 것이다. 가까운 미래에는 원격탐사가 우리 삶의 거의 전 영역에 걸쳐 큰 영향을 미칠 것이다.

6편 참고문헌

- 국립해양조사원, 2012, 수직기준 모니터링 및 기본수준점(TBM) 정비사업, 157.
- 김병곤, 2011, 공공기관 모바일 GIS 콘텐츠 개선 및 활용방안에 관한 연구, 서울시립대학교 석사학위논문.
- 김주현 · 서행자 · 김어진 · 이주희, 2013, 달 및 행성탐사선의 과학임무용 분광탑재체 개발동향, 『항공우주산업기술동향』, 11(1), 161-168.
- 김형근, 2014.09.23., "대학에 부는 무인항공기 붐: 수요 증가 기대되지만 규제 안 풀려", The Science Times.
- 나지홍, 2014.06.04., "사막 · 정글서도 인터넷… 구글 '와이파이 위성' 180개 쏜다", 조선일보.
- 성낙환, 2014.02., "드론의 상용화, 매스 마켓 가능할까", LG Business Insight, 1290, 23-28.
- 송규봉, 2014, GIS민간분야 활용사례, 2014 이화여자대학교 특강자료.
- 송기정, 2012, 해상구조물 유도설치를 위한 실시간 모니터링 측위 석사논문
- 엄단비 · 엄정섭, 2011, MRV 관점에서 UN-REDD 등록 가능성 분석: 개성시의 사례를 중심으로, 『환경법연구』, 33(3), 30-63.
- 이동윤 · 엄정섭, 2010, Landsat TM 위성영상 픽셀 기반의 녹지 연계망 평가, 『한국공간정보학회지』, 18(2), 1-12.
- 주용진, 2013, 효율적인 네트워크 데이터 관리를 위한 가변-축척 지도 제작 방안, 『한국지형공간정보학회』, 21(4), 143-150.
- 최남미, 2012, 세계 우주개발 미래 전망과 주요국의 정책 방향, 『과학기술정책』, 22(4), 69-85.
- 최진호 · 엄정섭, 2012, GOSAT으로 추적된 동북아시아 이산화탄소 유동방향의 계절별 비교평가, 『한국공간정보학회지』, 20(5), 1-13.
- 최진호 · 주승민 · 엄정섭, 2014, GOSAT과 안면도 지상 관측소에서 측정된 이산화탄소의 상관성 분석, 『한국지형공간정보학회지』, 22(2), 11-16.
- 한국전자통신연구원,2008, 텔레매틱스용 Map Air Update 기술 개발에 관한 연구.
- 한승희(2010), 공간정보학, 구미서관, 378-379.
- 황진영, 2006, "국제우주정거장(ISS)" Retrieved 2015.1.6. from http://www.kari.re.kr/sub030401/GIS United, 2014, 공공정책을 위한 빅데이터 전략지도, 더숲.
- articl es/view/tableid/sense_normal/type/eNortjK3UiouTcpKTS5RsgZcMCHtBI4::/keyword/eNoBGFww5_9zOjE2Olwi7Jqw7KO8IOygleqxsOyepVwiO5bODQo::/id/91.
- Clarke, R., 2014, Understanding the drone epidemic, *Computer Law & Security Review*, 30(3), 230-246.
- Clarke, R. and Bennett Moses, L., 2014, The regulation of civilian drones impacts on public safety,

Computer Law & Security Review, 30(3), 263–285.
- DJI, 2014, "DJI products", from http://www.dji.com/product/phantom-2-vision-plus/spec.
- DroneMetrex, 2014, "TopoDrones", from http://new.dronemetrex.com.
- Global Atmosphere Watch, 2014, "World Data Centre for Greenhouse Gases", from http://ds.data.jma.go.jp/gmd/wdcgg.
- Hans-Ulrich Otto, 2005, THE ACTMAP APPROACH – SPECIFICATIONS OF INCREMENTAL MAP UPDATES FOR ADVANCED INVEHICLE APPLICATIONS.
- Hodson, H., 2013, Precision herbicide drones launch strikes on weeds, *New Scicntist*, 219(2924), 19.
- Marks, P., 2014, Elephants and rhinos benefit from drone surveillance, *New Scientist*, 221(2956), 24.
- NARC, 2014, "Field Servers, National Agricultural Research Center of Japan", from http://model.job.affrc.go.jp/FieldServer/FieldServerEn/default.htm.T. K. Sellis, 1999, CHOROCHRONOS: Research on Spatiotemporal Database Systems, DEXA Workshop, 452–456.

- 국토교통부 국토공간계획지원체계 http://www.kopss.go.kr
- 기상청의 지도기반 날씨서비스 http://sts.kma.go.kr
- 문화재청 문화재공간정보서비스 http://gis-heritage.go.kr
- 서울시 GIS 포털 http://gis/seoul/go/kr
- GIS United http://gisutd.com
- 지오비전 http://www.geovision.co.kr
- 통계청 통계지리정보서비스 http://sgis.kostat.go.kr
- 환경부의 환경공간정보서비스 http://egis.me.go.kr
- 국토지리정보원 국토포털 http://www.land.go.kr/portal/UserInfo/serviceInfo.do
- 국토교통부 온나라 http://www.onnara.go.kr
- 서울시 희망온돌 http://ondol.welfare.seoul.kr
- 한국 환경공단 에어코리아 http://www.airkorea.or.kr
- 서울시 모바일 서울 http://m.seoul.go.kr
- 국토지리정보원 GNSS 서비스 http://gnss.ngii.go.kr/info/summary
- 국토지리정보원 지오이드 모델 서비스 http://www.ngii.go.kr/geoid/lecture/geoid_necessity.do

Spatial Information Science

색 인

집필진

1·2편 **최윤수(崔允秀)**
성균관대학교 대학원 / 공학박사
서울시립대학교 공간정보공학과 / 정교수
측지·측량 및 측량정책
現 국토교통부 지적재조사위원회 위원, 前 한국공간정보학회 회장
저서: (공저)『항공레이저측량 기초와 응용』, 대한측량협회, 2009
이메일: choiys@uos.ac.kr

김재명(金載明)
서울시립대학교 대학원 / 공학박사
서울시립대학교 공간정보공학과 / 연구교수
공간정보공학
現 FRACTUM 기업부설연구소장, 前 에이케이이티공간정보주식회사 기업부설연구소장
저서: (공저)『측량 및 지형공간정보기사(산업기사) 3년간 출제문제』, 크라운출판사, 2015
이메일: kimjaemyeong@uos.ac.kr

3편 **차득기(車得奇)**
경기대학교 대학원 / 공학박사
한국국토정보공사 부산울산지역본부 / 본부장
지적측량
前 인덕대학 겸임교수, 前 주)STMS 연구소장
저서:『폴마우의 하루』, 푸른길, 2014
이메일: tcha@lx.or.kr

4편 **강영옥(姜英玉)**
미국 오하이오 주립대학교(The Ohio State University) / 박사
이화여자대학교 사범대학 사회과교육과 / 교수
GIS 및 정보화 정책
現 국토교통부 국토교통미래기술위원회 위원, 現 한국공간정보학회 기획부회장
저서:『공간정보 응용』, 도서출판 드림북, 2016
이메일: ykang@ewha.ac.kr

주용진(朱勇鎭)
인하대학교 대학원 / 공학박사
인하공업전문대학 항공지리정보과 / 부교수
데이터베이스 및 WEB GIS
現 국토교통부 국가공간정보위원회 공간정보표준 전문위원, 現 한국공간정보학회 기획이사
저서: 『공간정보 웹 프로그래밍』, 도서출판 드림북, 2016
『공간정보 자바 프로그래밍』, 도서출판 드림북, 2015
이메일: jyj@inhatc.ac.kr

5편 **엄정섭(嚴汀燮)**
영국 애버딘 대학교(University of Aberdeen) / 이학박사
경북대학교 사회과학대학 지리학과 / 교수
환경지리정보 및 원격탐사
現 한국공간정보학회 편집위원장, 現 국가지리정보구축 자문위원
저서: (공저) Application of Geographic Information System, Intech, 2012
이메일: jsaeom@knu.ac.kr

6편 최윤수, 강영옥, 엄정섭, 차득기, 서동조, 주용진, 김재명

서동조(徐東祚)
서울대학교 대학원 / 공학박사
서울디지털대학교 컴퓨터공학과 / 부교수
원격탐사 및 GIS
저서: 『고등학교 위성영상처리』, 국토교통부, 2015
(공저) 『도시의 계획과 관리를 위한 공간정보활용 GIS』, 대한국토도시계획학회, 2010
(공저) 『도시정보와 GIS』, 대왕사, 1999
이메일: djseo@sdu.ac.kr